W0473665

SCIENCE FICTION

Herausgegeben
von Wolfgang Jeschke

Von **Isaac Asimov** erschienen in der ALLGEMEINEN REIHE:

Auf der Suche nach der Erde · 01/6401
Aurora oder der Aufbruch zu den Sternen · 01/6579
Das galaktische Imperium · 01/6607
Die Rückkehr zur Erde · 01/6861
Die Rettung des Imperiums · 06/7815
Nemesis · 01/8084
Robot ist verloren · 01/8199
Die vierte Generation · 01/8228
Die Menschheit wird gerettet · 01/8358

in der Reihe HEYNE SCIENCE FICTION & FANTASY:

Der Mann von drüben · 06/3004
Geliebter Roboter · 06/3066
Der Tausendjahresplan · 06/3080
Der galaktische General · 06/3082
Alle Wege führen nach Trantor · 06/3084
Am Ende der Ewigkeit · 06/3088
SF-Kriminalgeschichten · 06/3135
Ich, der Robot · 06/3217
Die nackte Sonne · 06/3517
Der Zweihundertjährige · 06/3621

als Herausgeber:

Science Fiction-Erzählungen des 19. Jahrhunderts · 06/4022
Fantasy-Erzählungen des 19. Jahrhunderts · 06/4023
Der letzte Mensch auf Erden · 06/4074
Zukünfte – nah und fern · 06/4215
Spekulationen · 06/4274
Die Wunder der Welt · 06/4332
Science Fiction aus den Goldenen Jahren · 06/4600

Außerdem erscheinen seit 10 Jahren regelmäßig Auswahlbände mit Erzählungen aus dem amerikanischen ›Isaac Asimov's Science Fiction Magazine‹:

29. Folge · 06/4405
30. Folge · 06/4446
31. Folge · 06/4495
32. Folge · 06/4536
33. Folge · 06/4581
34. Folge · 06/4631
35. Folge · 06/4690
36. Folge · 06/4742
37. Folge · 06/4795
38. Folge · 06/4855
39. Folge · 06/4906
40. Folge · 06/4957
41. Folge · 06/5018
42. Folge · 06/5085
43. Folge · 06/5141
44. Folge · 06/5196
45. Folge · 06/5311
46. Folge · 06/5373
47. Folge · 06/5481
48. Folge · 06/5635
49. Folge · 06/5666
50. Folge · 06/5921

und in der BIBLIOTHEK DER SCIENCE FICTION LITERATUR:

Lunatico · 06/7
Meine Freunde, die Roboter · 06/20
Die Stahlhöhlen · 06/71
Die nackte Sonne · 06/72
Foundation · 06/79

als Herausgeber:

Das Forschungsteam · 06/13

ASIMOVS
SCIENCE FICTION

50. FOLGE

ausgewählt und herausgegeben
von
Friedel Wahren

Originalausgabe

WILHELM HEYNE VERLAG
MÜNCHEN

HEYNE SCIENCE FICTION & FANTASY
Band 06/5921

Übersetzungen aus dem Amerikanischen von
Walter Brumm, Yoma Cap, Ingrid Herrmann, Rosemarie Hundertmarck, Christian Lautenschlag, Siglinde Müller und Ulrike Ziegra
Das Umschlagbild malte Karel Thole

Umwelthinweis:
Dieses Buch wurde auf
chlor- und säurefreiem Papier gedruckt.

Redaktion: E. Senftbauer

Printed in Germany 1997
Umschlaggestaltung: Atelier Ingrid Schütz, München
Technische Betreuung: M. Spinola
Satz: Schaber Satz- und Datentechnik, Wels
Druck und Bindung: Elsnerdruck, Berlin

ISBN 3-453-13305-6

INHALT

Stephen Baxter

ZEMYLA

Juri Gagarin machte sich für den Flug zur Venus bereit.

Das Starttriebwerk der Protonrakete war ein schwarzer schlanker Zylinder. Die drei Haltegerüste waren auf ihre Gegengewichte zurückgekippt worden. Sie wirkten wie die offene Blüte einer dürren metallischen Blume, in deren Zentrum die Rakete stand. Jenseits der Startgrube war der kurze kasachstanische Frühling über die flache Steppe hereingebrochen und kleine, rasch verblühende Blumen zwängten sich durch das zähe, harte Gras.

Gagarin sah sich von Gesichtern umgeben – Gesichter von Technikern und Ingenieuren, die sich ihm zugewandt hatten wie die Steppenblumen der Sonne. Gesichter, die vor Ehrfurcht leuchteten. Sogar die *zeks*, die politischen Gefangenen in ihrer tristen grauen Einheitskluft, hatten an diesem Tag die Erlaubnis bekommen, ihn zu sehen.

Gagarin, im orangefarbenen Druckanzug und mit geripptem weißen Helm, lächelte allen zu. Genauso war es 1961, drei Jahre zuvor gewesen, als er als erster Mensch in den Weltraum flog. Gagarin fühlte sich von einer Woge aus Stolz und Vertrauen emporgehoben. Er genoß die allgemeine Begeisterung und ließ sich von ihr wärmen.

Während er zur Startgrube schritt, wanderte sein Blick an den sechs trichterförmig nach außen gewölbten Zusatztriebwerken hoch: die mit Metallschellen rund um die schlanke erste Raketenstufe angebracht waren. An der Spitze der Rakete befand sich seine Kapsel *Zemyla,* umhüllt von einem weißlackierten metallischen Kegel. Weißes Kondensat trat aus der Rakete aus und rann ihre kühnen Flanken hinunter. Trotz der warmen Sonne war das Metall mit glitzerndem Eis bedeckt.

Leonow und Koroljow erwarteten ihn am Fuß der Rakete.

Alexej Archipowitsch Leonow, Oberstleutnant der Luftwaffe und Gagarins Vorgesetzter, trug seine Paradeuniform. Gagarin salutierte.

»Ich bin bereit«, sagte er.

Der kräftige, untersetzte Oberstleutnant klopfte ihm mit einem breiten Lächeln auf die Schulter.

»Ein herrlicher Tag, Juri«, sagte er.

»Stimmt«, erwiderte Gagarin. »Genau der richtige Tag zum Fliegen.« Leonow war Gagarins Ersatzmann für dieses Unternehmen gewesen. Sein großer Tag würde im nächsten Jahr kommen, wenn er von einer doppeltbemannten Woschod-Kapsel aus in den Weltraum spazieren würde.

Sergei Pawlowitsoh Koroljow, der Konstrukteur der Rakete, trat auf Gagarin zu. Koroljows Augen sprühten vor Tatkraft, doch seine Haltung war gebeugt und seine Haut wirkte dünn wie Papier – ein alter Mann, vermummt in einen dicken warmen Mantel.

»Ich wünsche Ihnen einen angenehmen Flug, eine gute Landung und eine sichere Rückkehr zur Erde.«

Gagarins Blick schweifte über die kleine Gruppe Männer, die sich unten in der einem Amphitheater ähnelnden Grube versammelt hatten, von der aus die Rakete gezündet wurde.

»Ein wunderbarer Augenblick«, sagte er. »Mein ganzes Dasein, alles, wonach ich je gestrebt habe, erfüllt sich in diesem Augenblick.« Er senkte kurz den Kopf. »Ich weiß, daß ich die Erde, meine Frau und Yelena und Galya, meine beiden prächtigen Kinder, vielleicht niemals wiedersehen werde. Trotzdem bin ich glücklich. Wer wäre es nicht an meiner Stelle? Teilzuhaben an neuen Entdeckungen, der erste zu sein, der sich aus der Umarmung der Erde hinausbegibt – wer könnte je von mehr träumen?«

Er drehte sich um und kletterte in den Aufzug, der ihn zur Kapsel hochbringen sollte.

Alexej Archipowitsch Leonows Gefühle waren gemischt: Ehrfurcht, Neid, Mitleid, Liebe. »Keiner zweifelt an deinem Mut, Jury«, murmelte er. Er schaute, bis Gagarin in den Dampfschwaden der Rakete verschwunden war.

Der interplanetarische Staub zerstreute sich endgültig in der Hitze der jungen erstarkenden Sonne, und Licht brach über die Venus herein.

Die Planetenoberfläche kühlte ab. Über dem geschmolzenen, aufbrodelnden Gestein bildete sich eine dünne Kruste.

Anders als auf der Erde entstanden keine getrennten tektonischen Platten, keine Verwerfungen. Vulkanismus beherrschte weiter den Planeten, als radioaktive Wärme aus seinem Innern ins Weltall entwich, und zwang das junge gepeinigte Land in gewaltige Formen aus feurigem Eruptivgestein – Spalten, die sich spinnennetzförmig über Hunderte von Kilometern ausbreiteten, eingestürzte vulkanische Dome, eine Gebirgskette, die sich um den halben Planeten zog.

Entweichender Dampf schoß hoch, kühlte ab und kondensierte. Flüssiges Wasser tröpfelte hinab in die Ebenen und rann in die Einschlagskrater von Meteoriten.

Meere entstanden. Eine Atmosphäre aus reinem Stickstoff hüllte sich um die Venus.

Energien verschiedensten Ursprungs strömten in die Atmosphäre: Sonnenwind und ultraviolette Strahlung, elektrische Entladungen durch Blitze, elektronische Sonnenteilchen, Radioaktivität aus dem Innern des Planeten, Schockwellen durch Meteoritenniederschlag.

Organische Moleküle entwickelten sich, die mit dem Regen aus der Atmosphäre ins Meer gelangten.

Und in den tiefen jungen Ozeanen begann es von Leben zu wimmeln, eine halbe Milliarde Jahre, bevor sich auf der Erde das erste Lebenszeichen regte.

Doch die junge Sonne wurde heißer und heißer, immer noch auf der Suche nach ihrer endgültigen Gestalt.

Die Schutzhülle der *Zemyla* öffnete sich. Das Sonnenlicht flutete in Gagarins Kabine. Eisstücke lösten sich von der Verschalung und glitzerten wie Schnee in der Luft um die Kapsel.

Die *Zemyla* schwenkte in ihre Umlaufbahn ein. Gagarin sah die Erdoberfläche unter sich ausgebreitet, ein schimmernder Teppich, strahlend wie der tropische Himmel. Er lächelte. Vorbei war die Frustration der letzten drei Jahre, vorbei die Ansprachen und langweiligen Eröffnungszeremonien. Endlich flog er wieder.

Gagarin brachte eine Erdumrundung hinter sich. Wolkenberge, die fast bis zu ihm zu reichen schienen, hatten sich längs des Äquators aufgetürmt. Auf der Nachtseite der Erde zeichneten Lichterketten von Städten die Umrisse der Kontinente, ein Anblick, dessen Schönheit ihn schaudern ließ. Irgendwo über Zentralafrika zuckten Blitze unter den Wolken wie explodierende Glühlampen unter einer Wolldecke.

Im Vorüberfliegen sendete er revolutionäre Botschaften: »Viele Grüße aus dem Weltraum an die glorreiche Liga der Jungleninisten«, funkte er. »Alles, was ich bin, verdanke ich unserer Kommunistischen Partei und der Liga der Jungleninisten. Das heutige Datum ist ein Markstein in der Geschichte der Menschheit, ein Tag, an dem sich einer ihrer größten Träume erfüllt, und ein Tag des Triumphes für die sowjetische Wissenschaft und Technik.«

Als er sich wieder über der lehmtrockenen Steppe im Herzen der Sowjetunion befand, forderte ihn das Kontrollzentrum auf, sich auf die Zündung des letzten Triebwerks vorzubereiten, seiner dritten Raketenstufe, dem Antrieb in den interplanetaren Raum.

Auch an diesem Tag hatte Sergei Pawlowitsch wieder einmal rund um die Uhr gearbeitet.

Nach dem Start hatte ihn ein Chauffeur mit einer Limousine zu seiner Wohnung in Moskau gebracht. Die KGB-Posten vor seiner Tür nickten ihm zu. Koroljow starrte verbittert zurück. Ihre Uniform hatte die gleiche Farbe wie die der Bewacher in der Goldmine von Kolyma, dem Leichenhaus des Gulag, wo er ein Jahr Zwangsarbeit hatte leisten müssen, Opfer einer stalinistischen Säuberungsaktion gegen angebliche Bonapartisten.

Aber diese Männer hier sollten ihn natürlich vor der Außenwelt beschützen, und nicht umgekehrt.

Seine Frau Nina begrüßte ihn an der Tür mit einem Glas heißen Tee. Sie setzten sich auf die unterste Stufe der Treppe und unterhielten sich wie immer über die Ereignisse des Tages. Koroljow erzählte ihr von den jüngsten Streitigkeiten um das Budget, den defekten Geräten, dem fehlenden Nachschub, der minderwertigen Beschaffenheit des vorhandenen Materials und den mangelnden Fähigkeiten der verfügbaren Arbeitskräfte.

Und sie unterhielten sich über Gagarin.

Koroljow war erst achtundfünfzig, doch er wußte, daß seine Gesundheit nachließ, zerstört von den Jahren im Gefängnis und in Arbeitslagern. Er hatte keine Ahnung, wie lange seine Willenskraft diesen geschwächten Körper noch aufrechterhalten konnte.

Und er wußte: daß trotz der vielen Jahre und all seiner Triumphe immer noch niemand außerhalb der Sowjetunion seinen Namen kannte – ein Netz der absoluten Geheimhaltung, das sich auch über den jüngsten Flug von Gagarin gelegt hatte.

Doch die Hintergründe, die Geheimhaltung, sogar die Vergangenheit – das alles war für Koroljow nicht wichtig. Was zählte, war die zähe kleine Wostok, seine Raumkapsel, die Verkörperung seines Lebenstraums.

Was Gagarin aber jetzt unternahm, war so beeindruckend, daß es selbst Koroljows Vorstellung sprengte. Während er bei seiner Frau saß, weilte er in Gedanken bei diesem mutigen Flieger: diesem zerbrechlichen Gebilde aus menschlichem Fleisch und Blut und Knochen in dem metallenen Panzer, den Koroljow für ihn gebaut hatte.

Als die Sonne heißer wurde, stieg Wasserdampf in die Venusatmosphäre und schloß die Wärme ein. Die Meere verflachten rasch. Das Leben wurde gezwungen, sich auf den um sich greifenden urweltlichen Landmassen anzusiedeln. Es explodierte in eine Vielfalt von Spezies, die ums Überleben kämpften.

Eine ungezügelte Intelligenz entstand, aus der sich sofort eine Rasse mit primitivster Technologie entwickelte. Ihre Geschöpfe gruben sich in die Erde ein, wo sie weitverzweigte Bunker bauten. Sie horteten Wasser und versuchten, der Hitze Herr zu werden.

Auf der verödeten Oberfläche erstarb das Leben. Die Meere kochten, und heißer Wasserdampf sowie Kohlendioxid stiegen hoch.

Die Sonne ging zum letzten Mal auf und wieder unter. Dann verbargen Wolken die Sterne.

Als der Meeresboden auseinanderbrach, entstand aus karbonathaltigem Gestein noch mehr Kohlendioxid, das der Luft den letzten Rest Wasserdampf entzog. Die Venus wurde ein ausgetrockneter Planet.

Die Sonne hörte auf zu expandieren. Sie strahlte zweimal soviel Wärme auf die Venus als auf die Erde. Ein lebensfeindliches Klima entstand. Das Land, weiter vom Vulkanismus beherrscht, kam nirgends zur Ruhe. Die Vulkane spuckten Schwefeldioxid aus, und in den Wolken bildete sich

Säure. Die niedrigen Luftschichten verwandelten sich in eine tödliche, träge und dicke Suppe.

Das letzte bißchen Leben auf dem Planeten wühlte sich tiefer ins Gestein.

Die *Zemyla,* die *Erde,* war wie die geplante Woschod eine Weiterentwicklung von Koroljows erfolgreichem Einmann-Raumschiff Wostok. Die *Zemyla* bestand aus zwei Teilen. Die Kommandokapsel war eine Kugel von drei Metern Durchmesser, deren Hülle mit einem dicken abschmelzbaren Hitzeschild verkleidet war. Breite Streifen aus Metallfolie dienten dazu, die brütende Hitze der Sonne zu reflektieren.

Die Antriebskapsel, die durch Spannbänder mit dem Fundament der Kugel verbunden war, glich zwei zusammengeschweißten Teigschüsseln. Sie war gespickt mit Belüftungsklappen. Jetzt hatten sich im Weltall große Solarzellenflügel entfaltet. Die Kapsel war vollgepackt mit Wasser, Treibstofftanks mit Sauerstoff und Wasserstoff und chemischen Luftreinigern.

Die Antriebskapsel besaß nicht die TDU-1-Bremsraketen, die die Wostok sonst aus der Umlaufbahn wieder zur Erde zurückbrachten. Gagarin brauchte keinen Antrieb zum Wiedereintritt. Seine Kugel würde einfach in die Atmosphäre der Venus hinabstürzen. Die Wände der Kommandokapsel enthielten einen Schwimmring. Mit ihm konnte die Kapsel nach ihrem Sinken auf der zähflüssigen Oberfläche der Ozeane schwimmen, die den Planeten wie einen Gürtel umgaben, Meere aus karbonathaltigem Wasser, vielleicht auch Öl, wo Gagarin die Ankunft weiterer sowjetischer Versorgungsschiffe abwarten sollte, um schließlich von zukünftigen Kosmonauten in technisch verbesserten Raumschiffen, die allerdings von Koroljows Büro erst noch entwickelt werden mußten, gerettet zu werden.

Gagarins Kabine war ein behagliches, mit grünem Material gefüttertes Nest. Seine Liege nahm den größten Raum in der Kabine ein. Hinter seinem Kopf befand sich ein Notausstieg, und in den Wänden waren drei kleine Bullaugen eingelassen.

Gagarin probierte die Handsteuerung aus. Mit dem Steuerknüppel zu seiner Rechten bewegte er die Kapsel um ihre Rollachse, Gierachse und Nickachse und brachte sie dann wieder auf den richtigen Kurs. Die Kapsel ließ sich durch Schubdüsen, die aus Druckgasflaschen gespeist wurden, um ihren Schwerpunkt steuern. Er beobachtete den Treibstoffverbrauch und war zufrieden. Er überprüfte die Reaktion des Raumschiffs mit einer Stoppuhr und seinem *Vzor,* dem optischen Orientierungsystem aus Spiegeln und optischen Gittern, das in einer Luke vor ihm eingelassen war, seine Navigationshilfe durch das Sonnensystem.

Gagarin stieg von seiner Liege auf und begann zu trainieren. Man hatte ihm ein raffiniertes System aus Gummibändern eingebaut, das er benutzen konnte, ohne seinen Raumanzug ausziehen zu müssen. Er überwachte seinen Puls, den Schweiß, Appetit und die Empfindungen der Schwerelosigkeit und notierte EKG's, Atemwerte, Hirnstrommessungen, Hautwiderstand und die Werte von Augenmessungen, die er mit winzigen Elektroden in den Augenwinkeln durchführte. Er übertrug seine Beobachtungen in ein Logbuch und sprach sie auf ein Tonband. Dann wusch er sich, wobei er nacheinander mit Reißverschlüssen versehene Teile seines Raumanzugs öffnete, denn es gab nicht genügend Platz, um den Anzug vollständig auszuziehen.

Durch die Bullaugen sah er die Erde rasch kleiner werden, als verkröche sie sich in sich selbst. Gagarin brach in Begeisterungsrufe aus. Kein Mensch zuvor hatte jemals die Erde in ihrer vollen Gestalt von außerhalb gesehen. Sie sah zerbrechlich und wunderschön aus, ein Juwel vor der Schwärze des Alls, und Gagarin versuchte, etwas von dieser Empfindung in seiner Botschaft zur Kontrollstation auszudrücken.

In den ausgestorbenen Tälern der Venus stieg die Temperatur über den Siedepunkt vieler Metalle, und eine bizarre Umwandlung von Stoffen setzte ein.

Die Hitze trieb komplexe mineralische Verbindungen aus dem vermengten Gestein in die aufgeblähte Atmosphäre: Salze, metallische Halide, Chalkogenide. Der Dampf wurde in höhere, kühlere Luftschichten transportiert und lagerte sich über den kälteren Hochländern als Salzkristalle – Würfel und Stäbe – ab. Dort wuchsen sie Millionen Jahre lang, fraßen sich wie salziger Frost in die Gesteinsspalten, brachen die Oberfläche auf und verwandelten sie in glimmerndes Geröll.

Die Bergspitzen der Venus funkelten wie mit Metall übermalt.

Die abgelagerten Verbindungen enthielten Antimonsulfoide, Wolframtrioxide, Germaniumtelluride und Cäsium-Germaniumchloride. Sie waren ferroelektrisch, durchlässig für elektrische Strömungen und imstande, dabei spontane magnetische Polarisierungen einzulagern. Ein natürliches Netz elektrischer Impulse wuchs über den Berggipfeln der Venus zusammen. Ladungen flossen in verschlungenen, unvorhersagbaren Mustern.

Durch Einflüsse von außerhalb – Stürme, die Einschlagswucht der letzten Gesteinstrümmer aus dem All – wurden magnetische Polarisationsmuster entwickelt und variiert.

Nikita Sergejewitsch Chruschtschow stand hinter seinem Schreibtisch und blickte Koroljow finster an.

»Sie werden«, rief er, »die Woschod zum geplanten Termin fertigbauen und starten! Verstanden?«

Koroljow versuchte das Zittern der Erschöpfung in seinen Beinen zu stoppen.

»Aber verstehen Sie doch, Genosse Chruschtschow … Wir können den Zeitplan nicht einhalten. Unsere Ressourcen sind durch das Projekt *Zemyla* erschöpft.«

Chruschtschows Stimmung schlug um, und er bekam, wie häufig, etwas Verschlagenes. Drohend fuchtelte er mit seinem fleischigen Zeigefinger vor Koroljows Gesicht herum.

»Versuchen Sie ja nicht, mich zu täuschen, Sergei Pawlowitsch. Ich weiß, was Sie vorhaben. Sie wollen mich mit dem Unternehmen *Zemyla* abspeisen. Opfern wir doch einfach einen tapferen Mann, schicken ihn auf diesen überflüssigen Ausflug zur Venus und kehren danach zu unserer *richtigen* Arbeit zurück. Stimmt's? Doch das reicht nicht, Sergei Pawlowitsch! Das reicht nicht!«

Koroljow betrachtete Chruschtschow mit Abscheu. Wie dumm er war! Ein Bauer, der, wie Koroljow bitter vermutete, wahrscheinlich nicht einmal verstand, wohin diese Männer, die Kosmonauten, eigentlich aufbrachen. Vielleicht hielt Chruschtschow die Erde für eine Scheibe und dachte, die sechs Wostoks seien auf irgendeinem Dachsims über den Wolken gelandet.

Koroljow hatte den Raketentyp entwickelt: der den ersten Satelliten in den Weltraum transportiert hatte und, befriedigenderweise vor den Amerikanern, den ersten Menschen, Juri Gagarin. Und nun wollte er eine weitere Welt erobern, die Venus.

Doch Chruschtschow reichte das alles nicht, und Koroljow begann, um die Zukunft seiner Programme zu fürchten.

»Genosse Chruschtschow, vielleicht haben Sie mich nicht richtig verstanden«, sagte er. »Wie soll ich denn dieses Kunststück bewerkstelligen? Ich habe nur die Wostok zur Verfügung, ein Einmann-Raumschiff. Um für zwei oder drei Männer Platz zu schaffen, müßte ich den Schleudersitz herausnehmen und auf den Reservefallschirm verzichten. Das Raumschiff soll einen Tag im All bleiben. Ich müßte zusätzlich ein Feststofftriebwerk in die Landekapsel einbauen, um eine sichere Landung zu ermöglichen. Das bedeutet den Verzicht auf die Rettungsrakete beim Start. Wenn drei Männer fliegen, können sie nicht einmal Druckanzüge tragen. Jeder Start, bei dem es wissenschaftliche oder technische Bedenken gibt, ist ein ungeheures Risiko. Und …«

»Ich pfeife auf Ihre Bedenken! Ich kann nicht jahrelang warten, bis Ihr Wunderschiff Sojus endlich imstande ist, aus seinem Papiernest herauszufliegen. Nicht während die Amerikaner sich auf ihren Geminiflug vorbereiten. Ich brauche Erfolge, Sergei Pawlowitsch!«

Chruschtschow begann, mit der Faust auf den Schreibtisch zu schlagen.

Gagarin beobachtete die Venus durch sein *Vzor*-Teleskop. Ihr Antlitz war strahlend weiß, die Wolken gleißten im Licht der Sonne. Am Rande der Planetenscheibe schienen sich graue Schattierungen zu vertiefen. Das verlieh ihr ein dreidimensionales Aussehen, eine greifbare Rundheit. Die Venus glich einer kleinen, runden, völlig ausdruckslosen Perle.

Für Gagarin stand fest, daß die Venus ein unbeschriebenes Blatt war, auf das der menschliche Geist seine Sehnsüchte projizieren konnte. Die Wirklichkeit lag unentdeckt hinter Wolken verborgen und wartete auf ihn.

Die rasch kleiner werdende Erde bekam das Aussehen einer weit entfernten Höhle: ein einladendes, hell erleuchtetes, aber völlig abgeschiedenes Fleckchen auf einem schwarzen, unwirtlichen Berghang. In dem blauen Eingang der Höhle sah er die zu ihm aufblickenden Gesichter seiner Frau und seiner Töchter immer winziger und unwichtiger werden.

Doch jetzt hatte sich Gagarin weit aus der Höhle herausgewagt.

Die gepolsterten Wände seiner Kabine waren nur Zentimeter von seinen behandschuhten Fingern entfernt, und jenseits davon existierte *nichts,* Millionen von Kilometern weit. Wenn er seine Augen schloß, sah er Lichtblitze und manchmal Meteoritenstreifen vor der

Schwärze, sicher die Folge irgendeiner Strahlung, vielleicht die Trümmer explodierter Sterne, die sich ihren Weg bahnten. Sein weiches menschliches Fleisch wurde umgeformt, erneuert.

In seinem unruhigen Schlaf tauchte er tief in seine eigene Vergangenheit, seine Kindheit ein. Er sah wieder die deutschen Panzer an den Holzhäusern seiner Heimatstadt Klushino vorbeiziehen, hörte das Dröhnen der sowjetischen Militärflugzeuge über sich.

Zwischen den Welten und zwischen Schlaf und Wachsein treibend, sang Gagarin Hymnen auf das Vaterland.

Die flackernde Intelligenz war noch nicht ganz ausgelöscht.

In einem letzten verzweifelten Einsatz wühlten sich die übrig gebliebenen bewußten Wesen in die ferroelektrischen Bergspitzen und lagerten sich dort in den verschlungenen kristallinen Gittern ein.

Unter dem mörderischen Druck der Atmosphäre brachen auch die tiefsten Bunker zusammen. Die organischen Moleküle der letzten Leichname gerannen in der Glut dieses Schmelzofens.

Doch auf dem ganzen Planeten erwachte ein neues, ein chthonisches Bewußtsein.

Es streckte feinste elektromagnetische Fühler aus und grub sich damit in das Herz dieser Welt aus Stein, deren Schale es befallen hatte. Es spürte die Masse ihres schweren Nickeleisenkerns. Es streckte sich zur Sonne hin, dem riesigen Feuerball, der den Planeten in engen Bahnen um seinen Äquator zog. Es spürte, daß es andere Welten gab, homogene, kugelförmige Gasriesen am Rande des Sonnensystems und, näher bei der Sonne, Gesteinswelten, die sich mit vollendeter Präzision auf ihren kurzen Umlaufbahnen um die Sonne bewegten.

Und, ähnlich einem menschlichen Auge, das vom Flug eines Vogels gefangengenommen wird, zog die Masse des eisernen Erdkerns die Aufmerksamkeit des jungen chthoni-

schen Bewußtseins und seiner elektromagnetischen Sinne auf sich.

Leonow stürmte in Koroljows Büro. Er trug ein Dokument bei sich, eine Hochglanzbroschüre, die er auf Koroljows Schreibtisch warf.

»Wissen Sie, was das ist, Chefkonstrukteur?«

Koroljow legte seinen Bleistift beiseite und nahm die Broschüre in die Hand, die auf englisch verfaßt war; offenbar eine Veröffentlichung des Informationsdienstes der Vereinigten Staaten. Sie enthielt großgedruckten Text, einfache Flugbahndiagramme und kunstvoll gezeichnete Darstellungen einer öden, von der Sonne verbrannten Landschaft. Auf dem Deckblatt sah man das Bild eines zerbrechlich wirkenden viereckigen Raumfahrzeuges mit Solarzellenflügeln, das an einer wolkenbedeckten Welt vorbeischwebte.

Leonow ging aufgeregt auf und ab. Er wirkte in seiner Luftwaffenuniform prächtig und ehrfurchtgebietend.

»Ich kann kein Englisch lesen,« sagte Koroljow.

»Die Bilder sprechen doch wohl für sich, Sergei Pawlowitsch, oder? Das ist ein Bericht über *Mariner* 2. Eine unbemannte amerikanische Raumkapsel, die 1962 an der Venus vorbeiflog.«

»Woher haben Sie das?«

»Von einem Amerikaner, der Gagarin letztes Jahr in Paris traf. Aber das ist Nebensache.« Leonow beugte sich vor und stützte seine wuchtigen Fäuste auf Koroljows Schreibtisch. »Und welche Informationen hat uns diese amerikanische Raumkapsel über die Venus geliefert? Hat sie die üppigen Dschungel, die Ozeane und die Ölseen entdeckt, von denen unsere Wissenschaftler erzählen?«

Koroljow seufzte. »Die Kapsel entdeckte eine Wüste. Ein ausgetrocknetes Land. Eine hundert Kilometer dicke Atmosphäre aus Kohlendioxid mit einem Druck um ein Vielfaches höher als der unserer Atmosphäre. Und eine Oberflächentemperatur von mehreren hundert Grad.«

»Es gibt kein Wasser? Keinen Sauerstoff?«

»Nein ...«

Leonov donnerte mit seiner Faust auf den Schreibtisch. »Verdammt, wie soll Juri dort überleben? Kann seine Kapsel überhaupt einen solchen Druck aushalten?«

Koroljow zuckte die Achseln: »Vielleicht. Es ist schwierig, ein Raumschiff auf den langen Weg zur Venus zu schicken, das wie ein Unterseeboot gebaut ist. Selbst unsere neue Proton schafft das nicht. Die Gewichtsbegrenzung ...«

Leonows Ärger schien etwas abzuflauen. Er setzte sich Koroljow gegenüber. »Warum das alles, Sergei Pawlowitsch?«

»Weil die Amerikaner dabei sind, den Mars zu erobern«, erwiderte Koroljow schlicht. »Sie wollen noch in diesem Jahr zwei Mariner-Sonden losschicken. Wir können mit der Feinelektronik der Amerikaner nicht konkurrieren. Für den Augenblick müssen wir ihnen den Mars überlassen.«

Leonow wirkte von diesem Eingeständnis der Schwäche überhaupt nicht erschüttert. »Und die Venus?«

»Wir müssen unsere Stärken ausspielen, Alexej Archipowitsch. Wir sind den Amerikanern immer noch voraus, wenn es darum geht, schwere Massen in den Orbit und darüber hinaus zu befördern. Um die Atmosphäre der Venus zu durchstoßen und sicher auf ihrer Oberfläche zu landen, braucht man ein dickgepanzertes Raumschiff.« Koroljow lächelte. »Die Venus ist ein sowjetischer Planet, Alexej Archipowitsch, träge, verschlossen und halsstarrig, nur roher Kraft zugänglich. Aber wir besitzen diese Kraft.«

Trotzdem, dachte er bei sich, haben wir bereits sieben

gescheiterte Versuche mit unbemannten Venussonden hinter uns.

»Mußten wir unbedingt einen Menschen hinschicken?« bohrte Leonow weiter.

»Bedenken Sie doch, Alexej Archipowitsch, wenn er erfolgreich wäre! Das wäre ein kosmischer Sieg über die Vereinigten Staaten! Eine Großtat, die die Jahrhunderte überdauern würde!«

»Und wenn er ums Leben kommt? Wenn sein Schiff an der Venus vorbeifliegt oder er sich damit in ihren steinigen Ebenen zu Tode stürzt? Was dann?«

Koroljow klopfte auf einen Karteikasten auf seinem Schreibtisch. »Dafür ist vorgesorgt. Wir behaupten einfach, es habe sich bei dem Raumschiff um eine *Zond* gehandelt. Eine unbemannte Kapsel, ein Versuch.«

»Und Juri?«

»Wir warten eine gewisse Zeit ab – bis 1967 oder 1968. Indessen wird Juri angeblich trainieren, vielleicht für mein neues Sojusprogramm, und unsichtbar bleiben. Und wir werden ihn leider für immer verlieren, bevor er wieder in den Weltraum starten kann. Vielleicht durch einen Absturz mit seiner geliebten MiG-15.« Koroljow hielt Leonows betroffenem Blick stand. Seine Hand streichelte über den Karteikasten. »Hier steht bereits alles darin, Alexej Archipowitsch. Wir sind bestens vorbereitet. Es ist nicht das erste Mal, daß so etwas gemacht wird. Spätere Generationen werden nur die *Zond 1* in ihren Nachschlagewerken finden und die MiG-15, die in dem Birkenwald abstürzte. Kein Mensch wird je etwas von der *Zemyla* erfahren.«

Leonow knüllte die amerikanische Broschüre zusammen und schleuderte sie quer durch das Zimmer.

»Dieses Gespinst von Lügen ist eine Schande, Chefkonstrukteur. Ich sehe keinen Unterschied zwischen dem Genossen Chruschtschow und seiner Politik sowie Ihnen und Ihren Raketen. Sie sind wie Spiegelbilder, beide getrieben von Ambitionen, Stolz und Torheit.«

Die scharfen Worte trafen Koroljow. »Seien Sie mit solchen Bemerkungen vorsichtig, Alexej. Sie wissen sehr wenig über meine Vergangenheit.«

»Sie haben Gagarin zu diesem Höllenplaneten geschickt, obwohl Ihnen bekannt war, was die Amerikaner über die Beschaffenheit der Venusoberfläche herausgefunden hatten!«

»Ich weiß, was die Amerikaner dort vermuten. Aber der *Mariner* ist bloß eine einzelne Sonde, die einige Stunden lang an einer Welt *vorbei*flog. Können wir uns wirklich auf diese Daten verlassen? Vielleicht gibt es unsere Urwälder und Ölseen ja doch, Alexej Archipowitsch. Weiß man's? Ist es wirklich verwerflich, ein Leben, ein einziges Leben, aufs Spiel zu setzen, um einer solchen Sache auf den Grund zu gehen?«

»Ja, es ist verwerflich! Und eigentlich denken Sie genauso, Chefkonstrukteur.«

»Vielleicht«, erwiderte Koroljow leise. »Aber er wußte Bescheid.«

»Juri?«

»Juri kannte die Daten von *Mariner* 2. Er flog trotzdem, Alexej Archipowitsch.«

Leonow starrte ihn eine ganze Weile an. Dann ließ er den Kopf auf seine Hände sinken. »Ich hätte genauso gehandelt«, murmelte er. »Ich wäre auch geflogen.«

»Ich weiß, Alexej Archipowitsch.«

Die Erde hatte etwas Faszinierendes.

Von gleicher Masse wie die Venus und ungefähr derselben Zusammensetzung besaß sie, bedingt durch ihre größere Entfernung zur Sonne, einen ganz anderen Charakter.

Eine dünne Schicht Wasserstoff und Sauerstoff bedeckte ihre Oberfläche. Das Wasser verblieb in flüssigem Zustand. Schwaches, vielschichtiges, vergängliches Leben flimmerte innerhalb dieser blauen Membrane.

Dann gab es ganz plötzlich eine Veränderung. Metallene Päckchen wurden durch die durchsichtige Luft der Erde nach außen geschleudert und fielen wieder zurück. Elektromagnetische Energie – vielleicht Signale, vielleicht Sonden – strahlte durch das All und berührte schließlich sogar die Venus.

Etwas wie Neugierde regte sich in dem planetenumspannenden Bewußtsein.

Weitere metallene Päckchen schleppten sich auf Pfaden geringster Energieübertragung mühsam in Richtung Venus, fielen wieder zur Erde zurück oder verfehlten die Venus um das Tausendfache ihres Durchmessers.

Doch nun kletterte wieder ein Päckchen, massiver als seine Vorgänger, aus der Grube irdischer Schwerkraft heraus. Vielleicht würde dieses sein Ziel erreichen.

Das chthonische Bewußtsein wartete den Ablauf der geologischen Zeit ab, die das Päckchen brauchen würde, um seine Wegstrecke hinter sich zu bringen.

Die *Zemyla* tauchte in das sonnenüberflutete Antlitz der Venus ein.

Gagarin sah kleine Flammen an den Bullaugen, die sich zu einem heftigen Feuer verdichteten. Die abschmelzbare Schicht der Kugel brannte weg, ein Schutz vor der tödlichen Hitze.

Vierhundert Kilometer über dem Boden spürte Gagarin den ersten Anflug von Schwere.

Wie ein immer höher werdender Berg legte sich der Druck der Beschleunigung auf seinen Brustkorb, bis er das Achtfache der Schwerkraft erreicht hatte. Es war viel schmerzhafter als beim Start, denn Gagarins stämmiger Körper hatte durch den langen Flug an Substanz verloren.

Nach einem Höhepunkt in der Beschleunigung, der ihm einen knurrenden Laut entlockte, ließ der Druck für einen Augenblick nach. Die automatisch gesteuerte Kapsel verlagerte ihren Schwerpunkt und hüpfte, wie ein Stein über einen Ozean, in großen Sprüngen über die oberste Schicht der Atmosphäre. Dadurch verzögerte sich der Eintritt, und die *Zemyla* gewann Zeit, ihre überschüssige Geschwindigkeit zu verringern, ohne daß Gagarin beim Abbremsen zermalmt wurde.

Ein genialer Einfall, dachte er.

Das Raumschiff stürzte jetzt steiler in die Atmosphäre. Das feurige rote Glühen verblich. Er hörte einen lauten Knall direkt über seinem Kopf. Das Fallschirmfach öffnete sich. Eine Klappe sprang an der äußeren Hülle auf und gab Sensoren zur Atmosphärenmessung frei.

Aus seiner verkohlten Kapsel heraus spürte Gagarin die Luft der Venus.

Die *Zemyla* war in ein gelbes Licht gebadet, das in Abständen heller und dunkler wurde. Die Kapsel drehte sich unter dem Fallschirm, und so mußte es sich bei dem periodisch heller werdenden Licht um das der Sonne handeln, das auf ein grimmiges Funkeln hinter einem Dunstschleier reduziert war.

Plötzlich lichtete sich der Dunst, und die Sicht nahm zu. Gagarin erblickte unter sich eine fahlgelbe geschlossene Wolkendecke. Die dicken Wolken waren flockig wie die der Erde.

Die *Zemyla* sank durch die Wolken.

Dann plötzlich, nur verschwommen sichtbar durch die trübe Luft, erblickte Gagarin die Oberfläche. Er erkannte einen Gebirgskamm, der sich Hunderte von Kilometer bis zu einem Plateau hinauf erstreckte. Rechts unter ihm zeichneten sich schemenhaft Kegel ab. Es waren Berge, vielleicht Vulkane. Er stellte fest, daß die *Zemyla* in Richtung der Berge driftete. Sie trieb dahin wie ein großes metallisches Luftschiff in einer trägen Strömung.

Die Berggipfel glitzerten wie mit Glassplittern bedeckte Kappen.

Es war eine öde, ausgetrocknete Landschaft.

Unwillkürlich spürte Gagarin einen schmerzhaften Stich der Enttäuschung. Die Amerikaner hatten doch recht behalten. Hier gab es keine Ozeane aus karbonathaltigem Wasser oder Öl. Doch er verspürte keine Angst. Koroljows Kapsel würde ihn schützen.

Das Raumschiff trieb auf die schrundige Spitze eines Berggipfels zu. Sie war in scharfkantige große Gesteinsbrocken zerspalten. Gagarin entdeckte Spuren von Wind – abgeflachte Dünen, Staubverwehungen.

Der Boden schwankte hoch, drehte sich ihm entgegen. Die Landung war hart und laut. Gagarin stöhnte beim Aufprall.

Die gelandete Kapsel kippte etwas auf die linke Seite. Die Verschalung knirschte.

Gagarin hob benommen den Kopf und spähte aus den Bullaugen.

Es herrschte ein dunkles rötliches Licht, aber es war nicht viel düsterer als an einem sehr bewölkten Tag auf der Erde. Von der Sonne war nichts zu sehen, nichts außer einem schwer definierbaren, fast unheilvollen Schein, der sich über die Hälfte der Wolkenbank am Himmel ausbreitete.

Der Boden, auf dem die *Zemyla* ruhte, glich Lehm, der, unvorsichtig in einem zu heißen Ofen gebrannt, geborsten und in Stücke zersprungen war. Das Licht reichte aus, daß ein paar Felsbrocken scharfe Schatten warfen. Gagarins orangefarbener Fallschirm, der nahe der Kapsel zu Boden gegangen war, hatte sich über die Steine gebreitet.

Der Boden war mit Kristallen aus Salzen bedeckt. Sie staken wie Borsten aus jeder Spalte im Boden heraus, angriffslustig, verzweigt wie winzige Antennen.

Die Kapsel stieß ein metallisches Stöhnen aus.

Gagarin lag in seiner Liege und ruhte den verspannten Nacken aus.

Vielleicht würde eines Tages ein zukünftiger Kosmonaut in einem Raumschiff, das wie ein Panzer gebaut war, hierherkommen und die Überreste seiner *Zemyla* finden, plattgedrückt wie von einem riesigen Fußtritt, und er würde sich über die Torheit dieses Menschen wundern, der sich auf eine solche Weise hierhergewagt hatte, über seine Torheit und seinen Mut. Gagarin lächelte breit. Man würde ihm ein Denkmal errichten, einhundert Kilometer hoch, und sein Name würde ewig unvergessen sein!

Es wurde dunkel in der Kabine.

Um das Raumschiff herum waren die Salzkristalle wie ein gläserner Wald in die Höhe gewachsen. Sie umschlossen das Schiff und machten sich wie gigantisch lange Finger an den versengten Bullaugen zu schaffen.

Hinter Gagarins Kopf gab es einen dumpfen Schlag wie mit einem Hammer.

Er wandte sich um und sah, daß sich die Notausstiegsluke verbeult hatte.

Die Kabine implodierte.

Ein Hagelschauer kristallenen Lichts stob herein und umhüllte Gagarin.

Salzkristalle rieselten herab und legten sich in ferroelektrischen Schichten über das Wrack der Zemyla. Millionen Jahre alte geologische Erkenntnisse wurden erweitert, als das unbekannte Material absorbiert wurde.

Die Vorstellung, die Schwesterplaneten leibhaftig erreichen zu können, war ein völlig neuer Reiz, eine Verlockung.

Pläne wurden entworfen, Versuche eingeleitet.

Leonow lauschte einem Tonband mit Gagarins aufgezeichneter Stimme.

»Die jetzige Generation wird Zeuge davon werden, wie die freie Gemeinschaft der Werktätigen in der neuen sozialistischen Gesellschaft sogar die kühnsten Träume der Menschheit wahr werden läßt. Nach den Sternen zu greifen, ist eine historische Entwicklung, ein Auftrag, den die Menschheit entsprechend den Gesetzen der Evolution ausführen muß, um ...«

»Wußte er, daß ihn niemand hören konnte?«

Koroljow schwieg.

»Ist das wirklich nötig, Chefkonstrukteur? Müssen wir immer weiter in den Weltraum vorstoßen? Gibt es keinen Einhalt?«

»Juri war dieser Meinung«, erwiderte Koroljow.

»Ja«, sagte Leonow, »Juri glaubte an das, was sie uns eingetrichtert haben. Über den Triumph des Sozialismus, der uns zu den Sternen führt, wo unsere Bestimmung auf uns wartet, wo wir zu neuen Menschen werden. Er glaubte daran. Darum war er unser Held. Darum wurde er geliebt.«

»Und vielleicht«, überlegte Koroljow, »hatte er recht. Vielleicht gelingt uns, ungeachtet unserer Schwächen, der Durchbruch zu einer neuen Realität jenseits von Raketen, Politik und Rhetorik. Vielleicht werden wir wirklich verwandelt, umgeformt. Ob so etwas wohl möglich ist, Alexej Archipowitsch?«

Leonow überfiel ein Frösteln.

Die blaue Erde lag vor ihm, erleuchtet wie der Eingang einer übervölkerten Höhle. Er spürte die kompakte Masse des eisernen Planetenkerns, beobachtete die dünne Schicht Leben, die die Oberfläche bedeckte.

Die filigranen Schatten der glitzernden kristallinen Raumschiffe von der Venus glitten über die bevölkerten Länder; die Ozeane, die schmelzenden Polkappen.

Er stellte sich vor, wie auf dem ganzen Planeten Alarm ausbrach, wie sich die Deckel alter Waffensilos öffneten, wie riesige, atomgetriebene Unterseeboote aus den Meeren auftauchten. Schon stiegen die ersten Funken zu ihm hinauf, wie Wespen, die einen Elefanten bedrohten.

Er streckte seine Hand aus. Die winzigen Lichter verloschten.

Auf der Erdoberfläche waren Generationen von Menschen rasch entstanden und wieder vergangen. Artefakte umkreisten den Planeten, aber sie blickten nach innen. Die Menschen reisten nicht mehr über die Grenzen ihrer Welt hinaus.

Sie schickten keine metallenen Päckchen mehr zu anderen Planeten. Er erkannte, daß zusammen mit Koroljow und Leonow noch etwas anderes gestorben war.

Doch nun wandten sich, überall auf dem Planeten, Gesichter zu ihm empor, wie Steppenblumen der Sonne. Gesichter, die vor Ehrfurcht leuchteten.

Juri Gagarin lächelte allen zu. Er setzte, auf Säulen kristallenen Lichts, zur Landung an.

Originaltitel: ›Zemyla‹ • Aus: ›Asimov's Science Fiction‹, Juni 1997 • • Übersetzung aus dem Amerikanischen von Christian Lautenschlag

---

Nancy Kress

EVOLUTION

»Dr. Bennett ist tot! Man hat ihn hinter dem Einkaufszentrum in der April Street gefunden! Er wurde erschossen!« berichtet Ceci Moore atemlos, als ich gerade die Wäsche von der Leine nehme.

Ich stehe da, mit Jacks Boxer-Shorts in den Händen, und starre sie an. Ich mag Ceci nicht besonders; sie ist aufdringlich und muß mit ihrem dünnen Körper immer im Mittelpunkt stehen. Das war schon in der High School so. Aber wir sind Nachbarn, wir ertragen uns gegenseitig. Dr. Bennett war bei der Geburt von Sean und Jackie dabei. Langsam falte ich die Boxer-Shorts und lege sie in meinen Wäschekorb.

»Willst du nicht etwas dazu sagen, Betty?«

»Hat die Polizei jemanden verhaftet?«

»Janie Brunelli sagt, es gibt keine Verdächtigen.« Tom Brunelli ist einer der fünf Polizeibeamten in Emerton. Er kann seinen Mund nicht halten. »Also ehrlich, Betty, du tust so, als ob es in dieser Stadt jeden Tag einen Mord gäbe.«

»Ist es auf dem Parkplatz passiert?« Auf dem Parkplatz des Einkaufszentrums bin ich jede Woche. Er ist nicht gepflastert, sondern besteht nur aus festgestampfter steiniger Erde und verläuft schräg hinunter zu einer niedrigen Betonmauer am Fluß. Ich nehme Jackies Bettwäsche von der Leine. Die Meerjungfrau Arielle und Prinzessin Jasmin sitzen lachend in einem Blumenfeld.

»Ja, auf dem Parkplatz«, sagt Ceci. »Gleich beim

Müllcontainer. Es muß ein Gewehr mit Schalldämpfer gewesen sein, denn niemand hat etwas gehört. Tom hat zwei Patronen einer 22250-Halbautomatik gefunden.« Ceci kennt sich aus mit Waffen. Ihr Haus ist voll davon. »Betty, warum benutzt du nicht einfach den Trockner für die Wäsche und sparst dir das mühselige Aufhängen?«

»Ich mag den Geruch von luftgetrockneter Wäsche. Und außerdem kann ich so Jackie durch das Fenster hören.«

Ceci macht ein erstauntes Gesicht. »Ist Jackie nicht in der Schule? Warum nicht?«

»Sie ist erkältet.«

»Bist du sicher, daß es nur eine Erkältung ist?«

»Ich bin sicher.« Ich nehme die Wäscheklammern von Seans T-Shirt. Auf der Vorderseite steht: HIER TRINKT DICK. HIER SITZT DICK AM STEUER. HIER STIRBT DICK. »Ceci, ich versichere dir, Jackie bekommt kein Antibiotikum.«

»Das ist gut«, meint Ceci beiläufig, und betrachtet dabei einen Augenblick lang ihre Fingernägel. »Man sagt, Dr. Bennett hat letzte Woche wieder Endozin verschrieben. Für den jüngsten Sohn der Nordstrums. Er hat ihn anschließend nicht ins Krankenhaus geschickt.« Ich antworte nicht. Auf der Rückseite von Seans T-Shirt steht: SEI KEIN DICK*. Ceci ist irritiert von meinem Schweigen. »Ich verstehe dich nicht, wie kannst du deinem Sohn nur erlauben, diese ordinäre Kleidung zu tragen.«

»Er sucht sie sich selber aus. Und übrigens ist es doch eine positive Botschaft – eine Warnung vor Alkohol am Steuer. Findest du so etwas nicht gut?«

Wir schauen uns an. Eisiges Schweigen. Schließlich sagt Ceci: »Ich glaube, es wird langsam ernst.«

---

* Dick ist in der amerikanischen Vulgärsprache der Ausdruck für das männliche Glied.

»Mord ist ernst zu nehmen.«

»Stimmt. Ich bin sicher, daß die Bullen den Mörder erwischen; wer auch immer es gewesen ist. Wahrscheinlich einer von diesen Asozialen, die in der Rainbow Bar herumhängen.«

»Dr. Bennett war aber nicht der Typ, der sich mit diesem Abschaum abgab.«

»Ich meine damit auch nicht, daß er sie gekannt hat. Ein paar Penner haben ihn wahrscheinlich wegen seiner Brieftasche umgebracht.« Sie sieht mir direkt in die Augen. »Ich kann mir kein anderes Motiv vorstellen. Und du?«

Ich schaue nach Osten zum Fluß. Auf der anderen Seite des Flusses, hinter den Häusern auf den Hügeln gerade noch sichtbar, erheben sich die drei Stockwerke des Emerton Memorial Hospitals, das zum Gedenken an die Soldaten und Seefahrer errichtet wurde. Die Brücke über den Fluß ist vor drei Wochen in die Luft geflogen. Keine Verletzten, keine Verdächtigen. Jetzt muß jeder, der zum Krankenhaus will, den Umweg von zehn Meilen über die West River Road nehmen und den Fluß dort auf der Autobahn überqueren. Jack hat mir erzählt, daß es laut Straßenbauamt zwei Jahre dauern wird, bis die neue Brücke fertig ist.

Ich sage: »Dr. Bennett war ein guter Arzt und ein guter Mensch.«

»Hat irgend jemand das Gegenteil behauptet? – Nein wirklich, Betty, du solltest deinen Wäschetrockner benutzen und dir das ewige Bücken ersparen. Das ist ungesund für deinen Rücken. Wir werden nicht jünger, Betty.« Sie macht eine Bewegung mit ihrer rechten Hand, es soll wohl eine Drohung sein, dreht sich dann um und geht. Mir fällt auf, daß ihre Fingernägel lackiert sind, bis auf den kleinsten, der ist weiß und makellos.

»Du hast keinen Beweis«, redet Jack auf mich ein, »nur wilde Verdächtigungen.«

Er setzt eine sture Miene auf. Er sitzt am Küchentisch, hundemüde von der Arbeit in der Fabrik – nach drei Überstunden – und er möchte nichts über den Mord hören. Ich werfe ihm das nicht vor. Ich sollte mich hüten. Jackie sitzt im Wohnzimmer und spielt versessen Nintendo. Sie versucht, so viele Elektronikexplosionen reinzuhämmern wie nur möglich, bevor ihr Vater kommt und im Fernsehen Fußball sehen will, wie jeden Montag. Sean ist schon mit seinen Freunden weggegangen, bevor sein Stiefvater nach Hause kam.

Ich setze mich Jack gegenüber, eine Tasse frischen Kaffee in den Händen, um meine Handflächen zu wärmen. »Ich weiß, ich habe keinen Beweis, Jack. Ich bin kein Detektiv.«

»Also laß das die Bullen machen. Das ist deren Sache, nicht unsere. Das geht dich nichts an.«

»Ich werde mich auch nicht einmischen. Du weißt das.« Jack nickt. Wir haben nichts mit der Polizei zu tun, wir beteiligen uns nicht am öffentlichen Leben, wir hören nicht einmal regelmäßig die Nachrichten. In Dinge, die uns nichts angehen, mischen wir uns nicht ein. Jack hat das noch nie getan. »Ich erzähle dir nur, was ich denke. Das kann ich doch tun, oder?« und ich höre wie meine Stimme irgendwo zwischen Flehen und Zorn steckenbleibt.

Jack hört es auch. Mit finsterem Gesicht steht er da, er legt seine Hand sanft auf meine Schulter. »Natürlich, Bets, mir kannst du alles sagen. Aber zu niemandem sonst, hörst du? Ich möchte nicht, daß wir Ärger bekommen. Das Ganze ist nicht unser Problem. Sei dankbar, daß wir alle gesund sind.«

Er lächelt und geht ins Wohnzimmer. Jackie beendet ihr Nintendospiel ohne Aufforderung; sie ist ein folgsames Kind. Ich sehe aus dem Küchenfenster, aber es ist zu dunkel, um irgend etwas, außer dem eigenen Spiegelbild, erkennen zu können. Das Fenster führt ohnehin nicht nach Osten, sondern nach Norden.

Seit der Geburt von Jackie im Emerton Memorial vor sieben Jahren habe ich den Fluß nicht mehr überquert. Und selbst damals war ich nicht einmal 24 Stunden im Krankenhaus, bevor ich mich von Jack abholen ließ. Aber nicht wegen der Infektionen – die gab es damals noch nicht. Inzwischen gibt es sie, und was ist, wenn das nächste Mal Jackie das Endozin braucht, anstelle des jüngsten Sohnes der Norstrums, oder Sean?

Wer einmal im Emerton Memorial war, dem nähert sich keiner mehr, außer vielleicht Mitglieder der eigenen Familie. Und manchmal nicht einmal mehr diese. Als Mrs. Weimer nach ihrer Operation nach Hause kam, wurde sie von ihrer Schwiegertochter ins hinterste Zimmer im ersten Stock gelegt, das Essen wurde ihr auf Papptellern an die Tür gestellt, und sie mußte eine chemische Toilette benutzen. Die Schwiegertochter half der alten Dame nicht einmal aus dem Bett. So ging es einen Monat lang – mit Mundschutz, Handschuhen, Papierkitteln –, bis Rosie Weimer sicher war, daß sich Mrs. Weimer im Emerton Memorial nicht mit mutierten, gegen alle Medikamente widerstandsfähigen Bakterien infiziert hatte. Und Mal Weimer sagte kein Wort gegen seine Frau.

»Die Leute haben Angst, aber sie tun das Richtige.« Das war das einzige, was Jack dazu sagte. Ich versuchte mit ihm darüber zu reden. Aber Jack redet nicht gern. Und so habe ich es sein lassen. Das bin ich ihm schuldig.

Aber in der Stadt – wie übrigens in allen Städten – sind die Leute nicht nur beunruhigt, sie haben fürchterliche Angst. Auch wenn man keine Nachrichten hört, erfährt man von Tumulten und Polizeispezialeinsatzkommandos. Die Hälfte der Bevölkerung ist durch diese neuartigen Keime erkrankt. Man kann die Krankheit nur mit Endozin behandeln, und auch das hilft nicht immer. Ich kann mir nicht vorstellen, daß die Polizei noch viel Zeit und Kraft für einen ermordeten

Kleinstadtarzt aufbringen kann. Und ich bin nicht so überzeugt wie Jack, daß die Leute in Emerton in jedem Fall das Richtige tun. Ich erinnere mich nur zu gut, daß sie es manchmal nicht taten. Kann sich Jack etwa nicht daran erinnern?

In einem Punkt hat er recht. Ich schulde dieser Stadt nichts. Ich stelle das schmutzige Geschirr vom Abendessen in die Spüle und ermahne Jackie, ihre Hausaufgaben zu machen.

Am nächsten Tag fahre ich zum Parkplatz hinter dem Einkaufszentrum.

Dort gibt es nicht viel zu sehen. Letzte Nacht hat es geregnet. Gleich beim Müllcontainer liegt ein dünner Plastikhandschuh und ein Stück gelbes Klebeband, wie es die Polizei benutzt, um einen Tatort abzugrenzen. Außerdem ein paar kleine schwarze Pappschachteln mit dem Zeug, das man für diese neuen Holographie-TV-Kameras braucht. Das ist alles.

»Hast du gehört, was mit Dr. Bennett passiert ist?« frage ich Sean beim Mittagessen. Jack ist wieder in der Fabrik. Jackie sitzt, mit ihrer Barbiepuppe auf dem Schoß, am Tisch. Sie glaubt, daß ich ihre Puppe nicht sehe.

Sean schaut mich von der Seite an, seine dunklen Haare hängen ihm bis über die Augen. Sein Gesicht ist völlig ausdruckslos. »Er wurde ermordet, weil er zu viel Antibiotika verschrieben hat.«

Jackie schaut auf. »Wer hat den Doktor umgebracht?«

»Diese Bastarde, sie glauben, sie sind die Anführer in dieser Stadt«, schleudert Sean heraus. Er wirft die Haare zurück, damit seine Augen frei sind. Sein Gesicht ist grau und fahl. »Diese verdammten Verbrecher. Sie werden uns alle kriegen.«

»Das reicht, Sean«, rufe ich.

Jackies Lippen zittern. »Wer wird uns alle kriegen, Mami …?«

»Niemand wird hier irgend jemanden kriegen«, versuche ich Jackie zu beruhigen. »Sean, hör auf damit. Du machst ihr Angst.«

»Ja, sie sollte auch Angst haben«, erwidert Sean hart. Er verstummt und starrt auf seinen Teller. Sean ist jetzt sechzehn. Ich schaue ihn an, seine dicken, dunklen Haare und seinen trotzigen Mund. Ich denke, es ist eine Sünde, ein Lieblingskind zu haben, aber ich kann es nicht ändern. Und ich würde sogar, Gott verzeih mir, Jackie und Jack für diesen Jungen opfern.

»Ich möchte, daß du heute abend die Garage saubermachst, Sean. Du hast es Jack schon vor drei Tagen versprochen.«

»Morgen. Heute abend muß ich weg.«

Jackie fragt: »Warum soll ich Angst haben?«

»Heute abend«, sage ich streng zu Sean.

Sean sieht mich mit seinen tiefblauen Augen verzweifelt an.

»Nicht heute abend, ich muß weg.«

Jackie fragt noch einmal: »Warum soll ich ...«

Ich sage noch einmal eindringlich: »Du bleibst zu Hause und machst die Garage sauber.«

»Nein.« Er starrt mich wütend an und schweigt. Jetzt sieht er aus wie sein Vater. Er hat sogar Tränen in den Augen. »Ich werde es morgen tun, Mom, ich verspreche es. Gleich nach der Schule. Aber heute abend muß ich weg.«

»Wohin?«

»Weg.«

»Warum sollte ich Angst haben? Wovor Angst haben? Mommy!«

Sean wendet sich an Jackie: »Du brauchst keine Angst zu haben, kleine Jackie. Alles wird gut. So oder so.«

Ich höre den Klang seiner Stimme, und ein Schmerz durchdringt meinen Körper. Ich wende mich an Jackie: »Du kannst jetzt Nintendo spielen. Ich räume den Tisch ab.«

Ihr Gesicht hellt sich auf und sie springt vergnügt ins Wohnzimmer. Ich sehe meinen Sohn an.

»Was bedeutet das: ›So oder so‹? Sean, was geht hier vor?«

»Nichts«, sagt er und blickt mir direkt in die Augen. Er lächelt sanft, und daran erkenne ich zum ersten Mal wirklich, wie ähnlich er doch seinem Vater ist. Er lügt mich an mit einem Lächeln im Gesicht.

Zwei Tage später, gerade als ich vom Einkaufszentrum zurückkomme, nehmen *sie* mit mir Verbindung auf.

In den Nachrichten wurde an zwei Abenden hintereinander über den Mord berichtet, dann nicht mehr.

Über den Parkplatz verstreut liegt inzwischen noch mehr Abfall von diesen TV-Kameras, außerdem eine Weinflasche, halb in den Boden vergraben, mit einem Strauß gelber Rosen darin.

Gleich daneben steht ein nur mit Steinen beschwerter Korb. Solche Körbe hat Bonny zur Obstblüte immer mit teuren, getrockneten Blumen gefüllt. Während ich auf den Korb starre, erinnere ich mich, daß Bonnie Widelstein ihr Geschäft vor einigen Monaten aufgegeben hat. Sie hatte ein bösartiges Geschwür, und nachdem sie aus dem Emerton Memorial entlassen wurde, wollte niemand mehr Blumen bei ihr kaufen.

Als ich nach Hause komme, sehe ich den schwarzen Sportwagen von Sylvia James in unserer Hauseinfahrt stehen. Warum taucht sie hier auf? Was will sie von mir?

»Sylvia«, sage ich tonlos.

Sie klettert aus ihrem Wagen und lächelt verkrampft. »Elizabeth! Wie schön dich zu sehen!« Ich antworte nicht. Seit sechzehn Jahren haben wir uns nicht mehr gesehen. Sie hat einen Käsekuchen mitgebracht, ich liebe Käsekuchen. Sie ist immer noch blond, immer noch schlank, immer noch gut gekleidet. Sie taucht einfach hier auf, so als ob nichts gewesen wäre.

Ich bitte sie trotzdem ins Haus, mein Herz schlägt laut in meiner Brust. *Sean. Sean.*

Wir gehen ins Haus, ihr Lächeln verschwindet und sie schaut verlegen drein, was auch angebrachter ist.

»Elizabeth ...«

»Betty«, sage ich, »ich nenne mich jetzt Betty.«

»Betty. Ich möchte mich entschuldigen, dafür daß ich nicht ... daß ich nicht bei dir war, als du damals in der Klemme stecktest. Ich weiß, es ist lange her, aber trotzdem, ich ... ich war keine sehr gute Freundin.« Sie zögert. »Ich hatte solche Angst.«

Warum denn *du,* ich hätte doch Angst haben müssen, würde ich sie am liebsten fragen.

Ich verschwende keinen Gedanken mehr an diese dumme Geschichte. Nicht einmal, wenn ich Sean beobachte.

Als Sylvia und ich die Abschlußklasse der High School besuchten, waren wir die dicksten Freundinnen. Das war vor siebzehn Jahren. Keine von uns hatte eine Schwester, und so beschlossen wir, wie Schwestern zu sein, obwohl Sylvias Eltern überhaupt nicht glücklich darüber waren, daß sich ihre einzige Tochter mit so einer wie mir herumtrieb. Die Goddards wohnten auf der anderen Seite des Flusses. Sylvia hörte nicht auf ihre Eltern, und ich hörte nicht auf die Warnungen meiner ständig betrunkenen Tante, die meine ganze Familie war. Solche gesellschaftlichen Unterschiede waren für uns unwichtig. In der Abschlußklasse waren wir ein Gespann, ›Sylvia-und-Elizabeth‹, die zwei hübschesten und mutigsten Mädchen mit akademischer Zukunft.

Und dann, plötzlich, war alles anders. Ich lernte Randolf Satler kennen, einen jungen Assistenzarzt. Er arbeitete im Krankenhaus auf der Station von Sylvias Vater. Ich wurde schwanger und Randy ließ mich sitzen. Ich weigerte mich, einen Vaterschaftstest machen zu lassen. Wenn er mich und das Kind nicht freiwillig wollte, dann wollte ich ihn auch nicht zwingen. Dazu war ich zu stolz. Das habe ich allen eingeredet, einschließlich mir selbst. Ich war erst achtzehn. Ich wußte damals nicht, wie alltäglich meine Geschichte doch war. Ich glaubte, ich sei die einzige auf der ganzen weiten Welt, der etwas so Furchtbares widerfahren war.

Nachdem also Sean im Emerton Memorial geboren war und Randy sich mit einer anderen verlobt hatte, brachte ich mein Kind ›heim‹ zu meiner alten Tante, kaufte mir in der Stadt einen Smith & Wesson-Revolver und zerschoß damit die Fenster von Randys Haus, das auf der anderen Seite des Flusses lag. Ich hatte geglaubt, das Haus sei leer, aber eine Kugel traf den Gärtner, der sich gerade an der Hausbar im Wohnzimmer bediente. Der Richter gab mir siebeneinhalb Jahre. Meinem Rechtsanwalt habe ich es zu verdanken, daß ich nur fünf davon absitzen mußte, er hat auf Entbindungsdepressionen plädiert. Der Gärtner überlebte und zog nach Miami. Dr. Satler war auf dem besten Wege, Chefarzt im Emerton Memorial zu werden und eine Menge anderer wichtiger Ämter in der Stadt zu übernehmen. Sylvia hat mich nie in der Haftanstalt in Bedford Hills besucht. Niemand hat mich besucht, außer Jack. Der hatte, als ›Sylvia-und-Elizabeth‹ noch auf der Emerton High School herumstolzierten, die Schule schon abgebrochen und arbeitete im Einkaufszentrum. Nachdem ich aus Bedford entlassen wurde, bekam ich Sean von seinen Pflegeeltern zurück, aber nur, weil Jack mich geheiratet hatte.

Wir leben in Emerton, aber wir gehören nicht hierher.

Sylvia stellt den Kuchen auf den Küchentisch und setzt sich, ohne Aufforderung. Offensichtlich sucht sie immer noch nach Entschuldigungen. Sie ist jedoch klug genug, um zu wissen, daß es Dinge gibt, für die man sich nicht entschuldigen kann.

»Eliz … Betty, ich bin nicht wegen der Vergangenheit hier. Ich bin hier wegen des Mordes an Dr. Bennett.«

»Damit habe ich nichts zu tun.«

»Aber es betrifft uns alle. Dan Moore wohnt gleich bei dir nebenan.«

Ich erwidere nichts.

»Er, Ceci, Jim Dyer und Tom Brunelli sind die Rädelsführer einer geheimen Organisation, die das Emerton Memorial Hospital schließen wollen. Sie glauben, das Krankenhaus sei der Nährboden für diese Infektionen, gegen die nur Endozin helfen kann. Nun, sie haben recht – es ist in allen Krankenhäusern so. Aber Dan und seine Organisation sind fest entschlossen, jeden Arzt zu bestrafen, der Endozin verschreibt, denn durch das Endozin kann der Organismus keine Abwehrkräfte mehr entwickeln. Sie werden im Ernstfall selbst auch kein Endozin nehmen.«

»Sylvia« – der Name kommt mir schwer über die Lippen, nach all der Zeit – »ich will damit nichts zu tun haben.«

»Aber ich sage dir doch. Wir brauchen dich, Eliz ... Betty. Dan und Ceci wohnen hier gleich nebenan. Du kannst uns berichten, wann sie das Haus verlassen, wer sie besucht und falls sich etwas Verdächtiges ereignet. Wir sind keine gewalttätige Organisation, wie sie es sind, Betty. Wir tun nichts Illegales. Wir bringen keine Leute um, wir sprengen keine Brücken in die Luft und wir bedrohen niemanden, so wie die Nordstrums bedroht wurden, weil sie Endozin für ihre kranken Kinder bekamen; das sind doch nur kleine, ungebildete Leute.«

Sie hielt inne. Jack und ich sind im Grunde auch kleine, ungebildete Leute. »Ich kann dir nicht helfen, Sylvia«, entgegnete ich kühl.

»Es tut mir leid, Betty. Das war nicht so gemeint. Dies hier ist doch viel wichtiger als das, was vor 15 Jahren passiert ist! Verstehst du das denn nicht?« Sie beugte sich über den Tisch zu mir herüber. »Das ganze Land ist davon betroffen. Die Gesundheit von allen ist bedroht, wie damals 1918, als die Spanische Grippeepidemie ausbrach. Und in unserem Fall hat es gerade erst begonnen. Diese widerstandsfähigen Bakterien produzieren alle zwanzig Minuten eine neue Generation, sie können resistente Gene nicht nur innerhalb einer Spezies austauschen, sondern verschiedene Gattungen kreuzen sich untereinander. Die Bakterien werden gewinnen. Und Leute wie die Moores nutzen dies aus, um weiter zum Untergang unserer Gesellschaft beizutragen.«

In der High School hat Sylvia immer alles in Frage gestellt. Aber jetzt bin ich an der Reihe. »Wenn die Moore-Gruppe versucht, die Verwendung von Endozin zu verhindern, kämpfen sie dann nicht auch gegen eine weitere Verbreitung der widerstandsfähigen Bakterien? Und wenn das so ist, sind nicht sie dann diejenigen, die letztlich die Gesundheit der Bevölkerung retten, anstatt *ihr?*«

»Durch Dynamit, Einschüchterung und Mord? Betty, ich weiß, daß du diese Dinge auch nicht befürwortest. Sonst wäre ich doch nicht hier und würde dir von unserer Widerstandsgruppe erzählen. Bevor ich hierherkam, haben wir dich genau beobachtet. Welches Leben du führst – jetzt führst. Du und dein Mann, ihr seid ordentliche Menschen, ihr geht zu den Wahlen, ihr spendet für Aids-Waisen, ihr ...«

»Wie kannst du das wissen? Es war doch eine anonyme Spende!«

»... du hast den Antrag zum Schutz der Obdachlosen unterschrieben. Dein Mann war Mitglied der Jury, die Paul Keene wegen Betrugs verurteilt hat, obwohl sein Immobilienprojekt die Wirtschaft in Emerton angekurbelt hat. Du ...«

»Hör auf«, rief ich. »Du hast kein Recht, mir nachzuspionieren wie einer Verbrecherin!«

Ich habe Unrecht getan. Aber das ist vorbei. Sylvia hat recht, wenn sie sagt, daß Jack und ich an Recht und Ordnung glauben, aber aus zwei verschiedenen Gründen. Jack glaubt daran, weil schon sein Großvater und sein Vater daran glaubten. Und ich glaube daran, weil ich in Bedford gelernt habe, daß nur strenge Gesetze einigermaßen vor Verbrechen schützen, von denen Sylvia James keine Ahnung hat. Verbrechen, vor denen ich meine Kinder fernhalten will.

Sylvia redet weiter auf mich ein: »Wir haben viele Leute auf unserer Seite, Betty. Das sind Leute, die nicht wollen, daß in unserer Stadt Gewalt herrscht, wie es in den Städten Albany und Syracuse, und besonders in New York mittlerweile der Fall ist.«

Vor einem Monat wurde das Krankenhaus im New Yorker Stadtteil Queens in die Luft gesprengt. Das ganze Gebäude ist durch eine Serie von Zeitbomben einfach in die Luft geflogen. Eintausendsiebenhundert Menschen starben in weniger als einer Minute.

»Unsere Gruppe ist sehr gemischt«, führt sie weiter aus, »einige führende Persönlichkeiten der Stadt, ein paar Hausfrauen, ein paar Lehrer, fast das ganze medizinische Personal des Krankenhauses. Das sind Menschen, die sich Sorgen machen wegen der fürchterlichen Vorfälle in Emerton.«

»Dann bist du bei mir an der falschen Adresse«, erwiderte ich barsch. »Ich mache mir keine Sorgen um Emerton.«

»Du zweifelst«, sagte Sylvia ruhig. »Und ich bin mit schuld an deinen Zweifeln, ich weiß. Ich bin überzeugt, du wirst uns helfen, Elizabeth. Ich weiß, du machst dir Sorgen um deinen Sohn – wir haben beobachtet, was für eine gute Mutter du bist.«

Sie erwähnte zum ersten Mal seinen Namen. Drohend sagte ich zu ihr: »Du hast schon wieder unrecht, Sylvia, ich brauche euch nicht, um Sean zu beschützen. Wenn du es zuläßt, daß er in eure Sache verwickelt wird, wirst du dir wünschen, nie geboren worden zu sein. Ich habe verdammt hart gearbeitet, damit ich sichergehen kann, daß er nie mit dem in Berührung kommt, was vor siebzehn Jahren passiert ist. Er darf überhaupt nicht in eure Sache verwickelt werden, mit eurem ›medizinischen Krankenhauspersonal‹. Und Sean schuldet dieser Stadt auch nichts, niemand hat sich damals um ihn gekümmert, nachdem meine Tante gestorben war, er mußte zu …«

Sylvia starrt mich ungläubig an. »O mein Gott«, sie tut völlig überrascht, »ist es möglich, daß du keine Ahnung hast? Hat dir Sean nichts gesagt?«

»Was hätte er mir sagen sollen?« Ich stehe auf und ich fühle mich wieder wie siebzehn, und ich habe auch solche Angst wie damals. ›Sylvia-und-Elizabeth‹?!

»Dein Sohn ist nicht auf unserer Seite. Er hilft Dan Moore und Mike Dyer. Sie lassen Jugendliche für sich arbeiten, denn sie werden nicht so streng bestraft wie Erwachsene, wenn sie erwischt werden. Wir glauben, daß Sean zu den Jugendlichen gehört, die vor einiger Zeit die Brücke in die Luft gesprengt haben.«

Ich fahre zuerst zur High School. Sean ist nicht da; dort scheint er den ganzen Vormittag noch nicht aufgekreuzt zu sein. Bei Tom und Keith, seinen Freunden, ist niemand zu Hause. Er ist nicht im Billard Ball, nicht im Emerton Diner oder im American Bowl, das sind die Bars, in denen er sich sonst herumtreibt. Verzweifelt laufe ich durch die Straßen, um ihn zu suchen.

So etwas hat es in Emerton noch nie gegeben. Wir hatten Raufereien bei Basketballspielen, Autodiebstähle und eingeschlagene Fensterscheiben an Halloween und auch tödliche Autounfälle nach High-School-Festen, aber keine Untergrundterroristen und keine Selbstschutzgruppen zur Abwehr von Terroristen. Nicht in Emerton. Und schon gar nicht mit meinem Sohn als Mitglied.

Ich fahre zur Fabrik und lasse Jack ausrufen.

Er kommt aus der Halle, er ist verschwitzt und schmutzig. Die Luft ist erfüllt von Maschinengeklirr,

Schleif- und Bohrgeräuschen. Ich ziehe ihn nach draußen, dort stehen Tische und Bänke für die Arbeiter. »Betty, was ist los?«

»Sean, er ist in Gefahr.«

Jacks Gesichtsausdruck verändert sich blitzschnell. »In welcher Gefahr?«

»Sylvia Goddard hat mich heute besucht. Sylvia James. Sie behauptet, daß Sean Mitglied der Gruppe ist, die die Brücke in die Luft gesprengt hat, die versucht, das Emerton Memorial zu schließen und ... und die Dr. Bennett ermordet hat.«

Jack streift sich umständlich seine Handschuhe ab, das dauert eine Weile. Schließlich schaut er mich an. »Wie kommt dieses Miststück Sylvia Goddard dazu, hier einfach aufzukreuzen und so etwas zu behaupten? Nach all dem was passiert ist?«

»Jack! Ist das alles, woran du denkst? Sean ist in Schwierigkeiten!«

Er redet ruhig weiter: »Nun, Bets, früher oder später mußte es ja passieren, oder nicht? Er war schon immer ein schwieriges Kind. Er ist rebellisch und läßt sich nichts sagen.«

Verständnislos sehe ich Jack an.

»Manche Menschen müssen ihre Erfahrungen eben auf diese Weise machen.«

»Jack ... es ist ernst! Er könnte vielleicht in diesen Terror verwickelt werden. Er könnte im Gefängnis landen!«

»Niemals hat er sich etwas sagen lassen.« Jack sagt das mit einem Unterton in der Stimme, als ob er schon immer gewußt habe, daß so etwas passieren würde. Es ist ja nicht sein Sohn, der mißraten ist, sondern Dr. Randy Satlers Sohn.

»Also«, schlägt Jack vor, »wenn die Schicht zu Ende ist, werde ich nach ihm suchen und ihn dir wiederbringen. Und du fährst jetzt nach Hause und wartest dort auf uns.« Er sieht mich besänftigend an. Wenn irgend möglich, wird er Sean finden. Aber er tut es nur weil er *mich* liebt.

Mir bleibt die Stimme weg.

»Geh jetzt nach Hause, Bets. Alles wird gut. Sean braucht nur jemanden, der ihm den Unfug austreibt.«

Ich drehe mich um und gehe. Auf dem Weg zum Parkplatz drehe ich mich noch mal um und sehe, wie Jack, immer noch mit seinen Handschuhen beschäftigt, in die Fabrik zurückgeht.

Ich fahre nach Hause, ich wüßte nicht, was ich sonst tun könnte. Ich setze mich auf die Couch und lasse meine Gedanken zurückschweifen an einen anderen Ort. An einen Ort, an dem ich nicht mehr war, seit ich aus Bedford entlassen wurde. Ein Ort aus grauem Granit, an dem man selbst zu Granit wird. Man sitzt und wartet, Stunde um Stunde, Woche für Woche, Jahr um Jahr, ohne etwas Besonderes zu fühlen oder zu denken. Ich kehre innerlich zurück an diesen Ort, und ich werde wieder die Elizabeth, die ich damals war, als Sean irgendwo bei Pflegeeltern war. Ich wußte nichts von ihm, nicht, bei wem er war, ob sie ihn gut behandelten und ob ich ihn jemals wieder zurückbekommen würde. Ich versuche, an diesen grauen Ort aus Granit zu gelangen, um hart wie Stein zu werden.

Aber es gelingt nicht.

Es ist zu lange her. Sean ist jetzt schon so lange bei mir. Bei Jack fühle ich mich so sicher und geborgen. Ich kann und will auch gar nicht an diesen grauen steinigen Ort zurückkehren.

Jackie schläft heute nacht bei einer Freundin. Ich sitze im Dunkeln, im ganzen Haus brennt kein Licht, das Auto habe ich in der Garage geparkt. Keiner, weder Sean noch Jack, kommt nach Hause. Um zwei Uhr morgens beobachte ich, wie eine Gruppe von dunkel gekleideten Gestalten über den Rasen des Nachbargrundstücks schleicht. Sie schleppen große, in dunklen Stoff gewickelte Pakete in das Haus von Dan und Ceci.

Gegen 6.30 Uhr kommt Jack völlig erschöpft nach Hause.

Er ist allein.

»Ich konnte ihn nicht finden, Betty, ich habe überall gesucht.«

»Danke, Jack.« Ich schaue ihn an, und schweigend akzeptiert er meinen Dank. Er hat es für mich getan, nicht für Sean. Und auch nicht für sich selbst, als der Stiefvater. Ich verdränge meinen aufkeimenden Zorn und schlage vor: »Du solltest versuchen zu schlafen, Jack.«

»Ja.« Er wankt durch den engen Flur in unser Schlafzimmer. Spätestens in drei Minuten wird er schnarchen.

Lautlos lasse ich das Auto die Garagenauffahrt runterrollen. Unser Schlafzimmer liegt zur Straßenseite. Die Gardinen bewegen sich nicht.

Die West River Road ist leer bis auf einige Lastwagen. Ich überquere den Fluß auf der Autobahn und fahre an der Ostseite, entlang an Äckern und Wiesen, zurück. Nach etwa drei Meilen dringt der Geruch von verbranntem Fleisch durch das Fenster.

Nahe am Weidezaun entdecke ich Kühe. Ich halte den Wagen an und steige aus. Es sind etwa fünfzehn Holsteiner. Mühsam klettere ich über den Zaun und sehe die Einschußlöcher in ihren Schädeln. Jemand hat sie zusammengetrieben, eine nach der anderen getötet und dann mit ordentlich zerkleinertem Brennholz ein laues Feuer über den Tierkörpern entfacht. Das Feuer ist bereits erloschen, und es sieht so aus, als hätte es auch nicht lange brennen sollen; vielleicht sollte es nur Aufmerksamkeit erregen.

Ich habe noch nie gehört, daß der Mensch Krankheiten auf Tiere übertragen kann. Warum wurden die Kühe erschossen?

Ich kehre zum Wagen zurück und fahre weiter zum Emerton Memorial.

In diesem Teil der Stadt ist es totenstill. Gras wächst

überall. Auf den Verandastufen einer großen Villa häufen sich die ungelesenen Zeitungen. Keine Kinder, die auf den Schulbus warten, keine Autos, die sich auf dem Weg zur Arbeit auf der Hauptstraße stauen. Ich fahre über den Parkplatz des Krankenhauses, er ist so gut wie verlassen. In der letzten Minute drehe ich das Lenkrad herum und verlasse den Parkplatz wieder. Ich stelle den Wagen nicht auf den Krankenhausparkplatz oder am Straßenrand ab, sondern in der Einfahrt eines Hauses, unter einer Gruppe von Bäumen.

Am Informationsschalter sitzt niemand. Der Geschenkeladen ist geschlossen. Keiner spricht mich an, während ich den Übersichtsplan in der Eingangshalle studiere, obwohl zwei Gestalten in Kitteln und Masken an mir vorüberhasten.

CHEFARZT DR. RANDOLF SATLER. Dritter Stock, Ostflügel. Ich nehme den Fahrstuhl, auch der ist menschenleer.

Im zweiten Stock hält der Aufzug. Die Tür geht auf, ein Mann steht vor dem Fahrstuhl, ein Farmer mittleren Alters in Overall und Arbeitsstiefeln, seine Augen sind rot und geschwollen, als hätte er geweint. Die Wand gegenüber besteht aus getönten Scheiben, in denen sich der Rücken des Mannes spiegelt. Es herrscht ein ständiges Kommen und Gehen.. Von irgendwoher höre ich eine Stimme: »Schwester. Schwester ..., o mein Gott ....« Ein Krankenbett steht im Flur, der Körper darauf ist bis über den Kopf mit einem Laken zugedeckt. Der Mann im Overall starrt mich mit weit aufgerissenen Augen an und reißt seine Hände hoch, als ob er den Aufzug wie einen Dämon abwehren wollte. Er tritt einen Schritt zurück. Die Tür geht zu.

Nach Halt suchend umklammere ich das Geländer im Fahrstuhl.

Der dritte Stock wirkt verlassen. Farbige Pfeile führen durch die Gänge: gelb zur PATHOLOGIE und zum LABOR, grün zur ATMUNGSTHERAPIE, rot zur PFLEGEABTEILUNG. Ich folge den gelben Pfeilen.

Sie führen in eine kleine Nische am Ende des Ganges, dort stehen Stühle, Zeitschriften liegen auf dem Boden herum. In einem kurzen Korridor entdecke ich drei verschlossene Türen.

Ich nehme die hinterste Tür und klopfe an. Keine Worte, nur das regelmäßige Klopfen meiner Faust. Nach einer Minute versuche ich es an der nächsten Tür. Eine Stimme erkundigt sich: »Wer ist da?«

Ich erkenne diese Stimme durch die verschlossene Tür. Sogar noch nach siebzehn Jahren. Ich rufe: »Polizei! Öffnen Sie die Tür!«

Er öffnet die Tür, schlägt sie jedoch gleich wieder zu, ich stemme mich mit meiner ganzen Kraft dagegen und gelange ins Labor.

»Elizabeth?«

Er ist älter und schwerer geworden, aber immer noch derselbe. Dunkles Haar, blaue Augen ... Ich schaue jeden Tag beim Abendessen in dieses Gesicht. Ich habe es bei Fußballspielen, in Schulaufführungen und in seinem Laufstall gesehen. Dr. Satler wirkt noch überraschter, als ich gedacht habe. Sein Gesicht ist weiß, der Schweiß steht ihm auf der Stirn.

»Hallo, Randy.«

»Elizabeth. Du darfst hier nicht rein. Du mußt gehen.«

»Wegen der Keime? Glaubst du, ich kümmere mich darum? Schließlich bin ich doch hier im Krankenhaus, nicht wahr, Randy? Hier gibt es doch Endozin. Dieser Ort ist doch sicher, wenn nicht gerade eine Bombe hochgeht.«

Er starrt erst auf meine linke Hand, die noch immer den Türgriff umklammert, dann auf den Revolver in meiner rechten Hand. Ein siebzehn Jahre alter Smith & Wesson-Revolver, in fünf von diesen siebzehn Jahren wurde der Revolver nicht gesäubert und nicht geölt, war versteckt in der Garage meiner Tante. Aber er funktioniert noch.

»Ich werde nicht auf dich schießen, Randy. Es ist mir gleichgültig, ob du lebst oder tot bist. Aber du wirst mir helfen, meinen Sohn zu finden – auch deinen Sohn. Sylvia Goddard behauptet, er stecke mit der Bande, die die Brücke in die Luft gesprengt hat, unter einer Decke. Er versteckt sich irgendwo, wahrscheinlich zu Tode verängstigt. Du kennst doch jeden einflußreichen Menschen hier in der Stadt, du wirst jetzt zu diesem Telefon dort gehen und herausfinden, wo Sean ist.«

»Ich hätte es auch ohne Drohung getan«, erwidert er ungeduldig und arrogant mit einem Blick auf meinen Revolver. Genau so habe ich ihn in Erinnerung. Allerdings steht ihm jetzt der Schweiß im blassen Gesicht. »Nimm das blöde Ding weg, Elizabeth.«

»Nein.«

Wortlos dreht er mir den Rücken zu und wählt eine Nummer am Telefon.

»Cam? Hier ist Randy Satler. Könntest du ..., nein, darum geht es nicht ... nein, noch nicht.«

Er spricht mit Cameron Witt, dem Bürgermeister. Sein Sohn ist der Chef der fünf Polizisten in Emerton.

»Kannst du mir einen Gefallen tun. Es wird ein Kind vermißt ... Das weiß ich, Cam. Du brauchst mir keinen Vortrag darüber zu halten, wie schlimm so etwas ... Vielleicht kannst du etwas über dieses Kind erfahren. Es ist Sean Baker.«

»Pulaski. Sean Pulaski!« rufe ich dazwischen. Nicht einmal das weiß er.

»Sean Pulaski. Ja genau, der eine ... Okay. Ruf mich an ... Nein, wenn ich's dir doch sage. Noch nicht.« Er legt auf. »Cam wird sich darum kümmern und dann zurückrufen. Steckst du nun endlich dieses blöde Ding weg, Elizabeth?«

»Du bedankst dich niemals. Für gar nichts.« Der Satz rutscht mir so raus. Verdammt.

»Wofür denn – dafür, daß du mich nicht erschießt?« Er reagiert betont gleichgültig, doch daran erkenne ich, wie wütend er ist. Man kommandiert Dr. Randy Satler nicht mit vorgehaltener Kanone herum. Ich frage mich, warum er nicht das Sicherheitspersonal ruft.

»Gut. Da ich jetzt hier bin, gib mir eine Dosis Endozin, für alle Fälle.« Er starrt mich ziemlich wütend an. »Zu spät, Elizabeth.«

»Was meinst du mit ›zu spät‹? Habt ihr kein Endozin mehr?«

»Natürlich haben wir.« Plötzlich schwankt er, seine Hand greift nach hinten, er muß sich am Tisch, auf dem sich Gläser und Papier stapeln, abstützen.

»Randy, du bist krank.«

»Ja, ich bin krank. Aber man kann diese Krankheit nicht mit Endozin heilen ... Elizabeth, es hätte genügt, wenn du mich angerufen hättest. Ich hätte Sean für dich gesucht.«

»O ja, genau so, wie du dich bis jetzt um ihn gekümmert und mir geholfen hast, ihn aufzuziehen.«

»Du hast mich nie gebeten.«

Jetzt verstehe ich. Er glaubt wirklich, ich sei daran schuld, daß er keine Beziehung zu seinem Sohn hat. Randy gibt eben nur, worum er gebeten wird. Er wartet vornehm, bis man ihn um seine Hilfe bittet, ihn geradezu anfleht, und dann hilft er. Wenn es ihm paßt.

»Ich wette, deine Frau muß dich auch darum bitten, daß du dich um eure Kinder kümmerst«, kontere ich.

Das Blut schießt ihm ins Gesicht, und ich weiß, daß ich recht habe. Seine blauen Augen werden dunkel, und er sieht jetzt aus wie Jack, wenn er kurz vorm Explodieren ist. Aber Randy ist nicht Jack. Ein Wutausbruch wäre zu gewöhnlich für ihn. Statt dessen meint er überheblich: »Es war dumm von dir, hierherzukommen. Hast du denn die Nachrichten nicht gehört?«

Habe ich natürlich nicht.

»Das CDC hat gestern abend öffentlich bekanntgegeben, was wir Mediziner schon vor Wochen erkannt hatten. Eine ansteckende Art von Staphylokokken hat sich mit endozin-resistenten Plasmen von Enterokokken vereinigt.« Er macht eine Pause, um Atem zu schöpfen. »Und Pneumokokken haben wahrscheinlich das selbe Stadium erreicht.«

»Was bedeutet das?«

»Das bedeutet, du dummes Ding, daß jetzt eine hochansteckende Infektion vorliegt, gegen die jedes Medikament machtlos ist. Kein Antibiotikum wirkt mehr, nicht einmal mehr Endozin. Dieser neue Erreger ist gegen alles resistent. Und er kann überall leben und sich vermehren.«

Ich lasse den Revolver sinken. Jetzt wird mir alles klar: der leere Parkplatz, kein Sicherheitspersonal, der Mann, der nicht in den Aufzug steigen wollte, Randys Gesicht. »Und du bist infiziert?!«

»Wir sind alle infiziert. Jeder ... in diesem Krankenhaus. Und da du ja unbedingt hierherkommen mußtest, hast du dich vermutlich jetzt auch angesteckt.«

»Du wirst sterben«, in meinem Innersten hoffe ich es beinahe.

Er lächelt.

Er steht da in seinem weißen Kittel, schwitzt wie ein Tier, ist kaum fähig, sich aufrecht zu halten, wurde beinahe erschossen von einer Frau, die er einst schwanger sitzenließ ..., und er lächelt. Seine blauen Augen glänzen. Er gleicht einem Bild, daß ich vor langem einmal in einem Buch gesehen habe; früher habe ich viel gelesen. Ich brauche einige Zeit, um mich daran zu erinnern, es war in meinem Geschichtsbuch auf der High School. Es war das Bild eines Feldherrn.

»Schließlich werden wir alle sterben«, sagte Randy. »Aber ich hoffe, nicht hier und jetzt.« Völlig unerwartet stürzt er zu mir herüber, ich trete einen Schritt zurück. Er lächelt schwach.

»Ich will dich nicht absichtlich anstecken, Elizabeth. Ich bin Arzt. Ich möchte nur den Revolver.«

»Nein.«

»Na schön, dann behalt ihn. – Was weißt du über die Beulenpest im vierzehnten Jahrhundert?«

»Nichts«, behaupte ich, obwohl ich einiges darüber weiß. In seiner Gegenwart fühle ich mich immer dumm und unbeholfen. Ich ärgere mich über mich selbst.

»Dann begreifst du das Ausmaß der Katastrophe gar nicht, wenn ich dir sage, daß unsere Erreger das gleiche Potential haben wie die damaligen« – wieder ringt er nach Luft – »sie übertragen sich genau so schnell und mit der gleichen tödlichen Wirkung. Sie gedeihen überall. Sogar auf Türklinken.«

»Und warum, verdammt noch mal, lachst du?«

Alexander. Jetzt fällt es mir ein. Dieses Bild des Feldherrn. Es war Alexander der Große.

»Weil ich … weil das CDC mich eingeteilt hat … für die Kommission, um zu erforschen …« Sein Gesicht wird noch weißer. Und er fällt vornüber auf den Boden.

Ich stürze zu ihm hin, drehe seinen Körper mit dem Gesicht nach oben und lege meine Hand auf seine Stirn. Er ist brennend heiß. Ich mache einen Satz zur Tür. »Schwester! Doktor! Hier ist ein kranker Arzt!«

Niemand kommt.

Ich renne den Flur entlang. In der Atmungstherapie ist niemand. Genauso in der Pflegeabteilung. Ich drücke den Knopf für den Fahrstuhl, aber ich warte nicht, bis er kommt, ich laufe zurück zu Randy.

Ich schaue zu ihm hinunter, wie er da gekrümmt auf dem Boden liegt und schwer atmet.

Auf diesen Augenblick habe ich Jahre gewartet. Tag und Nacht habe ich davon geträumt, in Emerton, in Bedford Hills und in Jacks Armen. Ein Traum in tausend lächerlichen, melodramatischen Versionen. Und jetzt ist es soweit, Randy liegt hilflos und flehend am Boden, und ich stehe über ihm. Ich habe es in der Hand, ob er lebt oder stirbt. Ich allein.

Ich wringe ein Handtuch in kaltem Wasser aus und

lege es ihm auf die Stirn. In einer Ecke des Labors steht ein Kühlschrank, dort finde ich Eis und kühle Randy damit die Stirn. Er beobachtet mich, er keucht wie eine alte Maschine.

»Elizabeth. Bring mir … die Spritze, aus der Schachtel … auf dem Tisch dort.«

Ich bringe sie ihm. »Soll ich jemanden holen, Randy? Sag mir, wo?«

»Nein. Niemanden. Es geht mir … nicht ganz so schlecht … wie es aussieht. Noch nicht. Erst das Anfangsstadium … Atemnot.« Er nimmt die Spritze.

»Wird dir das Medikament helfen? Du sagtest doch, Endozin wirkt bei dieser neuen Infektion nicht mehr.« Im Augenblick sieht er etwas besser aus.

»Es ist kein Medikament. Und es ist auch nicht für mich. Es ist für dich.«

Er schaut mich fest an. Ich glaube, Randy würde seine Hilflosigkeit nie zugeben oder gar um Hilfe bitten. Niemals.

Er läßt die Hand mit der Spritze sinken. »Hör zu, Elizabeth. Du hast eine kleine Ch …«

Irgendwo weit weg beginnt eine Sirene zu heulen. Randy überhört sie einfach. Plötzlich wird seine Stimme viel fester, obwohl er jetzt wieder schwitzt und seine Augen vor Fieber glänzen.

»Dieser Erreger ist gegen alles resistent, was wir ausprobiert haben. Wir haben ihn gezüchtet und Versuche gemacht. Cephalosporine, Aminoglykoside und Vankomyzin, sogar Endozin … Ich glaube, ich werde gleich einen grampositiven, septischen Schock erleiden …« Er stockt, seine Augen glänzen, nach einem Augenblick findet er den Faden wieder. »Wir haben alle Möglichkeiten zur Bekämpfung ausgeschöpft. Zelleinschluß, bakterielle Ribosomen, Folsäurebahnen. Aber die Mikroben des Erregers haben gegen alles Gegenmaßnahmen ergriffen. Wie Beta-Laktam.«

Ich verstehe diese Sprache nicht. Auch wenn er nur

mit sich selbst spricht, gibt er mir das Gefühl, dumm und unwissend zu sein.

»Warum bringen die Leute jetzt die Kühe um? Sind auch die Kühe krank?« frage ich ihn.

Er sammelt sich wieder. »Kühe? Nein, sie sind nicht krank. Die Farmer verwenden große Mengen Antibiotika, um die Milch- und Fleischproduktion zu erhöhen. Durch die Verwendung von Endozin in der Landwirtschaft hat sich die Widerstandsfähigkeit der Erreger um tausend Prozent beschleunigt, seit ... Aber das ist doch jetzt alles nicht wichtig. Hör mir lieber zu, was ich dir sage.«

Ich stehe auf und schaue zu ihm hinunter, wie er zitternd am Boden liegt. Auch das scheint er nicht wahrzunehmen, er ist zu sehr mit seinem Vortrag beschäftigt.

»Das Antibiotikum wurde nicht mal vom Menschen erfunden. Die Mikroben haben sich selbst soweit entwickelt, um sich dann gegenseitig zu bekämpfen. Sie hatten schon zwei Milliarden Jahre Evolution hinter sich, bevor der Mensch sie überhaupt entdeckte. Wir hätten ... wo gehst du hin?«

»Nach Hause. Leb wohl, Randy.«

Ruhig sagte er: »Wahrscheinlich nicht. Aber wenn du jetzt gehst, wirst du mit Sicherheit sterben. Und auch dein Mann und deine Kinder.«

»Warum? Verdammt noch mal, hör auf, mir Vorträge zu halten, und sag mir warum.«

»Weil du infiziert bist und es kein Gegenmittel gibt. Es gibt allerdings andere Bakterien, die den widerstandsfähigen Erreger bekämpfen können.«

Er hat die Spritze immer noch in der Hand.

»Dieses Plasma ist wie ein Trojanisches Pferd. Das ist ein ... so genau mußt du es nicht wissen. Es kann in die Erreger in deinem Blut eindringen und ein tödliches Gen abgeben. Ein Gen, das den Erreger töten wird. Es ist eine unglaubliche Entdeckung. Aber man erreicht nur etwas, wenn man dieses Paket von ›guten und schlechten‹ Bakterien injiziert.«

Meine Knie beginnen zu zittern. Randy beobachtet mich vom Boden aus. Er zittert selbst auch. Sein Atem rasselt.

»Noch bist du nicht krank, Elizabeth. Aber du wirst es bald sein.«

Ich ringe nach Luft. »Von den Erregern oder von diesem Gegenmittel?«

»Von beidem.«

»Du willst mich mit verschiedenen Bakterien verseuchen. Und du hoffst, sie werden sich gegenseitig töten.«

»Ich hoffe es nicht, ich weiß es. Ich habe es gesehen … mit dem Elektronenmikroskop …« Er verdreht die Augen, als verlöre er das Bewußtsein, kommt aber wieder zu sich. »… wenn genug Zeit gewesen wäre … hätten wir die *richtigen* Bakterien getrennt … und ein eigenes Medikament entwickelt … wir hatten aber keine Zeit. Jetzt müssen wir beide Bakterien spritzen.« Seine Stimme festigt sich wieder. »Das CDC-Team arbeitet noch daran, aber ich habe es tatsächlich schon gesehen, mit dem Elektronenmikroskop!«

Ohne nachzudenken, schleudere ich heraus: »Hör auf, dir selbst zu gratulieren und gib mir die Spritze, bevor du stirbst.«

Ich renne über den Flur zu ihm hinüber, lege meine Arme um ihn und helfe ihm sich aufzusetzen, den Rücken stützend an ein Tischbein gelehnt. Sein Körper glüht vor Fieber. Aber irgendwie kann er seine Hand ruhig halten, während er die Spritze an meiner Armbeuge ansetzt. Während die Krankheit in mich eindringt, sage ich: »Du hast mich niemals wirklich gewollt, nicht wahr, Randy? Nicht einmal bevor Sean auf die Welt kam?«

»Nein«, sagt er kühl. »Nicht wirklich.« Er zieht die Nadel heraus.

Ich biege den Arm ab. »Du bist ein niederträchtiger Mensch. Du interessierst dich nur für dich und deine Arbeit.«

Er lacht. »Allerdings. Meine Arbeit ist das einzige, was wirklich zählt. Und zwar in einem Ausmaß, das du dir nicht einmal im entferntesten vorstellen kannst. Du warst immer eine schwache und sentimentale Frau, Elizabeth. Und jetzt geh nach Hause.«

»Nach Hause? Aber du sagtest …«

»Ich sagte, du würdest jeden infizieren. Und so wird es auch sein – und zwar mit den Bakterien, die den Erreger bekämpfen. Sie werden nur eine leichte Krankheit verursachen. Wie Pocken oder …«

»Aber du sagtest, ich hätte auch die mutierten Erreger in mir!«

»Ja, das ist sehr wahrscheinlich … Und über kurz oder lang werden ihn alle haben. Allein in New York … haben die Todesfälle … die Millionengrenze überschritten. Sechseinhalb Prozent der … der Bevölkerung … Hast du wirklich geglaubt, ihr bleibt … auf eurer Seite des Flusses verschont?«

»Randy!«

»Geh … nach Hause.«

Ich ziehe ihm den Labormantel aus und lege ihn zu einem Kopfkissen zusammen, ich hole noch mehr Eis aus dem Kühlschrank und versuche ihm etwas Wasser einzuflößen.

»Geh nach Hause. Küsse jeden, der dir über den Weg läuft«, sagt er lächelnd, und sein Körper beginnt vor Fieber zu zucken. Er schließt die Augen.

Ich stehe auf. Soll ich gehen? Oder bleiben? Wenn ich hier nur jemanden finden könnte, der sich um ihn kümmert …

Das Telefon klingelt. Ich nehme den Hörer ab. »Hallo?«

»Randy? … Entschuldigung, kann ich Dr. Satler sprechen? Hier spricht Cameron Witt.« Ich versuche sachlich zu klingen. »Dr. Satler kann im Moment nicht ans Telefon kommen. Rufen Sie wegen Sean Pulaski an? Dr. Satler hat mich beauftragt, die Nachricht entgegenzunehmen.«

»Aber ich … also gut. Sagen Sie ihm nur, der Pulaski-Junge ist bei Richard und Sylvia James. Er versteht dann schon.« Die Leitung knackt.

Ich lege den Hörer auf und sehe zu Randy hinüber, nach Atem ringend liegt er am Boden, sein Gesicht ist grau. Seans Gesicht war genau so fahl und grau, als ihm klar wurde, daß er in einen Mord verwickelt ist. Aber Sean war wirklich zutiefst erschrocken, und Randy ist *nur* krank.

›Meine Arbeit ist das einzige was zählt.‹

Aber wie konnte Sean wissen, daß er zu Sylvia gehen soll? Selbst wenn er über Ceci weiß, daß sie auf der anderen Seite steht, wie kann er wissen, welche Menschen ihn aufnehmen und beschützen, wenn nicht einmal ich in der Lage dazu bin und auch Jack nicht? ›Sylvia-und-Elizabeth‹. Wieviel weiß Sean wirklich über die Vergangenheit, die ich krampfhaft von ihm fernzuhalten versuchte?

Ich erreiche den Aufzug; ich habe den Knopf noch nicht gedrückt, als die erste Explosion das Krankenhausgebäude erschüttert.

Durch die Fenster neben dem Fahrstuhl kann ich sehen, daß die Explosion am Westflügel des Gebäudes großen Schaden angerichtet hat. Dicke, schwarze Rauchwolken quellen aus den zerstörten Fenstern. Die Alarmanlage beginnt zu heulen.

›Den Aufzug im Brandfall nicht benutzen.‹ Ich erinnere mich an diese Anweisung bei Feueralarm in der Grundschule. Ich renne den Flur hinunter zur Feuertreppe. Was ist, wenn sie im Treppenhaus eine Bombe gelegt haben? Was ist, wenn *jemand* im Treppenhaus eine Bombe gelegt hat? *›Eine Gruppe von dunkel gekleideten Gestalten schleicht über den Rasen des Nachbargrund-*

stücks. Sie schleppen große, in dunklen Stoff gewickelte Pakete in das Haus von Dan und Ceci.‹

Ein letzter flüchtiger Blick durch das Fenster neben der Tür zur Feuertreppe. Menschen rennen aus dem Gebäude, nicht viele, aber die, die ich sehe, schieben Krankenbetten und Rollstühle hinaus. Eine Krankenschwester flüchtet mit drei kleinen Kindern nach draußen, zwei auf dem Arm und eines an ihren Rücken geschmiegt.

Ich hoffe, sie werden die Bombardierung erst fortsetzen, wenn alle Menschen draußen sind.

Ich gehe doch nicht durch die Tür zur Feuerleiter. Ich renne zurück zur Pathologie und schiebe die schwere Tür auf. Dröhnend geht der Alarm.

Randy liegt schwitzend und vom Fieber geschüttelt am Boden. Seine Lippen bewegen sich, aber ich kann sein Murmeln nicht verstehen, der Alarm ist zu laut. Ich zerre an seinem Arm. Ich versuche ihn hochzuheben. Er wehrt sich nicht, macht aber auch nicht die geringsten Anstalten mitzuhelfen, er ist schwer wie ein totes Tier.

Und in der Pathologie gibt es keine Krankenbetten oder Rollstühle. Ich schlage ihm leicht ins Gesicht, um ihn wachzurütteln und schreie »Randy! Randy! Steh auf!« Sogar hier und jetzt bin ich etwas erregt, wenn ich ihn schlage.

Für eine Sekunde öffnet er die Augen. Ich glaube, er erkennt mich. Er kommt wieder zu sich. Er versucht aufzustehen.

Es gelingt mir, ihn hochzuziehen und ihn über die Schulter zu nehmen. Jack habe ich nie tragen können. Doch Randy ist viel schmächtiger, und ich bin ziemlich stark.

Aber über drei Stockwerke kann ihn nicht hinuntertragen. Ich trage ihn bis zur Treppe, setze ihn auf die erste Stufe und schubse ihn an. Er rutscht und stürzt die Stufen hinunter. Für einen kurzen Augenblick sieht er mich mit haßerfülltem Gesicht an. »Um … Gottes willen … Janet!«

Das ist der Name seiner Frau. Wieso nennt er den Namen seiner Frau? Ich kümmere mich nicht weiter darum.

Ich versetze ihm einen weiteren Stoß, es gelingt ihm jedoch, das Treppengeländer zu umklammern und so einen weiteren Sturz zu verhindern. Mit einem kräftigen Ruck – woher er die Kraft hatte, ist mir schleierhaft – bringt er sich in eine sitzende Position. Wir sitzen nun nebeneinander. Ich lege meinen Arm um seine Taille und wir rutschen zusammen die Stufen hinunter, auf dem Hinterteil, wie Zweijährige. Ich bin darauf gefaßt, daß das Treppenhaus jeden Moment in die Luft fliegt. Ich sehe Sean vor mir, damals beim Abendessen: ›Diese verdammten Verbrecher, sie werden uns alle kriegen.‹

Die Treppe explodiert nicht. Die Feuertür im Erdgeschoß führt zu einem Fußweg am Krankenhaus entlang, abseits der Straße und des Parkplatzes. Als wir draußen ankommen, verliert Randy das Bewußtsein.

Diesmal tue ich das, was ich oben schon hätte tun sollen. Ich packe ihn unter den Achselhöhlen und schleppe ihn über den Rasen soweit wie ich nur kann. Ich schwitze, die Haare hängen mir ins Gesicht, und ich sehe alles nur noch verschwommen. Undeutlich nehme ich wahr, wie jemand auf uns zuläuft.

»Es ist Dr. Satler! O mein Gott!«

Ein Mann. Ein großer Mann. Er packt Randy und nimmt ihn über seine Schultern, sehr viel behutsamer als ich das getan habe. Er sieht mich an, sagt aber kein Wort. Ich stehe nun hinter den beiden, der Mann trägt Randy fort. In weitem Bogen renne ich weg vom Krankenhaus.

Mein Auto steht noch immer in der verlassenen Hauseinfahrt. Die Feuerwehr mit ihren Sirenen macht einen höllischen Lärm. Die Löschwagen rasen vorbei. Ich fahre rückwärts aus der Einfahrt heraus und will gerade Gas geben, da explodiert eine zweite Bombe im Ostflügel des Hospitals, dann eine weitere, Trümmer fliegen durch die Luft, ohrenbetäubender Lärm.

Drei Meilen weiter an der East River Road holt mich das gerade Erlebte ein. Von einem furchtbaren Weinkrampf geschüttelt, lenke ich den Wagen an den Straßenrand. Einige Lastwagen fahren vorbei, keiner hält an. Erst nach zwanzig Minuten habe ich mich wieder so weit beruhigt, daß ich den Wagen starten kann. Es waren die schlimmsten zwanzig Minuten meines Lebens. Nicht einmal in Bedford war mir so elend zumute. Ich bete, daß es das letzte Mal war.

Ich starte den Motor und schalte sofort das Radio ein.

»... bei einem weiteren Bombenanschlag in New York City, auf das St. Clare Krankenhaus im Herzen von Manhattan. Der diensthabende Polizeibeamte beklagte, daß es mangels verfügbarer Polizisten nicht möglich gewesen sei, die von Bürgermeister Thomas Flanagan geforderten Schutzmaßnahmen zu treffen. Niemand hat sich bisher zu dem Bombenanschlag bekannt. Das verursachte Feuer breitete sich auf nahe gelegene Geschäfte und mindestens ein Apartmenthaus aus.

Seitdem das Center of *D*isease Control letzte Nacht bekanntgab, daß sich die gegen Endozin resistenten Staphylokokken weiter ausbreiten und in fünfundzwanzig Großstädten Bakterien zur Bekämpfung eingesetzt werden, hat sich die Gewalttätigkeit in den Städten den Berichten aus Atlanta zufolge erheblich verschlimmert. Ein Sprecher der staatlichen Gruppe von Pathologen und Wissenschaftlern, die diese Gegenbakterien entwickelt haben, gab zusätzlich Richtlinien für deren Handhabung heraus. Der Sprecher wollte weder seinen Namen noch die seiner Ärztekollegen nennen, da Vergeltungsmaßnahmen befürchtet werden, wenn ...«

Plötzlich ist der Empfang gestört. Anstelle der Stimme ist nur noch ein schriller Ton zu hören. Vorsichtig drehe ich am Radio, um einen anderen Nachrichtensender zu suchen.

Unterdessen erreiche ich die Westseite von Emerton. Die Straßen sind auch hier verlassen. Die Menschen haben sich in die Häuser zurückgezogen. Es sieht aus wie in der näheren Umgebung eines Krankenhauses. Oder vielmehr, wie es dort früher einmal ausgesehen hat. Ich fühle mich noch immer nicht krank.

Ich fahre nicht gleich nach Hause, sondern noch durch die toten Straßen zum Einkaufszentrum.

Der Parkplatz ist so leer wie alle Parkplätze. Der Korb liegt noch dort, beschwert mit Steinen. Unter den Steinen liegt ein Stapel von Briefen. Der oberste ist adressiert: AN DR. BENNETT. In der Weinflasche steckt nun ein frischer Strauß Chrysanthemen. Nicht weit davon entfernt ragt eine kleine amerikanische Flagge aus dem Boden, daneben steht eine weiße Kerze auf einer Styroporplatte. Jemand hat ein Steinkruzifix und eine Barbiepuppe in Engelskleidern dazugelegt. Sarah Wrap ist auf dem Umschlag einer in Leder gebundenen Ausgabe des Buches ›Der Prophet‹ abgebildet. Daneben liegen fünf Anti-NRA*-Sticker, ein paar Muscheln und ein ziemlich verbeultes Peace-Zeichen an einer Goldkette, möglicherweise eine Halskette. Das Peace-Zeichen ist bestimmt um einiges älter als ich.

Jack schläft noch, als ich nach Hause komme.

Ich schaue auf ihn hinunter, wie ein paar Stunden vorher auf Randy Satler. Ich denke daran, wie Jack mich Woche für Woche im Gefängnis besuchte, jedesmal ist er den langen Weg von Emerton nach Bedford gefahren, sogar im Winter bei Eis und Schnee; daran, wie er mir durch die dicken Glasscheiben im Besuchs-

---

* NRA: National Rifle Association

raum zulächelte, seine schmutzigen Finger auf den Knien, lächelnd, auch wenn wir uns nichts zu sagen wußten; daran, wie er im Kreißsaal meine Hand hielt, als Jackie geboren wurde und an seine Augen, als er sie zum erstenmal im Arm gehalten hat; an sein Gesicht, als ich ihm gesagt habe, daß Sean vermißt wird: der heimliche Triumph darüber, daß es nicht sein Kind ist. Und ich denke an die Armeen von Keimen in meinem Körper, die sich bereit machen zum Kampf.

Ich beuge mich über Jack und küsse ihn auf den Mund.

Er bewegt sich, halbwach schlägt er die Augen auf, berührt mich. Ich drehe mich weg und gehe ins Badezimmer, dort putze ich mir die Zähne mit seiner Zahnbürste. Ich spüle sie nicht aus. Als ich ins Schlafzimmer zurückkomme, schläft er schon wieder.

Ich hole Jackie von der Schule ab. Zusammen werden wir dann zu Sylvia Goddard – Sylvia James – fahren und Sean von dort mitnehmen. Ich werde zu Sylvia hineingehen und ihre Hand schütteln, ihr die Wange küssen und alles berühren, was ich nur kann. Wenn die Kinder sicher zu Hause sind, werde ich Ceci besuchen und ihr erzählen, daß ich es mir überlegt habe und den tödlichen Mißbrauch von Antibiotika bekämpfen will. Ich werde so viele Menschen und Dinge anfassen wie nur möglich. Solange ich nicht zu krank dazu bin, wenn ich überhaupt krank werde. Randy sagte, ich würde nicht so krank werden wie er. Gewiß, Randy hat mich schon einmal angelogen. Aber diesmal muß ich ihm glauben. Ich habe keine andere Möglichkeit mehr.

Einen Monat später. Ich bin auf dem Weg nach Albany, um eine weitere Dosis der Gegenbakterien zu holen, die in den Nachrichten ›neuentwickelte Prokaryonten‹ genannt werden. Sie sollen auf keinen Fall Keime oder Erreger heißen.

Ich höre jetzt jede Stunde Nachrichten, obwohl Jack

das nicht mag, er mag nichts von dem was ich jetzt tue. Ich lese und studiere, ich weiß inzwischen alles über Prokaryonten, Beta-Laktam und Plasma. Ich weiß wie die Bakterien ums Überleben kämpfen, welche Mittel sie einsetzen, um die Konkurrenz auszulöschen, damit sofort die nächste Generation produziert werden kann. Das ist das einzige, was für Bakterien wichtig ist: Das Überleben der eigenen Art, durch die eigene Art.

Und das hat auch Randy Satler gemeint, als er sagte, »Meine Arbeit ist alles was zählt.« Sein Sieg und der Sieg seiner Art. Daran glauben auch Ceci und Jack.

Wir müssen die neuentwickelten Prokaryonten in Konvois von Autos und Lastwagen in die Stadt bringen, denn in anderen Orten gab es schon gewalttätige Angriffe von Menschen, die nicht verstehen und nicht verstehen wollen. Menschen, deren Familien viel kränker sind als meine. Die Gewalttätigkeit ist noch immer groß, obwohl das CDC bekanntgab, daß die Epidemie schon fast unter Kontrolle ist.

Ich bin früh dran. Der Konvoi ist noch nicht bereit zur Abfahrt. Wir fahren jedesmal von einem anderen Ort der Stadt los. Dieses Mal treffen wir uns hinter dem American Bowl. Sean ist schon dort, zusammen mit Sylvia. Ich mache einen kurzen Umweg und fahre zum letzten Mal zum Einkaufszentrum.

Der Korb, zusammen mit den Briefen an den Toten, die amerikanische Flagge und das Peace-Zeichen sind verschwunden. Das Kruzifix ist zerbrochen. Die letzten Blumen in der Weinflasche sind fast verwelkt. Das Kleid der Barbiepuppe ist durch den Regen schmutzig, ihre Haare ganz zerzaust. Irgend jemand hat die Anti-NRA-Sticker zerrissen. Die weiße Kerze auf der Styroporplatte und die Muscheln sind unberührt.

Wir Menschen sind nicht wie Bakterien. Für uns zählt weit mehr als nur das nackte Überleben, oder sollte zählen: Unsere Vergangenheit, vor der es kein Entkommen gibt, was immer wir auch versuchen. Unsere Gegenwart, die ständig Überraschungen bereithält, viele negative aber auch sehr viele positive. Und die Zukunft. Die Zukunft aller Menschen.

Ich suche in meiner Tasche. Ich finde nur Schlüssel, Geldstücke, Lippenstift, Taschentücher und eine blaue Murmel, die ich beim Putzen hinter der Couch gefunden habe. Jackie liebt Murmeln.

Ich lege die Murmel neben die Kerze, überprüfe mein Gewehr und fahre zum Treffpunkt des Konvois.

Terry Bisson

DIE BOTSCHAFT

Die Stimme am Telefon war deutlich, wenn auch schwach: »Unser Anruf kam durch.«

»Ich komme sofort.«

Obwohl ich dies seit Jahren ersehnt und erwartet, dafür gearbeitet und davon geträumt hatte, selbst wenn ich für andere Dinge arbeitete, war es dennoch schwer zu glauben. Und noch schwieriger, es Janet zu erklären.

»Das war Beth am Telefon«, sagte ich.

»Und du gehst.« Es war eine Feststellung, keine Frage.

»Wir wußten beide, daß dies geschehen konnte.«

»Du brauchst nicht zurückzukommen.«

»Janet ...«

Aber sie hatte sich schon auf die andere Seite gedreht und gab vor zu schlafen. Ich hörte fast das Gewebe reißen: die Naht einer achtjährigen Ehe, die uns von kleinen Colleges im Mittleren Westen über ozeanische Forschungszentren bis zu den langen Wintern von Woods Hole zusammengehalten hatte. Sobald es angefangen hatte zu reißen, riß es glatt durch. Ich nahm ein Taxi zum Flughafen.

Der Flug nach San Diego wollte kein Ende nehmen. Sobald ich durch die Flughafenabfertigung gekommen war, rief ich Doug im *Fliegenden Fisch* an.

»Erinnerst du dich, daß du sagtest, du ließest alles liegen und stehen und brächtest mich zur Insel, wenn wir mit unseren Versuchen durchkämen?«

»Ich erwarte dich am Hangar«, sagte er.

Der Motor von Dougs alter Cessna lief bereits warm, als ich anlangte. Ich hatte zwei Pappbecher Kaffee mitgebracht, den schwarzen für ihn. Wir waren in der Luft und nahmen über Point Loma Kurs nach Westen, bevor wir sprachen.

»Also ist der Fisch endlich durchgekommen«, sagte er.

»Du weißt, daß Delphine keine Fische sind.«

»Ich redete nicht von Delphinen; ich redete von Leonard. Er verbringt soviel Zeit unter Wasser, daß ihm Kiemen wachsen müßten.«

Doug flog zweimal im Monat zur Insel hinaus, um meine Partner mit Proviant zu versorgen. Als das Festland hinter uns zu einem schmutzigen Streifen am Horizont zusammenschmolz, dachte ich an die jahrelangen Forschungen, die uns zu diesem entlegenen pazifischen Außenposten gebracht hatten.

Die Marine hatte ihre Forschungsmittel gestrichen, als wir uns geweigert hatten, ihr den Gebrauch unserer Daten für waffentechnische Forschungsvorhaben zu gestatten. Die Stanford-Universität hatte ihre Zuschüsse gestrichen, als wir es abgelehnt hatten, unsere vorläufigen Resultate zu veröffentlichen. Eine Bewilligung nach der anderen war wie Herbstlaub gefallen, wie meine Ehe, die auch nur ein weiteres Herbstblatt war, das zu Boden fiel. Das konnte ich jetzt sehen. Janet und ich waren seit mehreren Jahren in verschiedene Richtungen gegangen, seit ich eine Dauerstellung an der Universität abgelehnt hatte, um mein Lebenswerk fortzusetzen.

Das Projekt.

»Da ist sie, Doc.«

Die Insel war uns von Alejandro Martinez, dem Nitratmillionär, der zu dieser Zeit in Mexiko-Stadt auf dem Sterbebett lag, leihweise überlassen worden. Sie war ein knapp zwei Kilometer langer Tränentropfen aus Fels, an einem Ende bewohnt von Robben und am anderen von den grauen (delphinfarbenen, wie ich zum ersten Mal erkannte) Fiberglas-Bauelementen des Projekts.

Doug steuerte die kleine 172 direkt hinunter auf den kurzen Landestreifen, der mit der Planierraupe aus der Flanke eines Hügels gegraben worden war. Ich fragte mich, wie er es bei Nebel oder Seitenwind schaffte. Am Ende waren nur noch ungefähr drei Meter übrig, als er hart abbremste, um den Propeller aus den Felsen herauszuhalten.

Beth wartete im Jeep mit laufendem Motor. Als ich das strahlende Lächeln in ihrem breiten, einfachen Gesicht sah, überlegte ich, wie mein Leben geworden wäre, wenn ich nicht für Schönheit, sondern für Harmonie geheiratet hätte. Sie und Leonard waren vor allem anderen Partner.

»Willkommen!« rief sie durch Wind und donnernde Brandung. »Willst du mitkommen, Doug? Heute ist unser großer Tag!«

Er schaltete den Motor ab und kletterte aus dem Pilotensitz. »Das möchte ich um alles in der Welt nicht verpassen. Wo ist der Fisch?«

»Unten im Becken, denke ich«, sagte Beth. »Kommt und geht. Welche intelligente Kreatur würde schon mit uns kommunizieren, wenn wir sie in Gefangenschaft hielten?«

»Er zieht dich auf«, sagte ich zu Beth. »Er redet von Leonard.«

»Ich auch«, lachte sie.

Meisterhaft, aber beängstigend (»Schließlich sind wir in Mexiko!«) raste Beth die einzigen achthundert Meter ungeteerter Straße der Insel hinunter zur Forschungsstation, die draußen über den Felsen errichtet war. Sie sah wie ein graurosafarbenes Korallenriff aus, das bei Ebbe freigefallen war. Das ›Becken‹, an dem sie lag, war auf drei Seiten zur See offen.

Leonard war auf dem wettergeschützten Oberdeck, triefendnaß in dem Tauchanzug, den er immer trug, aß ein Seetang-Sandwich und starrte auf einen Computerbildschirm.

»Sie kam?« fragte ich.

»Sie kam«, sagte er und blickte zu mir auf. Sein Gesicht glänzte entweder vom Seewasser oder von Tränen.

Wir umarmten uns, und Beth gesellte sich zu uns. Es war ein gemeinsamer Triumph. Leonard und ich hatten das Projekt vor zwölf Jahren in Angriff genommen. Er hatte die Feldarbeit unter Wasser geleistet, sie hatte den Stimmensynthesizer entworfen und gebaut, und ich hatte das Programm erarbeitet.

Während ich in meinen Tauchanzug stieg, erläuterte Beth dem staunenden Doug, was wir getan hatten. Es war bis jetzt alles streng geheim gewesen. »Die früheren Verständigungsversuche mit Delphinen scheiterten immer wegen des Zeitfaktors«, sagte sie. »Dann kam Doc darauf, daß sie nicht als Individuen, sondern kollektiv denken. Das erste Problem bestand darin, sie zu überzeugen, daß wir, eine Art, die als Individuum lebt und stirbt, überhaupt des Denkens fähig ist, geschweige denn der Kommunikation. Ich glaube, sie hatten den Eindruck, unsere gesamte Aktivität sei lediglich reaktives Verhalten.«

»Was ist mit Städten, Schiffen?« fragte Doug. »Wir sind seit Jahrtausenden auf hoher See aktiv.«

»Oh, das wissen sie. Aber sie kennen Korallenriffe und Seemuscheln, die gleichfalls erbaute Objekte sind. Das australische Barriereriff, zum Beispiel, ist ein erbautes Objekt, und bei weitem ausgedehnter als alle unsere Städte zusammengenommen. Sie machen keine Dinge. Sie messen Dingen keinen Wert bei.«

»Das Werk ihrer Zivilisation ist Denken«, warf Leonard ein. »Sie bauen an einem Gedanken, einem Begriff, an dem sie seit Jahrtausenden gearbeitet haben. Es ist ein großartiges Projekt und jenseits von allem, was wir uns vorstellen können.«

»Also denken sie, sie seien zu gut, um mit uns zu reden«, sagte Doug.

Beth lachte. »Du brauchst nicht gleich das Fell zu sträuben«, sagte sie. »Sie denken nicht in Wörtern wie wir. Wörter sind eine Erweiterung der Hand – ein Mechanismus zum Erfassen, und sie erfassen und manipulieren Ideen nicht so, wie wir es tun. Also bestand unsere Arbeit im Laufe der Jahre darin, ihre Begriffe zu erkennen und in Worte zu fassen.«

Ich war beinahe fertig. Als ich eine Tasse Kaffee hinuntergoß, zitterte mir die Hand.

»Das Hauptproblem war der Zeitrahmen«, sagte Leonard. »Wir sprechen in Bits. Ihre Gespräche laufen in jahrhundertealten langen Strängen. Sie sind über die unmittelbar notwendige Verständigung über Gefahren oder Nahrungsquellen hinaus nicht an einer Kommunikation von Individuum zu Individuum interessiert. Sie kommunizieren mit ihren sich entwickelten eigenen Selbsten und ihren Abkömmlingen. Fertig?«

Dieses letztere galt mir. Ich nickte.

Leonard stieg die Stufen zum Becken hinunter. Ich, Beth und Doug folgten ihm. Draußen dröhnte die Brandung wie ein gewaltiger Herzschlag.

»Nach allem, was ihr sagt, hört es sich noch immer so an, als wollten sie nicht mit uns reden«, protestierte Doug.

»Doch, sie wollen, wie es sich herausstellt«, sagte Leonard. »Sie waren sehr froh, von uns zu hören. Sie wissen, wer wir sind, verstehst du?«

»Sie erinnern sich«, sagte Beth.

»Sie haben eine Botschaft für uns«, sagte Leonard.

»Sie brauchten einunddreißig Monate, um sie zu sagen«, sagte Beth. »Es war die Arbeit von Tausenden von Individuen.«

»Dann laßt mal hören!« sagte Doug. Wir alle lachten über seine so typisch menschliche Ungeduld.

»Doc zuerst«, sagte Leonard. »Der Synthesizer arbeitet nur unter Wasser.« Er führte mich hinaus zum Ende des Beckens, wo mehrere Delphine, würdevoll und perlgrau, wie Abgesandte im Empfangsraum einer Botschaft warteten.

Ich glitt ins Wasser. Es war kalt, fühlte sich aber gut an. Die Delphine stießen mich mit den Nasen an, dann tauchten sie. Gern wäre ich mit ihnen getaucht, aber ich hatte nur meinen Tauchanzug angezogen und kein Atemgerät dabei.

»Fertig?« fragte Leonard.

Ich nickte.

»Steck den Kopf unter Wasser und hör zu.«

Ich trieb. Eine tiefe, langsame Stimme hallte durch meine Knochen, wie die Stimme, die ich von einem längst vergangenen Traum erinnerte:

»Kommt heim. Alles ist vergeben.«

Esther M. Friesner

DER TOD UND DIE BIBLIOTHEKARIN

Es roch nach Rauch und reifen Äpfeln an jenem Oktoberabend, als eine Dame mit schwarzem Staubmantel, breitrandigem Hut und dichtem Schleier an Raineys Gemischtwarenladen vorfuhr, drunten in Foster's Glen, im Staate New York. Sie stieg vom Fahrersitz eines schwarzen Packard aus, mit dem sie die Blicke sämtlicher Männer auf sich zog, die auf den Holzstufen des Ladens an der Kreuzung herumlungerten, und eine zweite Gruppe von tuschelnden Nichtstuern aus Alvin Verniers Frisierstube auf der anderen Straßenseite anlockte. Die Männer von Foster's Glen hatten außer in den Wochenillustrierten einen Packard-Wagen noch nie zu Gesicht bekommen, geschweige denn, eine Frau am Steuer eines solchen Traumschlittens ...!

Bis die Dame jedoch die Stufen von Raineys Laden erreicht hatte und sagte »Verzeihen Sie, ich suche den Wohnsitz von Miss Louisa Foster«, da war aus ihr ein Mann mittleren Alters in einem einfachen, schwarzen Anzug aus Tuch geworden, der eine Vertretertasche mit Musterbox in der Hand und einen schimmernden Derbyhut auf dem Kopf trug, so daß die Welt wieder in Ordnung war.

»Miss Foster?« Jim Patton zog eine Braue hoch und schob seinen Strohhut zurück, während er sich an der rechten Schläfe rieb. »He, Sie sind doch nicht einer von diesen Pinkerton-Leuten, oder?« Und die anderen Männer auf Raineys Stufen lachten allesamt, denn Jim galt gemeinhin als Witzbold, zumindest für die Begriffe von Foster's Glen, New York.

Der Mann in Schwarz lächelte höflich, auf seiner Oberlippe sproß ein gepflegtes Bärtchen, was ihm ein kühneres, leicht schurkenhaftes Aussehen verlieh. (Offenbar auf Kosten seiner Vertretertasche, die sich in Luft auflöste.) »Jaja, sie hat sich schon wieder mit dem Gesetz angelegt«, antwortete er, indem er auf das Spiel einging und Jim sowie dem Publikum damit den Wind aus den Segeln nahm. »Hat sich auf dem Thron eines Opium-Imperiums breitgemacht, heißt's, oder war es nur eine einfache Anklage wegen Einbruchs?« Er klopfte seine Westentaschen ab. »Ohne meine Notizen bin ich hilflos.« Die Nichtstuer lachten lauter, so daß Jim nichts übrigblieb, als die Narrenkappe gegen den Helm des Ritters auszutauschen.

»Skandalös, so etwas über eine Dame zu sagen!« fauchte Jim. »Und über eine Dame wie Miss Foster ...! Ich kann Ihnen gar nicht aufzählen, was sie hier alles an Gutem getan hat: die Arbeit in der Pfarre, der Frauenbund, die Krankenbesuche ... Ja, sie hat sogar den Ostflügel vom Haus des Richters in eine Bibliothek für die Stadt umgewandelt!«

»So, hat sie das?« Der Fremde schob seine steifen Zelluloid-Manschetten zurecht und drehte an seinem dicken Silberring mit Perle, den er an seinem linken kleinen Finger trug. Der Ring funkelte diamanten und golden.

Es war nur eine dahingesagte Bemerkung gewesen, aber Jim Patton faßte sie als Zweifel an seiner Wahrheitsliebe auf. »Ja, das *hat* sie«, fuhr er auf. »Und sie hat sogar eine Geldsumme dafür bestimmt, daß einmal das ganze Haus zu einer Stadtbücherei gemacht werden kann, wenn sie nicht mehr ist.«

»Was hat denn der Richter zu alldem zu sagen?«

»Was der ...?« Jim riß entrüstet die Augen auf.

»Hören Sie mal ... Sie Schuft, der alte Richter Foster ist seit über zwanzig Jahren tot! Was können Sie schon von seiner Tochter wollen außer irgendeine Gemeinheit, wenn Sie nicht mal so viel über die Familie wissen?«

»Dabei handelt es sich um eine Angelegenheit, die nur Miss Foster und mich betrifft«, erwiderte der Fremde; dabei wuchs er ein wenig und wurde breiter um die Brust, so daß sie einander ebenbürtig schienen, als Jim Patton sich drohend vor dem Fremden aufbaute. »Ich werd dafür sorgen, daß es auch meine Angelegenheit ist!« knurrte er und zeigte Fäuste von der Größe kleiner Kürbisse. Er war auf einem Bauernhof geboren und aufgewachsen, und sein Vater war erst vor kurzem ohne Beine von Gettysburg heimgekehrt. Caleb Patton wußte die kräftigen Burschen zu schätzen, die er gezeugt hatte und die nun den Pflug führen konnten, da er es nicht mehr konnte, und Jim war der besondere Stolz seines Erzeugers.

Der Fremde lächelte jedoch nur und ließ seine eigenen Muskeln auf doppelte Größe anwachsen, bis seine Rechte Jim Pattons Schädel umklammern hätte können, ohne die Finger allzusehr beanspruchen zu müssen. Er sagte aber lediglich »Ich bin ein Freund der Familie und war lange fort.« Und nun war er ein alter Mann in der abgeschabten Uniform der glorreichen republikanischen Armee, obwohl der derbe Stoff eigentlich von dunklem Marineblau hätte sein müssen, anstatt schwarz wie der Abgrund des Universums.

Der Packard atmete tief und wurde zu einem stämmigen, ein wenig zerzaust aussehenden Pony, das vor einen leichten, offenen Wagen gespannt war. Es machte ein paar tänzelnde Schritte vorwärts, worauf die Nichtstuer erschrocken von den Ladenstufen aufsprangen und es beim Zaum packten, auf daß der Alte aufsteigen und die Zügel übernehmen könne. Am fürsorglichsten von allen war Jim Patton, der dem tattrigen Veteranen in das Gig half und sogar darum bat, ihn persönlich zu Miss Fosters Tor führen zu dürfen.

»Mächtig freundlich von dir, mein Junge«, ächzte der alte Mann in Schwarz, »aber ich glaube, ich kann jetzt schon allein hinfinden.«

»Würd mir gar keine Mühe machen, Sir, wirklich«, drängte Jim. »Und wenn Sie Ihre Angelegenheit mit Miss Foster geregelt haben, dann wär's mir eine Ehre, wenn Sie nachher zu unserer Farm rüberkommen täten. Mein Pa wär glücklich, einen Kriegskameraden zu treffen und über die alten Zeiten zu reden. Sind Sie bei Antietam dabeigewesen?«

Dämmerlicht verbarg die Tränen des Alten. »Mein Junge, auch dort bin ich gewesen.« Und er wurde zu einem Fräulein im Hermelin, denn die Luft war schon recht frisch. Sie beugte sich aus dem Wagen und schenkte Jim einen Kuß aus Frost und Flieder. »Sag Davey, er soll sich auf dem Boden halten an der Somme, dann wird er heimkommen«, meinte sie und fuhr los. Jim blieb wie betäubt und verwirrt zurück, denn sein Davey war ein Wickelkind, das daheim in seinem Stubenwagen schlief, und die Somme war für ihn in seiner Welt der Feldfrüchte und Nutztiere von ebenso wenig Bedeutung wie die Milchstraße.

Die Dame trieb ihr Pony tüchtig an und folgte der Richtung, die ihr Jim und die anderen gewiesen hatten. Ihr Hermelinumhang flatterte im eisigen Fahrtwind. Der Atem von tausend Sternen zupfte ihn zu rauhen Schwingen, die wie Rauch von ihren Schultern strömten. Ihr Pferdchen sauste dahin, daß es die feinsten englischen Vollblüter hinter sich hätte zusammenbrechen lassen, und seine Hufe schnitten sich in den Lehm der Straße wie heiter wirbelnde Schwerter. Sie überwanden die Entfernung, trieben mit der Kutschpeitsche die Zeit vor sich her.

Schließlich endete der Weg, den Jim Patton ihr gewiesen hatte, an dem schmiedeeisernen Tor eines Landhauses am westlichen Rande der Stadt. Nach den Maßstäben von Boston oder New York war es lediglich ein sehr schönes Haus, doch für diese ländlichen Gefilde schien es ein Palast, einer Prinzessin würdig. Außerhalb und innerhalb des Grundes beschirmten es mächtige Bäume vor jeder Unbill, selbst vor den heimtückischen Dolchen neugierigen Geflüsters. Der Richter selbst hatte den Bau dieser Festung an den Grenzen seines guten Namens angeordnet, doch Holz, Stein und Ziegel waren vor der Zeit gealtert unter der Last, die zahllosen Facetten seiner Ehrbarkeit aufrechtzuerhalten.

Das Mädchen stieg vom Wagen und warf ihr silbernes Haar zurück. Wo das Pony gestanden hatte, miaute ein schwarzes Kätzchen und beschnupperte eine kleine Reisetasche aus schwarzem Leder, die einzige Spur, die von dem Wagen geblieben war.

Die ältere Frau hob Kätzchen und Tasche auf und drückte beides mit dem Karakul-Muff, der ihr die Hände wärmte, gegen die weiche Üppigkeit ihres in schwarze Alpakaseide gehüllten Busens. Sie spähte durch die qualvoll gekrümmten Eisenverzierungen des Zauns, aber ihre leuchtenden Augen trafen nur auf dunkle Fenster. In der Abenddämmerung war sie in die Stadt gekommen, doch nun stand die Stunde bevor, da die Uhren einen neuen Tag ankündigen würden.

»Niemand mehr auf? Nun, das überrascht mich gar nicht«, bemerkte sie dem Kätzchen gegenüber. »In diesem Alter werden die meisten von ihnen um diese Zeit müde. Es ist fast Mitternacht. Wir wollen versuchen, die Angelegenheit vorher abzuschließen. Ich verabscheue billige Dramatik.«

Dann entdeckte sie den Schimmer einer Lampe in einem Fenster auf der Ostseite des Hauses. »Ah!« rief sie, und ihr Atem ließ die großen Eisentore aufschwingen. Sie glitt hindurch und ging die lange, mit weißem Kies bestreute Auffahrt hinauf.

Die Eingangstür mitsamt ihren Glaslilien gab ihr den Weg frei, ohne das leiseste Geräusch von Riegel oder Angeln. In der Diele hielt sie einen Augenblick inne, um sich etwas präsentabler zu machen. Ihren mit schwarzen Federn geschmückten Hut hängte sie an einen Porzellanknauf an der Garderobe neben einen elfenbeinfarbenen Schleier aus grauem Filz von wesentlich bescheidenerer Machart. Sie musterte ihr Spiegelbild in dem eichengerahmten Glas der Garderobe.

»Mmmmmm.« Sie legte ihre weichen, rosigen Finger an die Lippen und studierte den Effekt des grübchenrunden Gesichts mit seiner ganzen gewollten Gutmütigkeit. »Mmmmmnein«, entschied sie, und das schwarze Kätzchen miaute wieder, als der hübsche junge Galan jeden schwarzgewandeten Fingerbreit seiner romantischen Erscheinung überprüfte. Er öffnete das Portemanteau von innen nach außen, und es wurde zu einer Kugel aus Onyx. Er fand, daß eine Frau, die einen so großen Teil ihres Lebens der Häuslichkeit und töchterlichen Aufmerksamkeit geopfert hatte, es zum mindesten verdiente, in anregenderer Gesellschaft zu sein als in der einer pummeligen Matrone vom Pfarrbasar. Er seufzte ein wenig über die schimmernde Kristallkugel hinweg, bevor er sich bückte, um den Schwanz des Kätzchens zu berühren. War da ein Schnurren zu vernehmen aus dem Herzen des schwarzen Schwertes, als er es in der stillen Eingangshalle erhob?

Er kam durch Gänge, die vollgeräumt waren, doch Staub war nicht zu sehen. Seine Sinne durchforschten das Haus nach Leben, und er sah die Köchin in ihrer Kammer unter dem Dach schnarchen, sah die Hausmädchen in ihren schmalen Eisenbetten in etwas schicklicherem Schlummer. Eine echte Hauskatze patrouillierte in der Küche, der Speisekammer und im Keller, achtlose Mäuse jagend, von Sahnemeeren träumend. Jedes dieser Leben gewahrte er und sandte sein Flüstern zu ihrem schlafenden oder wachenden Geist:

»Wenn du ihn liebst, dann sag ihm, daß er die Farm um dieser Fabriksarbeit in New York willen nicht verlassen soll, sonst werden ihn die Maschinen umbringen.«

»Du mußt sie im Krankenhaus zur Welt bringen, auch wenn deine Mutter noch so heftig behauptet, daß Krankenhäuser nur für Sterbende wären, sonst wird es sein, als wäre sie gar nie zur Welt gekommen.«

»Laß den dummen Vogel über die Straße davonfliegen, jag ihm nicht nach. Der Ausfahrer kann seinen Motorlieferwagen nicht so schnell anhalten, und er weiß nicht, daß du eine Königin bist.«

Zu gewissen Zeiten, in gewissen Fällen wurde ihm diese Entscheidungsfreiheit gewährt: er durfte ihnen Gelegenheit geben, ihn aufzuhalten, wenn sie nur so gescheit waren, auf ihn zu hören. Ob man das als Güte bezeichnen konnte? Ach, am Ende dann nutzten doch alle zugeflüsterten Vorsichtsmaßnahmen nichts mehr. Er konnte die Tatsache, die er verkörperte, nicht aufheben, nur hinauszögern. Die mächtigen schwarzen Schwanenschwingen, die er sich zur Vollendung nun noch zulegte, waren weder mächtig noch schwarz genug, um ihn vor seiner eigenen Unausweichlichkeit zu verbergen.

Dennoch meinte er, sie würde die Schwingen zu schätzen wissen, und die Art, wie er das schwarze Schwert schimmern und singen ließ. Er erreichte den Ostflügel, die Türe, hinter der die Bibliothek lag. Er kannte jenen Raum. Die Wände waren ganz mit Bücherregalen verkleidet, mit einer Aussparung für den großen offenen Kamin unter einem schweren Sims, und einer da, wo die verglaste Doppeltüre den Ausblick auf den Hang hinunter ins Städtchen umrahmte. Vor zwanzig Jahren war er in dieses Zimmer gekommen, in würdevoller Richterrobe, und hatte mit grimmiger, gelassener Miene Richter Foster jenen Urteilsspruch übermittelt, gegen den es keine Berufung gab. Damals waren seine Hände so hart gewesen wie die Worte des Urteils. Nun waren es schlanke, blasse Finger, mit denen er den Türknauf berührte und sich selbst einließ.

Sie blickte von dem Buch auf, in dem sie las. »Hallo«, sagte sie ruhig und schloß den wildlederfarbenen Band, um ihn auf den mächtigen Schreibtisch aus Rosenholz und Messing beiseite zu legen. Eine üppige Krone schneeweißen Haares betonte ihre feingeschnittenen Züge. Das sanfte Licht der Lampe warf die Schatten eines Rosenmusters über ihre blassen Hände, die sie im Schoß ihres Moirékleids gefaltet hatte. So tief und vielfältig waren die Schattierungen und Andeutungen im Schwarz ihres Gewandes, daß das seines eigenen dagegen fast schäbig wirkte. In ihrem Gesichtsausdruck lag Erkennen, doch keine Furcht.

»Haben Sie mich erwartet?« fragte er, leicht verstört über die Ruhe, in die sie sich so voller Würde hüllte.

»Letzten Endes ja«, erwiderte sie. Ihr Lächeln war immer noch hinreißend. »Sollte es denn nicht so sein?« Sie erhob sich aus dem hochlehnigen Polsterstuhl, dessen flaschengrünes Leder sie mit einem leisen Seufzen aus der Umarmung entließ. »Vater sagte immer, ich würde in der Hölle landen, obwohl er mich grün und blau schlug, wenn ich das Wort nur aussprach. Da ich das jetzt getan habe, wird das wohl mein Bestimmungsort sein, vermute ich.« Ihre Augen blitzten, und in der Luft vor ihr schwang etwas wie der Geist eines längst nicht mehr existierenden Fächers. »Richtig?«

Die Schwanenschwingen sanken herab und lösten sich auf. Das elegante Kostüm des Galans verwandelte sich in die düster-schäbige Gewandung eines Landpfarrers. Das Schwert war noch da, aber nur, bis ihm peinlich bewußt wurde, daß er es noch in der Hand hielt. Eilig schrumpfte es zu einem Raben, der auf die

Schulter des Geistlichen hüpfte und seine Empörung darüber hinauskrächzte, daß er in ein so unangemessenes Requisit verwandelt wurde. Die Onyxkugel wenigstens hatte genug Geschmack bewiesen, zu einem abgegriffenen Exemplar der Heiligen Schrift zu werden.

»Ich – äh – über Bestimmungsorte zu sprechen ist nicht meine Aufgabe.«

»Sie wollen mir nicht einmal verraten, ob es sehr viel anders als in Foster's Glen sein wird?« Sie besaß die wunderbare Eigenschaft, sich schelmisch zu geben, ohne auf kätzchenhafte Koketterie herabzusinken.

»Ich bin – hm – ich bin nicht befugt, darüber etwas zu sagen«, antwortete er und polierte die eckigen Gläser seines Zwickers mit einem entschieden unklerikalen roten Taschentuch, das er aus der Hose gezogen hatte.

»Wozu sind Sie denn dann befugt?« fragte sie. »Die Toten abzuholen?«

»Hm – äh – die Seelen eigentlich. Ja, die Seelen, genauer gesagt.« Er setzte die Gläser wieder auf den Nasenrücken. »Man tut halt seine Pflicht.«

»Dann tut man sie schlecht«, sagte sie, und eine nicht zu überhörende Schärfe lag in ihren Worten.

Ihre Heftigkeit verblüffte ihn so, daß er ein wenig zusammenfuhr und blökte. »Eh?«

Sie setzte es ihm nur zu gern auseinander. »Wenn Sie Seelen abholen sollen, dann, finde ich, leisten Sie nachlässige Arbeit. Meine hätten Sie vor fünfundzwanzig Jahren haben können. Ich hatte keine Verwendung mehr dafür. Jetzt erst daherzukommen …! Pah.« Ihre kleine Nase zuckte mit einem verachtungsvollen Schnüffeln, das einst hoffnungsvolle Herzen gebrochen hatte.

»Vor fünfundzwanzig Jahren …?« Die Seiten der Bibel flatterten, als er sie mit Wirbelwindfingern durchblätterte. Seine Augen blieben ausdruckslos, als er wieder aufschaute und fragte: »Ich spreche doch mit Miss Louisa Foster?«

Die alte Dame seufzte und trat an die nächstliegende Wand. Vom Boden bis zur Decke türmten sich Bücher wie eine einzige, mächtige Flutwelle. Der leicht modrige Geruch von alterndem Papier und Druckerschwärze, die seltsam berückende Mischung von Aromen aus Leder und Leinen und gehefteten Buchrücken und die bedeutsamen Spuren all der menschlichen Hände, die diese Seiten umgeblättert hatten, hüllte sie wie eine Wolke von Weihrauch ein, als sie einen einzelnen Band herunterholte.

»So stimmt es also«, sagte sie und blickte dabei auf die Zeilen in ihrer Hand statt auf ihn. »Der Tod kann manchmal irren.«

»Aber Sie sind doch …?« fragte er nach.

»Ja, ja, natürlich bin ich es!« Sie wischte ungeduldig seine Fragen beiseite. »Louisa Jane Foster, Richter Theophilus Fosters einziges Kind, dazu bestimmt, eine großartige Partie zu machen, von etwas anderem hätte Vater nichts wissen wollen. Eine glänzende Heirat oder keine. Vater gab mir genauso wenige Wahlmöglichkeiten wie Sie.«

Sie stellte das Buch zurück und nahm ein anderes herunter – ein bunter Vogel in der Reihe edler, lederflankiger Falken. Es war nur in vergilbten Karton gebunden, aber als sie es öffnete, flatterten ausgeblichene, duftlose Blütenblätter auf den Teppich der Bibliothek. Ihr mühsames Lachen erzitterte ein wenig, so wie ihre Finger, als sie die morschen Seiten umblätterten.

»Haben Sie je von einem Mann namens Asher Weiss gehört? Ich meine, außer im Zusammenhang mit Ihren Aufgaben? Wußten Sie, daß er ein Dichter war?« Sie schien nicht enttäuscht zu sein, als ihr Besucher zugab, es nicht zu wissen. »Ich habe es nicht erwartet.« Sie blinzelte heftig. »Und der Rest der Welt weiß ebenso wenig über ihn …

Hier steht ein Gedicht ›Für L.‹«, sagte sie. »Ich denke, es leben heute kaum mehr sieben Leute, die es gelesen haben. Ich war eine dieser Personen. Er schrieb es, und ich folgte der Spur seiner Worte bis in sein Herz, wie Gretel einen Weg aus dem nachtdunklen Wald fand, indem sie der Spur aus Brotkrumen und Kieselsteinen folgte.« Sie bückte sich, um die Blüten einzusammeln, und schob sie wieder zwischen die Seiten. »Keine glänzende Heirat, soweit es das überhaupt gibt, nichts, was sein Glaube oder der meine zu segnen eingewilligt hätte, also kamen wir ohne Segen aus. Wir zwei – wir drei erfuhren bald, wie hart es ist, von Brotkrumen und Kieselsteinen zu leben.« Sie stellte das Buch ins Regal zurück.

»Sie gestatten?« Er holte des Dichters kartonierten Grabstein herunter und las den Namen des Toten. »Aber dieser Mann starb vor mehr als fünfundzwanzig Jahren!« protestierte er.

»Und habe ich mich jemals gewehrt, als Sie ihn mir nahmen?« gab sie zurück. »Wenigstens ließen Sie mir … den anderen.« Ihr Mund wurde hart. Sie entriß ihm das Büchlein und stellte es entschieden zwischen seine ehrbareren Geschwister zurück. »Als Trost, glaubte ich, als lebenden Beweis, daß Gott nicht nur auf Vaters drohendes Gebrüll hörte. Eine Weile träumte ich, das Gesicht eines Gottes der Liebe, nicht der Rache zu sehen, jedesmal, wenn ich in diese lachenden Augen blickte, die denen seines Vaters so sehr glichen. Oh, was für ein herrlicher Scherz!« Sie zog aufs Geratewohl ein Buch aus dem Regal und schlug es auf, so daß es schien, als stammten ihre nächsten Worte von den gedruckten Zeilen vor ihr. »Bei allen wirklich guten Scherzen ist der richtige Zeitpunkt ausschlaggebend.«

Sie hielt den Blick des eingeschüchterten Pfarrers unnachgiebig fest. »Gehört Krankheit auch zu Ihrem Wirkungskreis. Und Hunger? Und Fieber? Oder kommen Sie bloß, um all dem ein Ende zu machen? Damals, an seinem Bettchen, als ich seine Hand hielt – ich habe gewünscht, Sie würden mich nehmen, nicht ihn. Gott weiß, wie er ohne mich durchgekommen wäre – vielleicht hätte sich Vaters Herz durch die Not eines Waisenkindes erweichen lassen …« Ihr Lächeln war voll Bitterkeit, als sie den Kopf schüttelte. »Nein. Ich lese die Märchen nur vor. Daran glauben mögen die Kinder.«

Sie blickte auf. »Mögen Sie Kinder – Tod?«

Bevor er antworten konnte, klappte sie das Buch zu. »Ich weiß schon«, sagte sie. »Stell keine Fragen. Beuge das Haupt und füge dich.« Sie stieß mit dem Buch nach dem Bildnis des Richters über dem Kamin, und ihre Stimme senkte sich zu einem grimmigen Bariton. *»Die Entscheidungen werden für dich getroffen, Mädchen! Wenn ich deine Meinung brauchte, würde ich's dir sagen!«* Sie legte ihre Hände um das Buch und lachte. »Man sollte meinen, daß ich inzwischen meine Lektion besser gelernt habe, da ich doch mit der Stimme des Allmächtigen zu leben hatte. Des Allmächtigen … dessen Wort die Welt nach seinem Belieben verändert. Wissen Sie, ich hatte nie einen jüdischen Liebhaber, brachte nie ein uneheliches Kind zur Welt. Als ich mit Vater nicht aus New York zurückkehrte, all diese Jahre, die ich fort war von Foster's Glen, da habe ich im Ausland Musik studiert, habe bei einer unverheirateten Tante in Paris gelebt. So wurde es mir gesagt. Die Leute aus dem Ort halten mich immer noch für eine Dame.«

»Aber das sind Sie!« rief er, und der Rabe hüpfte von seiner Schulter, um unter dem Strahlenmuster der Stuckdecke herumzuflattern.

»Sie lassen sich aber sehr leicht täuschen, wie ich sehe.« Sie streckte die Hand aus, und der Vogel ließ sich darauf nieder. »Es tut mir leid, Vogel«, sagte sie. »Wir haben hier keine Büste der Pallas Athene als Rastplatz. Vater fand alle heidnischen Kunstwerke schändlich, weil die meisten sich wie mein Asher anscheinend keine anständige Kleidung leisten konnten.«

»Nun, also …« Der Pfarrer holte tief Luft und atmete

erst aus, als er sich in aller Ruhe in einen Herrn in Abendkleidung verwandelt hatte, der ihr seinen Arm und eine Rose als Tribut bot. »Wollen wir gehen?«

»Nein.« Die alte Dame lachte und küßte das glänzende Gefieder des Vogels. »Noch nicht.«

»Nicht …? Aber ich dachte …?« Er räusperte sich und glättete seine gestärkte Hemdbrust. »Aus Ihrer herzlichen Begrüßung schloß ich, Miss Foster, daß Sie sich nur zu gerne heute abend meiner Begleitung anvertrauen wollten.«

»Wie galant«, meinte sie, doch ihr Ton war so trocken wie jene dürren Blütenblätter. »Und wie könnte ich in meinem Alter ein so schönes Angebot ablehnen. Nein, das kann ich nicht. Ich möchte es nur aufschieben.«

»Das möchten sie alle«, gab er zurück. »Doch dies ist die vorbestimmte Zeit.«

Sie ignorierte seine Aufforderung und stellte sich mit einer fließenden, eleganten Bewegung vor dem Porträt über dem Kamin in Positur. Sie ahmte die düstere Miene des Richters einschließlich des grimmig vorgeschobenen Kinns und der zusammengezogenen Brauen nach, während sie brüllte, *»Wo bleibt das verflixte Mädchen? Daß diese Weiber aber auch nie pünktlich sein können!«* Sie legte ihre freie Hand auf den kalten Marmorsims und blickte zu dem gemalten Ingrimm des Richters empor. »Wie lange hast du in der Hotelhalle auf mich gewartet, Vater, bis dir klarwurde, daß ich geflohen war?« Sie wandte sich wieder ihrem Besucher zu. »Wenn ich den Mut fand, ihn warten zu lassen, brauche ich mich kaum davor zu fürchten, den Tod hinzuhalten.«

Der Fremde hüstelte diskret in seine schwarz behandschuhte Hand. »Ich fürchte, ich muß aber wirklich darauf bestehen, daß Sie jetzt mit mir kommen.«

»Weshalb sollte ich mit Ihnen gehen, wenn Sie nicht kamen, als ich Sie rief?« Ihre Augen funkelten schwärzer als das Gefieder des Raben, schwärzer als die weiche Haarlocke, die eingeschlossen in Gold und Kristall an ihrer Kehle über dem hochgeschlossenen Kleid lag. »Ich rief, aber Sie wollten nicht kommen. Weshalb? Konnten Sie mich nicht hören? Trommelte der Regen zu heftig auf die kleine Kiste, oder war der Widerhall von dem Loch, das sie dafür gegraben hatten, zu laut? Ich glaube nicht. Auf dem Kirchhof von Potter's Field graben sie nämlich nie besonders tief. Oder war es das Rattern der Kutschenräder, als die *liebe* Cousine Althea kam, mich wieder nach Hause zu holen? Ach nein, es war wohl eher unmöglich, meine Rufe zu hören über all dem Gezeter, das sie erhob, weil sie so froh war, mich endlich ›gefunden‹ zu haben.«

Sie knallte das Buch auf den Kaminsims. »Natürlich war es ihr unmöglich gewesen, mich früher zu finden, wenn sie doch bloß meine Adresse auf jedem von einem guten Dutzend Briefen hatte, Briefe, in denen ich sie um Geld anflehte, um Medizin, um den kleinsten Beweis des Mitgefühls ...« Unvermittelt sank sie auf den Kaminstufen in sich zusammen, so daß der Rabe erschrocken aufflog.

Er kniete sich neben sie und legte die Arme um sie. Ihre Tränen waren stark und real vor dem Hintergrund seiner Gestalt aus Rauch und wispernder Dunkelheit.

»Sie haben so lange gewartet«, flüsterte sie, und ihr Atem streifte warm und lebendig an sein Ohr. »Könnten Sie nicht noch ein wenig länger warten?«

»Wieviel länger?« Er roch den Duft des Lavendelwassers, das sie nach dem Bade benutzte, fühlte die welke Weichheit ihrer Altfrauenhaut, ihres Altfrauenhaares.

»Nur bis ich fertig gelesen habe.« Sie legte ihre Hände auf seine Schultern und nickte hinüber zum Pult, wo immer noch das ledergebundene Buch lag.

»Ist das alles, worum Sie bitten? Nicht Tage, nicht Monate, nur bis ...?«

»Das ist alles.« Ihre Hände umklammerten seine. »Bitte.«

Er stimmte zu, ohne ganz zu begreifen, was er ihr zugestanden hatte. Was sie gesagt hatte, entsprach alles der Wahrheit: es war seine Entscheidung gewesen anzunehmen, daß in dem Flehen einer Frau kein echter Wille steckte. So viele von ihnen schrien *Laßt mich sterben!* und überlegten es sich später doch anders. Nur wenn er sich gezwungen sah, sie unter einem Brückengeländer in Empfang zu nehmen, oder mit der Flasche aus der Apotheke noch in der Hand, konnte er von ihren ernsthaften Absichten überzeugt sein, und Miss Louisa Foster hatte keinen dieser Wege gewählt, nachdem ihre Cousine Althea sie heimgeholt hatte. *Hysterisch* und *Sie wird darüber hinwegkommen* tippten ihm höhnisch auf die Schulter. Auch er besaß Erinnerungen.

Immer noch in seiner Abendkleidung half er ihr auf. Sie kehrte zu ihrem Platz auf dem grünen Lederstuhl zurück und nahm das ledergebundene Buch wieder zur Hand. »Wenn man bedenkt, daß ich in meinem Alter noch keine Brille brauche – ist das nicht wunderbar?« meinte sie, zu ihm gewandt, und einen Augenblick später: »Sie müssen mir versprechen, daß Sie sie nicht erschrecken.«

Er nickte gehorsam, obwohl er nicht die leiseste Ahnung hatte, was sie eigentlich meinte. Er wandelte sein Erscheinungsbild in das einer Dame gleichen Alters und Standes um, deren Hände mit einer wirren dunklen Schiffchenarbeit beschäftigt waren. Ein wolliges schwarzes Schoßhündchen kauerte zu ihren Füßen. Sie bot das Musterbild der armen Verwandten, die sich durch Stummheit und Unauffälligkeit ihren mageren Anteil an Brot und Herdwärme verdiente.

Die Uhr auf dem Kaminsims schlug Mitternacht.

Die Glastüren ächzten leise, als eine kleine Hand sie schüchtern aufschob. Ein dunkler Lockenkopf lugte um die Türkante. *Mutter?* seufzte der Wind.

Sie blickte nicht von dem offenen Buch auf, als das Kind über den Teppich zu ihr schwebte und sich in ihrem Schatten niederließ. Der kleine Kopf schmiegte sich an ihre Knie, und dünne, milchblasse Finger, die rosa und rund hätten sein sollen und nach Babypuder statt nach Moder hätten riechen müssen, langten hinauf, um ihre Hand zu ergreifen.

Lies mir vor.

»Also Danny, ich wundere mich über dich«, sagte sie sanft. »Du weißt doch, daß wir nicht ohne deine Freunde anfangen können.«

Der Wind blies noch mehr Phantomgestalten durch die offene Tür: Nebelfetzen und wirbelnde Schwaden von Kindern. Sie wehten herein in die dämmrige Bibliothek, wirbelten durcheinander wie draußen die bunten Herbstblätter, sanken nieder in heimeligen Ecken, in weichen Lieblingssesseln, bis schließlich der kühle Hauch ihres Kommens erstarb und sie alle stumm und aufmerksam um Miss Louisa Fosters Stuhl herumsaßen.

Die fremde Besucherin fühlte, wie sich eine kleine Hand in die ihre stahl, eine Hand, deren klammen Griff sie zuletzt so sanft wie möglich von der Brust der jungen, verzweifelten Mutter gelöst hatte, die den Sprung überlebte, der ihr Kind tötete. Es war nicht die Aufgabe der Besucherin, sich darum zu kümmern, was aus denen wurde, die sie abzuholen hatte. Das Kind zupfte beharrlich an ihrer Hand und kletterte dann ungefragt auf ihren Schoß. Das kleine Mädchen ließ mit einem zufriedenen Seufzer den Kopf gegen die Schulter der alten Dame sinken, kuschelte sich in ihren Umhang, denn es hatte endlich jemanden gefunden, den es kannte. Das Kind war barfuß, und sein goldenes Haar roch nach Fabrikrauch und Flußwasser.

»Nun, sollen wir anfangen?« erkundigte sich Miss Foster und lächelte strahlend über den Rand des Buches hinweg. Lächeln antwortete ihr ringsum. »Ich glaube, wenn ihr alle recht brav seid, dann werden wir heute wohl mit Tom Sawyers Abenteuern fertig werden, und dann ...« Ihre Stimme stockte, aber sie stammte, wie Richter Foster es auszudrücken beliebte, aus ›einem guten Stall‹, und so fuhr sie fort »... und dann könnt ihr euch ausruhen.«

Sie hob den Blick zu der geduldigen Besucherin im anderen Polstersessel. »Jetzt verstehen Sie doch? Jemand muß das für sie tun ... sie gingen viel zu jung von uns, so daß niemand ihnen all die Geschichten schenken konnte – die alten Märchen, die Kinderreime, und *Kim,* und die Rittersagen um König Artus, und *Der Graf von Monte Christo,* und – und – oh! Wie kann man Kinder ohne Geschichten schlafen schicken? Also versuche ich es eben.«

»Wann ...?« Die Dame mit dem Schoßhund fuhr sich über die plötzlich so trockenen Lippen. »Wann begannen sie, zu Ihnen zu kommen?« Das Kind, das sich an ihre Schulter lehnte, bewegte sich ein wenig, stürzte sich dann auf die komplizierte Schiffchenarbeit und schuf daraus vergnügt ein Nest gordischer Knoten, so komplex und so simpel wie die Welt selbst.

»Sie kamen bald, nachdem ich diesen Raum als Stadtbücherei eingerichtet hatte, gleich nach Vaters Tod. Ich räumte all seine Gesetzesbücher aus den Regalen und füllte sie mit so vielen Geschichten über Wunder und Abenteuer und Unfug und Lachen, wie sie nur Platz hatten. So saß ich einmal um Mitternacht hier und las laut für mich aus Ashers Gedichtband, da kam der erste.« Sie beugte sich vor und zerzauste liebevoll das Haar eines kleinen Jungen, dessen mageres Gesichtchen immer noch die Spuren von Kohlenstaub trug. »Bis dahin hatte ich nicht gedacht, daß es möglich ist, nach etwas zu hungern, was man nie kennengelernt hat.«

Dann bückte sie sich und hob das Kind auf, das sich so eng an ihren Rock gedrückt hatte. Sie setzte den Kleinen auf ihren Schoß und drückte seinen Kopf gegen den hochgeschlossenen, überaus dezenten Vorderteil ihres Kleides. Die schwarzen Locken des kleinen Gespenstes schlangen sich um die Brosche, in der die eine einsame Haarlocke von ihm seit langem ruhte.

»Eines nachts war er hier, kam mit den anderen. Ein so weiter Weg von New York, denken Sie doch! Und die Straßen waren so kalt.« Ihre Lippen berührten die blasse Stirn. »So kalt.« Sie setzte ihn wieder hinunter zu den anderen und schenkte der Besucherin ein Lächeln voll gezwungener Heiterkeit. »Ich finde, daß Kinder einfach ruhiger schlafen, wenn sie eine Geschichte bekommen haben, meinen Sie nicht auch?« Bevor ihr Gegenüber antworten konnte, fügte sie hinzu: »Aber jetzt entschuldigen Sie, ich möchte sie nicht warten lassen.«

Miss Foster begann, den letzten Teil von Tom Sawyers Abenteuern vorzulesen. Das warme Licht der Petroleumlampe wischte die Spuren von Fieber und Hunger und gewaltsamerem Tod von den Gesichtern der lauschenden Kinder. Und als sie las, drangen die Worte irgendwie unter ihre Haut, brachten Glanz in die hungrigen Augen. Miss Foster in ihrem Lehnstuhl wurde sich einer seltsamen Macht bewußt, die den Raum zu erfüllen begann. Die Gespenster schüttelten ihre eigenen Gespenster ab, den alten Spuk von Elend und Sorgen, zähe Erinnerungen an Schmerz und Angst. Nichts blieb mehr als die Kinder und das Wunder.

Schließlich klappte Miss Foster das Buch zu. »Ende«, verkündete sie, immer noch hinter einem erstarrten Lächeln verschanzt. Die Kinder blickten sie erwartungsvoll an. »Das war das Ende«, sagte sie sanft. »Es tut mir leid, aber mehr gibt es nicht.« Die Augen der kleinen Gespenster erloschen. Widerstrebend zogen sie sich aus dem Lampenlicht zurück, einzeln, mehrere, hin zur Kälte des Mondlichts draußen.

»Wartet.«

Der Fremde sprang auf, er hatte noch immer das kleine Mädchen an sich gedrückt. Nun war er wie ein straßenmüder Hausierer ausstaffiert, seine Waren auf dem Rücken, einen aufmerksamen, schwarzen Jagdhund an den Fersen. Er ließ seinen staubigen Rucksack auf den Schreibtisch aus Rosenholz poltern und faßte hinein. »Hier ist *Huckleberry Finn*«, sagte er. »Das müssen Sie ihnen vorlesen, nachdem sie eben *Tom Sawyer* gehört haben.«

Er holte Buch für Buch aus dem Sack heraus, stapelte sie aufeinander. »Ah, und *Die drei Musketiere. Onkel Toms Hütte. Der kleine Lord* ... so viel Verschiedenes, das ist gut. Und *David Copperfield. Die Schatzinsel, Anne auf Green Gables, Zwanzigtausend Meilen unter dem Meer* ...« Er starrte den Turm aus Büchern an, den er errichtet hatte, und stieß einen langgezogenen, leisen Pfiff aus. »Nun, ich nehme an, Sie werden schon noch mehr zu finden wissen.«

Sie packte ihn am Handgelenk, und ihre Stimme klang aufgeregt, als sie fragte: »Ist das ein Trick? Noch so ein Scherz, den Vaters höchstpersönlicher Gott mit mir treibt?«

»Kein Trick«, versicherte er. »Ich werde zurückkommen, das kann ich Ihnen versprechen, Miss Louisa. Ich werde zurückkommen, weil ich muß, und Sie wissen, daß ich es muß.«

Sie berührte das Trauermedaillon an ihrer Kehle. »Wann?«

»Wie ich es versprach.« Er fing ihren Blick auf. »Wenn Sie fertig gelesen haben.«

Er setzte das kleine Mädchen in ihren Schoß, dann hob er ihr eigenes, früh verlorenes Kind auf; beide zusammen waren keine größere Last als die leere Luft. Ihre Arme legten sich instinktiv um die beiden, und er legte ein offenes Buch in ihre Hände, um den Kreis zu schließen. »Oder wenn Sie es wollen.«

»Ich kann nicht ...«, setzte sie an.

»Lesen Sie.«

Er schulterte den Rucksack und pfiff seinen Hund

heran. Die geisterhafte Kinderschar starrte ihm nach, als er zwischen ihnen auf die Glastüre zustrebte. Dort draußen war immer noch die Luft voll von Rauch, Äpfeln und tausenden Geschichten, die erst erzählt werden würden. Er hielt an der Schwelle inne und drehte sich nach ihr um, die immer noch im warmen Kreis des Lampenlichts saß und ihn anstarrte.

»Gib ihnen ihre Geschichten, Louisa«, sagte er, und seine Züge waren nun alt wie der Wind, wie der Regen, wie unzählbare Sommertage. »Gib ihnen ihre Träume zurück.«

»Es war …« Sie stockte. Die Kinder rückten näher heran, und ihre Gesichter hoben sich zu ihr wie Blumen zum Regen. »Es war einmal …«

Er sah zu, wie die Worte sie alle seiner Macht entrückten, und er ließ sie bereitwillig gehen. Er neigte sein Haupt unter dem silbernen Sensenblatt des Mondes und machte sich auf einen neuen Weg, und der schwarze Hund trottete neben ihm her bis zum Ende.

Originaltitel: ›Death and the Librarian‹ • Aus: ›Asimov's Science Fiction‹, Dezember 1994 • Übersetzung aus dem Amerikanischen von Yoma Cap

---

Mike Resnick & Susan Shwartz

BIBI

Das Schreien ihrer Kinder hatte sie aufgeweckt. Sie streckte sich, das linderte die Schmerzen in ihren Knochen. In der stillen Morgendämmerung kroch sie aus ihrer sicheren Zufluchtsstätte und wagte sich zum See, um Wasser zu holen. Von ihren Feinden war nichts zu sehen. Anzeichen von neuen Todesfällen gab es nicht, doch einige über ihr kreisende Vögel warnten sie: Bald ist es soweit. Nein, nicht meine Kinder! dämmerte sie stumm. Sie waren krank und fiebrig, sie starben. Aber wo waren sie? Keines war am Ufer des Sees. Keines kämpfte sich durch den Busch, um sie zu suchen. Sie mußte sie bald finden, bevor sie eine Mutter ohne Kinder war.

Das Land war trocken und braun wie immer, und doch hatte sich einiges verändert. Die Fußwege waren verschwunden, die Vögel flogen nicht mehr aus Angst vor ihr weg, die wenigen Antilopen, die sie zu Gesicht bekam, waren kleiner und schneller als jene, die sie in Erinnerung hatte. Sie fühlte sich unbehaglich in dem offenen Land. Es gab keine Bäume, auf die sie sich flüchten konnte, wenn sie von diesen fürchterlichen hundeartigen Kreaturen angegriffen werden sollte, die sie sicherlich mit drei Bissen verschlingen konnten. Sie umfaßte ihren Knüppel, es war nur ein alter Oberschenkelknochen, mit festem Griff. Kurz zuvor hatte sie eine Raubkatze beobachtet, die gerade eine Antilope gerissen hatte. Zusammen mit den Vögeln hatte sie gewartet, bis das Tier satt war. Dann kämpfte sie mit den Tieren um die restliche Beute und ging als Sieger, mit einer Waffe und einer Mahlzeit als Beute, aus dem Kampf hervor.

Sie schaute noch einmal nach oben. Die Vögel wirkten kleiner und hatten andere Farben. Sie waren Vorboten des Bösen, sie kreisten hoch über der Savanne und hielten Ausschau nach totem Fleisch.

Als die Sonne höher stieg, zog sie sich in den schützenden Schatten der Bäume zurück. Ihr Magen knurrte, sie suchte unter einem trockenen alten Baumstamm nach Termiten. Aber der Baumstamm zerfiel zu Staub, als sie ihn umzudrehen versuchte. Sie durchsuchte die Überreste und fand nur einige langsame Insekten. Das Termitenheer hatte sich natürlich schon einen besseren Futterplatz gesucht.

Wie einfach war es doch früher, Nahrung zu finden. In den freundlicheren Tagen ihrer Jugend konnte sie noch so weite Strecken zurücklegen, sie fand immer Nahrung in der Erde oder von herabhängenden Zweigen. Jetzt brauchte sie Stunden, um den Magen zu füllen, damit er nicht brüllte wie ein hungerndes Kind, Schreie von wilden Tieren hörte sie ohnehin den ganzen Tag. Ihre Füße bluteten, sie waren zu zart nach ihrer langen Rast. Aber sie ging weiter, sie hatte zu lange geschlafen.

Das Camp lag vierzig Kilometer westlich von Moroto in der glühenden Hitze des Karamojo-Gebietes. Sogar die Fliegen waren hier träge. Wirbelwinde fegten über die unbewohnte Landschaft, rot und wütend, die Staubwolken stiegen über dreißig Meter hoch in den verblüffend blauen Himmel hinein. Das Wasser für das ganze Camp wurde aus zwei Brunnen geschöpft. Aus einem der beiden Brunnen sprudelte kühles, klares Wasser, allerdings immer nur zwei oder drei Minuten lang, dann versiegte es für eine halbe Stunde oder sogar für länger, während der andere Brunnen nur ein dünnes Rinnsal von warmer brauner Flüssigkeit hervorbrachte.

»Wach auf, wach auf!«

Ein Stein landete auf der Hütte, in der Jeremy Harris schlief, und ein Kind brüllte ihm ins Ohr. Ohne nachzudenken, übersetzte er das aufgeregte Suaheli des Kindes. Jeremy starrte den kleinen Quälgeist, kaum einen Meter groß, mit verschwommenem Blick an, dann schaute er nach draußen. Warum zum Teufel weckte ihn dieser Junge mitten in der Nacht?

»Dr. Umurungi hat mir aufgetragen, dich zu holen. Kennst du den alten Kabute? Er ist gestorben, um Mitternacht.«

Jeremy hatte den Mann gekannt: Er war noch nicht einmal vierzig gewesen, hatte aber schon unglaublich alt ausgesehen, fast mumifiziert; abgemagert und ausgezehrt durch Aids. Diese Krankheit drohte die ganze Arbeit zu zerstören, die Idi Amin in Uganda begonnen hatte und die von Milton Obote fortgeführt worden war. Die beiden Männer sind tot, und früher oder später werden hier alle sterben.

In den Augen des Jungen waren Gewißheit und Resignation zu lesen: Er hatte bereits beide Eltern durch die Krankheit verloren und war selbst HIV-positiv. Es wäre ein Wunder, wenn er die Pubertät erreichte. AZT – ein Medikament gegen Aids – konnte man vergessen, es war zu teuer, die Sozialarbeiter waren froh, wenn sie drei Mahlzeiten am Tag auftischen konnten.

»Ich verstehe nicht«, sagte Jeremy. »Will sie, daß ich mit der Familie spreche?«

Er konnte sich einige Leute vorstellen, die besser dafür geeignet wären als er, schon wegen seiner geringen Sprachkenntnisse und seiner Rasse. Die Familie Kabutes bestand aus seiner Mutter und zwei kranken Ehefrauen. Eine der beiden Frauen hatte dunkel rote und schwarze Kaposi-Sarkome* am Körper und hustete unentwegt. In der Familie gab es jede Menge Kinder,

---

* Kaposi-Sarkom: eine Krebsform, die sehr oft bei Aidskranken auftritt. In Uganda ist es die häufigste Krebsart überhaupt. (Quelle: AIDS Kurzlexikon, M. Walter und R. Süss, Steinkopff Verlag Darmstadt, 1987)

Jeremy hätte gewettet, daß auch die Kinder HIV-positiv waren.

Jeremy war kein Arzt, er war ein freiwilliger Helfer. Wenn sie ihn zum Fahren brauchten, fuhr er. Wenn sie jemanden brauchten, der medizinische Tests durchführen sollte, brachten sie es ihm bei und konnten sich dann um andere Dinge kümmern. Wenn ein Englischkurs gebraucht wurde, lehrte er Englisch. Wenn es darum ging, Beamte zu bestechen, er tat es, und er war sogar ziemlich gut darin. Wenn wieder einmal Geld benötigt wurde, fand Jeremy meistens ein menschenfreundliches Opfer, das er mit seinen speziellen Bearbeitungsmethoden, die er als Aktienhändler an der Wall-Street erlernt hatte, dazu bringen konnte, Geld zu spenden. Manchmal ›erlaubte‹ er seinen Opfern sogar, das Geld anonym zu spenden und auf diese Weise noch einen Steuervorteil zu erlangen.

Was zur Zeit jedoch am meisten gebraucht wurde, war ein Totengräber. In New York hatte Jeremy einen eigenen Sporttrainer gehabt, der kam, wenn Jeremy nicht zum Universitäts-Sportklub oder zum Fitness-Center seiner Firma gehen konnte, oder zu einer dieser anderen Sportstätten, die einen großen Teil seines Privatlebens bestimmten. Hier im Busch, als Totengräber, bekam er indessen mehr Muskeln, als es sein Trainer je für möglich gehalten hätte.

»Dr. Umurungi sagt, daß die Familie das Lager verlassen und Kabutes Leichnam mitgenommen hat.«

Der Junge öffnete das Zelt noch weiter. Jeremy blinzelte in die aufgehende Sonne und fluchte mit diesen erfinderischen Schimpfworten, die die betrunkenen Aktienhändler früher in Harrys Bar benutzt hatten. Jeremy machte sich Sorgen um die Frauen und Kinder, sie waren nicht genügend versorgt. *Sie setzen ihr ohnehin kurzes Leben unnötig aufs Spiel,* sagte seine innere Stimme, *wir alle befinden uns hier auf der Straße des Todes.* Die Familie hatte die Leiche mitgenommen, sie konnten von Glück sagen, wenn sie nicht von Hyänen oder von Krokodilen in den Flüssen angegriffen wurden, die sie durchqueren mußten. Ganz abgesehen davon war es sehr wahrscheinlich, daß sie von somalischen oder sudanesischen Banditen geplündert wurden.

Entschlossen setzte er die Füße auf den Boden, und das Kind umarmte ihn erleichtert. Er griff nach seiner Hose und den Stiefeln und schüttelte seine Sachen aus, bevor er sie anzog. Er machte noch schnell sein Bett. *Ordnung muß sein oder du wirst verrückt, wenn du in einem überfüllten Zelt eines Aidshilfe-Camps lebst.* Alles hatte einen festen Platz.

Er öffnete die Schachtel, in der er seine Vitamintabletten und die anderen Medikamente aufbewahrte, und schluckte eine Handvoll Pillen, ohne Wasser, bevor er die Arzneiampullen wieder neben die Mappe mit seinen Papieren, den medizinischen Berichten und einigen Briefen zurückstellte. Der letzte Brief war von seinen Eltern in Vermont. Er kannte den Inhalt auswendig.

Er war nicht sehr lang. Überraschenderweise hatte nicht seine Mutter, sondern sein Vater den Brief geschrieben. Sein Vater konnte eigentlich mit Werkzeugen besser umgehen als mit Worten. Die Gabe, mit der es Jeremy immer wieder fertigbrachte, die alten Lastwagen im Camp zum Laufen zu bringen, hatte er von seinem Vater geerbt, und sie war hier im Camp von unschätzbarem Wert. Als Junge hatte er in der Furcht gelebt, daß ihm seine praktische Begabung nur schmutzige Hände und ölverschmierte Kleidung einbringen würde, oder gar ein Leben als Tankstellenpächter in einer Kleinstadt. So hatte er auf keinen Fall leben wollen und mit allen Mitteln dagegen angekämpft.

»Mein Sohn,

Du wolltest nicht, daß Deine Mutter und ich zum Flughafen fahren, um Dich zu verabschieden. So hatte ich keine

Gelegenheit mehr, Dich zu sehen. Ich glaube auch nicht, daß ich fähig gewesen wäre, Dir zu sagen, wie ich über die Sache denke. Es ging alles zu schnell für mich in New York, und Du warst wahrscheinlich zu sehr damit beschäftigt, Deine Angelegenheiten zu ordnen und Dich von Deinen Freunden zu verabschieden. (Welche Freunde? dachte Jeremy. Die einzige Person, von der er sich gern verabschiedet hätte, wollte ihn nicht sehen.)

Und neben Deiner Mutter, die verzweifelt versuchte, nicht zu weinen, konnte ich Dir nicht sagen, was ich eigentlich sagen wollte. Wir hatten uns ja nie sehr viel zu sagen, außer wenn es um Autos ging, oder ›Wie geht's in der Schule?‹. Das bedaure ich jetzt. Ich habe immer gedacht, daß ich vielleicht der falsche Vater für Dich bin … aber das kann ich nun auch nicht mehr ändern. Ich möchte, daß Du weißt, daß wir Dich nicht zum Weggehen zwingen. Du bist mein Sohn, und ich bin stolz auf Dich. Wenn Du krank bist, komm nach Hause. Wir werden uns um Dich kümmern. Hier wird immer Platz für Dich sein.

In Liebe,

(Sein Vater hatte diese beiden Worte durchgestrichen und dann doch wieder darübergeschrieben. Wahrscheinlich befürchtete er, wenn er den Brief noch einmal neu schriebe, würde er ihn nie mehr abschicken.)

Dein Vater«

Sehr vorsichtig steckte Jeremy den Brief zurück in die schützende Plastikhülle. Dann zog er das zerfetzte kleine Paket hervor, in dem die Manschettenknöpfe mit Monogramm und der ungeöffnete Brief lagen. Jeremy dachte an den Menschen, dem er die Manschettenknöpfe geschenkt hatte. Wie immer, wenn er Post bekam, war er darüber überrascht gewesen, daß ihn das Paket mit dem Brief und dem zurückgewiesenen Geschenk darin überhaupt erreichte.

Es wäre besser gewesen, ein Postbeamter hätte die Manschettenknöpfe im Paket scheppern gehört und es gestohlen. Man konnte es wirklich als barmherzig bezeichnen, daß Raymond ihm die Manschettenknöpfe nicht vor die Füße geworfen hatte, als er erfuhr, wie katastrophal sorglos Jeremy gehandelt hatte. »Ich bekomme immer Dinge geschenkt, die ich mir selbst nie kaufen würde. Und dieses letzte Geschenk von dir, Jeremy, das übersteigt wirklich alles!« Ray war gegangen, er hatte die Tür hinter sich zugeschlagen und Jeremy damit jede Hoffnung auf ein gemeinsames zukünftiges Leben genommen. Die Geschenke hatte er ihm alle zurückgegeben, bis auf das tödliche Geschenk, das er in sich trug.

Jeremy ließ das Paket unter dem Kopfkissen auf seinem Bett zurück und stopfte sich den Brief in die Hosentasche. Vielleicht fand er heute die Zeit oder die Kraft, den Brief zu lesen oder ihn wegzuwerfen.

Vielleicht würde er ihn auch verlieren.

Er wandte sich wieder an den kleinen Jungen. Es ist gut so, daß ich hier bin, sagte er im Geist zu seinem Vater. Jeder soll an seinen richtigen Platz, und genau dort war er jetzt.

Unwillkürlich untersuchte er sich selbst: keine Wunden, kein Fieber, keine Müdigkeit, kein Husten, keine Schweißausbrüche. Keine Anzeichen, aufgrund derer er sich Sorgen machen müßte.

Noch nicht.

Wie so viele Menschen in dieser Welt war Jeremy Harris HIV-positiv. Als er es erfuhr, brach eine Welt zusammen, obwohl die Krankheit bei ihm erst im Anfangsstadium war. Sein Leben lief bis dahin in geordneten Bahnen. Er hatte eine Achtzig-Stunden-Woche, in der die Wochenenden schon mal Arbeitstage waren, und wenn er manchmal wochenlang nur am Telefon hing, konnte er so viel Geld verdienen, daß er seine Wohnung auf den Florida Keys – eine Inselgruppe an der Südspitze Floridas – finanzieren konnte; die schönen Wochen und Wochenenden unten in den Keys, mit kühlem Bier, gutem Fisch und seinen Freunden. Er wollte gar nicht *daran* denken oder daran, wie viele seiner alten Freunde noch am Leben waren. Er mußte einen Weg finden zwischen der Gleichgültigkeit, die ihn umbringen konnte, und dem Kummer, der ihn innerlich zerfraß.

Beim letzten Mal, als er seine Lieblingsplätze besucht hatte, war es auf den Keys wie in einer Geisterstadt gewesen. Keiner wußte, wo Raymond war. Oder er hatte ihnen gesagt, sie sollten den Mund halten. Die ganze Gruppe von Schriftstellern, Künstlern und schicken reichen Typen hatte sich verwandelt. Das waren jetzt Leute wie sein Vater, sie sprachen nicht über die *wahren* Dinge des Lebens. Die Übriggebliebenen tranken, um zu vergessen, oder arbeiteten bis zum Umfallen und wurden zu Gesundheitsfanatikern wie Jeremy.

Und wofür das Ganze? Um die Freunde sterben zu sehen? Während man selbst auf eine Heilung wartete, die sich achtundneunzig Prozent der Infizierten sowieso nicht leisten könnte, selbst wenn ein Heilmittel entdeckt würde. Er abonnierte medizinische Fachzeitschriften und verfolgte die Forschungen zu A.I.V. – dem Affen-Immunschwäche-Virus. Die Impfung, die die Medizinische Abteilung der Universität Harvard entwickelt hatte, diese Impfung schützte Affen für drei Jahre. Es kam sogar ein Funken Hoffnung auf, als der Wissenschaftler Johns Hopkins den Fall einer vierzigjährigen Frau entdeckte, die drei gesunde Kinder zur Welt brachte, nachdem bei ihr Aids diagnostiziert worden war. Es wurde festgestellt, daß die Kinder sich an ihrem Blut nicht anstecken konnten.

Vielleicht gehöre ich zu den wenigen Mutanten, bei denen sich das Erbgefüge ändert! dachte er verzweifelt. Aber dann würde er sich wohl noch mehr als Ausgestoßener des Menschengeschlechts fühlen.

Er fuhr nach Montreal, um die Firma *Biochem Pharma* aufzusuchen. Dort brachte ein neues Medikament, 3TC, in Verbindung mit AZT vielversprechende Ergebnisse. Er verfolgte die Glaxo-Wellcome PLC Fusion mit so großer Aufmerksamkeit, wie sie sonst nur Sterbende den Sterbesakramenten entgegenbringen. Diese Forschungsergebnisse wirkten sich mit Sicherheit auf die Qualität von AZT aus, das er wahrscheinlich eines Tages brauchen würde. Aber was nutzte es ihm? Alle diese Biotechnologen waren wie betrunken. AZT war eher ein Gift als ein Heilmittel, und die Gesundheitsfürsorge würde die Kosten dafür kaum tragen.

Solange er in seiner Firma eine wichtige Schlüsselstellung innegehabt hatte, war er dort versichert gewesen. Er wußte aber, daß diese Versicherung nichts mehr zahlen würde, sobald er ARC* bekäme oder richtig krank würde. Und so hatte er vorgesorgt für den Fall, daß er die Firma wechseln oder die Aids-Krankheit wirklich ausbrechen sollte. Wenn er dann sein Geld aufgebraucht hätte – sein Vermögen war zwar solide, aber nicht riesig –, würde er davon leben müssen, was er von der Fürsorge bekäme, und auf der Straße landen, und höchstwahrscheinlich würde diese Straße nicht den Namen Wall Street tragen.

Deshalb hielt sich Jeremy fit. Jeden Tag untersuchte er sich selbst nach Symptomen oder Veränderungen. Als seine Freunde und Liebhaber um ihn herum erkrankten und starben, bemerkte Jeremy, daß er einer von den sogenannten Langzeit-Überlebenden war, er konnte vielleicht zehn, fünfzehn oder noch zwanzig Jahre leben. Er kannte einen Mann, der sich vor siebzehn Jahren infiziert hatte und noch immer normale Blutwerte hatte. Vielleicht hatte Jeremy auch Glück.

Tag für Tag arbeitete er, trainierte er, wartete er – entweder auf den Ausbruch der Krankheit oder auf die

* ARC ist eine milde Form oder Vorstufe von Aids (Quelle: AIDS Kurzlexikon, …)

Heilung. ›Aber das ist doch kein Leben!‹, warnte ihn sein Psychiater.

Bei einer Gedenkfeier für Audrey Hepburn erfuhr er aus einer Broschüre, daß diese Frau als Kind hungern mußte und später für eine Entwicklungshilfeorganisation gearbeitet hatte. Sie versuchte, hungernden Kindern in Äthiopien zu helfen, bis sie wegen einer Krebserkrankung aufgeben mußte.

Am nächsten Tag hatte das *Wall Street Journal* einen Bericht über die Aids-Epidemie in Sambia und Uganda gebracht. Daraufhin faßte er einen endgültigen Entschluß. Er verkaufte alle seine Aktien und legte das Geld in sicheren Staatsobligationen an. Er verabschiedete sich von seinem Sporttrainer, verkaufte seine Genossenschaftsbeteiligungen trotz der miesen Zinssätze für einen guten Preis und trennte sich von seinem Haus am Strand. Seine Freunde dachten, er sei verrückt geworden. Sein Psychiater dagegen fand es vernünftig und half ihm bei der Organisation. Seine Familie jammerte nur und wollte, daß er zurück nach Hause komme. Dorthin, wo alle über ihn tuschelten: ›Der Sohn von Jeff Harris, eine Schande, so jung und muß schon sterben.‹ Geld und einige sehr gute Beziehungen ermöglichten es ihm, bei einer kleinen Hilfsorganisation einzusteigen; und auf diese Weise war er hier gelandet.

Er ging noch einmal seine tägliche Checkliste durch. Er durfte nichts herumliegen lassen, Kinder oder Affen stehlen alles, was herumliegt. Alles mußte an seinen Platz, bis auf das letzte Stück. Er hatte seinen gepflegten Kleidungsstil aufgegeben, keine maßgeschneiderten Anzüge und teure Krawatten mehr. Dafür trug er jetzt billige, robuste und dem Klima angepaßte Kleidung. Dennoch pflegte er weiter seine Liebe zum Detail. Aus seiner Truhe zog er ein rotes Band hervor, schnitt ein paar Zentimeter ab, band eine Schleife daraus und machte diese an seinem T-Shirt fest. Die Augen des kleinen Jungen wurden ganz groß, und er streckte gierig die Hand aus. Jeremy grinste und gab auch dem Jungen eine Aids-Schleife.

Sie gingen durch das Camp, es schien, als bestehe es aus zwei getrennten Welten, eigentlich waren es drei. Es gab die Welt der Camp-Mitarbeiter: Makellose Zelte standen in einer Gruppe, es gab einen sauberen Eßbereich, eine Krankenstation, die zu klein war und zu einfach ausgestattet, als daß man sie als Krankenhaus bezeichnen konnte, sogar ›Krankenstation‹ war noch übertrieben.

Dann gab es die Welt der Afrikaner: Sie waren zu Dutzenden und schließlich zu Hunderten gekommen, es hatte sich herumgesprochen, daß wieder ein verrückter Europäer Nahrung und Medikamente umsonst verteilte, und so hatte sich hier eine kleine Stadt aus strohgedeckten Hütten gebildet, die die Welt der Camp-Mitarbeiter bald vollständig einkreiste.

Schließlich gab es noch eine winzige Welt, die nur von Elizabeth und Jeremy bewohnt wurde, zwei Menschen, die weder in die eine noch in die andere Welt paßten. Jeremy, dessen medizinische Ausbildung sich auf einen Rettungsschwimmerausweis begrenzte, den er als Zwölfjähriger im Schwimmunterricht erworben hatte, und Elizabeth, die in Uganda geboren und in Europa aufgewachsen war und sich zu keiner der beiden Gesellschaften ganz zugehörig fühlte.

Als er an einem Stoß unbenutzter gefalteter Zelte vorbeikam, sah er eine Schar frecher Affen, die sich um eine afrikanische Großfamilie drängten, welche sich gerade ihren Bananenbrei zum Frühstück über dem Feuer erwärmte. Der Hunger machte die Affen mutig, aber aus Übermut handelten sie oft dumm. Jeremy wußte, daß zumindest eine Familie heute Fleisch zum Mittagessen hatte.

Schließlich erreichte er das Speisezelt und blieb vor Elizabeth stehen, die gerade Notizen in ihr Tagebuch eintrug, ihr Tee stand unberührt und bereits kalt auf dem Frühstückstisch neben der Petroleumlampe.

»Bist du es, Jeremy?« fragte sie, ohne aufzuschauen.

Dr. Elizabeth Umurungis Ausdrucksweise ließ eher eine Engländerin der Oberklasse vermuten, eine, die auch perfekt Französisch sprach, als eine Acholi*, die eine Klosterschule besucht hatte und dann mit ihren Eltern nach England fliehen mußte, als Idi Amin die Bevölkerung auszurotten begann.

»Nein, der Heilige Geist«, scherzte Jeremy, während er sich den Pullover um die schmalen Schultern warf. Es war seltsam: Jeden Abend, wenn er schwitzend zu Bett ging, fragte er sich, ob sich die Luft jemals wieder abkühlen werde, und jeden Morgen, wenn er schlotternd aufwachte, ob sie sich wohl wieder erwärmen werde. Das war eben Afrika.

»In Anbetracht deiner Lage wirst du wohl kaum ein Heiliger werden«, erwiderte sie. »Schade. So ein oder zwei Wunder könnten wir schon gebrauchen.«

Elizabeth hatte ihren Aufenthalt in Amerika ungefähr zur selben Zeit beendet, als Jeremy sein Studium der Betriebswirtschaft abschloß. Sie hatten gemeinsame Freunde oder zumindest Bekannte, und – das kam ihnen heute wie ein anderes Leben vor – sie fuhren in der Schweiz zusammen Ski. Sie war eine der wenigen, denen er vertraute. Sie kontrollierte so regelmäßig seine Blutwerte wie die der ugandischen Bevölkerung und kämpfte verbissen gegen diese schreckliche Krankheit.

Sie goß ihm etwas Tee in einen verbeulten Becher, den er mißtrauisch anschaute. »Es ist zwar kein Tee aus ökologischem Anbau, wie du ihn von früher gewohnt

---

* Acholi: Hirtennomaden in Nord-Uganda; sie glauben an ein höchstes Wesen und verehren ihre Ahnen. Sie gehören mit zu den politisch tonangebenden Volksgruppen in Ostafrika (Quelle: Brockhaus Enzyklopädie, 19. Aufl. 1986)

bist, aber er wird dich nicht umbringen. Die Trockenheit und der Hunger dagegen schon. Setz dich.«

Er hätte lieber draußen am Feuer gefrühstückt, er zog die frische Luft der Dunkelheit und den endlosen medizinischen Gesprächen im Speisezelt vor. Aber so wie diese Unterhaltungen ihn langweilten, langweilte er sich auch allein, und so beschloß er, zusammen mit Elizabeth zu essen. Sein Frühstück bestand nicht aus sorgfältig ausgewählter, abgewogener und schonend zubereiteter Reformkost, wie er es früher als lebensnotwendig angesehen hatte, sondern aus *Posho* und Bananenbrei, was nicht einmal hier als üppig bezeichnet werden konnte.

»Sollte ich nicht mal wieder etwas zu essen besorgen?« fragte er.

Sie zuckte mit den Achseln.

»Ich habe einen Dividendenscheck«, bot er freiwillig an. »Ich könnte Huhn kaufen und Suppe daraus machen.« *(»Geld!« hatte Raymond ihn angefaucht. »Du denkst nur an Geld! Wir werden ja sehen, ob du es auch mit ins Grab nehmen kannst!«)*

Elizabeth schaute ihn fragend an. »Heimweh nach Manhattan, was? Ist Hühnersuppe dort was Besonderes? Wenn wir damit im Camp alle satt bekommen, bitte, tu's. Ich habe dich aber eigentlich aus einem anderen Grund rufen lassen; du mußt mich fahren.«

Er verbeugte sich umständlich. Mit ihm hatte sie keine Angst vor den Gefahren des Buschs.

»Willst du die Dorfbewohner suchen, die heute morgen das Camp verlassen haben? Jabito hat mir davon erzählt, als er mich aufgeweckt hat.«

»Jabito redet zuviel. Er ist ziemlich reif für sein Alter.«

»Was hast du denn erwartet?«

»Ich erwarte, daß die Leute nicht vor den Ärzten weglaufen, die versuchen, ihnen zu helfen«, sagte Elizabeth mit einer Überheblichkeit, die sie sich wohl in ihrer Kindheit, pendelnd zwischen Paris, London und Kampala, angeeignet hatte. Elizabeth hatte gelernt, Geduld und Mitleid mit den Menschen zu haben, denen sie hier freiwillig half, das Land wiederaufzubauen, das ihre Familie ins Exil getrieben hatte. Doch ein Hauch von *Grande Dame* umgab sie noch immer. Obwohl Jeremy zugeben mußte, daß sogar abgewetzte Arztkittel und alte T-Shirts ihr noch gut standen. Sie hatte in Paris als Fotomodell gearbeitet. Sie war keines jener Modelle, die jedes Jahr nur die neuesten Badeanzüge in Sportillustrierten vorführten. Sie wurde für die *Vogue* fotografiert, und die Designer kämpften in jeder Saison darum, Tausende von Dollars in Form von Seide um ihren hochmütigen und eleganten Körper drapieren zu dürfen. Es gab schon immer Starmodelle, die ihre Karriere hinwarfen und wieder zur Schule gingen. Deshalb erzeugte der Bericht im Magazin *People* ›Supermodell gibt Laufsteg für Medizinstudium auf‹ nur kurze Verwunderung in Jeremys Studentenkreisen.

Obwohl die Einheimischen dadurch wohl sehr beeindruckt waren, machte es ihnen auch angst. Sie hielten sich auf Abstand zu Elizabeth, die deswegen sehr betrübt war. Trotz ihrer schwarzen Haut wurde sie hier genauso als Fremde behandelt wie Jeremy. Vielleicht sogar noch etwas mehr. »Ich habe alles, was wir brauchen«, sagte sie.

»Hast du auch einen Landrover?«

Sie lachte ihn triumphierend an. »Noch viel besser. Ich habe einen Lastwagen und einen fast neuen Ersatzreifen.«

»Wo hast du denn den her?« fragte er verwundert. »Du hast mir doch erzählt, du bist fast pleite.«

»Bin ich auch. Wir haben ihn von einem wohltätigen Spender bekommen.« Sie machte eine Pause und verbesserte sich dann.

»*Ich* habe ihn von einem wohltätigen Spender bekommen. Du bist also nicht das einzige Finanzgenie hier.«

»Ach, du bist ein Finanzgenie? Wie hast du es dann geschafft, die Millionen durchzubringen, die du als Fotomodell verdient hast?« fragte er in überheblichem Ton.

Sie seufzte. »Ich glaube, ich habe zuerst die falschen Leute bestochen, als ich damals das Camp aufbaute. Ich bemerkte es zu spät und mußte dann die richtigen Leute bestechen. Es kostete außerdem ein Vermögen, unsere Ausrüstung hierherzubringen. Wir haben jetzt den fünften Landrover. Weißt du überhaupt, wieviel so einer kostet und wie schnell sie hier kaputtgehen?« fragte sie. »Leider habe ich auch Fehler gemacht. Zum Beispiel die hundert Zelte, die ich gekauft habe und in denen niemand schlafen will. Sie kosteten über achthundert Dollar das Stück, und ich kann keinen einzigen meiner Patienten dazu bringen, eine Nacht darin zu verbringen.«

›Es sind doch deine Landsleute‹, wollte er scherzend antworten, aber er verkniff es sich gerade noch rechtzeitig. Es waren nicht mehr ihre Landsleute, und tatsächlich mißtrauten sie dieser westlichen Frau, dieser ›schwarzen Europäerin‹. Sie mißtrauten ihr sogar mehr als Jeremy, der in ihren Augen nur ein gutmütiger amerikanischer Wichtigtuer war, der hier für zwei Jahre auf Kosten seiner Eltern arbeitete.

»Natürlich wollen sie nicht in Zelten schlafen«, sagte Jeremy. »Zelte haben Ecken, und in den Ecken leben Dämonen. Es ist viel besser, in runden Hütten zu schlafen.«

»Haben sie dir das erzählt?«

Jeremy nickte.

»Und warum erzählen sie mir so etwas nicht?«

»Du bist eine Uganderin«, sagte er. »Sie haben wahrscheinlich angenommen, du weißt das.«

»Ich habe das Land verlassen, als ich ein Kind war«,

sagte sie gereizt. »Ich kann mich nicht an jeden Aberglauben erinnern, an den sie ... wir glauben.« Sie überlegte. »Ich wüßte gern, warum sie dir vertrauen und mir nicht.«

»Wir Untergebenen wollen eben unserem obersten Chef nicht alles anvertrauen«, sagte er lachend.

Für einen Moment dachte er, sie würde sich darüber ärgern, aber sie lachte schließlich. »Wie dem auch sei«, fügte sie hinzu, »ich habe tatsächlich zwei Kanister Benzin und ein Funkgerät aufgetrieben. Wir sind also nicht schlecht ausgestattet.«

Und wir haben genug Platz auf dem Wagen, um die Dorfbewohner zurückzubringen, ob sie wollen oder nicht. Vorausgesetzt, sie liegen nicht schon tot irgendwo neben der Straße oder sind von Hyänen aufgefressen.

»Was ist, wenn sie nicht mit uns zurückkommen wollen?«

»Und was geschieht dann mit den Kindern?« entgegnete Elizabeth. »Die alte Frau kann nicht alles allein bewältigen. Es ist wirklich traurig, sie hat zwei Schwiegertöchter, und beide haben Kinder. Unter normalen Umständen wären das die besten Voraussetzungen, um sorglos und ehrenvoll alt zu werden. Die Schwiegertöchter könnten die ganze Arbeit für sie erledigen.« Elizabeth seufzte tief. »Aber jetzt muß sie die Schwiegertöchter pflegen und die Kinder aufziehen, bis auch diese krank werden.«

»Ist sie auch positiv?«

»Sie ist negativ. Aber das ist nicht überraschend. Sie lebt nach der traditionellen Lebensweise ihres Stammes: Die Frauen haben nach den Wechseljahren keinen Sex mehr. Im übrigen ist ihr Mann schon vorher gestorben. Ihr Sohn, Kabute, muß es sich bei seiner Beschneidung oder vielleicht von einer Hure in Kampala oder Entebbe geholt haben.«

Sie zeigte mit der Hand auf einen etwas angeschlagenen Lastwagen am anderen Ende des Lagers. »Hol deine Sachen, und dann laß uns fahren. Ich warte beim Lastwagen auf dich.«

Ein paar Minuten später war er bei ihr. Er schwang sich auf den Fahrersitz, setzte den Wagen in Gang, und sie machten sich auf den Weg.

Die Straße schlängelte sich durch den Busch, sie kamen durch Dutzende von Dörfern, viele waren vollkommen ausgestorben. Es war unmöglich, auf den ersten Blick zu erkennen, ob die Dörfer durch Krieg oder durch Aids verwaist waren.

»Ich hasse diese Schlaglöcher!« murmelte Jeremy, als er von der Schaukelei Rückenschmerzen bekam.

»Bei den Einheimischen gibt es Spiele, in denen sie herauszufinden versuchen, wem sie gehören«, sagte Elizabeth mit einem etwas gezwungenem Lächeln.

»Wem *was* gehört?« fragte Jeremy ungeduldig.

»Die Schlaglöcher«, erklärte sie. »Sie versuchen zu raten, ob sie von Idi Amins Truppen oder von Nyereres, Obotes, Okellos oder Musavetis Truppen hinterlassen wurden.«

»Eine entzückende Art, die Kindheit zu verbringen«, sagte Jeremy sarkastisch. »Zu raten, welches mordlustige Ungeheuer die Straße zerstört hat.«

»Musaveti ist ein guter Mensch«, sagte Elizabeth unerbittlich. »Und Nyerere ist ein Heiliger.«

»Drei gute Menschen von insgesamt fünf, das ist kein gutes Ergebnis«, erwiderte Jeremy. »Besonders dann, wenn man die Regierungszeit von allen fünf durchstehen muß.«

Elizabeth griff schnell nach ihrem Hut, den ein erneuter heftiger Schlag gegen die Windschutzscheibe schleuderte. »Ich glaube, wir erreichen ziemlich bald das Ende der Asphaltstraße«, sagte sie.

»Wird es dann besser?«

»Ja, viel besser, jetzt nach der langen Regenzeit. Die Löcher im Asphalt kann man hier draußen nicht reparieren, aber die unbefestigten Straßen gleicht der Regen wieder aus.«

»Ich glaube, *nichts und niemand* kann diese Straße ausgleichen«, sagte Jeremy andächtig. Er warf einen Blick aus dem Seitenfenster. Dornenbüsche, die rapide von Savanne und Straßenrand Besitz ergriffen, beherrschten hier das Land. Das Gras, das ein paar Meilen vorher noch grün und endlos erschien, wuchs hier nur noch an vereinzelten Stellen und war übersät mit Knochen von toten Gnus und Antilopen. Der rote Staub der Straße brannte Jeremy in den Augen, aber er entdeckte ganze Rudel von Affen und ein sehenswertes rotes Langschwanzäffchen. Sie tollten in den Bäumen herum und beobachteten das fremdartige, übelriechende Vehikel.

Als Jeremy die Geschwindigkeit drosselte, um ein *lugga* – ein ausgetrocknetes Flußbett – zu durchqueren, sah er eine Gestalt, die, etwa fünfzig Meter rechts von ihm, hinter einem Dornbusch verschwand.

»Was ist los?« fragte Elizabeth, als Jeremy den Lastwagen zum Stehen brachte.

»Da drüben ist etwas.«

»Was denn?«

Er schüttelte den Kopf. »Ich weiß es nicht.« Er runzelte die Stirn. »Ich glaube, es war eine Frau oder ein Kind; für einen Mann war die Gestalt zu klein.«

Sie zuckte gleichgültig mit den Achseln. »Das ist doch nichts Ungewöhnliches. In Uganda gibt es viele Menschen und viele Büsche. Meistens findet man die einen hinter den anderen.«

»Hör auf, mich so herablassend zu behandeln«, sagte er gereizt.

»Dann hör du auf damit, dich über ganz gewöhnliche Dinge zu wundern«, antwortete sie. »Du hast nur eine Frau hinter einem Busch gesehen.«

»Da war aber etwas Komisches.«

»Etwas lustig Komisches oder etwas seltsam Komisches?«

»Etwas seltsam Komisches.«

Ihm war unbehaglich zumute. »Ich habe nur einen kurzen Blick auf sie oder ihn werfen können, aber ...«

»Aber was?« fragte Elizabeth ungeduldig.

»Sie ging, als ob ihre Füße verletzt wären, und ich habe bisher *niemanden* in Afrika gesehen, der so hinkt.«

»Vielleicht hat sie sich am Fuß geschnitten.«

»Jeder Afrikaner läuft sein Leben lang barfuß auf Steinen und dornigem Boden. Ich glaube, man könnte solche Füße nicht mal mit einem Messer aufschneiden.«

»Unsinn«, sagte Elizabeth. »Ich selbst habe mich gerade vor zwei Tagen am Fuß geschnitten.«

»Du bist auch keine richtige Afrikanerin«, erwiderte Jeremy. »Du hast fast dein ganzes Leben in Europa und Amerika verbracht.«

Sie überhörte seine Bemerkung, nahm das Fernglas und hielt es sich vor die Augen. »Da draußen ist nichts. Wahrscheinlich war es eine Fata Morgana. Oder vielleicht hat dich das grelle Licht geblendet, und du hast eine Frau statt eines Baums gesehen.«

Er zuckte mit den Achseln. »Vielleicht.«

Möglicherweise wurden seine Augen schon schlechter. Ganz abgesehen davon war seine Krankheit noch nicht so weit fortgeschritten, daß er Halluzinationen hatte. Und übrigens war sie ja noch gar nicht ausgebrochen.

Jeremy schaute weiter aufmerksam aus dem Fenster, als er den Lastwagen wieder in Gang setzte. Er entdeckte Streifenschakale. Wenige Minuten später mußte er das Lenkrad herumreißen, um einer Hyänenfamilie auszuweichen, die um die Überreste einer kleinen Antilope kämpfte. Aber von dieser kleinen Gestalt, die er gesehen hatte oder vermeintlich gesehen hatte –, gab es keine Spur.

Er spürte, wie ihm der Schweiß am Körper herunterrann, und steckte den Brief in eine andere Tasche, damit er nicht naß wurde.

»Was ist das?« fragte Elizabeth.

»Ach nichts«, antwortete er. »Nur ein Brief von einem alten Freund.«

»Du hast ihn noch nicht geöffnet?«

»Ich trage ihn schon seit einiger Zeit mit mir herum.«

»Willst du, daß ich ihn dir vorlese, während du fährst?« bot sie ihm an.

»Nein, nicht notwendig«, sagte er.

»Es würde mir nichts ausmachen.«

»Nein, vielen Dank.«

Sie kamen in ein anderes Dorf. Dort standen sechzehn halbverfallene Strohhütten. Nicht weit davon entfernt gab es eine große *Boma* für das Vieh und daneben vier verlassene *Shambas.* Die Mango- und Bananenbäume kämpften vergebens um ihr Überleben im alles überwuchernden Busch. Das Dorf hatte einen Brunnen, die Leute mußten also kein verseuchtes Wasser trinken. (Ziemlich gefährlich, dachte Jeremy. Das Wasser im billharzioseverseuchten nahen Fluß war kristallklar. Wenn die Leute auch nur einen Blick auf das unverseuchte braune Wasser aus diesem Brunnen werfen, werden sie sich sofort für den Fluß entscheiden.) Nur eins war seltsam: Es gab keine Menschen hier. Wie so viele andere Dörfer war auch dieses vollständig verlassen.

»Ich habe es so satt«, bemerkte Elizabeth seufzend und zeigte auf die leeren Hütten.

»Wohin jetzt?« fragte Jeremy und schaute auf die Straße, die sich ein Stück weiter vorn in zwei Richtungen gabelte.

»Ich bin mir nicht ganz sicher, aber ich glaube, wir sollten nach Nordwesten fahren.«

Sie sah ein seltsames wildes Tier, es brummte ständig und spuckte stinkenden Rauch aus. So etwas hatte sie noch nie erlebt, es war sonderbar und machte ihr angst. Hier in diesem unwirtlichen Land gab es ohnehin schon so viele angsteinflößende Dinge. Sie versteckte sich schnell hinter einem

Dornbusch und wartete, bis dieses wilde Tier vorbeigaloppiert war.

Das Tier hatte sehr ungewöhnliche Mittel, um seine Opfer anzulocken. Anstatt sich anzuschleichen und sich dann auf das Opfer zu stürzen, wie große Katzen und Hunde es tun, machte es einen eher menschlichen, ihr selbst ähnlichen Eindruck. Zweifellos wartete das Tier darauf, daß sie sich neugierig näherte, und dann würde es sein riesiges Maul aufreißen und sie bei lebendigem Leib verschlingen.

Sie mußte sich in Zukunft vor diesem Biest in acht nehmen, denn sie hatte jetzt viel zu tun und würde ihm zweifellos wieder begegnen.

Jeremy und Elizabeth hatten sich verirrt. Nach drei Tagen, in denen sie fünf Reifenpannen beheben mußten, elfmal den falschen Weg nahmen, ungefähr drei Millionen Insektenstiche über sich ergehen lassen mußten und die Stimmung auf dem Nullpunkt angelangt war, kamen sie mit dem Lastwagen endlich aus dem Unterholz heraus. Knapp sechsundzwanzig Meilen von dem Punkt entfernt, wo sie in den Busch hineingefahren waren. Sie fuhren auf einem schmalen, fast vollständig überwucherten Pfad weiter. Einen besseren Weg konnte Jeremy nicht finden, und das auch nur mit viel Mühe und unter Zuhilfenahme seiner Landkarten, mit heftigen Wortwechseln über Funk und gelegentlichen Zurufen der Leute, die sie hin und wieder auf der Straße trafen.

»Schau, da«, sagte Elizabeth und zeigte nach vorn.

Als sie sich einem Dorf näherten, sahen sie, wie Rauch aufstieg. Ein Vogelschwarm flog über ihre Köpfe hinweg. Jeremy dachte, die Kinder würden das Fahrzeug sicher sofort entdecken und mit wilden Zurufen danebenher- oder vorausrennen, aber aus irgendwelchen Gründen schenkten die Bewohner *dieses* Dorfes, auch die Kinder, dem Lastwagen nur kurze Beachtung und gingen dann ihrer Arbeit nach.

»Was hältst du davon?« fragte Jeremy stirnrunzelnd, als der Lastwagen langsam über die holprige Straße rollte.

»Ich weiß nicht, was ich davon halten soll«, sagte Elizabeth. »Sie wissen, daß wir Nahrung und Medikamente mitbringen. Sie sollten eigentlich zusammenlaufen, um uns zu begrüßen.«

»Hast du jemals ein solches Verhalten erlebt?«

»Nein«, sagte sie kopfschüttelnd. »Nicht einmal damals, als ich ein kleines Mädchen war.«

»Sie benehmen sich nicht so, als ob sie Angst hätten«, sagte Jeremy. »Irgendwie ... ich weiß nicht ... *vorsichtig.*«

Neben einer Hütte sahen sie einen aufgehäuften Erdwall. Der Erdwall war eingezäunt, es mußte jemandem große Mühe bereitet haben, ihn zu errichten. Die Erde war zertrampelt und die Erdklumpen weit verstreut. Es sah aus, als ob hier jemand umgraben wollte. Jeremy mußte lachen. Derjenige wollte sich nicht besonders verausgaben und hatte deshalb das Grab nicht sehr tief ausgehoben. Es ist ja auch sehr mühsam, aus der tiefen Grube wieder herauszukommen, wenn man einmal drinsteht.

Zwei Kinder hockten am Straßenrand und winkten ihnen zu. Als Jeremy zurückwinkte, sprangen die Kinder schnell auf. Jeremy glaubte sie zu kennen. Er hatte sie im Camp fast eine Woche lang gefüttert. Bei dem langen Marsch nach Hause hatten sie das neugewonnene Gewicht sofort wieder verloren. Man sah schon die Rippen hervorstehen. Doch zumindest waren ihre Bäuche noch nicht angeschwollen, was bei schwerwiegender Unterernährung vorkam und widersinnigerweise oft wie ein Fettbauch aussah. An einer nahen Hütte hockend, hütete die gesündere – oder besser gesagt die weniger kranke – der beiden jungen Witwen einige wenige dürre Hühner. Hinter den Hütten hob ein ausgemergelter Ochse den Kopf, um die Neuankömmlinge zu betrachten, aber schon bald wandte er sich wieder seiner wichtigsten Beschäftigung zu, dem Abgrasen des fast graslosen Landes. Das älteste Kind gab dem Ochsen einen Klaps, um ihn zu den anderen zwei Kühen zu treiben, die in der gleichen schlechten Verfassung waren.

Noch, folgerte Jeremy daraus, waren diese Menschen besser dran als viele andere, die er gesehen hatte. Sie hatten *Posho* aus dem Camp. Milch gab es offensichtlich auch. Vielleicht hatten sie sogar Eier und Fleisch. Es war ein Wunder, denn sie hatten damals, als sie weggegangen waren, alles zurückgelassen. Für Jahre war dieses ganze Land ein Ort des Verbrechens gewesen, zerstört von einer sogenannten Regierung; und jetzt, kaum einen Schritt weitergekommen, war es zum Schauplatz einer verheerenden Seuche geworden.

Groß und mager, den Kopf hoch erhoben, erschien die Mutter des toten Mannes in einem Hütteneingang. Sie trug einen Säugling im Arm, zwei weitere Kinder klammerten sich an ihre Beine. Sie ging hinüber zu der hockenden Frau und gab ihr das Kind. Die junge Frau öffnete ihr Kleid und begann das Kind zu stillen – oder versuchte es zumindest.

»Der Säugling wird sich infizieren!« murmelte Jeremy besorgt.

»Willst du, daß sie mit uns sprechen? Ja? Dann sei still!« Elizabeth stieg aus, hob eine Hand zur Begrüßung und sprach in schulmäßigem Suaheli, das völlig anders klang als der ›Suaheli Slang‹, den Jeremy gelernt hatte.

Jeremy stellte den Motor ab. Er öffnete die Tür und stieg aus, ging hinüber zu Elizabeth und hob wie sie die Hand. Der Begrüßung hätte eigentlich, nach der üblichen Zeremonie, eine Einladung zu einer Mahlzeit folgen müssen, aber es gab nur wenig Nahrung, und bis zum Abend blieb nur noch wenig Zeit, wie ihre entschuldigenden Gesten andeuteten. Plötzlich klatschte die alte Frau in die Hände. Die Kinder liefen auseinander und verschwanden in verschiedenen Hütten, um gleich anschließend wieder aufzutauchen. Nun trugen sie zerlumpte Michael-Jordan-T-Shirts*, die sie im Camp bekommen hatten. Jedes T-Shirt war mit einer roten Schleife geschmückt. Jeremy grinste. Er erinnerte sich, daß er diese Bänder verteilt hatte, und daran, wie ein Kind einen Schneidezahn verloren hatte. Er steckte ihm ein Zehn-Cent-Stück zu. *Die Zahnfee kommt jetzt nach Uganda. Ich würde dir drei Wünsche gewähren, mein Kind, wenn ich nur könnte.*

»Wir wissen, daß du es gut meinst, *Memsaab*«, sagte die alte Frau, »aber wir glauben nicht an deine Magie. Wir vertrauen lieber auf unsere eigene. Deswegen sind wir hierher zurückgekehrt.«

»Aber wer wird euch helfen?« fragte Elizabeth, sie versuchte das Wort ›*Memsaab*‹ zu überhören. Die Eingeborenen benutzten es nur für Weiße und andere Außenseiter, niemals aber untereinander. »Deine Enkelkinder sind noch sehr klein. Dein Sohn ist tot, und seine Frauen sind krank.« Sie schaute die Frau an. »Du schaffst es nicht allein; ohne eine Familie, die mit dir die Last teilt.«

»Wir werden euch zurückbringen!« rief Jeremy dazwischen.

»Mensch, Jeremy!« zischte Elizabeth. »Du meinst es gut, aber das ist eine Beleidigung für sie.«

Die alte Frau wandte sich an Jeremy. »Mein Vater ist tot«, sagte sie. »Mein Mann ist tot, und meine Söhne sind tot. Meine Enkelsöhne sind zu jung, um mir etwas zu befehlen. Uganda ist seit dreißig langen Regenzeiten unabhängig. Von dir oder irgendwelchen anderen Europäern werde ich mir nichts befehlen lassen. Ich brauche dich nicht länger *Bwana* zu nennen.«

---

* Michael Jordan: berühmter amerikanischer Basketball-Spieler (Quelle: Who's Who in America, Aug. 1995)

Als Jeremy schließlich eine Entschuldigung stammelte, hatte Elizabeth Mitleid mit ihm.

»Lad doch den Lastwagen ab«, schlug sie vor. Das brachte ihr einen ehrfürchtigen Blick von der alten Frau ein. Elizabeth bemühte sich sehr, als eine gute Tochter des Volksstammes zu erscheinen, und sie sprach einwandfreies Suaheli, aber trotzdem blieb sie eine Europäerin für die alte Frau. Elizabeth entfremdete sich ihrem Stamm noch mehr, indem sie Männern Befehle gab, noch dazu weißen Männern. Hier, in einer Gesellschaftsordnung, wo Bräute immer noch gekauft und bezahlt wurden.

»Wenn es euch recht ist ...«

Sie hatten eine Einladung zum Essen und Jeremy hatte sich bei der alten Frau entschuldigt: Jetzt konnten sie nicht mehr daran zweifeln, willkommen zu sein.

»... wollen wir für ein paar Tage bleiben und die Kinder versorgen. Wir könnten uns nützlich machen.«

Die Frau lachte. Überraschenderweise hatte sie trotz ihres Alters noch fast alle Zähne, sie blitzten im Sonnenlicht.

»Aber ich habe Hilfe, *Memsaab.*« Elizabeth zuckte zusammen. Wieder dieses Wort. Sie hatte sich sosehr um schwesterliche Vertrautheit bemüht. »*Bibi* ist gekommen, um mir zu helfen.«

»Ihr Kind?« fragte Jeremy, er versuchte zu übersetzen.

»*Bibi* heißt ›Mutter‹«, antwortete Elizabeth. »Hast du nie diese Schilder gesehen, in den ausgebrannten Läden und *Dukas,* entlang der Straße nach Kampala? Auf ihnen stand das Wort *Babito.* Das ist eine Kurzform für Baba, Bibi und Toto – Vater, Mutter und Baby. Mit anderen Worten, das waren Läden für die ganze Familie. Bitte geh jetzt und lad den Lastwagen ab, bevor du sie noch einmal kränkst.«

Jeremy lud Sack für Sack voller *Posho* ab, dem Maismehl, das die Afrikaner zu Brei verarbeiten (und der, wie Jeremy fand, aussah wie Tapetenkleister und auch so schmeckte) und noch eine kostbare Kiste mit Milchpulver, die sie für die Säuglinge brauchten, wenn die Mütter nicht mehr stillen konnten. Hätte Jeremy etwas zu sagen gehabt, hätten die Kleinkinder sofort das Milchpulver bekommen. Sie konnten durch die Muttermilch mit Aids infiziert werden, wenn das nicht schon im Mutterleib geschehen war.

Elizabeth Umurungi verschwand mit ihrem Arztkoffer im dunklen Innern einer Hütte und ließ Jeremy allein draußen stehen. Die Kinder kamen näher, sie wollten ihm beim Abladen zusehen. Vorsichtshalber zog Jeremy den Zündschlüssel ab und steckte ihn ein, er griff ins Handschuhfach und steckte sich den Revolver in die Hosentasche. So kamen sie erst gar nicht in Versuchung. Als er durch die Tür in die Hütte trat, knieten Elizabeth und die alte Frau neben dem Strohlager der jungen Frau. Jeremy kannte sie vom Camp. Er war überrascht, daß sie es lebend bis hierher geschafft hatte.

»Bringt mir Wasser«, befahl Elizabeth, sie blickte dabei nicht einmal auf, »und Wundbenzin zum Einreiben. Wir müssen das Fieber senken.«

Eines der Kinder rannte sofort, um dieser Frau mit ihren glänzenden Instrumenten (sie war nun schon nicht mehr ganz so fremd) die gewünschten Dinge zu bringen. Aber die Kinder fanden es seltsam, daß sie einen Mann herumkommandierte, der größer und stärker war als ihr Vater. Das Kind kam mit einer Blechschale voll Wasser zurück, es verschüttete die Hälfte davon. Jeremy nahm ihm die Schale ab und spritzte einige Tropfen Wundbenzin hinein.

Elizabeth wusch die junge Frau auf dem Strohlager mit dem Wasser, während die alte Frau danebenstand und die Patientin zu beruhigen versuchte. Das Gesicht der Kranken glühte, das Leben darin flackerte wie ein glühendes Stück Holz in einem erlöschenden Lagerfeuer; fast erlischt es, dann lodert es wieder auf ... Jeremy erwartete das endgültige Ende jeden Moment.

»Hilf mir, sie festzuhalten!« befahl Elizabeth, als die Patientin um sich schlug, und Jeremy, der sogar beim Sport Handschuhe als Schutz getragen hatte, sprang auf und folgte dem Befehl mit bloßen Händen.

Als sie fertig waren, drückte die alte Frau ihre Schwiegertochter an sich, während Elizabeth eine Spritze herausholte und sie der jungen Frau verabreichte.

Von *Bibi*, der Mutter der alten Frau, war überhaupt nichts zu sehen. Wahrscheinlich war sie zu schüchtern oder zu verschreckt, um auf die Fremden auch nur einen Blick zu werfen; Jeremy beneidete Elizabeth nicht um die schwierige Aufgabe, Bibi aufzuspüren und zu untersuchen.

Jeremy blieb mit seinem Schlafsack in der Hand im Hütteneingang stehen und begutachtete die Hütte, die ihnen zugeteilt worden war. Er war wirklich einiges gewöhnt: Sein T-Shirt war immer sofort durchgeschwitzt, sobald er es anzog; er war es gewöhnt, mit Insekten und sogar größeren Tieren gemeinsam in einer Hütte zu schlafen; er war es gewöhnt, Menschen zu pflegen, die in einem Zustand waren, bei dessen Anblick so mancher andere ohnmächtig geworden wäre. Aber in dieser dunklen, engen Hütte mit dem schmutzigen Boden und den schwirrenden Fliegen tauchten vor seinem geistigen Auge so schreckliche Krankheiten wie Schlafkrankheit, Gelbfieber und Typhus auf. Und seiner Phantasie waren keine Grenzen gesetzt.

Elizabeth zuckte nur gleichgültig mit den Schultern und rollte ihren Schlafsack am Boden aus. Vielleicht war es nur eingetrockneter Schmutz, aber es roch eindeutig nach Kuhdung.

Sie waren zum Essen eingeladen; es gab ein Huhn, das mehr Knochen als Fleisch hatte. Elizabeth und

Jeremy wollten die Einladung zunächst nicht annehmen, da sie ihre eigenen Lebensmittel dabei hatten. Sie hätten sich selbst und alle anderen Anwesenden tagelang davon ernähren können; aber das Huhn war schon geschlachtet und geschmort; sie mußten es essen, und zwar mit Hochachtung vor dem Opfer, das es darstellte. Trotz der Ermahnungen der Mutter und der Großmutter, die Kinder sollten die Gäste in Frieden essen lassen, gelang es Jeremy, mindestens die Hälfte seines Abendessens an die Kinder zu verfüttern. Er hatte ein schlechtes Gewissen, da er die Kinder wie Hunde unter dem Tisch fütterte. Für die Kinder war es ein Festessen. Ihre kleinen Gesichter glänzten vom Fett der Hühnerhaut, sie gähnten und verschwanden bald.

Elizabeth und Jeremy verließen die Hütte und machten es sich draußen bequem. Sie zündeten ein Feuer an, Jeremy hatte darauf bestanden. Er nahm sich fest vor, den Kindern morgen zu zeigen, was man sich über dem Feuer rösten konnte, und er überlegte sich, welche Leckereien er ihnen zubereiten könnte. Er zog Rays Brief aus der Tasche, betrachtete ihn nachdenklich und steckte ihn wieder ein, ungeöffnet.

Hinter dem Dorf mit seinen winzigen Feldern begann das wilde Land. Nach den schlimmen Verwüstungen der letzten Jahrzehnte wuchs der Wald jetzt wieder, und allmählich kamen auch die Tiere zurück. Eine Hyäne heulte, ein Löwe brüllte, und weit weg in der Ferne hörte man Flußpferde grunzen und grölen.

Elizabeth nahm einen Zweig und stocherte damit in den glühenden Holzscheiten herum. Plötzlich gingen diese in Flammen auf, und Funken sprühten in den schwarzen afrikanischen Himmel.

»Wo hast du gelernt, mit offenem Feuer umzugehen?« fragte Jeremy, dessen Aufgabe es im Camp war, sich um das Feuer zu kümmern.

Für einen Moment leuchteten ihre Augen belustigt. »Bei den Pfadfindern natürlich«, antwortete sie mit einem schelmischen Lächeln. »Im Busch jedenfalls nicht.« Jeremy war froh, daß sie ihren Humor noch nicht verloren hatte. Er lachte und hielt immer noch seinen zusammengerollten Schlafsack unterm Arm. »Willst du dich jetzt jede Nacht an diese Sicherheitsdecke klammern?« fragte sie.

»Ich kann ja auch im Lastwagen schlafen«, schlug er vor. »Ist passender für einen Aushilfsarbeiter wie mich, findest du nicht?«

»Mach was du willst«, sagte Elizabeth. »Ich glaube, diese Kinder verbrächten liebend gern die Nacht mit dir am Lagerfeuer.« Jeremy wußte, daß sie viel lieber ›uns‹ statt ›du‹ gesagt hätte. Plötzlich schlug sie, mit einem gezielten Schlag, nach einer Tsetsefliege. Die Fliege lag für eine Minute wie tot am Boden, rappelte sich wieder auf und machte sich dann auf wackligen Beinen davon.

»Ich wußte bis jetzt nicht, daß sie gepanzert sind«, sagte Jeremy und starrte verblüfft auf die Fliege.

»Wenn es schlimmer wird mit den Fliegen, komme ich zu dir. Wir können abwechselnd Wache schieben«, sagte Elizabeth und seufzte. »Ich wünschte, wir hätten Licht«, fuhr sie fort. »Ein besseres als das Licht des Lagerfeuers, meine ich. Ich möchte diese Frau gern untersuchen. Eigentlich hätte sie an diesem hohen Fieber schon sterben müssen, sie hatte eine Körpertemperatur von mindestens zweiundvierzig Grad.«

»Sie glüht förmlich«, stimmte Jeremy zu. »Ich glaube, wir müssen bald ein Grab schaufeln.« Er war sehr vorsichtig gewesen, als er versuchte, die wild umherschlagende Frau zu bändigen. Um ehrlich zu sein, er hatte Angst, wie immer, seitdem er hier war. Bei jedem Patienten, den er berührte, fragte er sich: Bist du derjenige, der meine T-Zellen aus dem Gleichgewicht bringt? Wird *dein* Aids auch mein Tod sein?

»Hast du gesehen?« fragte Elizabeth. Sie hatte es gut, sie konnte sich zumindest in ihren Beruf flüchten. Sie konnte etwas gegen diese Krankheit tun. »Ihre Wunden scheinen sogar zu heilen.«

Es gab ein Medikament auf dem Markt, das bei der Zurückbildung solcher Wunden – ob bei Windpocken oder beim Kaposi-Sarkom – half, aber es war sehr teuer, sie hätten ein Vermögen dafür hinblättern müssen.

»Gibt es eine Aussicht auf Heilung?« Jeremy hielt sein Gesicht aus dem Feuerschein, so daß Elizabeth es nicht sehen konnte; es war vor Hoffnung ganz erhitzt. Zumindest glaubte er, daß es die Auswirkungen seiner wilden Hoffnung waren und nicht die ersten Anzeichen eines krankheitsbedingten Schweißausbruchs.

Elizabeth legte ihm die Hand sanft auf den Arm. »Nur Gott weiß es«, sagte sie leise. »Es gibt immer eine Chance, Jeremy. Immer. Und bei dir schreitet die Krankheit nicht weiter fort. Jeder weitere Tag, jeder weitere Monat, den du aushältst, steigert deine Chancen auf eine Heilung, und gibt uns mehr Zeit, dich zu untersuchen. Wenn wir zurück im Lager sind, werde ich dein Blut noch einmal testen.« Sie hielt inne. »Am besten wäre es, wir könnten auch die Dorfbewohner zurückbringen. Und ich wünschte, *Bibi,* die Mutter der alten Frau, würde sich endlich zeigen. Die Leute hier erzählen mir dauernd, daß sie einen der anderen Dorfbewohner geheilt hat. Sie behaupten, er habe Aids gehabt und wäre fast daran gestorben. Das kann natürlich nicht stimmen, aber ich würde sehr gern ihre Methoden kennenlernen.«

»Jetzt sag bloß, du glaubst an Medizinmänner?« fragte Jeremy lachend.

»Ich bin nicht abergläubisch, wenn du das meinst, aber einige dieser Volksheiler sind auf Heilmittel gestoßen, die für die Wissenschaft neu sind. Es gibt Pflanzen, die bis jetzt noch nicht klassifiziert worden sind, und es ist anzunehmen, daß sie tatsächlich bei bestimmten Krankheiten helfen können. Auf den Wissenschaftler, der die richtige Pflanze findet, wartet ein

Nobelpreis.« Sie schaute weiter ins Feuer. »Ja, ich wünschte, ich könnte die alte Frau dazu bringen, mich *Bibi* vorzustellen. Wer weiß, was wir von ihr lernen können?«

»Vielleicht in ein paar Tagen, wenn sie sicher sind, daß wir nichts Böses ...«, begann Jeremy.

»Das wissen sie doch jetzt schon, Jeremy«, sagte Elizabeth. »Die Hälfte von ihnen war irgendwann schon mal im Camp.« Sie stocherte mit dem Zweig im Feuer herum, für eine Weile war es ganz still. Plötzlich hörten sie das aufgeregte Geschrei der Paviane, woraus sie folgerten, daß ein Leopard ganz in der Nähe sein mußte. Der Lärm hielt ein paar Minuten lang unvermindert an und wurde dann immer leiser, denn die Paviane flüchteten sich immer höher in die Bäume. So mußte sich der Leopard eine andere Beute suchen.

Jeremy fingerte noch einmal in seiner Tasche herum, um den Brief herauszuziehen. Er starrte auf die vertraute Handschrift, wahrscheinlich zum zehnten Mal an diesem Tag. Er wollte den Brief schon wieder wegstecken.

»Du machst mich ganz verrückt mit diesem Brief!« schnauzte Elizabeth ihn an. »Entweder liest du diesen verfluchten Brief jetzt, oder du wirfst ihn ins Feuer!«

»Mir ist aber jetzt nicht danach, ihn zu lesen«, sagte Jeremy.

»Dann gib ihn her!« rief sie und schnappte sich den Brief. Sie beugte sich über die Seiten und begann laut vorzulesen:

»Lieber Jeremy! (das soll ein Scherz sein)

Nachdem ich mich von dem Schock etwas erholt hatte, fuhr ich zurück auf die Keys. Bud wollte Dir nach Norden folgen, aber Steve meinte, er solle es lassen. Buds Test ist negativ ausgefallen, und warum sollte er sein Leben zusammen mit Deinem, meinem und Steves Leben wegwerfen? Steve ist wirklich sehr krank, er hat eine Lungenentzündung. Er nennt es einen ›leichten Bombenangriff‹, wenn er genug Luft zum Atmen hat. Ich bin zu Bud und Steve gezogen und versuche, so gut zu helfen, wie ich kann. Das Geld reicht auf diese Weise länger, und sie geben mir das Gefühl, gebraucht zu werden. Es ist schlimm, mit ansehen zu müssen, wie es immer weiter bergab geht mit Steve. Gleichzeitig muß ich mir vor Augen halten, daß auch ich auf diese Weise sterben werde.

Es beruhigt mich aber zu wissen, daß Du ebenso enden wirst. Dieses Mal kannst Du Dich nicht herauswinden wie sonst. Du nennst es Überwindung, nicht wahr? Das gehört auch zu Deinen wichtigen Prinzipien, wie ›Liebe zum Detail‹ und ›Handeln in jeder Lebenslage‹. Das war Dein Erfolgsrezept, mit dem Du Dich immer gut verkauft und die anderen in der Firma an die Wand gespielt hast.Jetzt stehst Du selber mit dem Rücken zur Wand, an einer Wand, an der sich die Menschen normalerweise auf eine andere Weise verkaufen. Ich sehe da keinen Unterschied mehr, wahrscheinlich weil ich es selbst auch habe. Aber laß uns über Überwindung sprechen. Hat es Dich viel Überwindung gekostet, uns beide hinzurichten? Das hast du ja richtig professionell hinbekommen.

›Wir können dagegen kämpfen‹, sagtest Du. Von mir aus kannst Du Dein restliches Leben auf einem Kreuzzug verbringen, um diese Sache zu verbreiten, die Du auch an mich weitergegeben hast. Ich für meinen Teil möchte die letzten Jahre meines Lebens noch genießen. Manchmal beneide ich Steve fast. Er hat es schon fast überwunden, und er hat Bud an seiner Seite. Ich weiß nicht, was Bud nach seinem Tod tun wird. Vielleicht beginnt er wieder zu schreiben. Ich benutze übrigens gerade seinen Computer. Achte nicht auf die Schreibfehler. Bud versucht gerade ein bißchen zu schlafen, wenn er wüßte, daß ich Dir schreibe, würde er bestimmt einen Aufstand inszenieren.

›Warum machst du dir die Mühe?‹ würde er bestimmt fragen. Ich tu es nur deshalb, weil ich möchte, daß Du erfährst, was Du angerichtet hast.

Und ich möchte Dir die Manschettenknöpfe zurückgeben. Bud war dafür, die Dinger zu verpfänden, Dir den Pfandschein zu schicken und das Geld in eine Riesenparty zu investieren. Das war früher immer Deine Aufgabe, weißt Du noch? Mit Deiner Kreditkarte war das so einfach, nicht wahr? Ich will Deinen Schnaps nicht mehr trinken und meine Freunde auch nicht. Und ich möchte nichts mehr von Dir um mich haben. Ich habe den Katalog gesehen, aus dem Du die Dinger bestellt hast. 18 Karat Gold. Ich weiß, was Du bezahlt hast. Du warst wohl nicht ganz bei Sinnen, als Du sie gekauft hast.

Du möchtest, daß alles in Ordnung ist, sagtest Du. Du würdest hierher gehören, zu mir. Aber verdammt noch mal, ich habe nie zu Dir gehört. Warum hast Du mich nie mit zu Dir nach Hause genommen? Ich habe das Bild von Deinen Eltern gesehen, das Du in Deinem Schreibtisch versteckt hattest. Sie sehen nett aus. Dein Vater ist ein großer Mann, er wäre sicher auch großherzig genug gewesen, einen weiteren Sohn aufzunehmen. Sicher hätte er dann den einen, den er schon hatte, noch mehr geschätzt. Ich hatte nie etwas gegen die selbstgebastelten Geschenke, damals an der Uni, oder gegen Bücher von F. Scott Fitzgerald oder was auch immer. Aber jetzt diese Manschettenknöpfe. Warum ich nicht ganz auf die Keys ziehe, hast Du mich oft gefragt. Du hättest mir geholfen, Arbeit zu finden. Dann hätte ich mich feinmachen können für ein Bankett Greg Louganis, des bekannten Sportlers, oder für andere Feste, und mein Name hätte auch auf Einladungen gestanden. Und wenn Du zuerst gestorben wärst, dann wäre ich als ›Begleiter‹ in den Todesanzeigen der New York Times aufgeführt worden, bei all den anderen armen Kerlen, die viel zu früh starben.

Nein danke.

Du sagtest, ich sei das Beste, was Dir jemals begegnet ist. Aber das war Dir nicht gut genug. Du mußtest Dich mit anderen einlassen, Dir Aids holen und mich damit anstecken.

Leichtsinn, purer Leichtsinn. Dummer, tödlicher Leichtsinn. Als wenn die Regeln für Dich nicht gegolten hätten.

Ich sah, wie Deine Freunde sich benahmen, wenn Du mal nicht hinsahst, oder vielleicht wolltest Du auch nicht hinsehen. Sie schnauzten die Kellner an. Sie brachen Telefongespräche einfach mittendrin ab. Sie brüllten Leute am Telefon an, die selbst nicht zurückbrüllen konnten, weil sie ihre Arbeit nicht verlieren wollten. Wahrscheinlich hast du Dich sogar beim Arzt für den Bluttest vorgedrängt, obwohl sechs Leute vor Dir drangewesen wären, aber Du warst ja so wichtig.

Nun, Dich erwischt es auch, Jeremy Harris. Genauso wie es den Penner mit Tbc an der Straßenecke erwischt, man kann ihm nur wünschen, daß er einen schönen Tod hat.

Übrigens, ich gebe Dir die Manschettenknöpfe zurück, weil ich sie nicht verpfänden will, wenn ich mal dringend Geld brauche. Ich war nie so clever wie Du bei der Geldbeschaffung. Ich hatte nie viel. Wenn es soweit ist und ich Glück habe, werde ich schnell sterben. Wenn nicht, möchte ich an einen warmen sonnigen Ort fahren, wo sich jemand um mich kümmert. Deshalb habe ich auch New York verlassen. Wenn Steve nicht mehr da ist, werde ich wahrscheinlich noch weiter nach Süden gehen.

Wenn ich eine Familie hätte, würde ich zu ihr zurückkehren und ihr Bild nicht verstecken.

Das alles ist nun völlig unwichtig für mich. Der Gemütszustand ist das Wichtigste; das sagte Steves Arzt, als er ihn nach Hause schickte. Wir hoffen nicht auf eine Wunderheilung. Er hat nicht mehr viel Zeit, und niemand weiß das besser als er. Aber er ist glücklich hier, er hat seinen Partner, der sich um ihn kümmert, und seinen Garten. Wir haben sein Boot vor sein Fenster gezogen, damit er es immer sehen kann. Er kann das Meer hören und manchmal, wenn er etwas essen will, geht einer von uns los und fängt einen Fisch für ihn.

Hier hast Du also die Manschettenknöpfe. Heb sie auf oder wirf sie weg oder laß bei Tiffany das Monogramm für den nächsten Trottel ändern. Etwas Teures sollte man nicht einfach verschwenden.

Steve ist gerade aufgewacht. Ich muß gleich zu ihm. Bud hat aus seinem Zimmer herübergeschrien: ›Wenn Du an Jeremy schreibst, sag dem Hundesohn, er soll das Leben genießen.‹

Du hattest eines, aber Du hast es einfach weggeworfen. Wie konnte Dir das passieren? Du warst so wichtig. Du warst so privilegiert. Aber es ist nun mal passiert, und Du hast damit auch mein Leben weggeworfen. Genieß Dein Leben, solange es noch möglich ist. Ich werde das gleiche tun. Ich werde so intensiv wie nur möglich leben. Aber vor allem werde ich mich um Steve kümmern. Hast Du schon mal jemandem bis zum bitteren Ende beigestanden? Ich rede nicht von Schecks und Manschettenknöpfen. Das ist keine Hilfe; aber jemandem zu helfen, der derart krank ist, da fühlt man sich ... da bekommt man Respekt vor sich selbst. Du weißt, der hat mir früher gefehlt. Du hast immer die Rechnungen bezahlt. Ich dachte, ich müßte damit einverstanden sein. Aber ich habe es gehaßt.

Versuch nicht, Verbindung mit mir aufzunehmen. In dieser Sache kannst Du nicht mit mir verhandeln oder mich überreden, obwohl Du die Überredungskunst ja soviel besser beherrschst als ich. Solange ich Dich nicht sehe, kann ich mich an Deine guten Seiten erinnern. Aber wenn ich Dich zu Gesicht bekomme, werde ich bestimmt wahnsinnig. Und ängstlich, so wie damals, als ich es erfuhr, und als ich betete, es möge mich doch sofort der Schlag treffen, damit ich all das Schreckliche, das noch vor mir liegt, nicht erleben muß.

Kümmere Dich nicht um mich. Denk nicht einmal an mich. Kennst Du den alten Grundsatz: ›Ich könnte es Dir erzählen, aber dann müßte ich Dich umbringen?‹ Genauso fühle ich jetzt, ich glaube, wenn ich Dich sehe, bringe ich Dich um oder versuche es zumindest. Dann wären auch die wenigen mir noch verbleibenden Jahre verpfuscht. Die möchte ich nicht auch noch wegwerfen.

Genieß Dein Leben, Jeremy, wenn Du weißt wie's geht.

Raymond«

Elisabeth verstummte, ihre Augen glitzerten im Feuerschein. Eine ganze Weile sagte sie nichts. Dann sah sie auf. »Ich weiß gar nicht, was ich sagen soll ...«

»Vielleicht verstehst du jetzt, warum ich nicht wissen wollte, was in dem Brief steht«, sagte Jeremy verbittert.

»Du hast eine schreckliche Last zu tragen«, gab sie zu. »Aber du bist nicht der einzige, dem es so ergeht.«

»Das ist ziemlich arrogant, was du da sagst. Zumindest bist du auf diese Weise nicht allein hier ...«

Sie bewegte sich plötzlich, als wolle sie den Brief mitsamt der blödsinnigen Bemerkung ins Feuer werfen. »Ich hatte nicht die Absicht, allein nach Uganda zurückzukommen. Ich war nicht allein in Paris. Nicht immer jedenfalls. Ich hätte alle haben können: Bankiers, Ölscheichs, Franzosen, deren Blut so blau war, daß es ein Wunder war, daß sie noch atmen konnten.« Sie seufzte. »Ich entschied mich für Paul. Diesen Namen benutzte er im Westen, an der Medizinischen Universität. Er war ein Ibo*.«

Jeremy schloß die Augen, während er über diese Neuigkeit nachdachte. Acholi und Ibo. Elizabeth und Paul hatten so viel gemeinsam wie ein jüdisches Mädchen und Moammar Gaddafi.

»Entschuldigung«, murmelte er. Dieses Wort hätte er auf Tonband aufnehmen sollen: ›Jeremy Harris – Seine größten Entschuldigungen!‹ Bei Bedarf brauchte er es nur noch abzuspielen.

Ein Flußpferd grunzte, es war viel näher als zuvor. Jeremy spähte in die Dunkelheit, um es vielleicht zu entdecken, aber ohne Erfolg. Flußpferde waren keine Fleischfresser, aber sie hatten schon eine Menge Menschen getötet, die sich ihnen nachts in den Weg gestellt hatten.

---

* Ibo: großes Volk der Sudaniden in SO-Nigeria, die das Christentum und die europäische Kultur angenommen haben. (Quelle: Meyers großes Taschenlexikon, 4. vollst. überarb. Ausgabe. 1992)

Elizabeth spuckte auf den Boden, für einen Moment fiel alles Schicke, Europäische von ihr ab. »Wir hatten Pläne. Er wollte ein Krankenhaus bauen, das beste in ganz Afrika, und ich wäre die hochangesehene Sprecherin oder die Geldgeberin geworden, oder vielleicht sogar beides. Wir wollten eine Brücke zwischen den Nationen darstellen, Paul und ich. Und da er der Mann war – das zählt auf diesem Kontinent mehr, als du dir vorstellen kannst –, wollten wir uns in seinem Land niederlassen.« Sie seufzte, und ihre Schultern wirkten knochig, nicht elegant, nicht mehr. »Ich habe es versucht. Ich habe mein Bestes gegeben, und ich habe es lange ertragen, eine unnütze Acholi-Hure genannt zu werden.«

»Von ihm?«

»Von jedem dort. Auch von ihm.«

Jeremy wollte nach dem Brief greifen, aber er hielt sich dann doch zurück.

»Und was ist dann geschehen?«

»Ich habe mich an der Medizinischen Universität beworben. Meine Noten waren sehr gut. Ich wußte, daß ich trotz der Zulassungsbeschränkungen an der Harvard Universität eine Chance hatte, als Sonderstudentin zugelassen zu werden. Es klappte, und so konnte ich Medizin studieren. Als ich fertig war, nahm ich mein Geld und errichtete dieses Hilfscamp. Ich überredete einige Ärzte, nach Uganda zurückzukehren, und verkaufte Arbeitsplätze an Leute wie dich, die, aus welchen Gründen auch immer, bereit sind zu zahlen, damit sie hier arbeiten dürfen.« Sie machte eine Pause. »Es war sehr wichtig für mich, daß das Camp auch Wirklichkeit wurde. Ich sammelte alle Zeitungsausschnitte über mich und das Camp und schickte sie an Paul.«

»Wo ist er jetzt?«

»In Nigeria. Vielleicht auch in der Hölle. Zwischen den beiden Orten gibt es keinen großen Unterschied. Ich habe letzten Monat gelesen, daß dort schon wieder eine Revolution ausgebrochen ist; vielleicht bringen sie ihn diesmal um.« Sie stocherte wieder im Feuer herum.

Jeremy beobachtete ihr Gesicht im flackernden Feuerschein. Alles, was ich vor dieser Nacht gesehen habe, waren das Fotomodell und das kühle, kluge Äußere dieser Frau, dachte er. Ich glaube, jeder ist ein Gefangener seiner selbst, sogar eine so schöne und vollkommene Frau wie Elizabeth.

»Nigeria käme genausogut ohne ihn aus«, beendete sie das lange Schweigen. »Es braucht keinen Retter.« Sie starrte wieder ins Feuer. »Ich möchte nur wissen, warum Uganda so bestraft wird.«

»Uganda steht nicht allein mit diesen Problemen da«, antwortete Jeremy. »In allen afrikanischen Staaten gibt es Aids.«

»Doch, wir sind allein«, sagte sie unerbittlich. »Erst Amin, dann die anderen Schlächter und nun *das.* Kenia hat eine hohe Aids-Rate, fast so hoch wie unsere, aber die Leute dort sterben nicht so schnell wie hier. Ich habe sogar schon gehört, daß frühere Kolonialherren Kenias in ihren schneeweißen Bars und Restaurants sitzen und sich darüber *beklagen.* Sie dachten, durch Aids könnten sie Kenia wieder an sich reißen. Aber kaum jemand stirbt, und sie fühlen sich betrogen! Und hier, gleich nebenan, im schönsten und fruchtbarsten Land des Kontinents verlieren wir ganze Dörfer.« Die Wut stand ihr ins Gesicht geschrieben. *»Das ist nicht fair!«*

»Vielleicht sollten wir von den anderen Ländern lernen, anstatt sie zu beneiden«, sagte Jeremy, obwohl tief in seinem Innersten empört eine leise Stimme protestierte.

»Die Zeit wird kommen«, antwortete Elizabeth. »Wir brauchen einfach mehr Information. Früher oder später werden wir herausfinden, aus welchem Grund die Langzeit-Überlebenden besser mit der Krankheit fertig werden. Früher oder später werden wir jemanden mit natürlicher Immunität finden.«

»Oh, der arme Kerl«, sagte Jeremy. »Du wirst sicher eine Laborratte aus ihm machen.«

Eine reiche Laborratte. Eine berühmte Laborratte. Mit einer Aids-Impfung könnte man ein Vermögen verdienen, wenn man skrupellos forderte, was der Markt hergab. Den Markt bildeten natürlich Leute wie Jeremy. Die arme kranke Frau, die zwei Hütten weiter gerade gegen Fieber und Tod kämpfte, hatte keine Chance.

»Oder aus *ihr*«, entgegnete Elizabeth. »Wer weiß? Vielleicht ist es die Mutter der alten Frau. Sie lebt lange genug dafür.«

»Und wo ist sie?«

»Wer weiß?« Elizabeth runzelte die Stirn. »Ich war lange Zeit weg. Ich trage die falschen Kleider, ich habe den falschen Akzent und ich habe die falsche Magie. Sie vertrauen mir nicht.«

Für ein paar Momente saßen sie schweigend nebeneinander am Feuer. Schließlich gähnte Elizabeth, sie streckte sich wie eines der Kinder. Jeremy lachte. *Es tut mir leid, daß du verletzt bist, aber ich mag dich deswegen nur noch mehr, jetzt, da ich weiß, daß auch du ein Mensch mit normalen Gefühlen bist.* Vielleicht konnten er und Elizabeth sich gegenseitig adoptieren oder so etwas. Er könnte für ihre Kinder, die sie vielleicht einmal haben würde, Onkel Jeremy sein. Falls er es noch miterleben dürfte, wenn sie eines Tages den Mann träfe, der mehr Gefühl hatte als Paul. *Nicht weise soll er sein, aber gesund,* dachte Jeremy. Das galt für beide.

»Ich gehe jetzt wirklich und schlafe im Lastwagen«, sagte er und hob seinen Schlafsack auf. »In der Hütte ist es mir zu stickig. Wenn es hier draußen auch kalt wird, auf diese Weise kann ich wenigstens ein Auge auf unsere Sachen werfen.«

»Während du tief schläfst?« fragte Elizabeth. Er hatte wirklich gehofft, sie wäre zu müde für eine ihrer sarkastischen Bemerkungen.

»Gute Nacht«, sagte er und stapfte müde zu dem

verbeulten Lastwagen. Er breitete sein Bettzeug auf der Ladefläche aus. Wenn sich jemand näherte, würde er denjenigen zumindest kommen hören, und er hatte ja immer noch seine Pistole, nur für den Fall …

Jeremy war schlagartig wach, sein Herz schlug ihm bis zum Hals, sein Körper war naßgeschwitzt. Hoffentlich war das kein Fieber.

Jemand beobachtete ihn.

Er zwang sich, ruhig zu atmen. Er hielt die Augen geschlossen. Seine Hand, die unter dem Kopf lag, entsicherte vorsichtig die Pistole. Der Leopard oder der Bandit oder was auch immer ihn angreifen wollte, würde sehr, sehr überrascht sein und anschließend sehr, sehr tot.

Bleib ruhig. Stell dich schlafend. Langsam öffnete er die Augen. Als sie sich der Dunkelheit angepaßt hatten, sah er sich schnell um. Ein winziger Schattenfleck löste sich aus dem Lichtschein der Hütte der kranken Frau, blieb stehen und starrte auf den Lastwagen.

Diese Kinder, sie haben nichts anderes zu tun als hier herumzustreunen, mitten in der Nacht! Er hatte den Zaun um das Grab des alten Mannes gesehen. Vielleicht wollen die Aasfresser hier zur Abwechslung mal lebendiges Fleisch. Die Kinder sind anscheinend ganz gierig darauf, selbst das Aas zu sein.

Du weißt ganz genau, warum die Mütter nicht auf ihre Kinder aufpassen können, sagte er zu sich selbst. *Sie sind krank oder liegen im Sterben, wahrscheinlich sogar beides.* Er hörte nicht darauf, was Elizabeth über Wunder gesagt hatte. Die Tatsache, daß ihre Eltern den Wahnsinn des Idi Amin überlebt hatten, hat sie zu einer etwas einäugigen Optimistin gemacht.

Er würde dem Kind fünf Minuten geben, entschied Jeremy. Fünf! Wenn es in dieser Zeit sein Geschäft hinter einem Busch oder wo auch immer nicht erledigt hatte und wieder in der Hütte verschwunden war, würde er das Gör höchstpersönlich zu seiner Mutter zurückgeleiten.

Warte. Beweg dich nicht.

Die Gestalt löste sich aus dem Schatten des Hüttendaches und trat in die Dunkelheit, in Richtung des eingezäunten Grabes. Sie hockte sich dort hin, und Jeremy sah die Gestalt zittern. Es war ein Mädchen. War eines der Kinder ein Mädchen gewesen? Er konnte sich nicht erinnern. Es gab so viele Kinder, und er hatte sie alle begrüßt; begrüßt mit einem Lachen und, solange der Vorrat gereicht hatte, mit einer scharlachroten Schleife. Wahrscheinlich hatte er sie gar nicht als Einzelpersonen wahrgenommen, die sie aber zweifellos waren, oder er hatte gedacht, daß sie sich erst zu Einzelpersonen entwickelten, wenn sie das Glück hätten, weiterzuleben.

Das hier war ein Mädchen, kaum einen Meter groß. Viel zu klein, um sich allein draußen herumzutreiben. Er nahm sich zusammen und wollte vom Lastwagen springen, damit er sich um das Mädchen kümmern konnte.

Noch nicht.

Die Schultern des Kindes zitterten. *Sie weint um ihren Vater!* Jeremy war selbst den Tränen nahe. Er blinzelte heftig, und als er wieder klar sehen konnte, hatte sich das Kind zu ihm umgedreht.

Aber es war kein Kind.

Es war das Gesicht einer alten Frau, deren Augen von Liebe und Mitgefühl erfüllt waren.

Das ist verrückt! Afrika hat mich schließlich doch gekriegt. Ich muß Halluzinationen haben. Wie kann man in ein Paar Augen schauen, noch dazu in einem uralten Gesicht, und Mitgefühl oder ähnliches daraus lesen?

Der schnelle Atem eines Tiers war aus der Dunkelheit des Waldes zu hören. Das Tier kam blitzschnell herausgeschossen und brach in fürchterliches Wutgebrüll aus, denn das Kind mit dem uralten Gesicht hatte ihm einen Schlag mit seinem Knüppel versetzt. Erst dann erkannte Jeremy den Angreifer: es war ein dürrer kleiner Leopard, den der Hunger aus dem Busch getrieben hatte.

Jetzt durfte er keine Zeit verlieren. Jeremy griff nach seiner Pistole, zielte, so gut er konnte, und schoß.

Durch den lauten Knall wachte das ganze Dorf auf. Jeremy entfachte ein großes Feuer und untersuchte den Vorfall, begleitet von Elizabeths ironischen Kommentaren zu seiner erfolgreichen Jagd. Eine Blutspur und Pfotenabdrücke führten zurück in den Busch und verschwanden dort.

Nach seiner Rückkehr trommelte er alle Kinder im Dorf zusammen und zählte sie. Er wollte herausfinden, welches von ihnen den Leoparden in die Flucht geschlagen hatte, aber er blieb ohne Erfolg.

Nach und nach hörten die Kleinkinder auf zu schreien. Die kranke Frau in der Hütte hörte auf, nach ›Bibi‹ zu verlangen. Sie war sogar damit einverstanden, etwas Brühe zu trinken und das T-Shirt anzuziehen, das ihr Elizabeth geschenkt hatte.

Schließlich beruhigten sich die Dorfbewohner wieder und gingen schlafen. Nach einer Weile konnte auch Jeremy einschlafen. Er schlief sehr tief, er hörte nichts mehr.

Am nächsten Morgen stellte er fest, daß das Funkgerät und die Zündkerzen fehlten.

»Warum ausgerechnet diese Dinge?« fragte er Elizabeth verzweifelt. »Wenn es Draht gewesen wäre oder etwas, woraus man Schmuck machen könnte. Ohne Stromquelle nutzt doch das Funkgerät niemandem etwas, und mit den Zündkerzen kann man überhaupt nichts anfangen. Es sei denn, irgendwer glaubt, als Ohrschmuck stehen sie ihm gut zu Gesicht.« Er war besorgt. »Wenn die Zündkerzen nicht wieder auftauchen, sitzen wir ganz schön in der Tinte. Wir können uns nicht mehr fortbewegen und haben keine Möglichkeit, Hilfe zu rufen.«

»Wir können nichts anderes tun als fragen«, antwortete Elizabeth müde.

Sie ging hinüber zur Hütte der alten Frau und trat ein.

»Guten Morgen«, sagte sie lächelnd, als die alte Frau aufschaute. Sie kümmerte sich gerade um die Schwiegertochter.

»*Jambo, Memsaab*«, erwiderte die Frau.

»Das ist eine sehr kühle Begrüßung. Mir wäre es lieber, du würdest mich Elizabeth nennen.«

»*Du* bist auch nicht sehr freundlich zu mir, du nennst mich auch nicht bei meinem Namen«, sagte die alte Frau.

»Ich entschuldige mich, Maroka«, sagte Elizabeth. »Ich wollte dich bestimmt nicht kränken.«

»Ich weiß, daß du das nicht wolltest.« Maroka streckte ihren Arm aus und berührte Elizabeth sanft. »Du bist ein guter Mensch, Elizabeth.«

Schließlich wandte sich Elizabeth der jüngeren Frau zu, mußte aber zweimal hinsehen. Die Augen der Frau waren wach und lebendig, und ihr Körper war nicht mehr schweißgebadet. Elizabeth berührte die Frau, um nach Zeichen des starken Fiebers zu suchen, fand aber keine.

»Hat sie etwas gegessen?«

»Ja, Elizabeth«, antwortete Maroka. »Sie hat *Posho* gegessen und Milch getrunken. Sie wollte *Pombe* haben, aber ich habe ihr keines gegeben.«

Elizabeth untersuchte die junge Frau und richtete sich dann verwundert auf. »Es ist erstaunlich«, sagte sie. »Meine Medizin hat so etwas noch nie vollbracht.«

»Deine Medizin hat sie nicht gerettet«, sagte Maroka. »Es war Bibis Magie.«

»War Bibi letzte Nacht hier?« fragte Elizabeth.

»Ja.«

»Wo ist sie jetzt?«

»Sie versteckt sich«, antwortete Maroka. »Sie ist sehr

menschenscheu. Sie wird erst zurückkommen, wenn ihr weg seid.«

Elizabeth sah nachdenklich zum Hüttenausgang und fragte sich, wo Bibi wohl sein mochte. Dann fiel ihr Blick auf den Lastwagen, und sie erinnerte sich an den Zweck ihres Besuchs.

»Es gibt ein Problem, Maroka«, sagte sie. »Heute morgen haben wir entdeckt, daß bestimmte Dinge aus dem Lastwagen gestohlen wurden. Wir müssen sie zurückhaben, sonst fährt der Lastwagen nicht.«

»Vielleicht hat ein Affe sie weggenommen, Elizabeth«, rätselte Maroka. »Oder ein Pavian.«

»Wie kommst du darauf?«

»Weil ihr noch viele andere Dörfer besuchen müßt, und niemand in *diesem* Dorf will euch von eurer Arbeit abhalten. Wir wissen, daß es wichtig ist.«

Elizabeth runzelte die Stirn. In einer Sprache, in der es keine Schimpfworte gab und in der auch niemand je etwas Unfreundliches sagte, mußte Marokas Antwort soviel bedeuten wie: ›Wir wollen euch nicht hier haben, und wir werden nichts tun, was euch vom Abreisen abhält.‹

»Wir haben noch Nahrung und Medikamente, die wir euch geben können«, sagte Elizabeth.

»Wir haben Nahrung. Es ist besser, ihr bringt eure Nahrung in ein weniger glückliches Dorf«, entgegnete Maroka. »Wir brauchen auch eure Medizin nicht. Bibis Magie ist viel stärker.«

»Ich möchte sie *wirklich* gern kennenlernen«, sagte Elizabeth, »und etwas über ihren Zauber lernen.«

»Ich glaube, sie hat Angst vor euch.«

»Bitte hilf mir«, bat Elizabeth ernsthaft. »Sie ist eine alte Frau, die vielleicht nie mehr aus ihrem Dorf wegkommt. Welchen Zauber sie auch immer ausüben mag, er wird in ganz Uganda gebraucht.«

Maroka dachte eine Weile darüber nach, sie hatte schon viel von dieser Krankheit gehört. »Das ist wahr«, sagte sie schließlich. »Ich werde ihr erzählen, was du gesagt hast.«

»Danke.«

»Aber ich glaube nicht, daß sie kommen wird.«

»Bitte frag sie auf jeden Fall«, sagte Elizabeth. Sie untersuchte die jüngere Frau noch ein weiteres Mal und verließ dann die Hütte. Sie kehrte zurück zu Jeremy, der noch immer unter der Motorhaube des Lastwagens herumwerkelte und nach anderen Schäden suchte.

»Nun?« fragte er. »Weiß sie, wo die Zündkerzen und das Funkgerät sind?«

»Ich bin mir nicht sicher, aber ich glaube, sie weiß es nicht«, sagte Elizabeth.

»Und du hast fünfzehn Minuten gebraucht, um zu diesem Schluß zu kommen?« fragte er höhnisch.

»Dazu habe ich fünfzehn Sekunden gebraucht«, sagte sie. »In der übrigen Zeit haben wir über Medizin gesprochen. Oder besser gesagt über Magie.«

»Ich kann dir nicht folgen.«

»Der jungen Frau, die allem Anschein die Nacht nicht hätte überleben können, geht es heute wesentlich besser.«

»Was hast du ihr gegeben?« fragte Jeremy.

»Nichts, was ich nicht schon tausend Patienten vor ihr gegeben habe«, sagte Elizabeth stirnrunzelnd. »Ich bin sehr froh darüber, daß sie auf dem Weg der Besserung ist, aber nach allem, was ich über Medizin weiß, ist es eigentlich unmöglich.«

»Und sie glauben, es ist Magie?« fragte Jeremy. »Obwohl sie dich gesehen haben, als du die Medizin verabreicht hast?«

»Offenbar war Bibi letzte Nacht bei ihr und hat sie mit einem Zauberspruch geheilt«, sagte Elizabeth.

»Mit einem Zauberspruch?«

Elizabeth zuckte mit den Achseln. »Ein Kraut? Eine Pflanze? Irgendwelche Blumen? Ich weiß es nicht. Aber Maroka ist überzeugt davon, daß Bibi diejenige ist, die

die junge Frau gerettet hat.« Elizabeth dachte angestrengt nach. »Ach, was weiß ich, ob sie recht hat? Ich möchte Bibi finden, noch bevor wir die Zündkerzen gefunden haben. Wenn diese Frau zufällig auf eine Art Wundermittel gestoßen ist, möchte ich mehr darüber wissen.«

»Vielleicht haben sie wirklich recht, vielleicht ist es *wirklich* Magie«, sagte Jeremy.

»Unsinn!« fuhr ihn Elizabeth an. »So etwas gibt es nicht!«

»Oh, da bin ich mir nicht so sicher«, sagte Jeremy. »Aus Brotschimmel kann man Penicillin gewinnen, das kommt mir schon wie Magie vor. Aus einem Stück Silikon kann man ein Teil herstellen, das schneller und genauer denkt als der Mensch, das ist für mich auch Magie. Du bist zu sehr am medizinischen Fortschritt interessiert, Elizabeth, da zählt nur das Ergebnis. Wenn die Mutter der alten Frau die Leute wirklich mit Magie – oder wie auch immer – heilen kann, brächte ich andere Kranke zu ihr, anstatt ihre Geheimnisse stehlen zu wollen.«

»Mir gefällt es nicht, wie du mich anklagst, Jeremy«, entgegnete Elizabeth scharf. »Ich möchte lediglich erfahren, wie es Bibi gelingt, die Leute zu heilen, wenn sie überhaupt an der ganzen Sache beteiligt war. Und wenn, dann möchte ich herausfinden, wie man das Mittel künstlich herstellen, in Flaschen abfüllen und verbreiten kann.«

»Vielleicht ist das aber gar nicht möglich.«

»Bring mir die genauen Tatsachen, und ich mache es möglich.«

»Um Don Quixote zu zitieren: ›Tatsachen sind die Feinde der Wirklichkeit.‹«

»Das ist romantisches Geschwätz«, sagte Elizabeth. »Das Leben besteht nur aus Tatsachen.«

»Hier nicht«, erwiderte er.

»Oh?«

Er lachte. »Frag die Leute im Dorf. Auch dort spüren sie die Magie.«

»*Versuchst* du jetzt, mit mir zu streiten?« fragte sie.

»Jetzt hör mal zu. Hier gibt es vielleicht eine unsichtbare alte Frau, die Aidskranke heilen kann«, antwortete Jeremy. »*Du* interessierst dich nur dafür, *wie* sie das tut, und *ich* interessiere mich dafür, wie man sie dazu bringt, es wieder zu tun. Wenn du *das* streiten nennst …«

»Nein«, erwiderte Elizabeth nachdenklich, »nein, ich denke nicht. Du hast ein begründetes Interesse daran, geheilt zu werden; ich habe Interesse daran, herauszufinden, *wie* ich Menschen heilen kann. Da müssen unsere Meinungen zwangsläufig voneinander abweichen.«

»Ich bin mit Peter Pan, Mowgli und Zauberer Oz aufgewachsen, du mit Fakten, Tatsachen und Blutbädern«, erwiderte Jeremy. »Ganz klar, daß unsere Ansichten verschieden sind.«

»Du willst einfach nicht verstehen!« rief sie gereizt.

»Nein«, gab er zu. »Aber zeig mir eine Heilungsmethode und ich kann vielleicht daran *glauben.*«

Sie wendete sich verärgert ab und ging mit großen Schritten ins Dorf, wo sie mit einem Händeklatschen alle Kinder dazu aufforderte, aus den Hütten zu kommen. Die wenigen, die Kleider trugen, zupften und zerrten unruhig an ihnen herum, als sie sich in einer Reihe aufstellten. Sie erwarteten nichts Gutes von den zwei Fremden, der Schwarzen und dem Weißen.

»Also gut«, sagte Elizabeth zu Jeremy. »Da du soviel Vertrauen in die Leute hast, kannst du ihnen jetzt erzählen, was wir vermissen.« Er mußte sich ganz schön anstrengen, um sich den Kindern verständlich zu machen, seine Suaheli-Kenntnisse waren nicht gerade berauschend. Aber zu Fuß ins Camp zurückzugehen, wäre noch viel anstrengender gewesen.

Ein paar Erwachsene standen herum und amüsierten

sich köstlich darüber, wie Jeremy sich eine Beschreibung der vermißten Dinge abrang. Die Kinder machten nur große Augen und schauten sich fragend an.

Dann marschierte Elizabeth vor der Reihe auf und ab und betrachtete jeden in der Reihe sehr eindringlich. Schließlich blieb sie vor dem größten Jungen stehen, er war schon längst aus seinem Michael-Jordan-T-Shirt herausgewachsen und trug nun ein schmutziges, zerfetztes Muhammed-Ali-T-Shirt, das vermutlich aus einer anderen Helfer-Ära stammte.

»Du weißt es, nicht wahr?« fragte sie. »Ich sehe es dir an. Du weißt, wer die Sachen genommen hat.«

Der Junge wühlte mit den nackten Füßen im Sand. Er murmelte etwas.

»Ich kann dich nicht verstehen«, sagte Elizabeth gereizt.

»Bibi hat sie genommen.«

»Seine Mutter?« fragte Jeremy verwirrt.

»Vielleicht«, antwortete Elizabeth. »In Suaheli kann *Bibi* auch Großmutter bedeuten.«

»Du meinst Maroka?« Jeremy war überrascht.

Die gesündere der zwei Frauen protestierte empört, sie war aus der Hütte gekommen, um zuzuschauen. Maroka selbst stand unbeweglich mit hoch erhobenem Kopf da.

Elizabeth schaute den Jungen eindringlich an. »Ich möchte, daß du mir sagst, wo unsere Sachen sind. Wir können ohne sie nicht zurück nach Hause.«

Er sagte kein Wort.

Die Kinder waren jetzt ganz aufmerksam und schauten Elizabeth stumm an.

Elizabeth ließ von dem Jungen ab und blieb vor einem Mädchen stehen, es war nicht älter als sechs oder sieben. Elizabeth sagte kein Wort, starrte es nur an. Das Mädchen scharrte verlegen im roten Staub und vermied es, Elizabeth in die Augen zu sehen.

»Weißt du's?« fragte Elizabeth endlich.

»*Sie* hat gesagt, ich darf nichts sagen.«

»Wer hat das gesagt ... und warum?«

Das kleine Mädchen schaute auf und sprach dann sehr schnell. »Bibi. Sie sagt, eure Herzen sind gut, weil ihr helfen wollt. Aber sie sagt auch, wenn wir länger in eurem Dorf bleiben, werden wir alle noch kränker. Hätten wir das Dorf früher verlassen, wäre mein Vater noch am Leben.«

»Aber das ist nicht wahr!« protestierte Elizabeth.

»Bibi sagt es aber«, behauptete das Mädchen fest und schaute ihr dabei offen in die Augen.

Elizabeth wollte noch länger versuchen, das Mädchen vom Gegenteil zu überzeugen, aber nach ein paar Minuten wurde es offensichtlich: Die Kinder gehorchten Bibi und verrieten nicht, wo die vermißten Teile versteckt waren.

Elizabeth tauschte schnell einen enttäuschten Blick mit Jeremy. »Wundervolles Uganda, Land meiner Heimat, hier bleibt keine gute Tat ungestraft«, sagte sie leise.

Jeremy war fast so niedergeschlagen wie damals, als er die Ergebnisse seiner ersten Blutuntersuchung zurückbekam. Funkgeräte funktionieren meist nicht mehr richtig, wenn sie falsch behandelt werden, und der Lastwagen konnte nicht endlos lange hier stehen ohne Wartung. Es käme noch soweit, daß sie in diesem winzigen Dorf festsäßen, selbst wenn die Ausrüstung wieder auftauchte.

»Nun gut«, sagte Elizabeth, »ich werde jetzt trotzdem meine Morgenvisite machen.« Sie zog eine Grimasse. »Möchtest du meine unwissenschaftliche Meinung hören?«

»Eine unwissenschaftliche höre ich am liebsten.«

»Ich für meinen Teil glaube, alle in diesem ganzen seltsamen Dorf sollten sich mal im Kopf untersuchen lassen.«

Der Tag verlief ohne besondere Ereignisse, und als

die riesige Sonne unterging, brachte Jeremy noch einmal seine ganze Energie auf, um Holz für ein Feuer zu sammeln. Die Kinder waren damit beschäftigt, Wasser zu holen und die Hühner in ihre Käfige zurückzutreiben. Die Käfige wurden anschließend an die nahegelegenen Bäume gehängt. Jeremy beobachtete, wie all die freundlichen Vorschläge von Elizabeth auf höfliche Ablehnung stießen. Die Dorfbewohner hatten wohl entschieden, daß jemand, auch wenn er schwarze Haut hat und sich in Buganda* auskennt, noch lange nicht zu ihnen gehört.

Er dachte zum hundertsten Mal über die verschwundenen Sachen nach. Sie konnten nicht damit rechnen, daß jemand hier vielleicht zufällig vorbeikam. Sie *mußten* den Dieb davon überzeugen, das Funkgerät und die Zündkerzen zurückzugeben.

Elizabeth trat aus der Hütte und kam zu Jeremy. »Bei dieser Frau muß ich eine falsche Diagnose gestellt haben«, sagte sie kopfschüttelnd. »Sie zeigte alle klassischen Symptome, und ich dachte, das Fieber werde ihrem Leben innerhalb von Stunden ein Ende machen. Aber jetzt leidet sie genausowenig an Aids wie ich. Sogar diese Pilzerkrankung heilt ab.« Sie schüttelte den Kopf. »Maroka möchte, daß sie morgen aufsteht. Ich glaube, sie hat recht damit; je früher sie wieder auf den Beinen ist, desto besser.«

»Wer wird auf sie aufpassen, bis sie arbeiten kann?«

Elizabeth zuckte mit den Achseln. »Wir haben Bibi immer noch nicht gesehen; für sie wäre das vielleicht eine geeignete Aufgabe.« Sie machte eine Pause. »Es gibt noch einen Grund, warum ich hier weg möchte: Das arme Ding hat solche Angst vor uns, daß sie sich im Busch vor uns versteckt. Ich bin nicht hergekom-

---

* Buganda: ehem. Königreich in Zentral-Uganda, 1962–67 der wichtigste, weitgehend selbständige Bundesstaat Ugandas. (Quelle: Meyers großes Taschenlexikon)

men, um eine arme alte Frau aus ihrem Haus zu verjagen und sie der Gnade der Hyänen auszusetzen.«

Sie wollte noch etwas sagen, überlegte es sich aber anders und ging zu ihrer Schlafhütte.

Die Dunkelheit senkte sich herab, Jeremy lag auf der Ladefläche des Lastwagens und fiel bald in einen tiefen Schlaf. Als er morgens aufwachte, vermißte er das rote Band an seinem T-Shirt.

Interessant. Er sprang vom Lastwagen, schluckte seine Pillen, schnitt sich ein neues Band von der Rolle ab und steckte sich die nun stark verkleinerte Rolle in die Hosentasche, für alle Fälle.

Und plötzlich *wußte* er, daß er beobachtet wurde. Er drehte langsam den Kopf und schaute hinter sich, den Blick fest auf die langen spitzen Schatten gerichtet, für den Fall, daß ein winziger Schatten zum Lastwagen, auf die Felder oder in den Busch lief.

Er wusch sich das Gesicht mit etwas Wasser und trocknete es. Das Gefühl, beobachtet zu werden, wurde immer stärker. Ein- oder zweimal glaubte er, eine Bewegung am anderen Ende der Lichtung wahrzunehmen, aber seine Augen erkannten nichts Genaues.

Marokas *Bibi?* Er hatte sie nicht gut sehen können, aber wer sollte es sonst gewesen sein? Er ging hinüber zur Lichtung, dort entdeckte er Fußspuren im Staub. Sie waren so klein wie die Fußtritte eines Kindes, aber sie waren tief, als ob die Person, der sie gehörten, etwas sehr Schweres trug.

Die Spuren führten ihn tiefer in den Busch. Bald waren um ihn herum nur noch Pflanzen und Bäume. Er hörte das Zwitschern der Vögel und das Summen der Insekten, aber die einzige Bewegung, die er sah, war das Schwingen der Blätter im heißen Wind. Er fühlte sich fast wie ein Steinzeitmensch, der sich seinen Weg durch den Busch bahnte, damit beschäftigt, sein Abendessen zu suchen. Vor einer Million Jahren hatte es hier sicher genauso ausgesehen. Eine Hyäne heulte in der Ferne; in seiner Vorstellung wurde sie zu einer hundertfünfzig Kilo schweren Riesenhyäne. Ein Geier kreiste langsam am Himmel; er kam ihm vor wie ein Flugsaurier.

In Gedanken befand er sich noch immer in der Steinzeit und dachte über eine damals wohl weniger intelligente Jeremy-Version nach, da kam er auf eine Lichtung. Ein riesiger toter Baum war umgefallen – er stellte sich vor, daß ein Mammut ihn umgeworfen hatte –, und daneben ragte ein Termitenhügel mindestens fünf Meter aus dem Boden.

Dann, plötzlich, sah er Kinder, eine ganze Menge Kinder, und er sah einen Säugling. Wie konnten sie zulassen, daß die Kinder einen Säugling mit in den Busch nahmen? Ein Wesen, das auch wie ein Kind aussah, hatte den Säugling auf dem Arm.

Das heißt, es sah so lange wie ein Kind aus, bis Jeremy einen Blick auf das verschrumpelte Gesicht der Gestalt werfen konnte. Es war eine Frau, keine Frage, sie stillte den Säugling. Ihre Haut schien unglaublich alt, nicht sosehr faltig als vielmehr zerfurcht von Narben. Das spärliche Haar, das das Gesicht umrahmte und bis zu den Augenbrauen reichte, war weiß. Aber das Lächeln auf den Lippen, als sie auf das Kind niederschaute, war wundervoll und irgendwie vertraut.

Ich habe dich schon einmal gesehen, ich bin mir sicher. Aber wo?

Jeremy tat einen Schritt auf sie zu. Ein trockener Zweig knackte unter seinem Schuh, ein Dutzend Vögel wurde aus dem Dickicht aufgeschreckt, und über ihm begann eine Affenfamilie fürchterlich zu kreischen. Die Frau mit dem uralten Gesicht sprang vor Schreck auf. Sie legte das Kind auf ein rotes Tuch nieder und flüchtete in den Busch. Der Säugling, um seine Milch gebracht, begann sofort zu brüllen.

Komm schon, Bibi! wollte er ihr nachrufen. *Kann ein kranker, magerer Amerikaner so furchterregend sein?*

Jeremy half, den Säugling zu beruhigen, und legte ihn in die Arme des ältesten Mädchens. Er versuchte, die Kinder davon zu überzeugen, daß er kein Ungeheuer war, vor dem die alte Frau flüchten mußte. Mit einem Schlag war er aus der Steinzeit zurück und brachte seine Gedanken und vor allem seine Erinnerungen wieder in Ordnung.

Einmal im Sommer hatte er, nur zur Abwechslung, ein Haus auf Nantucket Island, Massachusetts, gemietet: ein schäbiges, baufälliges, aber angenehmes Heim, das ihn eine Stange Geld gekostet hatte. Es war ein schöner Sommer gewesen, und er hatte auch nicht eine Sekunde davon bereut, obwohl eine Woche ganz verregnet war. Er hatte die Meeresfrüchte genossen und sich am Segeln erfreut. Er hatte die Wale beobachtet und sich die Zeit genommen, das ganze Haus zu durchstöbern. Auf dem Dachboden hatte er wirklich einen Schatz gefunden: Dreißig Jahrgänge der Zeitschrift *National Geographics.*

Er hatte diese Zeitschrift schon geliebt, als er noch ein Kind war. Er hatte immer davon geträumt, Forscher zu werden, vielleicht sogar Urzeitforscher, bis sein Onkel Sid ihn beiseite nahm und ihm die wichtigen Dinge des Lebens beibrachte: Studentendarlehen, Stipendien, Kontostände usw. Man mußte erst einmal das nötige Kleingeld haben, um an solchen Expeditionen teilnehmen zu können.

Also vergaß er diesen Traum erst einmal, aber er behielt sein Abonnement für *National Geographics,* trat in den Naturschutzverein ein und spendete regelmäßig an das Amerikanische Museum für Naturgeschichte.

Das konnte er zwar bei der Steuer absetzen, aber der wirkliche Grund war, daß er diese Wissenschaft liebte.

Und nun wühlten diese vergilbten und brüchigen Seiten in seinen Erinnerungen. Er konnte sich sehr gut an die Entdeckung von Dr. Donald Johansons erinnern:

Die 3,2 Millionen Jahre alte *Australopithecus afarensis.* Das war die Vorfahrin der Menschheit, eine sehr kleine Frau, die von Johanson ›Lucy‹ genannt wurde, nach dem Beatles-Song, den seine Mitarbeiter während der Ausgrabungen unentwegt hörten.

Und nun hatte er sie leibhaftig gesehen. Nicht als mumifizierten Körper oder als einen Haufen weißer Knochen.

Nein, er hatte sie lebend gesehen, atmend. Ihren Urururenkel stillend. Er kannte sogar ihren Namen.

Bibi.

Während alle anderen die wunderbare Heilung der jungen Frau feierten und sie zu ihrer Erlösung von ihrem Krankenlager beglückwünschten, auf dem schon der Tod wartete, schlenderte Jeremy hinüber zum Laster und schaute nach seinem ›Köder‹: eine Schale *Posho* und einige getrocknete Früchte.

Es hatte keinen Sinn, Elizabeth etwas von seiner Entdeckung oder von seinen Absichten zu erzählen. Sie würde ihm sicher so viele vernünftige Erklärungen dafür anbieten, daß er nicht mehr an Bibi glauben und keinen Versuch mehr unternehmen könnte, die alte Frau anzulocken. Während also Elizabeth in ihrer Hütte tief und fest schlief, legte Jeremy auf dem Lastwagen seine Köder aus und machte es sich daneben bequem. Er zwang sich, die Augen zu schließen, denn das Mondlicht würde sich darin spiegeln. Ohne Zweifel würde ein *Australopithecus … pitheca? …* mit seinen übersinnlichen Fähigkeiten das sofort entdecken.

Er wartete.

Und dann war es Morgen, und die Früchte waren fort.

»*Sie* war es«, sagte Jeremy zu Elizabeth. »Ich weiß es.«

»Und was willst du jetzt tun? Noch mal draußen im Lastwagen schlafen?«

Er schüttelte den Kopf. »Nein, sie betrachtet ihn als mein Gebiet, deshalb ist sie sehr vorsichtig.«

»Du willst doch sicherlich nicht in den Busch gehen, heute nacht?«

»Möchtest du deine Zündkerzen zurück oder nicht?« fragte er nur.

»Nicht, wenn es dein Leben kostet.«

»Mir wird nichts passieren.«

»Doch«, sagte sie trotzig. »Wenn du dich nicht vollkommen verirrst, wirst du mit Sicherheit von dem Leoparden aufgefressen, den du angeschossen hast.«

»Er hält sich sicher nicht mehr in diesem Gebiet auf«, antwortete Jeremy.

»Und woher willst du das wissen?«

»Die Paviane sind in der Nacht völlig ruhig.«

Sie starrte ihn an. »Das ist wirklich dumm, Jeremy.«

»Wahrscheinlich«, stimmte er zu. »Aber solange du keinen besseren Einfall hast ...«

Sie streifte durch den Busch, Augen und Ohren offen, um jede Gefahr wahrzunehmen. Die Tiere unterschieden sich sehr von denen, die sie von früher kannte, sie waren kleiner, aber dennoch genauso gefährlich. Sie kam an einen kleinen Bach, sah sich sorgfältig nach Raubtieren um, ging in die Hocke und führte mit der hohlen Hand etwas von der lebensspendenden Flüssigkeit an ihre Lippen. Ein Marabustorch landete ein paar Schritte neben ihr, und sie sprang auf.

Zuerst wollte sie, nachdem ihr Durst gestillt war, zu ihrer Höhle zurückkehren, die sie kurz zuvor entdeckt hatte. Dort konnte sie die Nacht sicher verbringen. Aber dann trug der Wind den Geruch von Früchten heran, und sie beschloß, dem Geruch zu folgen ...

Der Mond ging schon unter, und Jeremy war am Eindösen, mit dem Rücken an eine Akazie gelehnt, als er endlich die bekannte kleine Gestalt sah, die sich aus dem nahen Busch anschlich. Die Gestalt blieb stehen und schaute ihn an, Jeremy bemühte sich, regungslos stehenzubleiben. Kleine Schatten bewegten sich an ihrem Hals. Als sie näher kam, sah Jeremy, was es war: Sie oder eines der Kinder hatte die Zündkerzen auf eine Grasschnur aufgefädelt, und die trug sie nun als Halskette.

Komm schon, dachte er, sein Herz schlug ihm bis zum Hals. Er hatte seine Schätze auf dem Boden verteilt: das rote Tuch, in das der Säugling eingewickelt war, ein paar getrocknete Aprikosen, eine Schale *Posho,* eine große Rolle rotes Band. *Vorwärts!* Aber das kleine Geschöpf erschrak plötzlich und blieb stehen. *Bitte,* dachte Jeremy, diesmal wirklich inständig. *Bitte, Bibi!*

Die Gestalt wendete sich ihm zu, hob den Kopf und richtete sich auf, diese Bewegung versetzte die Zündkerzen-Halskette wieder in Schwingungen. Dann, angelockt von den Schätzen, die Jeremy ausgelegt hatte, kam sie näher.

Sie erkannte das Tuch wieder und riß es an ihre Brust, wiegte es wie einen Säugling. Sie schnappte sich eine Aprikose und kaute sie schnell, ihre Augen glänzten vor Freude. Dann griff sie nach dem roten Band.

Jeremy legte seine Hand auf das andere Ende des Bandes.

Bibi sprang zurück.

Jeremy beugte sich vorsichtig nach vorn. Sie hatte ihn schon mit den Frauen und Kindern gesehen; sie müßte eigentlich wissen, daß er keine Bedrohung für sie war. Sie beobachtete ihn noch immer sehr aufmerksam, wendete ihre Augen nicht von ihm ab und lockerte auch ihren Griff nicht von dem roten Band.

So ist's richtig. Denk an das rote Halsband, das du kriegen kannst. Denk daran, wie das die Kinder freuen wird.

»Komm«, flüsterte er ihr zu, als er sich langsam und vorsichtig hinunterbeugte. Verstand sie überhaupt irgendeine Sprache? »Willst du das haben? Es ist hübsch, nicht wahr? Ich werde dir einen Handel vorschlagen.

Dieses hier gegen …« Er zeigte auf die Zündkerzen-Halskette und machte mit der Hand eine Geste: *Laß uns tauschen;* das kannte sie sicher aus ihrer Jugend.

Die alte Frau zog sich zurück. *Du bist ganz schön clever. Warum handeln, wenn du es umsonst haben kannst?* Er zog an dem Band, versuchte, es zu sich heranzuziehen und sie mit. Sie ließ sich ziehen und schaute auf, ihm direkt ins Gesicht.

Er war beeindruckt von ihren Augen. Sogar unter dieser niedrigen, zerfurchten Stirn sprühten sie vor Intelligenz. Sie war kein einfältiges Wesen, sie war eine *Persönlichkeit.* Er lachte sie an, und sie lachte zurück.

Du kennst mich. Ich bin dein Freund. Ich habe auf den Leoparden geschossen.

»Ich brauche diese Zündkerzen wirklich dringend«, sagte er sanft. Er beugte sich vorsichtig vor, hielt aber gleichzeitig das rote Band gespannt. Er war eins achtzig groß, sie vielleicht eins zwanzig. Ein bißchen weiter vor, noch ein bißchen – und seine Finger umschlossen ihren Arm.

Er war stark, besonders im Gegensatz zu ihr, aber sie war raffiniert. Selbst als sie vor Ärger schrie, ließ sie ihn noch näher kommen. Und dann, mit einem fast fröhlichen Lachen über ihre eigene Gerissenheit, grub sie ihre kräftigen, drei Millionen Jahre alten Zähne tief in seinen Arm.

Jeremy schrie auf, vor Überraschung und vor Schmerz. Er hatte gehört, daß Bisse von Menschen genauso gefährlich waren wie die von wilden Tieren, wenn nicht noch gefährlicher wegen der Bakterien; und dieser Biß brannte wie heißes Eisen in seinem Fleisch.

Verdammt! Ich dachte, du bist gekommen, um deine Kinder zu retten, nicht um sie zu töten! Haben wir dich so *enttäuscht?* Und dann kam ihm ein beängstigender Gedanke: *Hoffentlich habe ich sie nicht angesteckt!*

Er blutete wie das sprichwörtliche abgestochene Schwein, und sein Arm schwoll an. Im Mondlicht sah er die dicken roten Streifen, die von der Wunde bis zu den Lymphknoten führten. Er hörte seine Zähne klappern, er verglühte förmlich und zitterte gleichzeitig. Er versuchte fieberhaft, sich mit seinem Gürtel so etwas wie einen Druckverband anzulegen.

Warum, Bibi? Du bist doch nicht durch die halbe Ewigkeit gereist, nur um einen Mann zu beißen, der sowieso bald sterben wird. Das ergibt doch keinen Sinn!

Dann wurde er ohnmächtig.

Der Himmel über ihm funkelte wie tausend Diamanten. Noch mehr Diamanten, oder vielleicht auch Saphire, glänzten auf der Oberfläche des Sees. Oder war es ein Ozean? Eine weiße Welle zerteilte das Gewässer, kleine Wellen schimmerten und ebbten ab, als sich die Wogen glätteten. Jeremy warf sich hin und her. Er wollte allen sagen, daß es ein gutes Zeichen war, wenn sich das Wasser bewegte. Es bedeutete, daß Geister hier waren, im See und überall. Wie auch immer, es bedeutete, daß Wunder wirklich geschehen können, sogar ihm. Sein Arm brannte, er schmerzte stark. Jeremy hatte einen Geschmack im Mund, als hätten sich Fledermäuse darin eingenistet.

Er warf sich wild herum und fühlte, wie ein starkes Gewicht ihn auf das Lager drückte. Er öffnete die Augen und sah Bibi, die unendlich liebevolle Mutter der menschlichen Rasse, in diesem glitzernden Himmel, umgeben von einem Regenbogen und feinem Nebel. Dieser Nebel verwandelte sich in Kristalle, die glitzernd auf die Erde fielen. *›Lucy in the sky, with diamonds.‹ Und ich dachte, es sei nur ein Lied!*

Früher, als er diese schreckliche Krankheit noch nicht in seinem Blut und seinem Körper hatte, fuhr er Wasserski in den Keys mit seinen Freunden; sie waren genauso sorglos wie er selbst. Sie hatten sich an den Armen eingehakt und laut dieses Lied gesungen. Auch damals hatte ihn Bibi schon beobachtet, mit ihrem häßlichen und zugleich wunderschönen, liebevollen, aber auch sorgenvollen Gesicht.

»Wenn du krank wirst, komm nach Hause«, hatten seine Eltern geschrieben, »wir werden uns um dich kümmern.«

Genau das habe ich getan, wollte er sagen. *Ich bin nach Hause gekommen und unsere Mutter kümmert sich um mich.*

Er fiel in einen unruhigen Schlaf und träumte, er ginge, ginge, ginge, ginge immerzu. Er wanderte nicht nur durch Jahrtausende, sondern durch Jahrmillionen, zu einem Menschen, der vor Schmerz laut aufgeschrien hatte. Zu *vielen* Menschen. Und er glaubte, sein Herz werde brechen vor Anstrengung und vor Schmerz.

Jeremy erwachte fröstelnd; drei Frauen waren bei ihm, sie wuschen und pflegten ihn. Ein Kind fing an zu singen, es legte los wie der Sänger einer Rockband. Jeremy hörte einen Klaps, dann einen Schrei, und das Kind war draußen.

Im grauen Licht der Dämmerung erkannte er etwas Unerwartetes. Elizabeth Umurungi saß mit besorgtem Gesicht neben seinem Bett, ihre stark geröteten Augen sahen ihn an. Er erwartete eine sarkastische Bemerkung wie ›Jetzt könnte er aber langsam mal aufwachen‹. Aber statt dessen las er die Worte des Rosenkranzes von ihren Lippen ab.

Er weinte wegen ihres Kummers. Er bildete sich ein, daß er eine warme Hand in seiner Hand spürte, eine bisher nicht bekannte Hand. Diese warme Hand zog ihn zurück durch die Jahre, fort vom Abgrund der Traurigkeit, der Angst und des Todes, fort von dem Platz, an dem Diamanten aus dem Himmel fielen, und zurück in die vertraute Umgebung des winzigen Dorfes.

Fliegen summten über ihm unter dem Strohdach der Hütte. Jeremy brannte der Geruch von antiseptischen

Mitteln in der Nase. Der Geruch stand in großem Gegensatz zu den vertrauten Gerüchen wie Viehmist, menschlichem Schweiß und Rauch vom Kochfeuer. Irgendwo tropfte Wasser in ein Metallbecken ... Er war so durstig! Er versuchte, nach Wasser zu fragen. Es kam nur ein Krächzen und Winseln über seine Lippen, die vor Anstrengung aufgeplatzt waren.

Eine andere Stimme erklang. Jemand ging zur Tür und rief. Er hörte Schreie, es hätten auch Freudenrufe sein können, von draußen.

»Kommt er durch? Bleib bei ihm.«

Seine Augen waren so verklebt, es dauerte wahrscheinlich Stunden, bis er sie wieder öffnen konnte. Er bewegte die Finger. Es waren noch alle da. Was war mit seinem Arm, in den Bibi gebissen hatte?

Er versuchte ihn zu bewegen und zuckte zusammen.

»Ich würde das nicht versuchen«, sagte Elizabeth ruhig. »Du bist ziemlich krank. Es ist die Reaktion auf die Tollwutimpfung. Oder vielleicht Tetanus.«

Was?

»Vielleicht kannst du mir weiterhelfen«, fuhr Elizabeth fort. »Ich weiß nicht, was dich erwischt hat. Ich weiß nur, wie ich dich gefunden habe. Aufgeschwollen wie ein Ballon, Blut strömte aus deinem Arm, aber ich konnte keine Ursache für deine Verletzung erkennen.«

»Es war Bibi.«

»Sei nicht albern«, sagte Elizabeth.

»Es war Bibi, aber sie hat es nicht getan, um mich zu verletzen«, flüsterte Jeremy schwach.

»Unsinn.«

»Du wirst sehen«, sagte Jeremy. »Frag sie selbst.«

»Warum, um alles in der Welt, sollte sie wieder herkommen, *besonders* nachdem sie dich gebissen hat?«

»Weil sie sich um ihren Sohn Sorgen macht.«

»Du bist nicht ihr Sohn«, entgegnete Elizabeth geduldig, als spräche sie zu einem Kind.

»Wir sind *alle* ihre Kinder«, krächzte Jeremy. »Irgendwie fühlt sie unseren Schmerz, weiß, daß wir in Schwierigkeiten sind. Warum das so ist, werden wir nie verstehen. Sie hat getan, was jede Mutter getan hätte: Sie kam, um uns zu helfen.«

»Jeremy, du warst im Delirium. Du kannst immer noch nicht vernünftig denken«, beruhigte ihn Elizabeth. »Sie ist eine alte Frau, das ist alles. Möglicherweise ist sie geistig etwas zurückgeblieben. Und sie ist wahrscheinlich stumm; die Kinder erzählten mir, daß sie eine Art Zeichensprache gebraucht, wenn sie mit ihnen spricht.«

»Sie kann sprechen«, sagte Jeremy mit Überzeugung. »Es versteht nur niemand ihre Sprache.«

»Ach?« fragte Elizabeth überheblich. »Welche Sprache spricht sie denn?«

»Ich kann es nicht sagen«, murmelte Jeremy. »Die Sprache wird seit drei Millionen Jahren nicht mehr gebraucht.«

»Du bist doch kränker, als ich dachte«, sagte sie und ging hinaus.

Jeremy wachte auf, und er fühlte sich gut. Mehr als gut. Es ging ihm so gut wie schon seit Jahren nicht mehr. Das erste Mal, seit er sich das Virus zugezogen hatte, fühlte er sich, als könne er Bäume ausreißen.

Und dann, plötzlich, wurde er von den Tatsachen wieder niedergeschmettert. Er versuchte aufzustehen, mußte aber sofort feststellen, daß er nicht die Kraft dazu hatte. Ein Kind steckte den Kopf zur Tür herein, sah wie er sich abmühte und rief nach Elizabeth.

»Was, zum Teufel, ist mit dir los, Jeremy?« fragte sie, als sie in die Hütte trat.

»Nichts!« antwortete er. »Gar nichts!«

Sie schaute ihn verständnislos an.

»Verstehst du nicht?« fragte er aufgeregt. *»Es ist alles in Ordnung mit mir!«*

»Wovon sprichst du?«

»Sobald wir zurück ins Camp kommen, möchte ich, daß du mein Blut untersuchst.«

Sie sah ihn an, als ob ihm augenblicklich Schaum aus dem Mund quellen müßte. »Du glaubst doch nicht ernsthaft, daß du nicht mehr HIV-positiv bist, oder?«

»Teste mich doch.« Seine Stimme gab seine unerschütterliche Überzeugung wieder.

»Es hat bis jetzt keinen einzigen registrierten Fall von spontaner Heilung gegeben, Jeremy.«

»Es war nicht spontan!« rief Jeremy erregt. »Und außerdem registriert hier draußen im Busch kein Mensch so etwas. *Sie* hat mich geheilt, genau so, wie sie viele andere geheilt hat. Deshalb ist sie hier.«

»Und wie kommst du darauf, daß diese alte und ungebildete Frau, die keine Ahnung hat von medizinischer Wissenschaft, deine unheilbare Krankheit geheilt hat?«

»Sie hat mich gebissen.«

»Du meinst, ich hätte dich in den letzten Monaten nur beißen müssen, und dann wärst du HIV-negativ gewesen?« fragte Elizabeth sarkastisch.

»Nein. *Sie* mußte es tun.«

»Zweifellos hat sie dich gebissen, weil du sie erschreckt hast.«

Ein Gefühl überwältigender Müdigkeit kam über ihn, und er lehnte sich zurück in sein Kissen. »Du tust mir sehr leid«, sagte er.

»Ich tue *dir* leid?« wiederholte sie. »Warum?«

»Du kennst so viele Tatsachen und weißt gleichzeitig so wenig von der Wahrheit«, sagte er und mußte schon wieder gegen den Schlaf kämpfen. »Du wirst mein Blut untersuchen, und weil du nicht an Bibi glaubst, mußt du zwei oder mehr Proben nehmen, bevor du endgültig anerkennst, was deine Tests dir beweisen.«

Er glaubte, eine rauhe, knochige Hand zu fühlen, die ihm zärtlich durchs Haar strich, als er wieder in tiefen Schlaf fiel.

Jeremy war draußen, um Holz zu hacken. Es war eine schweißtreibende Arbeit, aber er tat sie gern. Da rief ihn Elizabeth zu sich in ihre Hütte.

»Was ist los?« fragte er, als er dort ankam.

Sie hielt die Zündkerzen hoch, sie waren an einem roten Band aufgereiht.

»Wo hast du die her?«

»Ich habe etwas Modeschmuck draußen vor die Hütte gelegt«, berichtete Elizabeth. »Sie ist während der Nacht gekommen und hat den Handel akzeptiert.« Elizabeth lachte. »Diese Zündkerzen haben mich eine Zuchtperlenkette und ein versilbertes Armband gekostet.«

»Ich glaube, beide Seiten haben einen guten Handel gemacht«, sagte Jeremy.

Er schaute durch das Dorf, vorbei an allen Hütten, zum Busch.

Danke, Bibi. Ich werde dich wahrscheinlich nie wieder sehen, aber ich verdanke dir mein Leben, und ich werde es dazu nutzen, deinen anderen kranken Kindern zu helfen.

Sie waren seit einem Tag zurück im Camp. Jeremy hatte den ganzen Morgen damit verbracht, Patienten zu versorgen und das Essen auszuteilen. Er saß nun auf einem Stuhl vor seinem Zelt und las die zehn Monate alte Ausgabe einer New Yorker Zeitung, da tauchte Elizabeth auf.

»Ich habe dein Blut getestet«, verkündete sie.

»Und?«

»Ich könnte kein HIV in deinem Blut finden, selbst wenn ich alle Geräte der besten Kliniken hier hätte.« Sie schaute ihn eindringlich an. »Jetzt hast du dein Wunder, Jeremy. Du bist gesund, HIV-negativ.«

Plötzlich quollen ihm Tränen aus den Augen und rannen ihm die Wangen hinab. Für einen Moment glaubte er, Bibis Hand in seiner zu fühlen: eine Mutter, die ihr Kind beruhigte, das furchtbar krank gewesen war.

»Ich hab's dir doch gesagt«, brachte er schließlich heraus.

»Ich habe es dir damals nicht geglaubt, und ich glaube es auch jetzt noch nicht«, antwortete Elizabeth. »Aber wer oder was sie auch immer ist, sie ist Gold wert für uns.« Elizabeth dachte nach. »Sie ist der Grund dafür, warum die Dorfbewohner immer gesagt haben, Kabute würde noch leben, wenn er rechtzeitig nach Hause gebracht worden wäre. Denn *sie* hat dort auf ihn gewartet. Und *sie* ist wahrscheinlich auch der Grund dafür, daß die Wunden der todkranken Frau abheilten und die Pilzerkrankung zurückging.«

Jeremy grinste. »Wahrscheinlich? Ganz sicher war es so. Ich weiß es. Ich werde leben. Ich werde leben für immer und ewig!«

Der nächste Morgen war kühl und klar, und sie beschlossen, draußen zu frühstücken. Der Geruch von gebratenen Eiern mit Speck zog die Affen an. Ein schwarzer afrikanischer Milan stieß von einem Ast herab und klaute sich ein Stück Brot direkt aus Jeremys Hand.

»Das sind vielleicht Schurken!« konnte Elizabeth nur noch sagen, als der Milan mit seiner Beute davonflog.

»Na ja, es ist gut zu wissen, daß wenigstens *etwas* auf diesem Kontinent nicht in Gefahr ist«, bemerkte Jeremy.

Sie schaute dem Milan noch für einen Moment nach und drehte sich dann zu Jeremy. »Ich habe viel über Bibi nachgedacht.«

»Und?« fragte Jeremy.

»Wir müssen zurück und sie finden«, antwortete Elizabeth.

»Ich gäbe alles dafür, wenn ich sie untersuchen könnte. Ich weiß immer noch nicht, ob ich dir die Geschichte mit dem heilenden Biß abkaufen soll. Aber was auch immer geschah, sie hat dir offensichtlich biochemische Wirkstoffe übertragen, die das HIV-Virus töten.« Sie schaute Jeremy etwas schräg an. »Es wird die Salk-Impfung* nicht ersetzen, aber es ist die einzige logische Erklärung. Ich *muß* sie finden und sie ins Camp bringen.«

»Sie ist kein Versuchstier«, erwiderte Jeremy ernsthaft. »Sie muß in Freiheit bleiben und ihre Arbeit tun.«

»Ihre Arbeit?«

»Sie hat noch andere Kinder, die sie heilen muß.«

»Du bist kein Kind.«

»Wir sind alle ihre Kinder.«

»Nicht schon wieder diese alte Leier!« seufzte Elisabeth.

»*Du* mußt es ja nicht glauben«, sagte Jeremy und beschützte seinen Teller vor dem schon wieder lauernden Milan. »Es reicht, wenn *ich* das tue.«

»Du denkst nicht logisch, Jeremy.«

»Mein ganzes Leben lang habe ich logisch gedacht. Und, was hat es mir gebracht, außer Geld, das ich nicht brauche, und einer unheilbaren Krankheit?« entgegnete Jeremy. »Warum machst du denn nicht mal die Augen auf und schaust dich um, hier in Uganda? Es ist ein magischer Ort, wenn auch mit vielen Problemen. Wirf einen Mangokern aus dem Fenster deines Landrovers. Wenn du sechs Monate später wieder vorbeikommst, wirst du an genau dieser Stelle einen Mangobaum sehen. Amin und seine Nachfolger haben praktisch alle wildlebenden Tiere aus Uganda vertrieben, und doch kehren die Tiere jetzt wieder zurück. Und nun werden unheilbar Kranke plötzlich geheilt. Warum sollte ich also nicht an Magie glauben?«

»An Bibi ist nichts Magisches.«

»Ich glaube doch«, sagte Jeremy. »Laß sie in Ruhe.«

»Das *kann* ich nicht«, protestierte Elizabeth. »Nicht,

---

* Impfung gegen Kinderlähmung (Quelle: Meyers großes Taschenlexikon)

solange ich sie nicht untersucht habe. Ich muß herausfinden, wie sie heilt. Wir begegnen vielleicht nie mehr jemandem wie ihr.«

»Denk doch auch mal an sie«, sagte er. »Was glaubst du, welches Leben sie hätte, wenn sie von Klinik zu Klinik gefahren würde? Alle diese Vampire in weißen Kitteln, die sie begutachten würden? Nicht einmal eine Mutter kann solche Menschen lieben.« Er hielt inne. »Laß sie im Busch. Menschen wie sie geben nichts preis. Und im übrigen hast du doch mich, einen garantiert HIV-negativen Freiwilligen, ganz zu deiner Verfügung.« Er blickte ihr geradewegs in ihre rehbraunen Augen. »Laß sie gehen, Elizabeth.«

»Das kann ich nicht, und du weißt das auch. Wir könnten *Millionen* von Menschen retten.« Sie appellierte jetzt an sein Gewissen. »Oder ist dir das nicht mehr wichtig, jetzt, da *du* geheilt bist?«

»Du weißt, daß das nicht stimmt!« rief er aufgebracht.

Er wollte noch mehr sagen, ihr vorwerfen, wie ungerecht ihre Unterstellung sei und daß eine wahre Freundin nicht einmal auf diesen Gedanken käme. Aber eine innere Stimme meldete sich zaghaft: *Könnte sie nicht doch recht haben? Gebe ich nur vor, an Bibis Kraft zu glauben? Vielleicht ist jetzt, da ich geheilt bin, alles andere nicht mehr wichtig für mich?*

Er durchforschte seine Seele, das hatte er schon lange nicht mehr getan, denn das, was er dort fand, mochte er nicht besonders. Aber diesmal mußte er nichts fürchten, und nichts lauerte in einem versteckten Winkel seiner Seele.

Ich weiß, daß es keinen Zweck hat, dachte er zufrieden; *ich kann sie nicht überzeugen.*

»Ganz sicher weiß ich nur, daß wir morgen zehn neue Gräber schaufeln werden«, fuhr Elizabeth fort, »und zehn weitere am Tag darauf, und noch einmal zehn nach einem *weiteren* Tag, und wir werden weiter schaufeln, bis wir entweder die Seuche besiegt haben oder auch das letzte Opfer gestorben ist. Und es gibt hier eine Frau, die vielleicht, nur *vielleicht*, eine Heilung ermöglichen kann. Glaubst du wirklich, ich kann sie gehen lassen?«

Er sah sie lange an. »Nein«, sagte er dann leise, »das kannst du nicht.«

»Dann komm mit mir, wenn ich sie suche«, bearbeitete sie ihn weiter. »Sie hat dir geholfen. Sie wird nicht ganz so verschreckt sein, wenn sie dich bei mir sieht.«

Er sah auf seinen Teller und dachte über seine Antwort nach. Der Milan schwebte noch über ihnen, gab sich aber schließlich mit einem Stück Speck zufrieden, das neben dem Feuer in den Schmutz gefallen war.

»Also gut, ich komme mit.« Er gab sich geschlagen. »Aber finden werden wir sie nicht.«

»Wie kommst du darauf?«

»Weil du in völligem Gegensatz zu ihr stehst. Sie hat Magie, gewonnen aus dem Geist dieses Landes, und du hast nur deine Wissenschaft, deine Logik und deine Zweifel, die dir anerzogen wurden in einer Welt, die tausend Meilen entfernt von hier liegt.«

»Die Wissenschaft wird mehr Menschen retten, als Bibi es jemals kann, wenn ich herausfinde, was sie an sich hat oder was sie mit den Menschen tut«, behauptete Elizabeth.

Er schüttelte traurig seinen Kopf. »Du verstehst nichts.«

»Was soll ich verstehen?«

»Die Wissenschaft *braucht Bibi*«, sagte Jeremy. »*Sie* braucht die Wissenschaft nicht. Sie hat sie nie gebraucht, und sie wird sie nie brauchen.« Er seufzte tief. »Ihr zwei seid wie Öl und Wasser, ihr lebt in zwei verschiedenen Welten. Deshalb wirst du sie nie finden.«

»Wir werden ja sehen«, sagte Elizabeth grimmig.

Die nächsten drei Monate verbrachten sie damit, jedem Gerücht zu folgen, jedem auch nur kleinsten Zeichen, das auf eine alte Frau hinwies, die durch Zauberkräfte Menschen heilen konnte.

Sie durchsuchten das Gebiet der Virunga Vulkane und kamen mit leeren Händen zurück. Sie glaubten ihre Spuren in den Vorhügeln der Mondberge gefunden zu haben, bekamen Bibi aber auch dort nie zu Gesicht. Sie kehrten zurück ins Camp, blieben aber nur so lange, bis ihre Vorräte aufgestockt waren und fuhren dann weiter nach Norden in die trockene Halbwüste des Karamojong-Gebietes. Anschließend fuhren sie nach Westen in die so treffend benannten ›Unergründlichen Wälder‹. Sie verbrachten eine Woche an den Murchison Wasserfällen, nur um zu entdecken, daß die alte Dame, der sie dort nachspürten, eine Hexe aus Buganda war, die nur noch ein Auge und ein Ohr hatte.

Überall, wo sie hinkamen, befragten sie die dort lebenden Einwohner. Keiner zeigte auch nur die geringsten Anzeichen der schlimmen Krankheit, fast alle strotzten nur so vor Gesundheit und behaupteten steif und fest, niemals einen Menschen gesehen zu haben, auf den die Beschreibung Bibis auch nur im entferntesten paßte. Jeremy hatte den Eindruck, die Leute lachten insgeheim über sie beide.

Schließlich gestand Elizabeth ihre Niederlage ein, und sie kehrten endgültig ins Camp zurück.

Jeremy pflegte wieder die Kranken und Sterbenden und fragte nach einer Woche, ob er Elizabeth unter vier Augen sprechen könne.

»Nun, was gibt's?« fragte sie, als sie allein im Zelt waren.

»Ich habe es mir gründlich überlegt«, verkündete er. »Ich werde gehen.«

»Du meinst, du fährst nach Hause?«

Er schüttelte den Kopf. »Nein, ich werde in Uganda bleiben.«

»Dann verstehe ich nicht …«

»Hier verlängern wir doch nur Leben, das schon zum Tode verurteilt ist«, sagte Jeremy. »Ich bin eigentlich hergekommen, um Leben zu retten.«

Plötzlich riß Elizabeth die Augen auf, jetzt begriff sie erst. »Du gehst zu Bibi!«

»Ja.«

»Wir haben doch gerade drei Monate damit verbracht, nach ihr zu suchen. Wie kommst du darauf, *du* könntest sie finden?«

Er wollte erst nicht antworten, aus Angst, sie zu verletzen, aber er tat es dann schließlich doch. »Ich werde allein sein.«

»Und du glaubst, das macht einen Unterschied?« fragte sie ein wenig verletzt.

»Ja, das glaube ich.« *Du denkst ja sowieso anders, also kannst du auch nicht verletzt sein,* setzte er in Gedanken hinzu.

»Du bist dumm!« fuhr sie ihn an. »Wo willst du hingehen? In welcher Richtung willst du anfangen? Wie willst du dich ernähren?«

»Ich werde einfach losgehen,« sagte er. »Ich brauche sie gar nicht zu finden. *Sie* wird *mich* finden.«

»Du wirst verhungern oder von Leoparden und Hyänen getötet werden oder durch giftiges Wasser umkommen«, sagte Elizabeth aufgebracht. »Du kannst im Busch nicht allein überleben.«

»Ich wußte gar nicht, daß du so wenig von mir hältst«, sagte Jeremy traurig.

»Nein, ganz im Gegenteil, ich halte so viel von dir, daß ich nicht will, daß du stirbst.«

»Es ist meine eigene Entscheidung. Wenn Aids mich nicht töten kann, gibt es auch sonst nichts in diesem Land, was mich umbringen könnte.« Er zog einen handgeschriebenen Zettel aus der Tasche und legte ihn vor ihr auf den Tisch. »Hiermit übertrage ich mein ganzes Vermögen auf das Camp.« Er grinste. »Die Notariatshütte hatte heute leider nicht geöffnet, aber ich glaube, dieses Schreiben wird auch vor Gericht Bestand haben.«

Elizabeth ging langsam zum Ausgang des Zeltes, schaute hinaus auf das geschäftige Treiben und sagte dann ganz ruhig zu Jeremy: »Du gibst alles auf für einen Traum. Willst du es dir nicht noch einmal überlegen?«

Er schüttelte entschieden den Kopf. »Wenn ich's mir noch einmal überlege, komme ich vielleicht auch zu dem Schluß, daß es nichts als ein Traum ist, und ich bleibe womöglich hier. Dann aber hätte ich die Chance vertan, Bibi bei ihren magischen Wunderheilungen zu helfen.«

»Wir brauchen keine Magie«, erklärte Elizabeth ungeduldig. »Wenn diese Krise gemeistert werden kann, dann nur mit Hilfe der Wissenschaft.«

»Für mich ist *alles* Magie. Wer weiß, ob deine Magie mehr leisten kann als ihre? Die Wissenschaft konnte mich nicht heilen, aber Bibi konnte es.«

»Mensch, Jeremy, du rennst einem Hirngespinst nach. Sie ist nur eine alte Frau, keine mythische Gestalt mit übersinnlichen Heilkräften.«

»*Sie* hat mich mit einem Biß geheilt«, sagte er. »Warum sollte ich *dir* glauben?«

»Aber wir wissen doch gar nicht genau, ob der Biß dich geheilt hat«, beharrte Elizabeth. »Sie könnte dir auch irgendeine Medizin verabreicht haben, während du im Delirium warst.«

»Sie könnte«, stimmte er zu. »Aber sie hat nicht.«

Elizabeth hielt inne und schaute ihn traurig an. »Gibt es denn nichts mehr, was ich noch sagen kann?«

»Doch«, entgegnete er. »sag: ›viel Glück‹.«

Sie sah ihm stumm nach, als er ihr Zelt verließ.

Bibi streifte durch den Busch, alle ihre Sinne waren auf versteckte Gefahren konzentriert. Es gab so viele Kinder, viel mehr, als sie je im Traum gedacht hatte. Sie hörte ihre

Schreie, fühlte ihren Hunger und ihren Schmerz, und sie wußte, sie hatte noch viel zu tun, bevor sie sich wieder zur Ruhe setzen konnte.

Plötzlich hörte sie einen Zweig knacken, sie duckte sich, bereit, um ihr Leben zu rennen. Ein Mensch näherte sich geräuschvoll. Er versuchte gar nicht erst, seine Anwesenheit zu verbergen, und schreckte mit jedem Schritt Affen und Vögel auf.

Im ersten Augenblick wollte sie wegrennen, aber irgend etwas sagte ihr, daß sie stehenbleiben konnte. Und dann erkannte sie das schon vertraute Gesicht, ein Gesicht, das selbstlose Liebe widerspiegelte wie ihr eigenes.

»Hallo, Mutter«, sagte der Mann und hielt ihr eine getrocknete Aprikose entgegen. »Ich habe dir etwas mitgebracht.«

Originaltitel: ›Bibi‹ • Aus: ›Asimov's Science Fiction‹, Dezember 1995 • • Übersetzung aus dem Amerikanischen von Siglinde Müller

---

Brian Stableford

BERÜHRUNGSLOS

Als Jake die Koffer nach draußen auf die Fahrbahn getragen hatte und sich die Tür hinter ihm geschlossen hatte, ging er zur Rückseite des Hauses – oder, wie er immer geglaubt hatte, zur Vorderseite –, um die Brandung des Meeres am menschenleeren Strand beobachten zu können. Es war Ebbe, und wie immer hatte die Flut eine Ladung Abfall am verwahrlosten Strand zurückgelassen. Als er und Martha zum erstenmal in dieses Dorf gekommen waren, lagen am Strand außer dem natürlichen Strandgut nur etwas Seetang und ein paar tote Krabben, aber heute hatte die Verschmutzung keine natürlichen Ursachen mehr. Die Hälse von roten Plastikflaschen ragten aus dem Sand wie Warnzeichen.

Während er dastand und die schwerfälligen grauen Wellen beobachtete, kam Peterson, der Hausmeister, um sich zu verabschieden. »Kommen Ihre Kinder, um Sie abzuholen?« fragte er, obwohl er die Antwort genau kannte.

»Sam und Doreen«, sagte Jake, obwohl Peterson sicherlich kaum daran interessiert war, die Namen zu erfahren. »Sam ist mein Sohn. Sie sind seit zwanzig Jahren verheiratet, aber sie haben keine Kinder. Anscheinend wollen die jungen Leute heutzutage keine Kinder mehr.«

»Kommt vom ewigen Leben«, bemerkte Peterson lakonisch. »Stellen Sie sich einmal vor, es gibt eines Tages keine alten Menschen mehr. Das wird ein völlig anderes Leben. Niemand muß mehr mit dem Tod rechnen, so wie Sterbliche das tun müssen!«

»Aber es gibt noch alte Menschen in der Stadt«, erwiderte Jake. »Viele sogar.«

»Ich habe die Menschen der Dritten Welt nicht mit eingeschlossen.«

»Ich auch nicht.«

»Nun, sehr bald wird es nicht mehr viele von ihnen geben«, seufzte Peterson. »Was gäben Sie dafür, zwanzig Jahre später geboren worden zu sein, hm?«

»Ich bin froh, daß ich nicht noch dreißig Jahre früher geboren bin«, entgegnete Jake und versuchte dabei möglichst fröhlich zu wirken. »Den schlimmsten aller Kriege haben Sie und ich Gott sei Dank verpaßt. Wir haben eine Menge Schlimmes verpaßt.«

»Aber auch ›das Beste von allem‹«, fügte Peterson säuerlich hinzu. Die Dorfbewohner hatten durch die Schließung des Dorfes nur ihre sogenannten Alterssitze verloren, aber den Hausmeister hat es die Existenz gekostet. Peterson hatte es irgendwie fertiggebracht, die Anerkennung seines Sozialhilfeanspruchs zu verhindern, ansonsten hätte er Anrecht auf den vollen Sozialhilfesatz gehabt. Das bedeutete wohl, daß er eine Zeitlang im Gefängnis gesessen hatte – Jake wußte es nicht genau, er hatte nie gefragt, und aus Marthas Gerüchteküche kamen nie wirklich zuverlässige Gerüchte –, und er schien auch keine Kinder zu haben, die ihm helfen konnten. Wer konnte dem alten Sauertopf demnach die Verbitterung verübeln, nachdem er nicht nur Grund dazu hatte, auf die jüngere Generation neidisch zu sein, der es erlaubt war, aus der Quelle der Jugend zu trinken, sondern auch auf seinesgleichen?

»Ich werde diesen Ort vermissen«, sagte Jake traurig, als er die Geräusche eines Autos hörte, das auf die Vorderseite des Hauses zufuhr – oder, wie er es lieber ausdrückte, auf die Rückseite des Hauses.

»Es war eigentlich immer nur ein Warteraum zum

Friedhof«, tröstete ihn Peterson; seine Stimme knirschte wie eine alte Tür. »Ich wünsche Ihnen von Herzen alles Gute, wo immer Sie hinziehen, und ich hoffe, Sie haben auch in Ihrer neuen Wohnung einen Ausblick aufs Meer.«

Aber ich habe Martha verloren, dachte Jake. Immer wieder, wenn dieser Gedanke in seinem Kopf kreiste, litt er unter schrecklichen Qualen. Laut sagte er nur: »Hinsehen und Anfassen sind zwei verschiedene Dinge.«

»Es ist nicht dasselbe«, erklärte Jake, während Sam mit flinken Fingern zwischen den zwanzig oder dreißig beliebtesten Ausblicken, die das Fenster zu bieten hatte, hin und her schaltete.

»Ja, das stimmt schon, Dad«, meinte Sam geduldig. »Das Bild ist optisch perfekt – keine Parallaxenfehler oder dergleichen. Es ist genau so, als ob du durch ein echtes Fenster schauen würdest, nur daß du hier zwischen einer Million verschiedener Fenster wählen kannst. Sicher, einige sind nach der Aufnahme stark verändert worden, und andere sind digital aufgebaut, aber es sind mehr als zweihundert Bilder, die die Wirklichkeit lebendig wiedergeben. Du siehst genau das, was du in Wirklichkeit sähest, wenn das Haus an diesen Orten stünde: Südsee-Atoll, Alaska, Himalaja ... Du kannst sogar vom Barriereriff fünfzehn Faden tief in den Abgrund hinuntersehen! Mit der Fernbedienung in der Hand kannst du durch die ganze Welt surfen. Hier ist *überall.*«

Während seiner Erläuterung schaltete Sam zum Barriereriff, welches einen vollkommen künstlichen Eindruck machte, reichlich mit hübschen Fischen ausgestattet und praktisch abfallfrei war. Anscheinend gab es sie wirklich, diese Behausungen auf dem Grund des Ozeans. Sie konnten jetzt relativ günstig erworben werden, da sie schon wieder aus der Mode waren.

»Das ist wohl die Innenstadt von Brownsville«, bemerkte Jake sarkastisch. »Auf der anderen Seite dieser Mauer gibt es nichts, nur eine weitere Mauer. Und wenn da wirklich ein Fenster wäre, sähe man nichts als Ziegelsteine.«

»Wir haben keine Ziegelsteine mehr, Dad«, erinnerte ihn Sam. »Das äußere Integument des Hauses ist überzogen mit Platten aus verstärktem Dextrochitin.«

»Ich werde versuchen, es zu vergessen«, antwortete Jake. »Das hört sich ja an, als ob wir in einer riesigen Küchenschabe leben würden. Die Sache ist die, Sam: Das hier ist kein richtiges Fenster. Es ist ein Schwindel. Man kann durchsehen, aber man kann es nicht öffnen, um die Luft zu atmen. Man kann nichts *berühren*.«

»Wenn du das Video-Set benutzt, kannst du alles berühren«, mischte sich Doreen ein. »Es besteht zwar nur aus einem Kopfhörer und einem Paar Handschuhen, aber du erlebst damit wirklich eine Sensation, du kannst dich durch die Umgebung bewegen, und der Tastsimulator in den Handschuhen funktioniert wirklich phantastisch. Du hast damit zwar nicht denselben Spielraum wie mit dem Fenster, aber die Entwicklung geht so schnell voran – beinahe jede Woche ist ein Dutzend neuer Szenarien erhältlich.«

»Und über die Rechnung mußt du dir keine Sorgen machen«, fügte Sam hinzu. »Du kannst dir anschauen, was du willst und wann du willst – es gibt keine Grenzen. Ehrlich, Dad, wir möchten, daß du hier glücklich bist. Wir möchten, daß du *unabhängig und selbständig* bist.«

»Das ist wohl die moderne Art, die Dinge zu betrachten«, sagte Jake, und das Ausmaß seiner Undankbarkeit war ihm durchaus bewußt. »Mit einem Fenster und einem Phantasie-Helm bist du frei und unabhängig, sogar in einem Gefängnis. Irgendwo ist überall, aber nur solange man die richtigen Geräte hat.«

»Zum Teufel, Dad, du hattest im Dorf auch so ein Video-Set und eine Kabelschaltung für Raumvisionen.

Du mußtest doch nicht in irgendeiner verkommenen Hütte leben, zu der das hier im Vergleich wie Disneyland ist. Du bist nur siebenundzwanzig Jahre älter als ich und hast dein ganzes Leben schon mit Robotern und Überwachungsanlagen gearbeitet. Okay, du warst mit Hardware beschäftigt, ein echter Ingenieur, aber du bist kein Bauer, der in die Wildnis des einundzwanzigsten Jahrhunderts *gebeamt* wurde. Du kennst solche Sachen sehr wohl. Wir versuchen, dir hier ein Zuhause zu schaffen, und wir geben wirklich unser Bestes, okay?«

»Ja, natürlich, es ist okay«, sagte Jack erschöpft. Aber dann spielte er seine Trumpfkarte aus – die einzige, die sie niemals schlagen oder überbieten könnten. »Ich werde ja schließlich nicht mehr lange hier sein, nicht wahr?«

Sam schaltete zwischen den verschiedenen Programmen hin und her. Jetzt war eine sternklare Nacht zu sehen, so dunkel und so klar, wie es nur noch auf dem Mond möglich sein konnte. Doreen pickte ein unsichtbares Schmutzpartikelchen von einer der Rosen, die aus der Mauer um die Badezimmereinheit wuchsen. Die beiden mühten sich nicht ab mit den üblichen Beruhigungsversuchen; sie fanden, Jake benehme sich so schlecht, daß er nicht einmal das verdiente. Das stimmte vielleicht sogar, aber Tatsache blieb, daß Sam, obwohl er nur siebenundzwanzig Jahre jünger war als sein Vater, nicht einen Tag älter als fünfundzwanzig aussah und auch *nie* älter aussehen würde – wohingegen jedes einzelne Jahr von Jakes siebenundsechzig Lebensjahren in seinem Gesicht, auf seinen Händen und in seinem altersschwachen Herzen eingebrannt war.

Wenn ich Glück habe, dachte Jake, werde ich diese Plüschzelle vielleicht zwanzig oder dreißig Jahre lang bewohnen. Niemand konnte sagen, wie lange Sam ihn überleben würde; vielleicht hundert Jahre, vielleicht tausend. Es gab nur unzureichende Daten, auf welchen eine Schätzung der Lebenserwartung der ewigen Jugend basieren konnte, und die Daten würden wahrscheinlich für sehr lange Zeit unzureichend bleiben.

»Wir gehen jetzt, damit du deine Sachen auspacken und dich einrichten kannst«, sagte Sam so freundlich wie möglich. »Du hast natürlich deinen eigenen Speisen-Automat, aber wenn du mit uns zu Abend essen willst, bist du immer herzlich willkommen. Wir essen normalerweise um halb acht. Wenn du irgend etwas brauchst, kannst du uns jederzeit fragen.«

»Danke«, sagte Jake, so aufrichtig, wie es ihm möglich war. »Danke für alles. Dir auch, Doreen.«

»Ist schon in Ordnung«, sagte Doreen, als sie Sam zur Tür folgte. »Wir verstehen dich.«

Sie glaubten ihn zu verstehen. Sie glaubten, daß sein Weg vorbestimmt sei, lange bevor er ins Dorf ging, daß aber jetzt, da er Martha und das Dorf verloren hatte, alles sinnlos für ihn sei. Sie waren der Meinung, daß er ein *alter* Mann war, der nicht ihre Anpassungsfähigkeit, ihre Geduld und ihr Vertrauen besaß. Und sie glaubten, daß er, weil er zu einer aussterbenden Spezies gehörte, mit äußerster Sorgfalt, Rücksicht und Liebenswürdigkeit behandelt werden mußte. Bedauerlicherweise gab es neben diesen Dingen noch viele andere Dinge zu wissen und zu verstehen.

»Ich sollte im Zoo ausgestellt werden«, flüsterte Jake so leise, daß ihn niemand gehört hätte, selbst wenn der Raum mit Menschen überfüllt gewesen wäre. »Menschen mit Fenstern sollten sich zuschalten, um *mich* zu beobachten. Vielleicht sollte ich Peterson anrufen und ihm vorschlagen, daß er eine Beschäftigung als 24-Stunden-Beobachtungsobjekt annehmen sollte. Vielleicht zahlen sie ihm genug, damit er sich selbst so ein Fenster kaufen kann. Dann könnten ihm alle Menschen dieser Welt zusehen, wie er kurzsichtig in die Unendlichkeit späht.«

Er nahm die Fernbedienung und schaltete den Sternenhimmel ab. Er versuchte, allerdings erfolglos, einen leeren Bildschirm oder eine Ziegelwand zu bekommen, aber er mußte sich mit einer Strandszene zufriedengeben. Er konnte mit Sicherheit sagen, daß es kein amerikanischer Strand war, denn das dunkle Strandgut, das die Gezeitenlinie markierte, bestand nur aus Seetang und Treibholz; es waren keine roten Flaschen in Sicht, aber er mußte wohl damit zufrieden sein, für den Moment jedenfalls.

Auszupacken hatte er nicht viel – das war auch ganz gut so, es gab jedoch unendlich viel Platz, um die Sachen zu verstauen. Jeder Quadratmeter der Wand, an dem nicht irgendwelche Versorgungsmaschinen installiert waren, schien mit Schränken und Kommoden ausgestattet zu sein. Es gab so viel Stauraum, daß es ihm unmöglich jemals gelänge, alles vollständig mit Kleidern und anderem alten Zeug auszufüllen. Jake besaß Bücher, Videos, Photographien und andere ähnlich unnütze Dinge: Es waren viele Dinge, die Martha gehört hatten. Sie hätte sicher nicht gewollt, daß er diese Sachen wegwarf. Seine persönlichen Sachen hätte Martha auch aufgehoben, wäre sie an seiner Stelle gewesen; es waren Dinge, die sein bisheriges Leben dokumentierten, und er glaubte – sofern er dazu bestimmt war, einer der Letzten seiner Art zu sein –, daß er sie deshalb aufheben mußte.

Nach langem Hin und Her schaffte er es sogar, für alles den richtigen Platz zu finden. Er war sich nicht ganz sicher, ob das ein gutes oder ein schlechtes Zeichen war.

»Es ist wirklich einfach, Freundschaften zu schließen«, versicherte ihm Doreen.

»Es ist einfach, *virtuelle* Freundschaften zu schließen«, berichtigte Jake sie.

»Die Menschen, die du im virtuellen Raum triffst, sind so echt wie *du*«, erklärte sie, und ihrer Stimme waren leichte Anzeichen von Wut anzumerken. »Und sie können auch *echte* Freunde sein. Ich gebe zu, du siehst nur ihr Scheinbild und nicht sie selbst, aber wenn du darüber nachdenkst – was hast du jemals von den Menschen gesehen, die du in Wirklichkeit getroffen hast, außer die Masken, die sie höflichkeitshalber aufgesetzt hatten? Jeder soziale Kontakt ist virtueller Raum. Wenn du deine Kopfhörer aufsetzt und dich in ein Netzwerk einloggst, ist das genauso, als ob du den Mantel anzögst und einen Spaziergang um die Häuser unternähmst. Und die Landschaft im virtuellen Raum ist viel schöner, und niemand wird überfallen.«

Doreen und Sam arbeiteten beide im virtuellen Raum. Doreen als Händlerin: An- und Verkauf der Ware Zukunft; Sam als Rückprogrammierer für neurotische AI. Doreen verdiente mehr Geld, obwohl Jake Sams Arbeit realer erschien. Da beide im virtuellen Raum tätig waren, fanden sie es ganz natürlich, sich auch ihr Sozialleben dort einzurichten. Wenn es möglich gewesen wäre, mit Sack und Pack dort hinzuziehen, hätten sie es wahrscheinlich schon längst getan. Im Vergleich zu ihnen hatte sich Jake dort immer wie ein Fremder in einem fremden Land gefühlt, wie ein Umsiedler aus der Dritten Welt in den Slums von Jersey.

»Die einzigen, die im virtuellen Raum nie ausgeraubt werden, sind diejenigen, die nie in den Shopping-Programmen einkaufen«, sagte Jake in spitzem Ton zu seiner Schwiegertochter. Jake hätte sie auch direkt darauf hinweisen können, daß kaum jemand in der Nachbarschaft je ausgeraubt wurde, da die Überwachungsanlagen und Nachtsichtgeräte viel zu gut waren. Es durfte nämlich auf keinen Fall passieren, daß die Bewohner der Dritten Welt auf den Gedanken kamen, hier auf den Türschwellen der Ersten Welt campieren zu wollen. Das versuchten die Bürokraten den nervösen Bürgern Amerikas immer wieder weiszumachen, aber die Umsiedler mieden die Straßen sowieso, da sie dort ständig von tausend elektronischen Augen observiert wurden.

Wie auch immer, die Stadt Brownsville hatte einen viel zu geringen Anteil an Umsiedlern aufgenommen, als sie von Rechts wegen hätte aufnehmen müssen. Brownsville lag gleich hinter der Grenze, viel zu nahe an der Heimat der Umsiedler. Doreen ließ sich rückwärts mit ausgestrecktem Körper auf das Bett fallen und warf die Arme in einer übertriebenen Geste der Niederlage zurück.

»Okay«, sagte sie, »du hast gewonnen. Wenn du derart entschlossen bist, unglücklich zu sein, können Sam oder ich nichts mehr für dich tun. Wenn du so hartnäckig darauf bestehst, dir keinen Augenblick Freude mehr zu gönnen, bis zu dem Moment, da du endgültig sterben wirst, kann niemand auf der Welt dich davon abhalten. Aber warum, Jake? Warum tust du das? Du verletzt dich damit doch nur selbst, oder möchtest du, daß wir, Sam und ich, uns schuldig fühlen? Warum sollten wir uns schuldig fühlen? Weil wir dir kein Zimmer in unserem Haus geben? Weil wir nicht älter werden? Jake, sag mir, was *du* getan hättest, wenn du in Sams Haut gesteckt hättest. Hättest du gesagt: ›Nein, ich nehme die Behandlung nicht auf mich, wenn nicht auch mein lieber alter Vater davon profitiert?‹ Hättest du gesagt: ›Nein, ich kann den faltigen alten Brummbären nicht dadurch beleidigen, daß ich ihn einlade, in *meinem* Haus zu leben?‹ Sag mir doch bitte, was du willst.«

Jake stellte sich neben Doreen und bot ihr seine helfende Hand an. Als sie endlich geruhte, die Hand anzunehmen, zog er sie zurück auf die Füße – oder vielmehr, er versuchte es. Er hatte nicht mehr die Kraft, die er früher als so selbstverständlich hingenommen hatte.

»Es tut mir leid«, sagte Jake. »Ich will euch wirklich nicht kritisieren. Ich bin dir und Sam sehr dankbar. Ich sollte glücklich sein, ich will nicht, daß *ihr* meinetwegen unglücklich seid. Ich wollte, ich *könnte* fröhlicher sein, aber ...«

Nach einer langen Pause fragte Doreen: »*Was* fehlt dir, Jake?« Sie wußte es wirklich nicht. Wie sollte sie auch?

»Ich vermisse Martha«, sagte er einfach, wohl wissend, daß das besser ankam als die Wahrheit. Dabei stimmte es wirklich. Er vermißte Martha. Es war nur nicht die *ganze* Wahrheit.

Doreens Gesicht wurde weich, so wie er es erwartet hatte. »Ich weiß«, sagte sie und umarmte ihn. Er ließ es zu, denn er wußte, daß sie sich dann besser fühlen würde. Zumindest ließ sie keine Rede vom Stapel, daß das Leben weitergehen müsse, was Martha gewollt hätte und so weiter.

Martha hätte sich für das Leben entschieden, wenn sie die Wahl gehabt hätte. Vielleicht hätte sie sich mit einem Fenster in ihrem Grab abgefunden, aber nur als zweitbeste Möglichkeit. Sie war immer zu Kompromissen bereit gewesen, immer bereit, sich auf halbem Wege zu einigen. Sie hätte ein leichteres Leben gehabt, wenn sie einen in jeder Hinsicht großzügigeren Partner geheiratet hätte, als Jake es gewesen war.

»Ich vermisse vieles«, fügte Jake hinzu, als Doreen ihn wieder freigab.

»Natürlich«, sagte sie. Hatte sie womöglich im Geist schon wieder eine Liste gemacht? Er vermißte seine Jugend, seine Gesundheit und die Welt, in der es noch etwas zählte, ein anständiges, arbeitsames Durchschnittsleben zu führen; in einer Welt, deren Vernichtung durch eine Umweltkatastrophe gerade noch verhindert werden konnte und die dann den größten Preis gewann: das ewige Leben.

»Ehrlich gesagt, will ich keine neuen Freunde finden«, sagte er, als sich die Lage zu entspannen schien und sie nicht länger stritten. »Im Dorf drängten mich ständig alle, Freundschaften zu schließen, aber ich wollte nicht. Martha hätte es gern gesehen, wenn ich geselliger gewesen wäre – ich glaube, sie wäre glücklicher gewesen, wenn ihre Freunde *unsere* Freunde gewesen wären –, aber ich hatte nie wirklich das Bedürfnis danach; für mich war es eben nicht wichtig. Ich will meine Tage nicht mit Plaudereien über die Vergangenheit verbringen, die wir alle verloren, aber nicht geteilt haben, und ich will mir die Zeit ganz sicher nicht mit *Spielen* vertreiben. Ich habe niemals gern gespielt. Ich vermute auch, ich konnte nie mit Menschen umgehen. Martha behauptete früher immer, daß ich so viel Zeit mit Robotern verbracht hätte, daß ich nur zu körperlosen Roboterarmen, zu künstlichen Händen eine Beziehung hätte, und das auch nur, wenn sie nicht richtig arbeiteten.«

»Es ist schon okay«, sagte Doreen. »Es ist in Ordnung. Wir wollen nicht, daß du irgend etwas tust, was du nicht tun willst oder womit du nicht einverstanden bist. Aber was *willst* du denn tun, Jake? Was könnte dir das Leben, das dir noch bleibt, lebenswerter machen?«

Ein Wunder, dachte er. *Ein weiterer Durchbruch, so wie du ihn hattest. Nicht nur um in der Gegenwart die Bremsen zu ziehen, sondern dem schrecklichen Lauf* der *Dinge den Rückwärtsgang einzulegen, um den bereits angerichteten Schaden rückgängig zu machen, um die Uhr zurückzudrehen …*

»Ich weiß es nicht«, sagte er wahrheitsgemäß. »Ich gebe mir Mühe. Es sieht vielleicht manchmal nicht so aus, aber ich gebe mir Mühe.«

»Wenn du zum Abendessen kommen willst«, bot sie an, »wir essen um halb acht.«

Sie und Sam aßen immer um halb acht. Es war für beide völlig undenkbar, später von der Arbeit nach Hause zu kommen, und sie mußten auch nie irgendwohin, außer zu Eröffnungsfeiern, wenn es neue Erweiterungen im virtuellen Universum gab.

»Nein danke«, sagte Jake. »Ich bin nicht hungrig. Ich werde später etwas aus meinem eigenen Automat essen.«

»In Ordnung«, erwiderte sie, darauf bedacht, nicht verletzt zu wirken. »Wenn du es dir anders überlegst, du weißt ja, wo wir sind.«

Als Doreen die Tür hinter sich schloß, hatte Jake das dringende Bedürfnis abzuschließen, aber er war sich nicht ganz sicher, ob die Tür überhaupt ein Schloß hatte, und wenn, wäre er wahrscheinlich nicht in der Lage gewesen, damit umzugehen. Er hatte soviel zu lernen, aber sehr wenig Zeit dafür. Sein Zimmer war nicht größer als vier Quadratmeter, und dennoch gab es innerhalb dieser engen Grenzen so viele Möglichkeiten, daß nicht einmal von einem ewig jungen Menschen erwartet werden konnte, die gesamten Möglichkeiten im Zeitraum eines Menschenlebens auszuschöpfen.

Für einen Mann wie mich, dachte Jake, *ist es nur eine Todeszelle. Es hat keinen Zweck, mich hier richtig einzuleben.* Er öffnete einen Schrank und nahm eines seiner alten Taschenbücher heraus – ein Buch, das vor seiner Geburt geschrieben worden war – und setzte sich auf sein Bett, um zu lesen. Er gab es auf, noch bevor er die dritte Seite erreicht hatte, und fragte sich, was er sich wohl beweisen wollte. Er hatte den Eindruck, *langsam verrückt zu werden.*

Im Fenster sah er gerade einen Brontosaurus, der halb im Sumpf stand und sich geduldig und systematisch durch die saftigen Blätter einer riesigen Gymnosperme kaute. Jake traute seinen Augen nicht. Er konnte einfach zum Fenster hinaus sehen und den Brontosauraus beobachten, aber der Brontosaurus konnte nicht hereinsehen, auch dann nicht, wenn er echt gewesen wäre.

Jake bereitete Sam und Doreen nicht darauf vor, daß er sich ein Tamarins gekauft hatte, und so waren sie ein wenig überrascht, als er damit in der Tür stand. Er hatte nicht bewußt geplant, ihr Angebot, sich bei ihnen wie zu Hause zu fühlen, in diesem Maß in Anspruch zu nehmen, aber trotzdem war er an ihrer Reaktion interessiert.

»Es ist gut erzogen«, versicherte er ihnen. »Es ist auf Ordnung und soziale Verantwortung programmiert. Es macht nichts schmutzig und tut auch sonst nichts Unerlaubtes.«

»Das bezweifle ich nicht«, sagte Sam, obwohl er sich offenbar etwas unbehaglich fühlte. »Ich bin nur überrascht, das ist alles. Glaubst du, du brauchst so etwas? Ich hätte nicht gedacht, daß ›niedlich und flauschig‹ deinem *Stil* entspricht.«

»Es ist lediglich ein hochentwickelter Biochip, den man sprechen hört«, warf Doreen ein. »Es funktioniert genauso wie ein Konversationsprogramm im Kommunikationsnetz. Es ist kein richtiges Tier – nur ein organischer Roboter.«

»Es wird mir keine Schwierigkeiten bereiten«, behauptete Jake verbissen. »Es wird mit mir im Zimmer leben und mich in keiner Weise belästigen.«

Es stellte sich heraus, daß das nicht ganz richtig war. Das Programm des Haustiers war lernfähig, es paßte sich an die Gesprächsgewohnheiten des Eigentümers an. Wenn Jake sich nicht genug um das Tierchen kümmerte, wanderte es im Zimmer umher. Es hätte einen sehr guten Eindruck gemacht, aber es war außerordentlich neugierig, und manchmal drückte es mit seinen rastlosen Fingern Knöpfe, die es besser nicht gedrückt hätte. Es passierte meist nichts Schlimmes, aber es bereitete einige Unannehmlichkeiten. Vielleicht war es ein Fehler von Jake, daß er sich in den ersten Wochen zu sehr bemühte; schon nach wenigen Tagen erkannte ihn das schnell lernende Antwortprogramm als neuen Besitzer, und von da ab wurde er ständig mit Fragen bedrängt, wo auch immer sie sich befanden. Obwohl Doreen nie mehr als »Hau ab!« zu dem Geschöpf sagte, wurde sie als etwas Besonderes in dessen System anerkannt. Die ständigen, anfangs zaghaften Entschuldigungen des Tierchens arteten schnell in Spott und Beleidigungen aus.

Jake hätte das Geschöpf doppelt so gern gehabt, wenn es nicht so raffiniert und widerspenstig gewesen wäre.

In den ersten Tagen ihres Zusammenseins ließ die Konversation des Tamarins' einiges zu wünschen übrig. Es hatte einen Erinnerungschip, der ein viel größeres Vokabular enthielt als das von Jake, aber es war darauf programmiert, sein Wissen zurückzuhalten, um *ihm* ebenbürtig zu sein. Jake mußte viel Zeit damit verbringen, sorgfältig ausgedachte Geschichten zu erzählen, die so viele Wörter wie nur möglich enthielten. Eine Zeitlang war dieser Erziehungsprozeß recht angenehm. Er gab solchen Beschäftigungen wie Fernsehen und Aus-dem-Fenster-sehen einen neuen Sinn, denn Jake *mußte* zu allem, was er gerade sah, Kommentare abgeben, damit sich das Tamarins mit seiner Wortwahl und seiner Einstellung zu den Dingen vertraut machen konnte. Nach einer Weile jedoch wurde das Ganze immer schwieriger, und die zunehmenden Gesprächsbeiträge des Haustiers hörten sich an wie ironisch verdrehte Echos von Jakes eigenen Denkvorgängen.

»Der Haken an dir, kleiner Affe«, sagte Jake zu dem kleinen Tamarins, als sie zusammen am Fenster standen, auf eine belebte Straße im Marktviertel einer tropischen Stadt blickten und die geschäftige Menschenmenge beobachteten, »ist folgender: Du bist zu gut, um echt zu sein. Die ganze gottverdammte heile Welt ist in dir wie in einer Nußschale vereint. Einschmeichelnd, hilfsbereit und absolut mechanisch.«

»Der Haken an dir, Jake«, antwortete der Affe sorglos, »ist folgender: Du weißt gar nicht, was du von mir willst. Von einem Tag zum anderen änderst du deine Meinung, manchmal sogar von einer Minute zur anderen. Ich könnte ein nettes Kind für einen Besitzer sein, ein liebes kleines Äffchen, voller Hoffnung, Begeisterung und Neugierde. Denkst du vielleicht, das hier ist einfach für mich? Glaub mir, es ist nicht einfach für mich.«

»Da, schon wieder«, sagte Jake. »Gerade habe ich dich einschmeichelnd genannt, und sofort beginnst du wieder abzuwiegeln. Du bist viel zu entgegenkommend.«

Im Fenster machte ein Straßenjunge gerade eine obszöne Geste. Er schaute Jake und dem Affen geradewegs ins Gesicht, doch Jake wußte, daß es nur Schau war, dieser Junge machte das wahrscheinlich vor jeder Überwachungsanlage, denn er wußte, daß er mit Sicherheit beobachtet wurde. Jake hätte sich gewünscht, daß er und das Äffchen dem Jungen als Zuschauer bewußt gewesen wären, damit die Geste individuell, statt bloß rituell wäre.

»Warum macht er das?« fragte das Tamarins, obwohl er Jakes Gedanken bereits gelesen hatte. »Sieht nicht so aus, als ob er uns sehen könnte.«

»Dein Programm ist ja überschlau«, beklagte sich Jake.

»Du durchschaust die Menschen besser als sie sich selbst. Der Himmel bewahre uns davor, daß du oder deinesgleichen je an die Macht kommt. Andererseits ihr würdet die Welt vielleicht viel besser regieren, als wir es tun, zumindest bis ihr die skrupellose Wissenschaft der Gier und Korruption beherrscht. Mit dieser Geste sagt der Junge ›Ihr könnt mich mal‹ zur gesamten Ersten Welt – denn er weiß ganz genau, daß die Zustände, die jetzt in unserer Welt herrschen, morgen in seiner Welt herrschen werden. Er weiß, daß seine Zeit kommen wird und daß er sehr lange warten kann, bis er erhält, was er will. Wie du siehst, sind die Gründe sehr einfach. Der Lauf der Dinge kann weder kontrolliert noch aufgehalten werden. Die einzigen Menschen, die daraus keinen Nutzen ziehen können, sind die alten Menschen, die schon zu alt und krank sind. Er weiß, daß er nicht immer draußen stehen und beobachtet werden wird, ganz gleich, wieviel reiches Volk sich hierzulande laut und alarmierend über Bevölkerungsprobleme in der Dritten Welt beklagt.«

»Es gibt viele alte Menschen da draußen.« Mit seinen kleinen schwarzen Augen beobachtete das Tamarins die Straßenszene ganz genau. »Viele alte Menschen. Und einige sind schon beinahe so alt, daß sie nicht mehr lange warten können.«

»Das ist richtig«, sagte Jake. »Aber sie gehen ihren Geschäften ruhig und friedlich nach, denn sie wagen nicht aufzustehen und zu protestieren. Sie halten ihre Angst und ihren Unmut zurück, denn es wäre unsinnig, den Tod zu riskieren. Sie glauben, daß ihre Zeit kommen wird, wenn sie nur geduldig genug warten. Und sie haben recht, ihre Zeit wird kommen, allerdings nur für die, die jung genug sind.«

»Ich werde auch sterben«, sagte das Tamarins. »Künstliches Fleisch und Blut wie meines wurden auch nicht für ein ewiges Leben entwickelt.«

»Ich weiß«, erwiderte Jake. »Ich habe die Gebrauchsanweisung gelesen.«

»Hast du mich gekauft, weil ich mit dir im selben Boot sitze und nicht mit Sam und Doreen? Brauchst du mich deshalb?«

»Wenn ich das nur wüßte«, sagte Jake müde. »Wenn ich das nur wüßte.«

Das Tamarins wurde für ein Leben im Haus konstruiert; es braucht nicht viel Platz und kaum Auslauf. Trotzdem begann Jake, mit ihm ›spazierenzugehen‹. Es duckte sich auf Jakes Schulter, damit es unter der breiten Hutkrempe Platz fand. Wenn Jake leise zu ihm sprach, murmelte es die Antworten diskret in Jakes Ohr. Jake ging immer dorthin, wo Bäume standen, damit er ihm beim Spielen in den Zweigen zusehen konnte. Das Äffchen war ein richtiger Akrobat. Manchmal wünschte Jake, es nähme die Gelegenheit wahr und würde in die Freiheit flüchten, aber das tat es nicht. Es hatte seine programmierten Grenzen.

An Tagen, an denen die Sonne am wolkenlosen Himmel schien und die Temperaturen auf fast vierzig Grad im Schatten kletterten, wollte das Tamarins lieber zu Hause bleiben. Jake war sich dann nie ganz sicher, ob es dem Äffchen selbst zu heiß war oder ob es auf Jakes Gesundheit achtete.

»Die Tiere, nach denen du geformt wurdest, lebten früher im Süden«, sagte Jake einmal zu ihm. »Ich habe nie verstanden, warum die Natur den Affen in den Tropen Pelze verpaßte, es kann aber auch kein Zufall sein. Du solltest die Hitze eigentlich mögen.«

»Die Tiere, aus denen *ihr euch* entwickelt habt, stammen aus den Ebenen des äquatorialen Afrika«, stellte das Tamarins vollkommen richtig fest, »aber das hat euch nicht davon abgehalten, Klimaanlagen zu erfinden.«

»Der Affe hat recht«, sagte Sam, als sie zusammen ins Freie traten. »Ihr seid beide von der Natur nicht so ausgestattet worden, daß ihr euch gefahrlos unter der Mittagssonne aufhalten könnt. Man kann es drehen und wenden wie man will, es ist einfach so.«

»Aber ich trage doch einen Hut«, erwiderte Jake, um ein Gegenargument zu bringen. »Im übrigen – Hautkrebs bekomme ich sowieso nicht. *Mein* schwacher Punkt ist das Herz. Das weißt du. Da liegt mein Problem, das mit dem Alter immer größer wird.«

»Kannst du ihm nicht etwas Verstand einflößen?« fragte Sam das Tamarins. »Nie hört er auf mich.«

»Mir hört er immer zu«, setzte das Tamarins aufrichtig dagegen. »Er befolgt nur nicht, was man ihm rät. Er ist alt genug, um sich selbst zu entscheiden.«

»Das klingt, als wäre es von dir, nur noch etwas besser«, sagte Sam müde – zu Jake, nicht zu dem Affen.

»Kauf doch einen für Doreen«, schlug Jake vor. »Sehr

bald wird er alles haben, was sie hat, auch ihr gutes Aussehen.« Aber dieser Satz war unangebracht, und beide waren sich dessen bewußt. Jake ging ohne Zögern weiter.

Er genoß den Ausflug nicht. Sam und der Affe hatten wie immer recht: Draußen war es für jede Bewegung viel zu heiß. Sogar die Bäume schienen bei dieser Hitze schlappzumachen. Das Äffchen stellte wie immer seine Akrobatik zur Schau, es versuchte größte Begeisterung zu zeigen, aber in Wirklichkeit machte es ihm keinen Spaß. Es täuschte alles nur vor. Alles, was es tat – getan hatte oder vielleicht tun würde –, war nur Schau.

Auf dem Nachhauseweg kamen sie an dreiunddreißig Bettlern vorbei – vier mehr, als die letzte Aufnahme zählte –, aber sie wurden in keiner Weise bedroht. Die dunklen, ruhigen Augen der Menschen, die sie beobachteten, drückten nur Vorwurf und – bei den Jüngeren – etwas Mitleid aus.

»Es wurde immer versucht, die Umsiedler dazu zu bewegen, in ihrer Heimat zu bleiben, ständig wurde versprochen, daß der Urbevölkerung in der Heimat zuerst geholfen wird«, sagte Jake. »Sie glauben uns nicht mehr. Die Zeiten sind vorbei, als das Wort unserer Politiker noch zu etwas verpflichtete.«

»Denkst du da an Lincoln oder an George Washington?« fragte das Tamarins-Äffchen.

»An den Heiligen Thomas More«, antwortete Jake.

»Aber er war kein Amerikaner.«

»Im Geiste war er Amerikaner.«

»Im Geiste«, erwiderte das Tamarins, »sind sie es alle. Was das anbelangt, bin ich auch Amerikaner.«

»Das war ich früher auch«, beeilte sich Jake zu sagen, denn er mußte das letzte Wort haben, »aber das ist sehr lange her.«

Das Tamarins gab sich geschlagen. Das tat es immer, aber Jake fühlte sich nie als Gewinner. Immer wieder, bei brütender Hitze oder bei Dauerregen, wollte er das letzte Wort haben – aber sich selbst bewies er damit auch nichts.

Sie hatten schon einen langen Spaziergang hinter sich und waren schon auf der Zubringerstraße zum Highway, als das Tamarins fragte, wohin sie denn diesmal gehen würden.

»Ich weiß es nicht«, antwortete Jake wahrheitsgemäß. »Ich dachte, wir trampen mal irgendwohin. Einfach irgendwohin.«

»Glaubst du, das ist klug?« fragte das Tamarins.

»Nein«, antwortete Jake. »Wenn es klug wäre, würde ich es nicht tun wollen.«

»Das verstehe ich«, versicherte das Tamarins, »aber überläßt du damit nicht alles ein bißchen zu sehr dem Zufall? Natürlich gefällt es dir gerade, weil es Sam nicht passen würde. Aber er wird sich wirklich Sorgen machen, wenn du verschwindest und erst drei Tage später in New York oder Vancouver wieder auftauchst.«

»Niemand fährt von Brownsville aus nach Vancouver«, war alles, was Jake dazu erwiderte. »Wir können von Glück sagen, wenn wir so weit kommen wie bei der Fronleichnamsprozession.« Er hatte schon bemerkt, daß neun von zehn vorbeifahrenden Fahrzeugen automatisch gesteuert wurden, und die wenigen echten Fahrer starrten auf seinen ausgestreckten Daumen, als sei er nicht ganz bei Trost.

»Da draußen gibt es nichts, Jake«, sagte der Affe sehr sanft, als er mit seiner kleinen Hand an Jakes Ohrläppchen zupfte. »Das weißt du doch. Wir haben die ganze Welt durch dein Fenster gesehen, und tausend andere Plätze. Wir wissen doch, daß es kein Ende des Regenbogens gibt.«

»Dieses Fenster ist eine Wand des Größenwahnsinns«, sagte Jake, und er wußte, daß er sich selbst wiederholte. »Du kannst hineinsehen, aber du kannst nichts berühren. Diese Straße ist *wirklich.* Sie führt an einen *wirklichen* Ort.«

»Was willst du denn eigentlich berühren, Jake?«

»Ich weiß es nicht genau. Vielleicht weiß ich es, wenn ich es sehe, vielleicht auch nicht. Auf jeden Fall möchte ich nicht den Rest meines Lebens herumsitzen und aus dem Fenster sehen. Einmal noch möchte ich irgendwohin *gehen.* Einmal noch möchte ich woanders *sein.* Irgendwo oder nirgendwo. Wenn du willst, kannst du nach Hause gehen. Du kannst Sam alles erzählen, wenn du möchtest.«

Das war unfair von Jake, nicht zuletzt deshalb, weil es einfach falsch war. Das Tamarins *konnte* nicht nach Hause gehen, solange es keinen präzisen Befehl von Jake erhielt – aber Jake konnte in seiner momentanen unzufriedenen Stimmung nicht auch noch fair sein.

Das Auto, das dreißig Meter hinter ihnen schlingernd zum Stehen kam, war wohl das älteste Modell, das Jake jemals gesehen hatte. Ebenso der Fahrer, er mußte mindestens fünfundsiebzig Jahre alt sein. Er fragte Jake nicht, wohin er wollte; kaum war die Tür geschlossen, setzte er den Fuß aufs Gas und raste los.

Das Armaturenbrett war ein völliges Durcheinander, überall lagen Platinen offen da. Der obere Teil der Windschutzscheibe, der normalerweise für die Digitalanzeigen bestimmt war, war ganz leer.

»Ich schätze, Sie sind ein leidenschaftlicher Bastler«, sagte Jake. »Übrigens, mein Name ist Jake.«

»Fahren Sie nie in einem Auto mit, das ferngesteuert entführt werden kann«, antwortete der Fahrer. »Ich bin Conor O'Callaghan. Das ist irisch. Meine Familie geht zurück bis zur Zeit der großen Hungersnot. Die Einwanderer damals waren von einer besseren Sorte. Nicht wie heute. Unser Land wird daran zugrunde gehen.«

Er riß das Auto im selben abgehackten Rhythmus hin und her, in dem er auch sprach, hinüber auf die linke Spur und dann abrupt wieder auf die rechte Spur. Der meiste Verkehr auf dem Highway bestand aus Robotruck-Konvois, die sehr diszipliniert fuhren, Conor machte sich anscheinend einen Spaß daraus, sie auseinanderzureißen. Ein einziges rotes Lämpchen blinkte, es war an der Mitte der Lenksäule angebracht und sah aus wie ein steckengebliebener Flaschenhals.

»Ich glaube, das ist eine Polizeiwarnung, Mr. O'Callaghan«, bemerkte das Tamarins. Es war das erste Mal, daß das Äffchen etwas sagte, was Jake bisher nicht wußte, und dadurch bemerkte auch Jake, daß etwas nicht in Ordnung war.

»Der Affe, den Sie da haben – ist er ein Spitzel?« fragte der Fahrer. »Wenn er einer ist, soll er gefälligst verschwinden, bevor die Sirenen losgehen.«

»Ist das etwa ein *gestohlenes* Auto?« fragte Jake.

»Natürlich, keiner würde *so etwas* mit seinem *eigenen* Auto machen, oder?« sagte der Fahrer und meinte damit offensichtlich die freigelegten Platinen und die verschiedenen, scheinbar mutwilligen Zerstörungen, die überall zu sehen waren. »Keine Angst – das Auto ist vielleicht alt, aber es hat noch alle Sicherheitseinrichtungen. Ich glaube nicht, daß ich uns damit umbringen kann, da müßte ich schon absichtlich gegen einen Baum fahren. Also, wenn dieses Tier auf Ihrer Schulter nicht angeschnallt ist, könnte es ganz schön herumgeschleudert werden, wenn wir uns unseren Weg bahnen müssen.«

Von weither hörte Jake eine heulende Sirene. Sie schien mit rasender Geschwindigkeit näher zu kommen.

»Sie sind schnell«, gab Conor zu, er sprach das aus, was Jake gerade gedacht hatte, »aber Sie dürfen nicht leichtsinnig werden. Uns auf den Fersen zu sein, heißt nicht uns zu erwischen!«

Wieder steuerte er den Wagen im Zickzack über alle Fahrbahnen. Conor fuhr weiterhin unbekümmert zwischen den Mammutrobotrucks herum, die geschickt auswichen und ihre Geschwindigkeit allmählich drosselten. Den schweren Lastwägen gelang es immer gerade noch rechtzeitig, einen Zusammenprall mit dem kleinen Auto zu verhindern, wenn auch oft nur um Haaresbreite. Jake dachte an die Autos, die an der Highwayauffahrt an ihm vorbeigefahren waren. Etwa jedes zehnte wurde von einem Menschen gelenkt. Er fragte sich, wie viele von diesen Autofahrern es wohl versäumt hatten, auf Automatik zu schalten, nachdem sie sich in den Highwayverkehr eingeordnet hatten, und wie viele sich wohl mit ihren selbstgebastelten Platinen herumtrieben.

»Machen Sie das oft?« fragte er, überrascht über seinen sanften Ton. Er hatte Angst, aber eine besondere Art von Angst. Er konnte fast sagen, es war eine Art Erregung.

»Nicht so oft, wie ich will«, gab Conor zu.

»Nehmen Sie dann immer Tramper mit?«

»Normalerweise *sehe* ich gar keine. Natürlich nehme ich auch keine Menschen aus der Dritten Welt oder Minderjährige mit, aber bei Ihnen nahm ich an, daß Sie mir dankbar wären. Stimmt doch, oder?«

Jake wußte nicht, was er auf diese Frage antworten sollte. Er wurde durch das nervöse Äffchen von der Beantwortung der Frage erlöst. Es sprang auf das Armaturenbrett und starrte beunruhigt durch die Windschutzscheibe.

»Die zentrale Verkehrskontrolle bremst den Verkehr«, warnte es in übertrieben eifrigem Ton. »Es wird extrem gefährlich, wenn wir unsere Geschwindigkeit beibehalten.«

»Ach was!« rief Conor. »Es wird nur *noch* aufregender, wenn sie die Straße in eine Hindernisbahn verwandeln.«

Jake sah jetzt auch, daß der Verkehr tatsächlich zum Stillstand gebracht wurde. Bald wäre ihrs das einzige fahrende Auto – außer dem Verfolgungswagen der Polizei. Ganz allmählich zogen die Robotrucks auf die mittlere Spur und ließen die äußeren Spuren des Highways leer, aber Conor wechselte nicht sofort auf eine der äußeren Fahrbahnen; er schlingerte weiter hin und her auf den mittleren Spuren, er schnitt die anderen Fahrzeuge hemmungslos und ohne Rücksicht. Diesen wiederum gelang es auch jetzt, ihm auszuweichen, sehr geschickt und geduldig.

Jake stellte zu seiner Enttäuschung fest, daß sich diese Erfahrung nicht sonderlich von einem ›Videoausflug‹ unterschied und daß dieses Erlebnis bestimmend war für eine merkwürdigerweise richtige, aber auch erschreckende Erkenntnis.

Ich bin so weit entfernt von der Realität, daß ich sie nicht einmal mehr begreifen kann, dachte er. *So weit ist es gekommen. Ich werde sterben, und es wird nur eine weitere virtuelle Erfahrung sein.*

»Haben Sie eine Ahnung, wie vielen Menschen Sie gerade Schwierigkeiten machen, Mister O'Callaghan?« fragte das Äffchen in derart schulmeisterlichem Ton, wie er ihn bestimmt nicht aus Jakes Persönlichkeit reflektieren konnte.

»Sicher sehr vielen!« rief Conor enthusiastisch. »Eine Straßensperre auf einem zwölfspurigen Super-Highway ist eine Mordssache. Zwanzig- oder fünfundzwanzigtausend Fahrzeuge geraten völlig durcheinander. Die Geldbußen werden mich bankrott machen – von jetzt an werden mich die Kredite erdrücken!«

»Nicht nur das, Sie werden unter Hausarrest gestellt werden«, sagte Jake. »Sie werden niemals mehr hinaus dürfen, niemals.«

»Es kommt darauf an, wie gut die Absperranlagen sind«, antwortete Conor. »In diesen Dingen war ich schon ein Crack, als ich noch klein war. Es sind schon solide Mauern und schwere Riegel notwendig, um mich einzusperren – Software wird nicht ausreichen. Netter Tagesausflug heute, was?«

Jake lachte, er hatte ein seltsames Gefühl der Erleichterung, als Conor das Auto zurück auf die leere äußere Spur lenkte. Auf der rechten Seite bildeten nun die Robotrucks einen festen Block, und vor ihnen war mindestens einen Kilometer weit nichts zu sehen. Als Jake sich etwas erleichtert zurücklehnte, tauchte die Straßensperre vor ihnen auf, und er war entsetzt, wie verrückt der alte Mann doch war.

Er sah sich um. Das Polizeiauto kam schnell näher. Conor rüttelte nun richtig am Lenkrad, das Auto schlingerte von einer leeren Spur zur anderen. Das Verfolgerauto wurde von Sicherheitsmechanismen zurückgehalten; es konnte nicht überholen, wenn Conor ihnen keine ausreichende Lücke ließ. Und Conor konnte sehr gut beurteilen, was eine ausreichende Lücke war.

»Ich rate Ihnen, schnellstens die Geschwindigkeit zu drosseln, Sir«, sagte das Tamarins, sprang zurück auf Jakes Schulter und dann weiter hinter die Sitze. Es nahm eine Schutzhaltung ein, denn es hatte nun die Straßensperre gesehen, die drohend vor ihnen aufragte.

Conor raste weiter. Er fuhr mit voller Geschwindigkeit auf das Hindernis zu.

Der Abstand zwischen ihnen und der Straßensperre verringerte sich mit erschreckender Geschwindigkeit, und Jake spürte sein Herz, sein schwaches altes Herz; es pochte in seinem Brustkorb wie die Stöße eines Erdbebens, das hatte er in fünfzig Jahren noch nicht erlebt. Er war wie gelähmt vor Angst. Es war *Todesangst;* er *wußte,* daß sie verunglücken und das Auto und die ganze Welt in Stücke gerissen würden.

Er wußte nur nicht *warum.*

Der einzige Gedanke, der trotz der schrecklichen Angst in seinem Kopf kreiste, war: *Warum tut dieser verrückte Mann das? Weiß er, daß er nicht sterben wird, oder will er vielleicht sterben?*

Offensichtlich machte Conor so etwas öfter. Für ihn

war es nur eine Spritztour, ein Tagesausflug – aber Jake erlebte so etwas zum ersten Mal, niemals zuvor hatte er einen Autounfall. Das Hindernis kam immer näher, wie der schwarze Horizont des Todes, Jakes Herz pochte bis zum Hals, und er hatte das Gefühl, sein Brustkorb werde gleich explodieren.

Vom Aufprall spürte er gar nichts. Er sah alles, aber er spürte nichts.

Jake erwachte in seinem eigenen Bett, er fühlte sich schrecklich.

Sam stand auf der rechten Seite des Bettes, Doreen auf der linken. Sam sah blaß aus, erschöpft und besorgt. Doreen war aufgeregt und unruhig. Es dauerte nicht lange, und nach den vorsichtigen Fragen kamen die Vorwürfe.

»Du hättest tot sein können«, sagte Sam. »Viel hat nicht gefehlt.«

»Das Auto hatte genügend Sicherheitseinrichtungen«, murmelte Jake leise. »Der verrückte Conor hat alle Software-Hindernisse umgangen, aber die Hardware konnte er nicht überwinden.«

»Darum geht's doch gar nicht«, sprach Sam weiter. »Du hattest eine schwere Herzattacke, Dad. Wenn nicht ein Krankenwagen hinter der Barriere gestanden hätte, wärst du jetzt mausetot. Du hättest fünf oder zehn Jahre deines Lebens verlieren können. Das war kein unbedeutender Vorfall, Dad, in deinem Alter ist nichts unbedeutend.«

Nein, dachte Jake. *In meinem Alter nicht.*

»Wo wolltest du *hinfahren,* Jake?« fragte Doreen. Sie bemutterte ihn, schüttelte sein Kissen auf, prüfte die vielen Schläuche und Katheder, die an allen möglichen Stellen seines Körpers angebracht und mit dem Hausarzt verbunden waren, der somit auf einem Monitor den gebrechlichen Körper überwachen konnte. Irgendwie machte Doreen den Eindruck, als ob sie ganz in ihrem Element sei, das war seltsam, vielleicht war dies ihre eigentliche Berufung.

Jetzt haben sie mich da, wo sie mich haben wollten, dachte Jake lieblos.

»Nirgendwohin«, sagte er laut.

»Nun«, sagte Sam, »das wäre dir ja fast gelungen. Du wirst für eine ziemlich lange Zeit nicht aufstehen können. Glücklicherweise wird der Wahnsinnige, mit dem du mitgefahren bist, für den Rest seines Lebens sein Haus nicht mehr verlassen. Wie konntest du nur mit einem solchen Verrückten mitfahren?«

»Er hat es angeboten«, sagte Jake. »Wo ist das Tamarinsäffchen?«

Beide hatten sich vorhin über ihn gebeugt, jetzt standen sie da wie zwei Säulen. Jake fühlte sich, als ob er zwischen ihnen hinge und unnatürlich stramm gespannt wäre.

»Das Äffchen hatte keinen Gurt und keinen Airbag«, sagte Sam zögernd. »Es muß versucht haben, sich hinter deinem Sitz in Sicherheit zu bringen. Das wäre in Ordnung gewesen, wenn der Rücksitz nicht aus seiner Verankerung gerissen worden wäre. Deshalb ist auch dein Rücken verletzt – du hast dir einige Wirbel gequetscht. Das Äffchen wurde eingeklemmt und erdrückt. Die Ärzte konnten nichts mehr tun.«

»Es tut mir so leid«, beeilte sich Doreen zu sagen, als könnte jemand sonst das Gegenteil annehmen.

»O mein Gott«, sagte Jake tief getroffen.

Die Stille war schwer zu ertragen, aber immer noch erträglicher als die Gedanken, die aus Gründen der Rücksicht nicht laut ausgesprochen wurden. *Es war ja nur ein Roboter, nicht wirklich lebendig;* oder: *Du kannst dir ja einen neuen kaufen, wenn du willst;* oder: *Es war dein eigener Fehler, du dummer, seniler, alter Narr.*

Er bemerkte jetzt erst, daß sein Rücken *wirklich* schmerzte. Er würde die nächste Zeit etwas steif gehen, wenn er überhaupt jemals wieder aufstehen konnte.

Er versuchte sich zu drehen, damit er den Monitor sehen konnte, der seine Schmerzen aufzeichnete, aber seine Wirbel ließen keine Drehung zu, und die Anzeige war viel zu hoch oben an der Wand angebracht.

»Das sind meine Daten«, sagte er verstimmt. »Es sollte mir möglich gemacht werden, sie zu lesen.«

»Das kannst du ja«, versicherte ihm Doreen matronenhaft. »Du brauchst nur den Video-Helm aufzusetzen. Dann hast du alles direkt vor Augen. Du kannst dein Innenleben durch mehrere Kameras beobachten, die in deinem Körper angebracht sind, wenn du das möchtest.«

Sam wechselte das Thema.

»Es wurden keine Strafen gegen dich verhängt«, lenkte er ab, offensichtlich dachte er, er müßte über etwas Positiveres reden, »obwohl Mexiko dich als illegalen Einwanderer ausgeliefert hat. Das entbehrt nicht einer gewissen Ironie, findest du nicht?«

»Ich weiß nicht einmal mehr, daß wir nach Süden gefahren sind«, sagte Jake bitter. »Demnächst werde ich noch vergessen, wo Norden und Süden ist. Aber ich kann mit einer reinen Weste sterben. Das könnt ihr auf meinen Grabstein schreiben. *Hier ruht Jake, gestorben mit einer weißen Weste.* Am besten laßt ihr auch dort ein Spionierauge anbringen, dann könnt ihr durch euer Fenster jederzeit auf mein Grab schauen. Zeigt es euren Kindern, wenn ihr euch jemals dazu entschließen könnt, welche zu bekommen. Eins wird euch doch zugestanden, ich glaube allen Unsterblichen, oder?«

Den Satz: ›*Wir hätten zwei Kinder haben können, wenn wir gewollt hätten*‹ fügte er nicht hinzu. Es stimmte; er und Martha hätten zwei Kinder haben können, wenn nicht damals die Dritte Welt schon übervölkert gewesen wäre. Es gab keinen anderen Weg, wenn die nächste Generation nicht mit Tod *belästigt* werden sollte; auch sollten auf keinen Fall eines Tages überschüssige

Arbeitskräfte der Dritten Welt einfach hier auftauchen und sich in der Ersten Welt breit machen.

»Tu doch nicht so, Dad«, sagte Sam. Seine Stimme war schwach, aber bestimmt.

»Ich bin so«, erwiderte Jake hartnäckig. »Immer gewesen und werde auch in Zukunft so sein.«

Doreen mußte schließlich zurück zur Arbeit, wie unsicher die Zukunft der Welt auch immer sein mochte, man mußte damit handeln. Sam blieb noch eine Weile.

»Ich schätze, du hast einen schlimmen Schock erlitten«, sagte Sam.

»Laß es eine Lehre für mich sein«, entgegnete Jake. »Es ist ganz schön gefährlich da draußen, mit all den verrückten alten Leuten, was? Ein Fingerschnippen, und man hat seinen besten Freund verloren.«

»War der Affe wirklich dein Freund?« fragte Sam skeptisch – er legte damit einen Scharfsinn an den Tag, zu welchem nicht einmal der schlaue Biochip des Tamarins fähig gewesen wäre.

»Nein«, gab Jake zu. »Ich habe zuviel Zeit meines Lebens mit raffinierten Maschinen zugebracht, als daß ich wegen einer verlorenen Maschine bekümmert wäre. Es ist nicht so wie damals, als ich Martha verloren habe, keineswegs. Aber ich gebe zu, daß ich ihn vermisse. Es ist schwer, Leute zu finden, mit denen man viel gemeinsam hat, wie ich mit dem Tamarins hatte.«

»Ist es nicht ein bißchen beengend, immer mit seinem Echo zu sprechen?«

»Ungefähr so beengend wie eine Zelle im Todestrakt eines Gefängnisses mit einer Million Fenster und einer Pforte zu tausend virtuellen Welten. Okay, der Affe war nicht so raffiniert, wie er vorgab – aber wer ist das schon?«

»Du hast nie *er* gesagt, wenn du von ihm gesprochen hast, als er noch am Leben war«, bemerkte Sam. »Du hast ihm nicht einmal einen Namen gegeben.«

»Vielleicht sollte man diese Tiere mit Geschlechtsorganen versehen«, sagte Jake. »Natürlich nur zur Dekoration. Es wäre einfacher, ihnen Namen zu geben, wenn sie entweder das eine oder das andere sind. Es wäre dann einfacher, sie als echte Tiere zu betrachten. Das ist überhaupt die Idee, findest du nicht? Es sollte uns möglich gemacht werden, sie als echte Tiere zu sehen. Nur so können wir echte Freundschaft mit ihnen schließen, so wie es die Menschen auch untereinander tun.«

»Jemand aus dem Dorf hat angerufen«, erzählte Sam. »Er hat die Nachrichten gesehen und wollte wissen, ob es dir gut geht. Sein Name war Peterson. War er ein Freund?«

»Nein, eigentlich nicht.«

»Dann ist es aber nett von ihm, daß er anruft.«

»Nein, eigentlich nicht.«

Sam setzte sich ans Bett und schaute seinem Vater in die Augen. »Wenn du sterben willst, Dad, dann kannst du sterben«, sagte Sam sehr sachlich und nüchtern. »Es ist ganz einfach. Wenn du weiterleben möchtest, ist es noch einfacher. Es muß die Hölle sein, noch durch eine Falltür gefallen zu sein, die erst einige Jahre später versiegelt wurde, nachdem es dich erwischt hat. Ich frage mich immer dasselbe: *Warum du?* Ich höre immer die gleiche Antwort: *Warum überhaupt jemand?* Warum auch immer, jemand mußte übergangen werden; und es war eben eine ganze Generation. Ich möchte kein Öl ins Feuer gießen und behaupten, daß es vielleicht doch noch einen Weg gibt, das Geschehene ungeschehen zu machen. Ich möchte nur sagen, daß ich glücklich und stolz darauf wäre, wenn ich sagen könnte, daß *mein* Vater einer derjenigen ist, der in der kurzen Zeit seines Lebens sein Bestes gab, obwohl er alles verloren hatte, für das es sich zu leben lohnte. Aber andererseits, so denke ich, war ich immer eine selbstsüchtige kleine Kröte, nicht wahr? Das kommt wohl daher, daß ich als Einzelkind aufgewachsen bin. In Zukunft wird es nur noch Einzelkinder geben. Was wird dann aus dieser Welt werden?«

Jake antwortete nicht, denn was immer er jetzt sagen würde, er stünde als alter Dummkopf da. Er wand und krümmte sich, er wußte, daß der Arzt es als ein Zeichen von zunehmenden Schmerzen deuten und die Endorphindosis erhöhen würde. Er wollte für eine Zeitlang schweben und losgelöst sein von der Wirklichkeit.

»Ich werde später wieder nach dir sehen«, sagte Sam. »Doreen wird auf einen Sprung vorbeikommen, wenn sie kann. Du brauchst Ruhe und Frieden, und alle diese Drähte und Schläuche werden dir helfen, wieder gesund zu werden. Okay?«

»Okay«, sagte Jake. »Mir wird es bald wieder gutgehen. Ich bin schneller wieder auf den Beinen, als ihr denkt.«

»Ich habe das Fenster näher zum Bett geschoben«, rief Sam, als er schon in der Tür stand, »damit du besser raussehen kannst!«

»Danke«, sagte Jake, aber seine Freude war nur mäßig.

Er drehte sich weg vom Fenster und schloß für eine Weile die Augen, aber er konnte nicht einschlafen. Er wendete sich doch wieder der rekonfigurierten Wand zu. Hinter der imaginären Fensterscheibe fiel sanft der Schnee auf eine Wiese. Nachdem er die öde Szene ein paar Minuten lang betrachtet hatte, suchte er die Fernbedienung und schaltete den Schnee ab. Anschließend knipste er die Wiese aus. Gelangweilt schaltete er durch die Kanäle.

Welten kamen und gingen, das Leben auf diesen Welten flammte kurz auf und erlosch dann wieder. Einige waren hier und jetzt, andere irgendwo und nirgendwo, in der Gegenwart, in weit zurückliegender Vergangenheit, in möglicher Zukunft oder in möglicher Vergangenheit, die hätte gewesen sein können, aber niemals war. Jake konnte bei dem Tempo die realen Bilder nicht von den irrealen unterscheiden, sie waren alle zusammengewürfelt, alle Ausschnitte in gleicher Weise konfus, und das Ganze war in sich ein ungeheures Durcheinander.

Was bin ich doch für ein alter Narr, dachte Jake, *ich versuche auf dem Highway dorthin zu gelangen, und dabei sind alle Irgendwos und Nirgendwos, die man sich nur vorstellen kann, genau hier vor meinem Fenster zu sehen.* Aber er wußte schon im gleichen Moment, daß das Fenster eine Mauer war, genau wie die Mauer, die die zentrale Verkehrskontrolle als Straßensperre aufgebaut hatte: eine Mauer, die ihn am *Wegkommen* hinderte, gleichgültig, wie schnell oder wie weit er gehen wollte.

Er konnte im Fenster *alles* sehen – eine Welt der unbegrenzten Möglichkeiten, viele Menschen, Junge und Alte –, aber er konnte nicht dorthin *gelangen.* Er krümmte sich und stöhnte, um den unsichtbaren Arzt daran zu erinnern, daß er immer noch da war, daß er immer noch litt.

Es könnte schlimmer sein, versuchte er sich selbst einzuschärfen. *Es könnte viel, viel schlimmer sein. Ein Mann meines Alters sollte weise und dankbar dafür sein, was er erleben durfte. Zumindest habe ich einen Sohn, ein Heim, und einige Herzschläge bleiben mir auch noch – und ich habe ein Fenster genau neben meinem Bett.*

Er wartete darauf, daß diese tapferen Worte ihre Wirkung zeigten. Er war sich sicher, daß sich eine Wirkung einstellen würde, wenn er den Worten nur genug Zeit ließ und wenn er genug Endorphin von dem in der Wand versteckten System erbetteln konnte. Sie *mußten* Wirkung zeigen. Woraus sollte er sonst Trost schöpfen? Oder wird das Leben etwa aus Tapferkeit geformt?

Er spürte das saubere Laken auf der zerschundenen und verhärmten Haut, sanft und warm bedeckte es seinen Körper. Es erinnerte ihn an Martha und an feinen, warmen, glitzernden Sand in der Sonne und an die Zärtlichkeit der Jugend.

Wenigstens für diesen Moment wollte er diese Erinnerung nicht verlieren.

Originaltitel: ›Out of Touch‹ • Aus: ›Asimov's Science Fiction‹, Oktober 1995 • Aus dem Amerikanischen übersetzt von Siglinde Müller

---

Sally McBride

DER DUFT VON ORCHIDEEN

November 2023, North Wells, Maine

Am Montagmorgen hatte Sarah Lightburn eine Nachricht auf ihrem Anrufbeantworter. Sie war von Seule, die ganz atemlos klang und vor Aufregung nicht einmal sagte, wann sie angerufen hatte oder ob sie sich noch einmal melden würde. Sarah war bisher glücklich über ihre gemeinsamen Fortschritte gewesen, aber jetzt wurde ihr flau im Magen.

»Ich werde schon damit zurechtkommen. Es wird nichts Schlimmes geschehen. Wir werden zusammenarbeiten, das ist alles. Clay braucht mich.« In Seules Stimme schwangen Glück und Aufregung mit. »Er braucht mich für sein Projekt. Du hast mir soviel geholfen, Sarah. Ich glaube wirklich, daß ich meine Gefühle unter Kontrolle habe, und sollte es anders kommen ... dann rufe ich dich an. Du bist schließlich meine Freundin. Das weißt du doch, oder? Bitte freu dich für mich, Sarah. Es wird schon alles gut werden.«

Pause – rasselnder Atem. Sarah hörte laute Geräusche im Hintergrund. Seule trommelte mit den Krallen ungeduldig auf dem Hörer herum.

»Ich muß los. Der Fahrer bringt meine Sachen zum Flughafen. Walter holt mich in Washington ab.«

Walter Farber war der Leiter des psychiatrischen Teams, das die Außerirdische betreute. Der kann von Glück sagen, dachte Sarah, daß sein Baby ins Nest zurückgekrochen kommt. Sie wußte, daß Walter Farber es keinem anderen gönnte, Erfolg bei der Arbeit mit Seule zu haben, und sie fragte sich, ob seine ablehnende Haltung ihr gegenüber etwas mit den vergangenen Geschehnissen zu tun haben könnte. Oder konnte man überhaupt davon ausgehen, daß die Vergangenheit für einen Mann wie Farber etwas bedeutete?

»Mach dir keine Sorgen«, sagte Seule aufgeregt. »Danke für alles.«

Ein Klicken, und das war's.

Sarah drückte abwesend auf einige Tasten und speicherte die Nachricht. Nachdem sie und die Außerirdische fast ein halbes Jahr zusammengearbeitet hatten, waren sie endlich über das Stadium psychologischer Spielchen hinausgekommen. Seule hatte sich ihre Ausweichmanöver geschenkt, und Sarah war nicht mehr gezwungen gewesen, zu Tricks zu greifen. So langsam war's ans Eingemachte gegangen. Es war mehr gewesen, als sie anfangs zu hoffen gewagt hatte, und sie hatte sich gerade zu der Zuversicht durchgerungen, daß ihre Sitzungen zu etwas führen könnten.

Sarahs Forschungsprojekt unter Farber hatte sich um die Ähnlichkeiten und Unterschiede zwischen menschlichem und tierischem Bewußtsein gedreht, den beiden einzigen bis dahin bekannten Bewußtseinsformen. Fasziniert und begeistert hatte sie damals als blauäugige Doktorandin hauptsächlich mit Hunden gearbeitet, bis Farber die Arbeit mit der Außerirdischen übertragen wurde. Er hatte sie nicht mit nach Washington genommen, und die Geldquellen für Projekte wie ihres waren versiegt, als er sich nicht mehr um die Finanzierung kümmerte. Die intelligenten Tiere, die Sarah achten, verstehen und vor allem lieben gelernt hatte, waren alt geworden und gestorben, einige waren völlig in sich gekehrt oder zu gefährlich geworden, als daß sie weiter mit ihnen arbeiten konnte. Den Verantwortlichen war es nicht geheuer gewesen, daß Tiere intelligenter waren als ihre fünfjährigen Kinder. Sarah hatte notgedrungen umsatteln müssen. So war sie zur Psychiatrie und nach North Wells gekommen, in eine mittelgroße Stadt in Maine.

Sarah verbrachte den größten Teil ihrer Zeit mit Klienten, die am meisten von ihrem Wissen über Psychiatrie und nichtmenschliche Geistestätigkeit profitieren konnten. Unter ihren Patienten waren auch einige der Tiere, die immer noch bei privaten Lehrern lebten. Bevor Seule entdeckt wurde, war ›nichtmenschliche‹ mit ›tierischer‹ oder ›künstlicher‹ Intelligenz gleichgesetzt worden.

Sarah kaute auf der Unterlippe herum und heftete einen Ausdruck von Seules Nachricht ab. War Seule ein Tier? Die Beziehungen zwischen Menschen und Tieren waren manchmal gut und manchmal schlecht. Schlechte Beziehungen konnten sich zum Alptraum auswachsen.

Sie reihte die Nachricht in die Warteschlange ein, um sie später, wenn die Telefongebühren niedriger waren, an Farber zu senden, und setzte den Morgenkaffee auf.

Zwei Wochen nach Seules überstürzter Abreise befand sich Sarah in einem alten Heli-Jet der Regierung auf dem Weg von North Wells nach Washington. Sie war hellwach, wütend und schockiert, und sie saß vornübergebeugt in ihrem Sitz, um mit leiser Stimme in ihr Tagebuch zu diktieren. »Wir fliegen hoch, um einem Schneesturm auszuweichen«, sagte sie. »Dieser Rostvogel rüttelt und schüttelt sich wie ein Voodoo-Tänzer. Darum will ich es kurz machen. Die ganze Sache macht mich krank. Es ist zum Auswachsen! Kann es einen triftigen Grund dafür geben, daß sie es getan hat? Verdammt, wenn sie wie wir Menschen sein will, muß sie lernen, Schmerz und Ablehnung zu ertragen. Warum sollte es für sie anders sein als für uns?«

Sarah hielt inne und starrte wütend aus dem winzigen dreigeteilten Fenster in den indigoblauen Himmel.

»Natürlich meinte ich das nicht so. Seule *ist* anders. Ihr Problem liegt darin, daß sie es zwar intellektuell versteht, aber nicht wirklich glauben kann.«

»Trotz des Knackens in der Leitung habe ich die Verzweiflung in Farbers Stimme gehört. War das nicht zu erwarten? Er sieht sein Lebenswerk gefährdet. Und ich wette, der Kerl wird versuchen, mir für alles, was geschehen ist, die Schuld in die Schuhe zu schieben. Farbers Fehler ist, daß er gefühlsmäßige und berufliche Dinge einfach nicht trennen kann. Und mein Fehler? Vielleicht ist es ein Fehler gewesen, Seule überhaupt als Klientin anzunehmen. Ich war geschmeichelt, als man mir den Job anbot. Aber wer wäre das nicht gewesen?«

Sie hielt inne. Nein, dachte sie. Es ist auf keinen Fall ein Fehler gewesen, was immer auch passieren würde … Sarah schaltete ihren Recorder aus und starrte finster in die Nacht.

Frühling 2023, North Wells

Sarah sah die Außerirdische das erstemal, als sie mit großen Sprüngen den Weg zu ihrem Büro hinaufhechtete, um zu ihrer ersten Sitzung zu kommen. Seule sah aus wie ein Hund, der sich über den Auslauf freute, wie ein Windhund mit schweren Hinterbacken und einem dicken rosafarbenen Schal um den Hals.

Sarah lehnte sich neugierig aus dem Fenster ihres Büros, das sich im ersten Stock einer renovierten alten Villa befand. Sie wollte auf keinen Fall die Gelegenheit verpassen, die Außerirdische gründlich in Augenschein zu nehmen. Was wie ein Schal um Seules Hals ausgesehen hatte, entpuppte sich als ein Kranz zottiger, flattriger Ärmchen. Zwei davon schlängelten sich vor und drehten den alten Türknauf aus Messing. Sarah war sich ihrer Nervosität voll bewußt. Dies war kein normaler Fall. Sie wandte sich um und trat vom Fenster weg.

Es würden einige Artikel dabei herauskommen, vielleicht ein Buch. Wieviel war schon geschrieben worden? Sie goß ihren halb ausgetrunkenen Kaffee ins Waschbecken, schob sich ein Pfefferminz in den Mund und fuhr sich durchs Haar. Sie war bereit für die Außerirdische.

In einer der ersten Sitzungen machte Sarah den Fehler, Seule ein Papiertaschentuch zu geben, als sie eine emotionelle Krise erreicht hatten. Es war einfach ein Reflex, und sie kam sich idiotisch und albern vor, sobald sie es getan hatte. Seule brauchte das Taschentuch nicht, weil sie keine Nase hatte, die laufen konnte, und keine Tränendrüsen zum Weinen. Und Sarah wußte das. Aber die Außerirdische nahm das symbolische Hilfsmittel und hielt es fest. Es wurde zu einem Ritual, zu einer Geste, über die sie beide immer wieder lächeln konnten.

Im Lauf der Zeit fand Sarah heraus, daß Seule ganz genau wußte, was ein ›Seelenklempner‹ ist. Psychospielchen machten ihr Spaß. Die Außerirdische liebte Wörter und sprach mehrere Sprachen fließend. Sie liebte die Symbole der Mathematik und interessierte sich für Musik und Malerei, die sie als künstlerische Ausdrucksformen der Menschen schätzte. Einmal stand Sarah Lightburn gerade mit den Händen in den Taschen vor einem gerahmten Zitat an der Wand, als Seule das Büro der Psychologin betrat. Das Zitat stammte aus dem *I Ging:*

> *Und wo zwei Menschen sich im*
> *innern Herzen ganz verstehn,*
> *Sind ihm Worte süß und stark wie*
> *Duft von Orchideen.*

Seule trat zutraulich zu ihr und las das Zitat auch. Sarah schluckte ihre aufkommende Wut hinunter. Das Zitat schien ihr geist- und wertlos. Es hatte nichts mit dem wirklichen Leben zu tun. Sie kehrte ihm den Rücken und lächelte Seule strahlend an.

Als sie ihre gewohnten Plätze einnahmen, fragte sich Sarah, was aus ihrem jugendlichen Idealismus geworden war. Der Spruch an der Wand war unvermeidlich und zugleich zuversichtlich, geheimnisvoll und zugleich schlicht und eindeutig. Spielten solche Gedanken in ihrem Leben keine Rolle mehr? Seule stürmte jeden Tag eifrig und hoffnungsvoll herein, dieses fremdartige Geschöpf mit dem seltsam riechenden Fell. Nein, die Wirklichkeit bestand aus Beobachtung, Folgerung und Beratung.

Sarah erhielt jede Woche einen Anruf aus Dr. Farbers Büro. Sie wagte es nicht, sich über Farbers strenge Anordnung hinwegzusetzen, ihm jedes Sitzungsprotokoll zu senden. Ihr war klar, daß sie die einzigartige Chance, mit Seule zu arbeiten, schnell verspielt hätte, wenn sie seine Bedingungen nicht akzeptierte.

Sarah war überrascht gewesen, als man ihre Bewerbung als Kontaktperson für Seule angenommen hatte. Sie hatte bezweifelt, Walter Farber je wiederzusehen, weil sich sein Leben nur noch um sein neues Lieblingskind gedreht hatte. Doch dank Seule kreuzten sich ihre Wege jetzt wieder.

November 2023, Washington DC

Walter und ich können uns jetzt nicht mehr aus dem Weg gehen, dachte Sarah grimmig. In einer halben Stunde bin ich in Washington. Der Heli-Jet sackte ab, und ihr Magen rebellierte.

Seule heißt auf französisch ›allein‹. Den Astronauten, die die Außerirdische gefunden hatten, war der Name passend vorgekommen. Sie hatten sich auf der langen Rückreise vom Jupiter-Orbit zur Erde eifrig um das exotische Geschöpf bemüht. Die Männer wurden damals getadelt, weil sie dem außerirdischen Kind französische und deutsche Wörter beigebracht hatten: *lait* für die Pseudo-Milch, die es aus einer Tasse schlecken lernte, Hand, Schnurrbart, *bonjour,* guten Morgen. Es wäre besser gewesen, hieß es in strengen Anweisungen von der Erde, sein Gehirn nicht durch menschliche Einflüsse zu verderben.

Heute, achtzehn Jahre später, war ›die Außerirdische‹ Stammgast in den Klatschspalten aller Zeitschriften. Nach all den Jahren auf der Erde war ihre Fremdartigkeit zur Trivialität verblaßt.

Wie ein altgedienter Filmstar wurde sie wegen ihrer Besonderheit von den Medien verfolgt. Leider war sie eine traurige Berühmtheit, denn Anderssein macht einsam.

Und jetzt ... jetzt hatte sie eine so verwerfliche, so verzweifelte Tat begangen, daß sie plötzlich wieder einen Leitartikel wert war.

Als der Heli-Jet aufsetzte, fielen die ersten Schneeflocken. Sarah wurde direkt zum Krankenhaus gebracht und erhielt die Erlaubnis, Seule für einen kurzen Augenblick zu sehen. Als sie anschließend bemerkte, daß wegen der Besprechungen und Untersuchungen noch nichts organisiert worden war, ging sie in ein Nachtrestaurant in der Nähe des Krankenhauses. Die Auswahl dort war nicht eben groß, aber nach allem, was sie gesehen hatte, war ihr sowieso kaum nach Essen zumute. Eine Horde Journalisten strömte in das Restaurant, um die Zeit bis zur ersten Pressekonferenz mit Kaffeetrinken totzuschlagen. Sarah war erstaunt, wie wenige Menschen bisher von dem Vorfall wußten. Sie konnte sich lebhaft vorstellen, wie sich die Pro- und Anti-Alien-Demonstranten bald gegenseitig mit ihren Schildern in die Rippen stoßen würden. Und dann gab es natürlich auch noch einige Leute, die die ganze Zeit geglaubt hatten, daß die Außerirdische eine Erfindung sei.

Sarah, die sich in eine abgetrennte Nische verkrochen hatte, schob ihren halbvollen Teller mit Fisch und Pommes frites weg.

Sie flüsterte in ihr Tagebuch und rieb sich dabei mit dem Handrücken die Augen. »Sie ist keine Erfindung. Es ist alles echt, ihr Blut und das von Elliot, ihre Gewalttätigkeit und ihre Verzweiflung. Ich habe Seule einen Moment gesehen, als sie aus dem Operationssaal geschoben wurde. Sie war noch nicht bei Bewußtsein, und sie sah so klein und hilflos aus – überall Bandagen, Schläuche und Meßgeräte.

Clay Elliot liegt unten in der Pathologie. Eine Autopsie wird wohl das Offensichtliche bestätigen: Tod durch Gewalteinwirkung. Im Klartext: Er wurde von einer Kreatur, die die letzten sechs Monate von ihrer Liebe zu ihm geredet hatte, regelrecht in Stücke gerissen.«

Biologisch gesehen war Seule weiblich. Sie wurde als Frau betrachtet und behandelt, und viele hielten die silbernen Augen und das schmale schwarze Gesicht sogar für ausgesprochen schön. Es galt schlichtweg als undenkbar, daß sie ausfallend wurde oder die Grenzen der menschlichen Auffassung von Gewalt überschritt. Was würde nun mit ihr passieren, da sie das Undenkbare getan hatte? Sarah fuhr sich mit den Fingerkuppen über die Nase und hob ihre Kaffeetasse zum Mund.

»Ist Seule dankbar dafür, daß sie aus der zeitlosen Vergessenheit im All gerettet wurde? Wäre ich Seule, so wäre ich, glaube ich, lieber tot geblieben.«

Sarah gähnte. Sie war durchgefroren und müde. Der Ersatzkaffee war schwach und fad, aber sie ließ sich trotzdem noch einmal nachschenken. Wenigstens war er heiß. »Ich erinnere mich an den Aufruhr, als Seule in unsere Stadt zog«, sprach sie in ihr Tagebuch. »Alle sagten, ›die Außerirdische‹ habe sich für North Wells entschieden, weil es dort ein ausgezeichnetes Forschungsinstitut gab, in dem sie mithelfen konnte, die Aufzeichnungen des Raumschiffes zu entschlüsseln.«

Im Grunde hatte man sie dort aber nur angestellt, um sie zu beruhigen und damit sie sich glücklich fühlte. Dabei war es nebensächlich, ob sie sinnvolle Arbeit leisten konnte oder nicht. Es endete damit, daß sie sich in einen der auf sie angesetzten Wissenschaftler verliebte, einen Physiologen namens Clay Elliot, so daß man sie ins Exil schicken mußte.

»Ohne ihn verzehrte sie sich vor Kummer. Sie brauchte Hilfe. Farber beauftragte mich, wie immer einsilbig und reserviert, sie zu therapieren. Er warnte mich, daß sie sich vielleicht weigern würde, darüber zu sprechen.«

Sarah schnaubte vor Wut. »Da wurde sie also zu mir geschickt. Als ob ich ihr über ihren Liebeskummer hinweghelfen könnte. Es ist so idiotisch. Ich habe noch nie so etwas Idiotisches erlebt.« Sarah schaltete ihren Recorder aus und stopfte ihn in ihre Tasche.

Juni 2023, North Wells

Seule war im Spätfrühling zu Sarah gekommen. Jetzt, bei ihrer sechsten Sitzung, war es Sommer, und es war heiß. Die Fenster von Sarahs Büro standen offen. Seule hatte sich auf ihrem Stuhl zusammengerollt und ihre Vorder- und Hinterbeine unter ihrem weichen Bauch untergeschlagen. Die erste Fremdheit war überwunden. Sarah versuchte immer noch, Seule aus der Reserve zu locken und sie dazu zu bringen, echte Probleme nicht mehr zu verdrängen.

Seule hatte eine silbrig-rosige Hautfarbe. Ihr dichtes seidiges Fell glich eher weichem Stoff als einem Pelz. Der Mund in ihrem langen, knochigen Kopf entblößte ein beängstigendes Gebiß, wenn sie ihre schmalen schwarzen Lippen zu einem Lächeln oder einem Lachen verzog. Sie hatte einen menschlichen Hang zum Lachen, ein menschliches Verständnis des Absurden.

»Man fragt mich oft, ob es mir etwas ausmacht, beobachtet zu werden«, sagte Seule. »Es macht mir nichts aus. Es ist notwendig.« Sie sprachen darüber, wieviel Freiheit Seule in ihrem Leben hatte. »Ich muß ein interessanter Fall sein.«

»Leider ja«, bestätigte Sarah mit ausdrucksloser Miene. Sie wirkte männlich, wie sie ihrer Klientin gegenübersaß: ein Fuß aufs Knie des anderen Beins gelegt, das kurze braune Haar glatt zurückgekämmt.

Sie hatte sich zuerst Gedanken darüber gemacht, ob die Regierung ihr Büro angezapft hatte, als Seule mit der Therapie bei ihr begann, aber dann war ihr klargeworden, daß es überhaupt keinen Unterschied machte. Man hatte das Büro natürlich angezapft. Die Aufpasser in ihrem Vorzimmer, das elektronische Auge, das vor dem Gebäude schwebte und in ihr Büro lugte – das alles wurde wohl von irgend jemandem für notwendig gehalten. Das Auge folgte Seule überallhin, und es ging sogar das Gerücht um, es könnte bei Gefahr schießen. Es hatte bisher allerdings noch keine Situation gegeben, die derartige Fähigkeiten erfordert hätte.

Im letzten Jahr hatte man Seule erlaubt, zu reisen, Privatbesuche zu machen und relativ selbständig zu leben. Die Verhaltensregeln für die Außerirdische wechselten ständig. Bis jetzt hatte es Seule nicht geschadet.

Dr. Farber hatte Sarah die Fallgeschichte geschickt. Beim Lesen der dicken Bände hatte sie die Tabellen und biochemischen Analysen von Seules Körper und seinen Ausscheidungen übersprungen und sich über die Versuche geärgert, die Herkunft ihrer Art zu bestimmen. Alles Vermutungen, hatte Sarah gedacht. Man hält sie jetzt nur an der langen Leine, weil man nicht mehr weiß, welche Tests man noch durchführen kann. Es ist zum Heulen.

»Walter Farber hat sich die ganze Zeit um dich gekümmert, oder?«

Seule verlagerte die Beine, ein seidiges Rascheln auf dem Stoff des Sessels. Mit den tentakelartigen kurzen Ärmchen am Hals bohrte sie Löcher in das unbenutzte Taschentuch.

»Ja, das hat er. Ich erinnere mich, wie er mich auf seinen Knien reiten ließ, und an seinen Gesichtsausdruck, wenn ich auf seine Schulter sprang und dann auf einen Aktenschrank. Er konnte sich nie daran gewöhnen. Ich glaube, insgeheim wünschte er sich, ich wäre mehr wie ein Menschenkind. Vielleicht wünscht er sich das noch heute.«

Seules silbrige Augen wichen Sarahs Blick aus. Sie wirkte gelangweilt. Sie hatten das alles schon einmal durchgekaut. Sie beugte sich vor. »Weißt du, daß er sich um meinen Hund gekümmert hat, bis ich hier eine Wohnung gefunden hatte? Willst du ein Bild von Amie sehen?«

Seule wühlte in ihrer Ledertasche, die sie um ihre Hinterbeine geschlungen hatte. Seule hatte schon vorher von Amie gesprochen. Und Sarah hatte es immer seltsam berührt, daß die Außerirdische ein Haustier hatte. Sie nahm das Foto-Video, das Seule ihr in die Hand drückte. Es zeigte die Außerirdische und ihren Hund, wie sie beim Herumtollen kurz innehielten und dann gemeinsam wegsprangen. Der Hund, eine Art Wolfshund, sah aus wie eine primitive männliche Ausgabe von Seule. Sarah erkannte an der Art, wie der Hund sich bewegte, daß es ein normaler und kein intelligenter Hund war. Sie fühlte einen kleinen Stich in der Brust. Es tat ihr weh, wenn sie Tiere sah, bei denen keine pseudomenschlichen Persönlichkeitsmerkmale zu erkennen waren. Trotzdem war Sarah froh, daß die Intelligenzsteigerungen eingestellt worden waren, auch wenn sie einige ihrer alten Hundefreunde vermißte. Die Arbeit mit Seule hatte eine ganz andere Dimension. Die beiden, der Erdenhund und die Außerirdische aus dem All, vollführten in Sarahs Hand Luftsprünge, bis sie das Foto zurückgab.

»Amie ist ein schönes Tier.«

Im fremden Raumschiff war nur eine Stasiskapsel in einem als ›Kinderzimmer‹ dienenden Bereich intakt gewesen: die des Babys Seule. In den anderen Kapseln hatte man nur Tote gefunden. Anhand der Analyse des Schiffsrumpfes und aufgrund des Zerfalls der inneren Einrichtungen des Schiffes war man zu dem Schluß gekommen, daß sie schon seit dreißigtausend Jahren tot waren. Seules ganze Familie und sehr wahrscheinlich ihre ganze Rasse waren tot.

»Laß uns über Clay sprechen, wenn es dir nichts ausmacht«, sagte Sarah ruhig. Seule legte sofort die Ohren an und rollte sich noch mehr in ihrem Sessel zusammen.

»Also gut.« Ihre Augen waren ein Rätsel, aber Sarah hatte gelernt, daß man Seules Stimmungen, ähnlich wie bei Hunden, leicht an Lippen und Ohren ablesen konnte.

»Hast du ihm einen Brief geschrieben, wie ich es dir letzte Woche vorgeschlagen habe?«

Seule preßte die Ohren flach an den runden Schädel. Der Kranz von Ärmchen blieb ausnahmsweise ruhig.

»Ich kann nicht. Was ist, wenn er nicht antwortet?«

»Und was ist, wenn er antwortet. Sag mir, wie du dich fühlen würdest, wenn er es täte.«

Seule schaute weg. Sie antwortete langsam, und die Worte zischten scharf zwischen ihren spitzen Zähnen hervor. »Er wird es nicht tun. Ich hoffe wirklich, daß er nicht antwortet, weißt du. Ich habe Angst, daß ich meine ganze Selbstachtung verliere und ihm hinterherlaufe.«

»Es ist nun schon fast sechs Monate her, Seule ...«

»Was hat die Zeit damit zu tun? Und wen sonst sollte ich lieben, wenn nicht einen Menschen? Ich bin ein Mensch, auch wenn ich nicht so aussehe. Und wenn meine Art lebenslange Beziehungen einginge, so daß ich niemals über ihn hinwegkäme?«

»Es braucht Zeit, ich weiß das. Glaub mir ...«

Seules starke Hinterbeine katapultierten sie aus dem Sessel. Sie sprang zum Fenster und starrte hinaus zu den grünen Ahornbäumen. »Ich schaue in einen Spiegel und sehe dieses fremde Ding. Aber ich *fühle* mich nicht fremdartig. Ihr Menschen sagt, ich sei wundervoll, exotisch und einzigartig. Ihr habt verdammt recht. Ich bin die einzige meiner Art, und das tut weh.«

November 2023, Washington D.C.

»Es ist jetzt vier Uhr morgens«, sprach Sarah müde in ihren Recorder. »Ich bin wieder im Krankenhaus. Washington ist eine Stadt, die niemals schläft. Jedenfalls kommt dieses Krankenhaus nie zur Ruhe. Man mußte ein ganzes Stockwerk für Seule freiräumen. Darüber scheint niemand glücklich zu sein, aber sie wird nach Houston verlegt, sobald es möglich ist.« Sie mußte ihre Stimme erheben, um das Stimmengewirr, die hallenden Schritte und das Tuten der Funktelefone zu übertönen.

»Anscheinend war Seules Wächterauge verwirrt, weil der Angriff von Seule kam, und riskierte deshalb keinen Schuß. Es forderte Hilfe an, schwebte im Raum herum und zeichnete die Szene auf, bis jemand kam. Gott sei Dank dauerte es, zumindest für Seule, nicht lange. Es ging alles so schnell ... es tat weh, es zu sehen.«

Sarah zitterte immer noch am ganzen Leib. Außer den ernsten Männern und Frauen in Uniform hatten nur wenige Zivilisten an der Besprechung teilgenommen. Auf dem Videoband waren verzerrte Bilder in Fischaugenperspektive zu sehen gewesen.

Seule und Clayton Elliot arbeiteten allein in einer Nachbildung der Innenausstattung des fremden Raumschiffes und untersuchten die verschiedenen Knöpfe eines Schaltbretts. Sie sprachen leise miteinander und waren kaum zu verstehen, weil der Ton von Dröhnen und Knattern gestört war. Clayton, ein kantiger dunkler Typ, beugte sich über die Instrumente und nahm Seules Vorderpfote in die Hand, um sie energisch zu einer Stelle auf dem Schaltbrett zu führen. Er sah gereizt und ungeduldig aus.

Seule ließ eine Vorderpfote mit eingezogenen Krallen an Claytons Arm hinaufgleiten, schlang ihr Vorderbein um seinen Hals und zog ihn zu sich. Er wich zurück. Es war offensichtlich, daß sie mehr Kraft hatte als er. Seine Muskeln spannten sich, sein Gesicht zeigte Widerwillen und, schlimmer noch, Überdruß und Groll. Als Sarah Claytons Gesichtsausdruck sah, wußte sie instinktiv, was als nächstes passieren würde.

Clayton versuchte, Seule wegzustoßen. Seule umklammerte ihn fester. Er strampelte und fluchte. Sie begann zu heulen. Es war ein hoher klagender Ton. Sarah war mit dem Aussehen von Seule vertraut, aber dieses Geräusch war ihr vollkommen fremd. Seine Bedeutung war universell. In den nächsten Sekunden überschlugen sich die Ereignisse. Alles ging so schnell, daß es selbst in Zeitlupe nicht leicht zu verfolgen war. Clayton schlug nach ihr, und sie zerfetzte ihn mit den Hinterbeinen, wie eine Katze ein Kaninchen zerfetzt, und hielt ihn dabei immer noch mit den Vorderbeinen umklammert. Sie leckte ihm das Gesicht, als er schrie. Ihre Ärmchen berührten und streichelten sein Gesicht, seinen Nacken, seine Augen und seinen Mund.

Plötzlich kamen Hände und Körper dazwischen. Das Auge wich zurück, schwankte und nahm fünf oder sechs Leute auf, die die beiden zu trennen versuchten. Nachdem Seule von Claytons Körper losgelöst worden war, brach sie zusammen und begann mit den Zähnen auf die eigenen Gliedmaßen einzuhacken. Jemand zog ihren Kopf zurück, zwei Männer hielten ihre Glieder fest. Es krachte, man hörte Schreie und sah Blut spritzen – es war im wahrsten Sinne des Wortes ein Gemetzel.

Sarah rieb sich die Augen, ließ die Szene in Gedanken noch einmal vor sich ablaufen und unterdrückte die heftige Sehnsucht nach ihrem Bett in North Wells. Sie richtete sich in ihrem orangefarbenen Plastiksessel auf und versuchte tief durchzuatmen. Auf den kahlen graubraunen Wänden des Besucherzimmers, in das sie sich nach der Besprechung geflüchtet hatte, sah sie immer noch die Bilder des Films.

Ihr Gesicht erhellte sich für einen Augenblick. »Zumindest hatte ich die Gelegenheit, mit Jim Wright zu sprechen«, erzählte sie ihrem Recorder. »Ich erkannte ihn, als wir das Besprechungszimmer betraten, und es hat mich nicht überrascht, ihn hier zu sehen – wo sonst sollte er zu einer Zeit wie dieser sein? Mit zwanzig, als Studentin am Colorado State College, habe ich mich Hals über Kopf in Jim verliebt. Er war der Schwarm aller Frauen dort, wie er dastand – groß, gutaussehend und mit dem Alien-Baby auf den Armen. Der Mann, der das verlassene Raumschiff betrat und mit einem echten E.T. zurückkam. Er sieht immer noch gut aus, ist immer noch ein Mann zum Verlieben, und ich hatte Hummeln im Bauch, als ich neben ihm saß. Er war mein Märchenprinz. Vorhin haben wir über Seule gesprochen, und jetzt weiß ich, zu welcher Sorte von Mann er gehört.«

Sarah zog eine Grimasse. Jim Wright hatte die Szene schwerer verdaut als alle anderen, obwohl er sich im Unterschied zu einigen anderen nicht abgewendet hatte. Er hatte kreidebleich und kerzengerade dagesessen und sich jede Sekunde des blutigen Schauspiels angeschaut.

»Ich kenne eine bestimmte Kategorie von Eltern, die ihr Kind zu mir bringen. Das Kind wird gemieden, hat keine Freunde, ist gewöhnlich häßlich und oft intelligent und künstlerisch veranlagt. Ein totaler Außenseiter. Jeder außer den Eltern weiß, daß das arme Kind ein hoffnungsloser Fall ist. Die Eltern lieben das Kind jedoch mit totaler Hingabe. Sie geben die Hoffnung nie auf, daß für das häßliche Entlein eines Tages alles gut werden wird. Jim Wright gehört zu dieser Sorte von Eltern. Soweit ich weiß, hat er keine eigenen Kinder. Nur Seule. Ich frage mich, ob sie weiß, wie sehr er sie liebt.«

Sarah hielt inne, um sich die Nase zu putzen. Sie nahm einen Spiegel aus ihrer geräumigen Tasche und betupfte sich die Augen, während der Recorder sich abschaltete und auf ihre nächsten Worte wartete.

»Er ist weggegangen, um zu versuchen, Yves Giguere ans Telefon zu bekommen. Er gehörte damals auch zur Besatzung und ist jetzt ein hohes Tier bei der Europäischen Raumfahrtgesellschaft. Er glaubt, daß er vielleicht hier sein möchte. Keiner der anderen ist bisher eingetroffen, aber Jim versucht weiterhin, alle an Seules Bett zu versammeln. Ich lege dieses Ding jetzt weg und versuche noch einmal, sie zu besuchen.«

Sarah, in ausgebeulten Trainingshosen und einem wenig schmeichelhaften Pullover, eine vollgestopfte Tasche über der Schulter, mußte sich noch einmal mit dem Sicherheitsbeamten vor Seules Tür herumschlagen. Ehe sie etwas erreichen konnte, wurde sie von Dr. Walter Farber abgefangen. Sie hatte ihn bei der Besprechung gesehen und sich aus dem Staub gemacht, um nicht mit ihm sprechen zu müssen.

Farber faßte sie am Ellenbogen. »Sarah Lightburn. Was tust du hier?«

Sarah bedachte ihn mit einem finsteren Blick. »Was denkst du denn? Hier taucht doch jeder auf, der auch nur im entferntesten etwas mit der Sache zu tun hat.«

Farber lockerte seinen Griff und schaute sie skeptisch an. »Ich bin froh, daß du kommen konntest, Sarah. Ehrlich. Ich hoffe, du kannst einige Ideen beisteuern.«

Sarah befreite sich aus seinem Griff. »Seule und ich haben Fortschritte gemacht, was immer du auch denken magst. Mach mich nicht dafür verantwortlich, was geschehen ist, nachdem sie fortging.«

»Warum bist du denn so aggressiv? Ich finde, du bist jetzt kratzbürstiger als in Colorado.«

»Es erstaunt mich, daß du dich daran erinnerst«, preßte Sarah hervor. »Es ist schon eine Weile her. Und Kratzbürstigkeit ist eine Form der Selbstverteidigung.«

»Muß das jetzt sein?« Er knirschte mit den Zähnen und starrte auf sie herunter, steckte dann die Hände in die Taschen und kehrte ihr abrupt den Rücken zu. Als er sich wieder zu ihr umdrehte, blickte er sie entschuldigend an. »Schau, ich war damals zwanzig Jahre älter als du. Ich bin es immer noch. Ich habe dich wirklich gemocht, Sarah. Du gehörtest zu meinen Lieblingsstudenten, den wirklich fähigen. Doktoranden wie dich findet man nicht alle Tage. Ich hatte nichts weiter im Sinn.«

»Dann erklär mir ...« Sarah brach ab und bemühte sich, ihre Stimme unter Kontrolle zu bringen. *Was tue ich? Warum kann ich es nicht auf sich beruhen lassen?* »Warum hast du mir eingeredet, ich sei etwas Besonderes für dich?«

»Du *warst* etwas Besonderes!«

»Du weißt, was ich meine. Hast du mich geküßt, weil deine Arbeit durch meine aufgewertet wurde? Was hat dich mehr interessiert, die Kurven in meinen Grafiken oder die meines Körpers?«

»Verdammt.« Farbers Stimme war sanft. Er fuhr sich mit der Hand über den Mund.

»Sarah, was willst du mir sagen? Du wußtest, was Sache war, oder ich habe es zumindest angenommen. Beryl war beruflich in China, du warst so schön ...«

»Herrgott noch mal.« Sarah schüttelte den Kopf. »Du hast alles verkörpert, was ich sein wollte.«

Sie hielt inne und biß sich auf die Lippe. »Du hättest mich ohne weiteres für die Arbeit mit Seule mitnehmen können. Warum hast du es nicht getan?«

»Willst du die Wahrheit hören? Weil ich, verdammt noch mal, einen klaren Kopf für die Arbeit brauchte.

Beryl wäre kein Problem gewesen, diesen Kampf hatten wir ausgefochten, und sie war sowieso meistens im Ausland. Aber du ... ich konnte es mir nicht leisten, dich um mich zu haben.«

»Es war auch meine Arbeit!«

»Mach dir doch nichts vor, Sarah. Ich mußte Entscheidungen treffen, die mir nicht gefielen, aber ich glaube, es war die Sache wert. Ich konnte mich nicht auch noch mit persönlichen Angelegenheiten befassen.«

Sarah schnaubte verächtlich. »Das Persönliche war doch das Wichtigste dabei. Erkennst du das nicht?«

Seules Tür öffnete sich, und eine Frau mit einem Regierungsemblem auf der Brust steckte den Kopf heraus. »Könnten Sie bitte etwas leiser sein! Die Außerirdische ist wach, und sie kann Sie hören.«

Sarah lief rot an. Sie trat einen Schritt vor. »Ich habe eine Besuchserlaubnis für die Außerirdische und sähe sie jetzt gern, wenn es möglich ist.« Sarah preßte die Lippen zusammen und hielt sich gerade.

»Ich muß erst Ihre Plakette überprüfen.« Die Frau fuhr mit einem Sensor über Sarahs ID-Clip. »Ja, in Ordnung.« Sie beäugte Farber, der sich brüsk umdrehte und den Gang hinunterging.

Als Sarah eintrat, stieg ihr Seules Geruch in die Nase. Sie erinnerte sich, daß sie ihn die ersten Male, als Seule in ihr Büro kam, als unangenehm empfunden hatte. Jetzt kroch er ihr praktisch in alle Poren. Der Geruch war ganz anders als alles andere auf der Erde, aber er vermittelte ihr das Gefühl, in den Pullover eines Freundes zu schlüpfen. Dieser Eindruck verschwand, sobald sie Seule auf dem Bett liegen sah.

Sie konnte nicht einmal den Kopf bewegen. Er war wie ihre vier Beine festgebunden. Nur die weichen, relativ schwachen Ärmchen am Hals konnten sich frei bewegen. Sie flatterten und bebten, als würden sie vom Wind aufgewirbelt. Als Seule Sarahs Blick auf sich fühlte, hörte die Bewegung auf, und die Ärmchen fielen auf ihre hohe gewölbte Brust herab. Sarah trat näher heran und versuchte zu lächeln, brachte aber nur eine Grimasse zustande.

»Oh, Seule«, sagte sie und berührte eines der Vorderbeine behutsam an einer Stelle, die nicht von Bandagen bedeckt war. Den Tieren, mit denen Sarah am meisten zu tun gehabt hatte, waren intelligenzsteigernde Mittel verabreicht worden. Einige hatten auf Berührungen reagiert, andere nicht. Höhere Geistestätigkeit schien mit einer größeren Individualität einherzugehen. Die Tiere – Hunde, Affen, Wale – waren oft eigensinnig.

Hinter dem Maulkorb, der um ihren Kiefer gezwängt war, verzog Seule die Lippen zu einem Willkommenslächeln – zumindest sah es auf den ersten Blick so aus. Sarah verspürte eine perverse Befriedigung über die Intimität, die ihr und nicht Farber zuteil wurde, und beugte sich über das schwachbeleuchtete Bett.

Seule knurrte, als wolle sie angreifen. Sarah wich erschrocken zurück. Dann wurde sie wütend und versuchte vergeblich, ihre Wut mit professioneller Distanz in den Griff zu bekommen.

Seule war weder Tier noch Mensch. Sie mußte sich das merken. »Wissen Sie, was man ihr gibt?« fragte Sarah die Frau, die sie hereingelassen hatte. Die Frau zählte verschiedene Medikamente auf: die üblichen Antibiotika und milde Beruhigungsmittel.

»Ja, danke.«

Sarah wandte sich zu Seule. Diesmal war sie vorsichtig und achtete sorgsam darauf, daß sie keine bedrohlichen Gesten machte.

»Seule, weißt du, warum du hier bist? Weißt du, was passiert ist?«

Seule antwortete nicht und fing statt dessen an zu heulen. Ihr klagendes hohes Geheul klang hundeähnlich und schmerzte Sarah in den Ohren. Es wollte einfach nicht abreißen. Schließlich gab Sarah dem Bett einen Stups und bewegte es so weit, daß sich Seules Augen zur Seite drehten und Seule sie anschauen mußte.

Seules schwarze Lippen bewegten sich hinter dem Plastik-Maulkorb. Endlich sprach sie. Ihr Flüstern war leise und tonlos. Das durchdringende Geheul hallte Sarah immer noch in den Ohren. »Er war bei mir und nicht bei mir. Er war mein Freund und mein Feind. Er war bei mir.« Sie spannte ihre Glieder unter den Riemen. »Und er war nicht bei mir.«

»Du hast mit Clay und seinem Team gearbeitet. Alles lief prima. Seule, was immer auch passiert ist, aus welchem Grund auch immer, es ist vorbei.«

Wenn ich einen Menschen vor mir hätte, eine Freundin oder eine Schwester, die ein traumatisches Erlebnis hatte, dachte Sarah, wüßte ich, was ich zu tun hätte. Ich nähme sie in den Arm, würde ihr verständnisvolle Worte sagen und hielte sie. Hautkontakt kann uns Menschen soviel Trost spenden. Aber wie soll ich mit Seule umgehen? Sie ist keine von uns. Sarah bemerkte, daß sie die Arme fest vor der Brust verschränkt hatte. Sie versuchte sich zu entspannen.

»Er wollte mich nicht berühren«, flüsterte Seule. »Wir waren allein im Labor. Er war so schön, so weich ... Ich dachte ... Ich habe ihn in den Arm genommen, und er hat sich gewehrt.«

»Er ist tot.«

»Er wollte mich nicht berühren. Niemand von euch will mich *berühren!*«

Himmel, dachte Sarah. Sie hat ihn zerfetzt und ihm fast den Kopf abgerissen. Nennt sie das Liebe? Unerwiderte Liebe, enttäuschte Sehnsucht, ein Todesurteil für denjenigen, den Seule erwählt hat?

»Ich berühre dich, Seule. Ich bin deine Freundin, das weißt du doch.« Zögernd hob Sarah unter äußerster Willensanstrengung die Hand und streichelte Seules Vorderbein, das auf dem weißen Bettuch festgebunden war. Seule drehte den Kopf etwas zur Seite und schloß die Augen.

Plötzlich verspürte Sarah einen fast unwiderstehlichen Drang, aus dem Zimmer zu fliehen. Das Blut der Außerirdischen pulsierte unter ihren Fingerspitzen, das Blut eines Wesens voller Triebe, die sich Sarah nur in den dunkelsten, geheimsten Augenblicken ihres Lebens ausgemalt hatte. Sie zog die Hand weg. Ihr wurde plötzlich heiß, das Gesicht brannte ihr. Dankbar, daß der Raum nur spärlich beleuchtet war, versuchte sie ihre Gedanken zu ordnen. Aber ehe sie den Mund öffnen konnte, seufzte Seule und bewegte die Glieder, soweit es die Riemen zuließen.

»Alle diese Jahre auf eurem Planeten. Ich dachte, er sei meine Heimat, ich dachte, ich würde zu euch gehören. Ich hörte auf Walter Farber und versuchte, ihm zu gefallen. Ich freundete mich mit den Leuten in Houston an. Und die Männer, die mich entdeckten ...« Sie unterbrach sich und versuchte sich die Lippen mit der schwarzen Zunge zu befeuchten. »Diese Männer. Sie rufen mich an, sie schicken mir Briefe und Geschenke. Ich nehme an, ich bin ein Maskottchen oder ein Spielzeug für sie ...«

Sarah hielt den Atem an. »Jim Wright ist hier. Er hofft auf eine Gelegenheit, dich zu sehen.«

Seule richtete ihre trockenen glitzernden Augen auf Sarah. »Laß ihn nicht rein«, flüsterte sie. »Ich könnte es nicht ertragen.«

Seltsamerweise waren es die fehlenden Tränen, die Sarah am meisten durcheinanderbrachten. Das war schon immer so gewesen. Sie wurde nicht gebraucht, ihr dummes Taschentuch wurde nicht gebraucht. Seules Erscheinung beunruhigte sie, Seules intelligente, hundeähnliche Art, sich zu bewegen, zu sitzen und zuzuhören, ihr Alien-Geruch. Ihr heißer silbriger Körper.

Soviel Schmerz und nicht eine Träne.

»Ich muß gehen.« Sarah wich vom Bett zurück,

drehte sich um und machte, daß sie hinauskam. Farber war nirgends zu sehen.

Sie rannte zum Fahrstuhl. Es schien ihr eine Ewigkeit zu dauern, bis er kam. Indessen fiel ihr Blick auf den fest schlafenden Jim Wright im Besucherzimmer. Er hatte die Knie angezogen und wackelte mit dem Kopf. Sie schaute weg und drückte immer wieder auf den Knopf.

Endlich unten, Gott sei Dank allein, und jetzt nichts wie raus durch die nächste Tür in die kalte Nachtluft. Die Frische des schmelzenden Schnees, der neben den Wegen aufgetürmt war, wirkte wie Balsam auf ihre Nerven. Sie ging zu einer Bank und ließ sich darauf fallen. Sie zitterte, und zugleich war ihr heiß. Das Gefühl von der Berührung brannte ihr noch immer in den Fingern.

Sarah beugte sich vor, hielt sich den Bauch und schloß die Augen. Sie atmete langsam und tief und sog die naßkalte Luft ein, die nach gar nichts roch, nicht einmal nach feuchter Erde. Kein Geruch von fremdem Fleisch in ihrer Nase. Sie preßte die Finger fest in den Bauch.

O Gott, dachte sie düster, ist es wirklich so lange her, daß ich jemanden geliebt habe? Sie schnappte nach Luft, weil sie ein stechender Schmerz durchfuhr, den sie unter der Haut und unter den Muskeln verspürte. Ihr Körper reagierte auf die geballte Ladung von Wut und Selbstverleugnung.

Sie richtete sich vorsichtig auf der harten Holzbank auf. Glücklicherweise waren ihr nicht die Tränen gekommen, denn sie war sich nicht sicher, ob sie je wieder aufhören könnte zu weinen. Diese Ursehnsucht – wie schrecklich *intensiv* sie war … könnte es sein, daß Walter sie einmal bei ihr geweckt hatte? Sie hatte vergessen, wie stark und schmerzlich sie sein konnte …

»Nein«, flüsterte sie laut. In der Kälte bildete ihr Atem weiße Wolken. »Bei Walter habe ich eine andere

Art von Schmerz empfunden … Das war Verrat. Und was ich eben gefühlt habe, da oben bei Seule …« Sie hielt verwirrt inne. Was hatte sie gefühlt? Es war ihr durch Mark und Bein gegangen. Am Ende hatte es nach Essig geschmeckt. Sie schüttelte den Kopf und versuchte nachzudenken.

Sie hörte von der Ecke des Gebäudes her jemanden rufen. Als sie sich umdrehte, sah sie, wie sechs oder sieben Journalisten, mit Kameras und Lampen bewaffnet, auf sie zusteuerten. Sie sprang voller Panik auf und versuchte vergeblich zu entkommen. In Null Komma nichts war sie umzingelt.

»Sind Sie Krankenschwester? Ärztin? Wo ist die Außerirdische – wo ist Seule?«

»Wie schwer sind ihre Verletzungen. Wird sie sterben?«

Einer von ihnen überflog ein Fax mit Fotos und rief ihren Namen.

»Lassen Sie mich in Ruhe!« schrie Sarah. »Ich weiß überhaupt nichts.«

»Sie sind Sarah Lightburn, die Psychiaterin der Außerirdischen …«

»Ich bin nichts dergleichen! Ich habe sie nur kurz beraten …« Das war ein Fehler. Die Zeitungsfritzen drängten sich näher an sie heran, und Sarah war gezwungen, sich ihren Weg freizukämpfen. Einer von ihnen hielt sie am Arm fest und brüllte ihr ins Gesicht.

»Wird die Außerirdische jetzt eingeschläfert? Sie ist eine Mörderin.«

Sarah fiel die Kinnlade herunter. »Eingeschläfert? Wie kommen Sie darauf.«

»Ja«, schrie einer von hinten aus der wachsenden Menschenmenge, »sie hat einen Menschen getötet und wird noch mehr töten!«

»Was ist, wenn noch mehr Außerirdische kommen?«

Sarah war entsetzt, mußte aber zugleich beinahe laut

heraus lachen. Mehr von ihnen! Seule hätte diese Ironie gefallen.

»Ist es wahr, daß Clay Elliot ihr Geliebter war?«

»Lassen Sie mich in Frieden!« Sarah rannte zur Tür. Zwei Sicherheitsbeamte, die von dem Krach alarmiert worden waren, ließen sie hindurch und schlugen den Reportern die dicke, verstärkte Glastür vor der Nase zu.

»Oh, Tagebuch, ich bin so müde. Und dieser Kaffee ist scheußlich. Es muß inzwischen fast Morgen sein.«

Sarah schaute zum Fernseher, der in einer Ecke der Krankenhaus-Cafeteria stand. Ihre Ahnungen bestätigten sich: Die Seule-Gegner und die Seule-Befürworter jagten sich gegenseitig. Inzwischen wußte die ganze Welt, was passiert war. »Ich bin hier im Mittelpunkt der Ereignisse«, flüsterte Sarah, »und ich bin nicht sicher, ob ich überhaupt etwas weiß.«

Auf ihrem Stuhl zusammengesunken, rieb sie sich die Augen. »Warum? Warum hat sie ihn getötet?« Sie blinzelte, schaute hoch und starrte Löcher in die Luft. »Werden wie jemals wissen, warum sie etwas tut? Inzwischen ist sie durch ihr Leben unter uns vielleicht nicht mehr in der Lage, rational zu sein oder sich instinktiv so zu verhalten, wie es für ihre Rasse typisch ist.

Und ich habe wirklich geglaubt, ich würde etwas erreichen. Verdammt ...«

Sarah nippte an ihrem Kaffee und verzog das Gesicht.

»Und warum bin ich weggerannt? War es, weil ich ihren Körper spürte oder meinen?« Sie war verwirrt, und die Schamröte stieg ihr ins Gesicht. »Was ist da oben überhaupt passiert? Ich, ich ... Tagebuch, es fällt mir schwer, darüber zu sprechen.«

Sarah Lightburn starrte mißmutig in ihre Tasse. War sie auf dem besten Wege, den Verstand zu verlieren? Sie beobachtete sich dabei, wie sie die Tasse ordentlich vor sich auf den Tisch stellte, als Eckpunkt eines Winkelmusters aus Plastikmesser, Gabel, Löffel und Rührstift. Mit Beginn der Frühschicht füllte sich die Cafeteria. Sarah fühlte sich von den vielen Menschen, dem Stimmengewirr und dem Geklapper von Geschirr gestört.

»Ich kann mich jetzt nicht damit auseinandersetzen«, erzählte sie ihrem Tagebuch. Sie klappte es zu und stopfte es in die Tasche.

Sarah verließ die Cafeteria, ging zum Fahrstuhl und drückte auf den Knopf. Sie fragte sich, was für ein Mensch Clayton Elliot gewesen war. Hatte Elliot Seule wie ein intelligentes Tier behandelt, das ihm zum Kaffeeholen gut genug war? Oder war er freundlich, aufmerksam gewesen – ein netter Kerl, der nur leider niemanden lieben konnte, der wie ein Hund aussah?

Der Fahrstuhl kam, und sie stolperte müde hinein, ohne rechtzeitig zu bemerken, daß die einzige weitere Person darin Farber war. Die Fahrstuhltür schloß sich. Farber drückte auf den Halteknopf.

»Ich möchte nicht, daß du jetzt nach oben in Seules Zimmer gehst, Sarah«, sagte Farber kategorisch.

Sarah unterließ es, ihn darauf hinzuweisen, daß sie nur zum Hauptausgang wollte. Sie ließ den Arm sinken und schob den Schulterriemen ihrer schweren Tasche nach oben.

»Gut. Wir können hier so lange stehenbleiben, bis du mir mitteilst, wo ich hingehen *soll.*« Sarah wünschte sich, ihre Stimme hätte den richtigen Klang gehabt. Sie haßte es, wenn ihre Stimme bei einer Auseinandersetzung dünn und schrill wurde. Typisch weiblich, schalt Sarah sich selbst. »Ich wüßte gern, warum du mich zum Sündenbock auserkoren hast. Was ist mit Elliot? Fragt sich irgend jemand, was er mit der ganzen Sache zu tun hatte? Versucht ihr, etwas über ihn herauszufinden?«

»Darüber will ich jetzt nicht sprechen, und im übrigen tut es nichts zur Sache. Du hast sie ermutigt, mit ihm in Kontakt zu bleiben. Sie hat sich aufgemacht, ihren Märchenprinzen zu erobern.« Farber ließ den Halteknopf los, und der Fahrstuhl setzte sich nach oben in Bewegung, weil irgendwo jemand den Knopf gedrückt hatte.

»Ist es nicht erlaubt, von einem Märchenprinzen zu träumen? Was stimmte nicht mit diesem Idioten Elliot? Sie hat ihn geliebt. Weißt du überhaupt, was Liebe ist, *Doktor* Farber?«

»Sarah, bitte. Dies ist weder die richtige Zeit noch der richtige Ort …«

Der Fahrstuhl hielt im fünften Stock. Farber bedeutete Sarah grimmig, vor ihm auszusteigen. Sie tat es, und als er den Gang hinunterging, folgte sie ihm.

»Mir ist sowieso schon alles egal«, sagte sie. »Du warst einmal mein Held, du kamst gleich nach den Astronauten, aber jetzt bist du es nicht mehr. Ich habe meine Lektion gelernt.«

Farber erreichte eine Tür, öffnete sie und machte ihr Platz.

»Was ist?« fragte er. »Sollen wir reingehen, oder willst du deine Schimpftiraden lieber hier draußen loslassen?«

Sarah stolperte ins Zimmer und warf ihre Tasche auf den Boden neben einem Tisch, der von Stühlen mit geraden Lehnen umgeben war. Es handelte sich um eine Art Konferenzzimmer ohne Fenster. Die Luft war stickig.

Farber zog einen Stuhl heran und ließ sich darauffallen. Er beugte sich vor und massierte sich die Schläfen. Nach einem Augenblick setzte sich Sarah auch. Es erschien ihr so dumm und kindisch, einfach stehenzubleiben. War sie denn noch immer nicht erwachsen? Schaffte es dieser Mann immer noch, daß sie sich wie eine Törin benahm?

Farber schaute auf und stützte den Kopf in die

Hände. Das war eine Geste, die Sarah von früher kannte. »Ich habe versucht, dich nach meinem Weggang nicht aus den Augen zu verlieren«, sagte er. »Ich habe mich nicht die ganze Zeit nur um Seule gekümmert. Du hast dir in Colorado einen Namen gemacht und ein paar Jahre mit Arthur Kemp gearbeitet, bevor er zu Biostym ging. Und dann bist du für eine Weile verschwunden. Laß mich überlegen ... Als nächstes habe ich dich in Edmonton bei einer Vorlesung gesehen. Du hast ganz hinten gesessen.«

Sarah brachte keinen Ton heraus und hielt den Blick auf die Fingerspitzen gerichtet.

»Ob du es glaubst oder nicht, ich habe mich gefreut, dich wiederzusehen, auch wenn du mit jemandem weggingst und es nicht der geeignete Zeitpunkt zu sein schien, alte Bekanntschaften wieder aufzufrischen. Ich dachte, daß ich dich bald wieder auf einer Konferenz träfe, so daß wir über alte Zeiten plaudern könnten. Ich stellte mir vor, du kämst mit deinem Ehemann und ich mit Beryl, und wir würden zusammen etwas trinken gehen.« Er senkte den Blick. Sarah konnte ihn kaum ansehen. Sie wäre am liebsten weggelaufen.

»Warum hattest du etwas dagegen, daß ich Seule therapiere?«

»Ich hatte nichts dagegen. Als dein Name genannt wurde, dachte ich daran, was passieren könnte, aber dann fand ich, daß es eine gute Idee wäre, dich im Team zu haben. Ganz im klaren bin ich mir darüber immer noch nicht. Vielleicht wollte ich das Vergangene wiedergutmachen. Ich bin mir voll bewußt, daß es noch viel über Seule zu lernen gibt.«

Er seufzte und strich sich mit den Fingern über die Lippen. »Als sie noch ein Baby war, besuchte ich sie jeden Tag, und jeden Tag sprang sie mich von irgendwoher an. Ich fing sie immer auf. Dieses Spiel spielten wir, bis sie dafür zu groß war. Ich mußte sie immer wieder daran erinnern, ihre Krallen einzuziehen, sanft zu sein und uns Menschen nicht zuviel zuzumuten.«

Er sah abgespannt aus. Wie ein alter Mann, dem klar wurde, daß der beste Teil seines Lebens vorüber war.

Sarah erinnerte sich daran, wie es gewesen war, als Farber den Alien-Auftrag ergattert hatte. Sie sah ihn im Geist vor sich: gewandt, dunkelhaarig, mit einem siegreichen Lächeln auf den Lippen. Er hatte alles stehen und liegen lassen, um ganz für Seule da sein zu können. Von da an war er immer bei ihr gewesen, in jeder Nachrichtensendung, bei jeder Konferenz und Untersuchung. Jetzt entgleitet ihm alles, dachte sie. Wir werden alt, die Kinder werden erwachsen und gehen. Dieses Kind kann einem wahrlich das Herz brechen, aber bei besonderen Kindern ist das nun mal so.

Sarah schaute auf die Uhr. Acht Uhr morgens – es kam ihr so vor, als ob es keinen Schlaf mehr gäbe, zumindest nicht auf dieser Welt. Gleich würde die Pressekonferenz beginnen. Welch eine Tortur. Sie war froh, daß sie nicht hingehen mußte. Sie hoffte, Farber würde allein zurechtkommen.

Er schaute sie schließlich an. Seine Augen waren ein Rätsel. Seine Augen verraten nichts, dachte Sarah. Es sind die Lippen, die Augenbrauen, die kleinen Muskelbewegungen, die eine Geschichte erzählen. Tiere zeigen ihre Gefühle, wenn sie intelligent genug sind, wenn in ihnen etwas abläuft, das sich ausdrücken läßt … Farber kippte seinen Stuhl etwas nach hinten und legte den Fuß auf eine Weise über das Knie, die Sarah sofort erkannte.

Ihre Gedanken beruhigten sich allmählich. Hatte sie wirklich Walter Farber gewollt? Oder hatte sie gewollt, was er hatte, was er *war?* Seule hatte ihn ihr gestohlen, und mit all ihren Tränen, ihrer Wut und ihrem Wollen hatte sie ihn nicht zurückbekommen können … *Blöde Gans,* schimpfte sie mit sich selbst. *Papa hat sie mehr geliebt als mich!*

Und wenn er mich mitgenommen hätte, wie lange wäre ich damit zufrieden gewesen, in ihrem Schatten zu stehen?

Sarah hatte plötzlich eine gnadenlose Vision von sich selbst: wie sie als Imitation von Farber den Kopf in die Hände stützte, die Beine genau wie er übereinanderschlug und mit weisem Kopfnicken einem verstörten Patienten zuhörte. Sie klemmte die Hände zwischen die Beine und lachte beinahe laut heraus. Hatte sie nicht vorhin so etwas wie eine Entschuldigung gehört? Hatte er nicht gesagt, er wolle das Vergangene wiedergutmachen?

Sarah stand auf und fuhr sich mit den Fingern durchs Haar. Sie lächelte plötzlich. »Es ist nicht mehr wichtig. Mir geht's gut. Laß uns Frieden schließen.«

Farber stand auch auf und schaute sie unsicher an. Er ging zur Tür, hielt inne, schaute über die Schulter zurück und räusperte sich. »In den nächsten Tagen wird man dir einen Job in Houston anbieten. Ich möchte, daß du es dir sehr genau überlegst, bevor du eine Entscheidung triffst.«

Sarah fiel aus allen Wolken und schwieg, weil sie nicht wußte, was sie sagen sollte.

»Wir haben viel Arbeit vor uns«, fuhr Farber fort. »Ich bin mir nicht sicher, ob wir die ganze Geschichte als einen Fortschritt oder einen Rückschritt in bezug auf unser Wissen über Seule werten sollten. Zu welchem Schluß wir auch kommen, eins ist klar: Wir müssen sie für eine Weile von der Außenwelt abschirmen. Da führt kein Weg dran vorbei, fürchte ich. Man hofft, daß du zu der ganzen Sache etwas beitragen kannst.«

Farber rückte sich energisch den Schlips zurecht. Er schien sich durch reine Willenskraft wachrütteln zu wollen. »Im Konferenzzimmer findet bald die Fernsehübertragung statt«, sagte er. »Ich muß jetzt gehen.« Er bedachte sie mit einem grüblerischen Seitenblick. »Mein Büro wird sich mit dir in Verbindung setzen.«

Er drehte sich um und umfaßte den Türknauf, dann schaute er noch einmal zu ihr zurück, als wolle er noch etwas sagen, aber er tat es nicht. Er ging ohne ein weiteres Wort hinaus und ließ die Tür offen.

»Wolltest du Clayton Elliot wirklich als Geliebten?« fragte Sarah in Seules Krankenzimmer sanft. Das Zimmer wurde nur vom schwachen Schein eines leise piepsenden Monitors erhellt. Als Aufpasser war jetzt ein Pfleger anwesend, der sie nicht aus den Augen ließ. Sarah beachtete ihn nicht.

»Oder wolltest du, daß er dich liebt? Es gibt da einen Unterschied, weißt du. Es hat etwas mit Besitzenwollen zu tun. Das wird so oft mit Liebe verwechselt ...« Sie trat näher ans Bett.

Seules Augen schienen jetzt klarer. Die Verzweiflung stand ihr nicht mehr so im Gesicht geschrieben, und sie bewegte den Kopf, als Sarah an ihr Bett trat, um ihr mit dem Blick zu folgen.

»Ich war so eifersüchtig auf dich.« Sarahs Stimme war sanft. Ihre ganze Wut war verflogen. »Du wußtest nicht, daß Walter und ich uns einmal geliebt haben, oder? Als du auftauchtest, war er einfach nicht mehr an mir interessiert. Er hatte etwas so Wunderbares und Neues gefunden, daß er alles andere vergaß.« Sie betrachtete Seule freundlich und fühlte sich ganz leicht, nachdem sie keine schlechten Gefühle mehr hatte.

»Ich werde Walter nie wieder lieben. Ich mag ihn nicht einmal mehr, aber ich bewundere ihn für seine Arbeit mit dir. Das reicht.«

Die Außerirdische bewegte sich etwas auf dem Bett, soweit es die Riemen zuließen, und ihre weichen rosafarbenen Ärmchen flatterten auf ihrer Brust.

»Clayton Elliot wollte dich als Versuchskaninchen, das seine These bestätigt. Walter Farber wollte, daß du sein intelligentes, schönes, kleines Mädchen bist. Und ich wollte dich benutzen, um in seine Nähe zu kommen, um ihm zu zeigen ... daß ich auch etwas wert bin.«

»Sarah«, wimmerte Seule kaum hörbar.

Sarah wich ein Stück zurück. Sie traute sich nicht, Seule noch einmal zu berühren, noch nicht.

»Sarah.« Die Augen der Außerirdischen waren auf sie gerichtet, diese tränenlosen silbergrauen Augen, und Sarah blieb fast die Luft weg. »Bitte, Sarah, es tut mir leid. Es tut mir leid, daß ich dich habe fühlen lassen, was ich gefühlt habe. Ich habe es so satt, ein Mensch zu sein, aber ich weiß nicht, wie ich irgend etwas *anderes* sein soll.«

Sarah biß sich auf die Lippe und wich noch weiter zurück. Sie trat zum Fenster und zog die Vorhänge auf, um die ersten Sonnenstrahlen hineinzulassen. »Man will, daß ich nach Houston komme«, sagte sie. Sie spürte einen Kloß im Hals. »Walter ist dafür. Er denkt, ich kann mich nützlich machen.« Sie schluckte schwer und wandte sich wieder zum Bett. »Was ... was ist mit dir? Willst du mich da haben?«

Sarah zwang sich, Seule geradeheraus anzusehen.

Die Außerirdische griff mit ihren Ärmchen nach Sarah. Das hatte sie noch nie getan. Sie hatte Sarah nie berührt, es sei denn, Sarah hatte den ersten Schritt getan. Tatsächlich hatte die Außerirdische während ihrer Sitzungen jeden Körperkontakt soweit wie möglich vermieden.

Sarah kämpfte für einen Moment mit Selbstzweifeln, mit dem Drang zu fliehen, und trat dann einen Schritt vor – für alle Empfindungen gewappnet.

Im ersten Augenblick spürte sie die Berührung fast nicht. Seules Ärmchen waren so leicht, so weich und vorsichtig. Wie die Finger eines Babys – warm, leicht schwitzig, voll unschuldigen Lebens. Sie erkundeten Sarahs Finger der Länge nach, ertasteten die weiche Haut dazwischen und glitten über die Nägel. Die Berührungen waren für Sarah dermaßen sinnlich, daß sie wie gebannt zusah. Das Blut pochte ihr in den Schläfen, und sie konnte sich weder rühren noch reagieren.

Ja, dachte sie, das ist es – dieser Augenblick, dieser süße und starke Duft; das ist der Sinn des Ganzen.

Und unter der Süße lag ein bitterer Geschmack, hinter dem neuen Licht das Gespenst ewiger Dunkelheit. Sarah wußte es. Sie konnte keine Wunder anbieten, nur Freundschaft, um den Weg zu ebnen.

»Ja, komm mit mir«, flüsterte Seule.

Originaltitel: ›The Fragrance of Orchids‹ • Aus: ›Asimov's Science Fiction‹, May 1994 •

Übersetzung aus dem Amerikanischen von Ulrike Ziegra

Lawrence Watt-Evans

WARUM ICH HARRYS NACHTS DURCHGEHEND GEÖFFNETES HAMBURGER-LOKAL VERLIESS

Harrys Lokal war hübsch – ist es wahrscheinlich immer noch. Ich bin in letzter Zeit nicht mehr dort gewesen. Es liegt zwei Meilen abseits der I-79, ein paar Ausfahrten nördlich von Charleston, in der Nähe eines Ortes namens Sutton. Das Geschäft ging ausgezeichnet, bevor die Interstate-Autobahn ab Charleston fertig war und man es für der Mühe wert hielt, direkt neben der Kleeblatt-Kreuzung ein paar Schnellimbisse zu eröffnen. Danach wollte niemand mehr die zusätzlichen Meilen bis zu Harry fahren. Die Leute hörten nicht auf, sich zu wundern, wie der alte Harry sein Lokal halten konnte, aber er kam ganz gut zurecht, auch ohne die Autobahn. Das fand ich heraus, als ich dort arbeitete.

Ja, und warum arbeitete ich dort statt in einem der Schnellimbisse? Weil wir in einem Häuschen gleich um die Ecke von Harrys Lokal wohnten, genau in der Mitte vom Nirgendwo – nicht in Sutton selbst, sondern da draußen an der Straße. Dort gab es nichts außer unserem Haus und Harrys Lokal. Seine Wohnung lag hinter dem Restaurant. Das war der einzige Arbeitsplatz, den ich in weniger als einer Stunde zu Fuß erreichen konnte, und einen Wagen hatte ich nicht.

Damals war ich sechzehn. Ich suchte einen Job, weil mein Dad wieder arbeitslos war, und wenn ich irgend etwas unternehmen wollte, brauchte ich eigenes Geld. Mom hatte nichts dagegen, wenn ich ihren Wagen benutzte – solange er mit vollem Benzintank zurückkam und ich ihn nicht zu lange behielt. So lauteten die Spielregeln. Deshalb suchte ich Arbeit, und nur Harrys Lokal konnte ich zu Fuß erreichen. Harry sagte, er habe schon alle Hilfe, die er brauche – zwei Köche und zwei Leute zum Bedienen an der Theke außer ihm selbst. Die anderen arbeiteten tagsüber, zwei Mann pro Schicht, und die Nachtarbeit machte Harry allein. Ich lungerte eine Weile dort herum, da ich sonst nichts zu tun hatte, und hatte den Eindruck von einer sehr leichten Arbeit – es waren kaum Gäste da, und die saßen zum größten Teil herum und erzählten schmutzige Witze. Das, dachte ich bei mir, ist der perfekte Job.

Leider meinte Harry, er brauche keine Hilfe.

Ich sagte mir, daß das wahrscheinlich stimmte. aber die Logik sollte mich nicht davon abhalten, den Wagen meiner Mutter zu fahren. Also verlegte ich mich aufs Betteln, und nachdem ich ihm eine oder zwei Wochen lang das Leben schwergemacht hatte, sagte Harry, er wolle mir eine Chance geben und mich für die Friedhofsschicht von Mitternacht bis acht Uhr morgens als Bedienung an der Theke und an den Tischen und dazu noch als Hausmeister anstellen.

Ich handelte ihn auf 7.30 Uhr hinunter, damit ich noch rechtzeitig zur Schule kam, und wir wurden uns einig. Ich selbst legte nicht soviel Wert auf die Schule, aber meine Eltern wollten, daß ich hinging. Es war eine gute Gelegenheit, mich mit meinen Freunden zu treffen, verstehen Sie, Mädchen kennenzulernen und so weiter.

Also fing ich an, des Nachts bei Harry zu arbeiten. Als ich das erste Mal um Mitternacht antrat, gab Harry mir eine Schürze und ein Hütchen, wie er es selbst auch trug. So etwas bekommt man sonst nur in alten Filmen zu sehen. Ich sollte an den Tischen bedienen und saubermachen, nicht etwa kochen, deshalb verstand ich nicht, wozu die Sachen gut waren. Aber Harry gab sie mir, und ich brauchte die Mäuse. Also band ich mir die Schürze um und setzte das Hütchen auf und tat, als merkte ich nicht, daß die Schürze ganz steif von Fettspritzern war und roch, als sei etwas Ekliges schon vor ein paar Wochen darauf gestorben. Und Harry – er ist ein komischer alter Knabe und hat, soweit ich mich zurückerinnern kann, immer wie in den Fünfzigern ausgesehen. Er war nie jung gewesen, aber er wurde auch nie richtig alt, verstehen Sie? Bei manchen Leuten ist das so, sie scheinen ewig die gleichen zu bleiben. Wie dem auch sei, er zeigte mir, wo in der Küche und im Hinterzimmer alles war, wies mich an, fleißig sauberzumachen, was aussah, als müsse es saubergemacht werden, und ermahnte mich immer wieder und wieder, als habe er echt Sorge, durch mich könne es Ärger geben: »Belästige die Gäste nicht. Nimm einfach ihre Bestellungen entgegen, bring ihnen ihr Essen und belästige sie nicht. Hast du das verstanden?«

»Klar doch«, antwortete ich. »Schon kapiert.«

»Gut«, sagte er. »Wir bekommen nachts ein paar komische Vögel herein, aber es sind gute Gäste, die meisten jedenfalls, also verdirb es dir mit keinem. Beschwert sich ein einziger Gast, will ein einziger Gast aus Ärger nicht zahlen, bist du den Posten los, verstanden?«

»Klar«, sagte ich, obwohl ich gestehen muß, daß ich mich fragte: Was tun, sollte ein Geizkragen sich verdrücken, bevor er gezahlt hat? Ich versuchte, mir auszurechnen, wieviel von meinen Einnahmen ich zuschießen konnte, um den Job zu behalten, aber mit Steuern und all dem wurde es für mich zu knifflig, und ich entschloß mich, abzuwarten, bis es tatsächlich passierte, wenn es überhaupt passierte.

Dann kehrte Harry in die Küche zurück, und ich

nahm mir einen Besen und fegte ein bißchen vor dem Lokal, bis ein paar Lastwagenfahrer hereinkamen und Hamburger und Kaffee bestellten.

Ich war anfangs ziemlich unbeholfen, aber nach einer Weile hatte ich den Bogen raus. Männer und auch Frauen kamen herein, einzeln oder zu zweit, und sie bestellten etwas, und Harry hatte es praktisch schneller fertig, als man ›Käse‹ sagen konnte, und sie aßen es und wischten sich den Mund und gingen zum Klo und fuhren weiter, und keiner von ihnen sagte abgesehen von der Bestellung ein verdammtes Wort zu mir, und ich sagte auch nichts außer »Ja, Sir« beziehungsweise »Ja, Madam« oder »Besten Dank, beehren Sie uns wieder.« Ich dachte nichts weiter, als daß sie alle Lastwagenfahrer seien, die Schnellimbisse nicht mochten.

Jedenfalls war es so von Mitternacht bis vielleicht eins, halb zwei, aber später wurde es ruhiger. Dann waren nicht einmal mehr Lastwagenfahrer auf der Straße, oder sie wollten sich nicht so weit von der Interstate entfernen, oder sie hatten alle schon gegessen. Wie dem auch sei, etwa um zwei Uhr in der ersten Nacht glaubte ich zu verstehen, warum Harry meinte, bei dieser Schicht keine Hilfe zu brauchen, als sich die Tür öffnete und das Glöckchen bimmelte.

Ich fuhr zusammen, das Bimmeln hatte mich erschreckt, und ich drehte mich um, aber dann drehte ich mich zu Harry zurück, weil ich ihn aus dem Augenwinkel gesehen hatte, verstehen Sie, und er hatte diesen besorgten Gesichtsausdruck, und *er* beobachtete *mich* – er sah überhaupt nicht zu dem Gast hin.

Erst jetzt wurde mir klar, daß das Bimmeln mich erschreckt hatte, weil ich niemanden hatte vorfahren hören, und wer, zum Teufel, würde um zwei Uhr morgens durch die Berge von West-Virginia zu Fuß zu Harrys Lokal marschieren? So, wie Harry mich ansah, wußte ich gleich, das war einer von diesen speziellen

Gästen, bei denen er Angst hatte, ich könne sie verscheuchen.

Also drehte ich mich um, und da stand dieses Kerlchen in einem schweren Mantel mit einem Reißverschluß bis oben hin zu. Der Mantel war aus dem glänzenden silbernen Stoff, den die Rennfahrer in den Zigaretten-Anzeigen tragen, verstehen Sie. Und seine wattierte Skihose war auch aus diesem Stoff und hatte überall Taschen. Er streifte gerade seine Kapuze zurück, und er trug eine dicke, schwere Schutzbrille, als komme er aus einem Schneesturm herein, aber es war April, es hatte seit Wochen nicht mehr geschneit, und draußen herrschten so fünfzig, sechzig Grad Fahrenheit.

Also, ich wollte nichts verkehrt machen, deshalb tat ich, als ob mir gar nichts auffiele, und sagte nur: »Hallo, Sir, darf ich Ihre Bestellung entgegennehmen?«

Er sah mich komisch an. »Ich denke schon.«

»Hätten Sie gern die Speisekarte?« Ich bemühte mich um bestes Benehmen – Teufel, wahrscheinlich übertrieb ich es. Die Lastwagenfahrer hatte ich selbst nach den Speisekarten suchen lassen.

»Ich denke schon«, wiederholte er, und ich reichte ihm eine Karte.

Er sah sie sich an, zeigte auf das Bild eines Cheeseburgers, der allem, was von Harrys Grill kam, ungefähr ebenso ähnlich sah wie ich Sly Stallone, und ich schrieb es auf und gab Harry den Zettel, und er zischte mir zu: »Belästige den Mann nicht!«

Ich ließ es mir gesagt sein und machte mich wieder ans Fegen, bis der Cheeseburger fertig war, und als ich den Mann bedienen wollte, gab es draußen vor dem Lokal ein Geräusch, als gehe eine Schrotflinte los, und ein grünes Licht flackerte durch das Fenster, so daß ich den Teller beinahe fallen ließ, aber ich konnte nicht nachsehen gehen, weil der Gast in seinen Taschen nach Geld suchte, um den Cheeseburger zu bezahlen.

»Sie können nach dem Essen bezahlen, Sir«, sagte ich.

»Ich will vorher bezahlen«, gab er steif zurück. »Vielleicht muß ich schnell aufbrechen. Vielleicht gilt mein Geld hier nicht.«

Der Mann hatte nicht die Spur von einem Akzent, aber nach dem, was er von seinem Geld sagte, hielt ich ihn für einen Ausländer, deshalb wartete ich, und er holte eine Handvoll merkwürdiger Münzen hervor. »Ich muß bei dem Geschäftsführer rückfragen«, sagte ich zu ihm. Wie ich nun das Geld zu Harry trug und dabei versuchte, durch den Vorhang aus dem Fenster zu sehen und festzustellen, woher das grüne Licht kam, öffnete sich die Tür, und drei Frauen kamen herein. Während der erste Gast eingemummt war wie ein Eskimo, trugen die Neuankömmlinge nichts als Jeans. Vergessen Sie nicht, es waren Frauen, und wir hatten April.

He, ich war erst sechzehn, also gab ich mir große Mühe, nicht zu glotzen, und rannte in die Küche und wollte Harry berichten, was da vor sich ging. Aber das Geld und das grüne Licht und die halbnackten Frauen kamen mir durcheinander, und aus meinem Bericht konnte niemand klug werden.

»Ich habe dir doch gesagt, daß ich einige seltsame Gäste habe, Junge«, schalt Harry. »Laß mal das Geld sehen.« Ich gab ihm die Münzen, und er sagte: »Ja, die nehmen wir.« Ich wußte nicht, wie er sie berechnete, denn die Schrift darauf sah für mich wie Russisch aus, und ich hatte keine Ahnung, was eine von ihnen wert war. Aber Harry gab mir Wechselgeld, und dann sah er mir in die Augen und sagte: »Bringst du es fertig, diese Frauen zu bedienen, Junge? Das gehört zu dem Job; ich habe sie heute nacht nicht erwartet, aber es kommen hier seltsame Leute herein, das habe ich dir gesagt. Glaubst du, du schaffst es, ohne mir die Gäste zu vergraulen, oder möchtest du Feierabend machen und dir eine andere Stellung suchen?«

Ich wollte meinen Lohn unbedingt haben, deshalb biß ich die Zähne zusammen und antwortete: »Kein Problem!«

Haben Sie, als Sie sechzehn waren, jemals versucht, mit sechs bloßen Brüsten vor Augen an Tischen zu bedienen? Die drei Frauen lachten und scherzten miteinander in einer fremden Sprache, die ich noch nie gehört hatte, und ich glaube, nur eine von ihnen konnte Englisch, weil sie alles bestellte. Irgendwie kam ich zurecht, und als sie schließlich gingen, betrachtete Harry mich fast mit einem Lächeln.

Um vier wurde es wieder ruhiger, und zwischen halb fünf und fünf trudelten die Frühstücksgäste ein, aber zwischen zwei und vier hatten wir so ein halbes Dutzend Gäste. Ich erinnere mich nicht mehr, wer sie alle waren. Die meisten von ihnen waren nicht gar zu fremdartig. Doch an das erste kleine Kerlchen und die drei Frauen erinnere ich mich. Vielleicht waren einige von den anderen auch ziemlich merkwürdig, vielleicht merkwürdiger als der erste, aber er war der *erste,* was einen Unterschied macht, und dann diese Frauen – nun, das mußte doch Eindruck auf einen Sechzehnjährigen machen, verstehen Sie? Sie waren nicht etwa besonders schön oder so, das waren sie wirklich nicht, es waren einfach Frauen, und ich war nicht daran gewöhnt, Frauen ohne Hemd zu sehen.

Als ich um halb acht ging, war ich ganz verwirrt. Ich wußte nicht, was, zum Teufel, hier los war. Allmählich kam mir der Verdacht, ich hätte mir alles bloß eingebildet.

Ich ging nach Hause, zog mich um und fuhr mit dem Bus zur Schule. Da ich mich noch nicht daran gewöhnt hatte, nachts zu arbeiten, und müde war und meine Gedanken auf den Unterricht konzentrieren mußte, festigte sich in mir die Überzeugung, alles sei nur ein verrückter Traum gewesen. Wieder zu Hause, schlief ich bis elf Uhr abends durch. Dann stand ich auf und ging zur Arbeit.

Und verdammt, es war beinahe dasselbe, abgesehen davon, daß diesmal keine halbnackten Frauen dabei waren. Zuerst kamen die normalen Lastwagenfahrer und der Rest, dann verschwanden sie, und die unheimlichen Gestalten tauchten auf.

Mit sechzehn, verstehen Sie, bildet man sich ein, es mit allem aufnehmen zu können. Zumindest ich bildete es mir ein. Deshalb ließ ich mich von den Gästen nicht aus der Ruhe bringen, nicht einmal von denen, die aussahen, als ob sie eigentlich keine menschlichen Wesen seien. Harry gewöhnte sich daran, mich da zu haben, und ich machte es für ihn sehr viel leichter. Deshalb war es nach den ersten beiden Wochen so gut wie abgemacht, daß ich bleiben konnte, solange es mir gefiel.

Und es gefiel mir gut, wirklich, sobald sich mein Körper an die ausgefallene Arbeitszeit angepaßt hatte. Unter der Woche hatte ich nicht viel von dem, was man gesellschaftliches Leben nennen könnte, aber so außerhalb, wie ich wohnte, hatte ich das nie gehabt. Dafür konnte ich es mir leisten, an den Wochenenden mit dem Lohn, den Harry mir zahlte, und den Trinkgeldern, die ich erhielt, groß aufzutreten. Einige von diesen Trinkgeldern mußte ich zu den Juwelieren in Charleston bringen, zu verschiedenen, damit es nicht auffiel, daß ein und derselbe Junge alle diese fremdartigen Münzen und Schmuckstücke verkaufte. Harry gab mir ein paar Tips – er hatte das auch jahrelang gemacht, aber jetzt war er schon bei jedem Juwelier in Charleston und Huntington und Wheeling und Washington, PA., gewesen, und mit Pittsburgh war er halb durch.

Es machte richtig Spaß, abzuwarten, was auftauchen und einen Burger bestellen würde. Ich glaube, mein Lieblingsgast war der Mann, der hereinspaziert kam, kein Wagen, keine Lichter, kein Garnichts, gekleidet in eine elektrikblaue Jägerweste voller Drähte und diese

Strumpfhosen aus dem Mittelalter mit dem Ding, das Harry einen Hosenbeutel nannte. Er hatte Schnee und eine klebrige Flüssigkeit überall auf der Weste und im Haar. Er erschauerte, als wäre draußen die Arktis, und dabei hatten wir Mitte Juli. Ein kleines Tier krabbelte unter seiner Weste herum, aber er wollte es mir nicht zeigen. Nach der Form der Ausbuchtung zu schließen, mochte es ein Wiesel oder etwas Ähnliches sein. Sein Akzent war der verdammt merkwürdigste, den ich je gehört hatte. Er benahm sich jedoch, als fühle er sich ganz zu Hause, und bestellte, ohne einen Blick auf die Speisekarte zu werfen.

Als ich einige Zeit bei Harry gearbeitet hatte, gestand er mir ein, wahrscheinlich hätte jeder andere als ich ihm irgendwie Unannehmlichkeiten bereitet. Es wäre ja möglich gewesen, daß ich mir einbildete, ich verlöre den Verstand, oder daß ich die Polizei gerufen oder daß ich eine Menge denkwürdiger Geschichten verbreitet hatte, aber ich tat es nicht, und das wußte Harry zu würdigen.

He, das war einfach. Wenn es Harry nichts ausmachte, diese Leute in seinem Lokal zu haben, warum sollte es mir etwas ausmachen? Und sonst ging es niemanden etwas an. Fragte man mich, sagte ich den Leuten, sicher, bei uns kreuzen spät in der Nacht irre Typen auf – aber ich sagte nicht, wie irre.

Ich lernte es nie, sie so cool hinzunehmen, wie Harry es tat. Zum Beispiel zuckte Harry nicht mit der Wimper, wenn eine Fliegende Untertasse auf dem Parkplatz landete. Es kam nicht sehr oft vor, aber *ich* zuckte jedesmal und mußte mir große Mühe geben, die Leute nicht anzustarren. Die meisten Gäste hatten mehr Verstand. Wenn sie in seltsamen Transportmitteln kamen, versteckten sie sie im Wald oder sonstwo. Es gab jedoch immer ein paar, die keine Lust hatten, sich die Mühe zu machen. Sollten irgendwelche Staatspolizisten an diesen Dingern vorbeigefahren sein und sie gesehen haben, bin ich überzeugt, daß sie sie nicht meldeten. Geglaubt hätte ihnen sowieso niemand.

Einmal fragte ich Harry, ob alle diese Leute von demselben Ort kämen.

»Verdammt will ich sein, wenn ich es weiß«, antwortete er. Er hatte nie gefragt, und er wollte auch nicht, daß ich mich danach erkundigte.

Nur irrte er sich darin, daß so etwas die Gäste vergraulen würde. Manchmal sieht man es einem Menschen an, wenn er reden möchte, und einige der Gäste wollten es. Also sprach ich mit ihnen.

Trotzdem war ich inzwischen wohl schon siebzehn geworden, als mir jemand erzählte, was wirklich vor sich ging.

Bevor Sie irgendwelche dummen Fragen stellen: Nein, es waren keine Marsianer oder Ungeheuer aus dem tiefen Raum oder so etwas dabei. Einige kamen tatsächlich aus West-Virginia. Nur war es nicht *unser* West-Virginia, sondern eine Menge von verschiedenen West-Virginias. Was die Science Fiction-Autoren ›Parallelwelten‹ nennen. Jedenfalls ist das einer der Namen dafür. Andere Dimensionen, alternative Realitäten, sie hatten viele Bezeichnungen.

Das alles hat Sinn und Verstand, wirklich. Ein paar von ihnen erklärten es mir. Sehen Sie, alles, was vom Urknall bis heute im ganzen Universum überhaupt hätte geschehen können, *ist* geschehen – irgendwo. Und *jeder* mögliche Unterschied bedeutet ein anderes Universum. Nicht nur, wenn Napoleon bei Waterloo verloren hätte – oder gesiegt oder was immer er dort nicht getan hat; welche Bedeutung hat Napoleon überhaupt für das *Universum?* Beteigeuze gibt keinen Pfifferling um das ganze Europa, Vergangenheit, Gegenwart oder Zukunft. Aber wenn jedes einzelne Atom oder Partikel eine Gelegenheit hat, etwas zu tun – zu zerfallen oder in einem Stück zu bleiben oder sich in die eine Richtung zu bewegen anstatt in eine andere –, dann tut es *alles* davon, aber in verschiedenen Universen. Diese spalten sich nicht ab, nein, alle die Universen sind immer dagewesen, es war bis zu diesem bestimmten Ereignis überhaupt kein Unterschied zwischen ihnen. Und das bedeutet auch, daß es Millionen und Millionen von identischen Universen gibt, in denen es noch nicht zu Unterschieden gekommen ist. Es gibt eine unendliche Zahl von Universen – mehr als das, eine Unendlichkeit an Unendlichkeiten. Ich meine, richtig verstehen kann man das gar nicht. Wenn man glaubt, man sei nahe daran, braucht man es nur mit ein paar Zillionen zu multiplizieren. Es gibt dort draußen *alles.*

Und das bedeutet, daß in vielen von diesen Universen Leute entdeckt haben, wie man von dem einen zum anderen reisen kann. Offenbar ist das nicht allzu schwierig; man kann es auch auf viele verschiedene Arten tun, was der Grund ist, warum zu uns von Männern in Straßenkleidung bis zu Leuten in Raumanzügen und Fliegenden Untertassen alles kam.

Aber einen Haken hat die Sache: Wie kann man unter einer unendlichen Zahl von Universen, und ich meine wirklich ›unendlich‹, ein bestimmtes finden? Besonders, wenn man es zum ersten Mal verlassen hatte? Tatsache ist, daß man es nicht kann. Es ist einfach nicht möglich. Also ziehen die Forscher hinaus, aber sie kehren nicht wieder heim. Wenn vielleicht einige *doch* heimgekehrt wären, hätten sie vergleichen können, was sie getan hatten und wohin es sie gebracht hatte, und sie hätten dann vielleicht herausgefunden, wie man messen und zielen und all das muß. Aber soweit es die Leute betraf, mit denen ich darüber geredet habe, ist es noch niemandem gelungen. Verläßt man sein Universum, dann ist man für immer draußen. Man kann weiter von einer Welt zur nächsten hüpfen oder sich in einer für dauernd niederlassen, aber wie es in den Büchern steht, in seine echte Heimat findet man nie wieder zurück. Man kommt vielleicht nahe heran – ich erfuhr viel von diesen Dingen, als sich ein armer alter Kauz dafür revanchierte, daß ich ihm eine Menge über die Welt außerhalb von Harrys Lokal erzählte. Meine Schilderungen, was ich im Fernsehen gesehen hatte, und die Aufzählung sämtlicher Präsidenten, die mir einfielen, machten ihn richtig glücklich. Aber dann fragte er mich nach einer Religion, der er angehörte, und ich hatte noch nie davon gehört, und als ich ihm das sagte, brach er beinahe zusammen. Vermutlich suchte er nach einer Welt, die seiner eigenen ähnlich war, und unsere war nahe daran, verstehen Sie, aber nicht nahe genug. Er sprach von etwas, das er ›Zufallswanderungsprinzip‹ nannte. Wenn man aufs Geratewohl herumwandert, kommt man nahe an die Stelle, von der man ausgegangen ist, doch man kann seine Füße niemals wieder auf genau den ursprünglichen Fleck stellen. Immer weicht das Universum ein bißchen zur einen oder zur anderen Seite ab.

Also gibt es da draußen Millionen von diesen Leuten, die von Welt zu Welt treiben und suchen, was sie eben suchen, und manchmal sind Millionen miteinander identisch, und sie begegnen sich. Sie wissen, wonach sie suchen müssen, verstehen Sie. Deshalb tauschen sie Informationen aus, und einige erzählten mir, daß sie daran arbeiten, herauszufinden, wie man bei ihrer Art des Reisens richtig navigieren kann. Kleine Fortschritte haben sie schon gemacht, so daß sie ein bißchen zu steuern verstehen.

Ich sprach meine Verwunderung darüber aus, daß so viele von ihnen bei Harry auftauchten, und diese Frau mit der blaugrauen Haut – das kam von einem bestimmten Medikament, erzählte sie mir – versuchte, es mir zu erklären. West-Virginia ist eine der besten Gegenden für Reisen zwischen den Welten, besonders oben in den Bergen rund um Sutton, weil es eine zentrale Lage für das östliche Nordamerika hat. Aber es ist nichts dort. Ich meine, dort gibt es keine Großstädte oder Militärbasen oder dergleichen, so daß, wenn es einen Atomkrieg gibt – und anscheinend hat es in verschiedenen Welten eine Menge Atomkriege und Kriege mit noch schlimmeren Waffen gegeben –, höchstwahrscheinlich niemand auf den Gedanken kommen wird, Sutton in West-Virginia mit Raketen zu beschießen. Selbst in den Realitäten, in denen die Europäer Amerika nie gefunden haben und die Chinesen oder andere Völker die Städtebauer sind, besteht kein Grund, etwas in der Nähe von Sutton zu bauen. Dazu gibt es noch einen besonderen Grund, der unsere Gegend zu einem geeigneten Platz für Reisen zwischen den Welten macht. Leider verstand ich die Erklärung nicht. Die Frau sagte etwas über das Magnetfeld der Erde, aber ich weiß nicht, ob das ein Teil der Erklärung oder nur eine Art Vergleich war.

Die Berge und Wälder machen es einem außerdem leicht, sich zu verstecken, und deshalb wird unsere Gegend einer Stelle irgendwo in der Wüste vorgezogen.

Wie dem auch sei, in der unmittelbaren Nachbarschaft von Sutton ist es einfach und ungefährlich, zwischen den Welten zu reisen, und darum tun viele Leute es.

Merkwürdig ist jedoch, daß sich aus einem Grund, den niemand so richtig zu begreifen schien, Harrys Lokal oder etwas Dementsprechendes in Millionen von verschiedenen Realitäten fast immer an der gleichen Stelle befindet. Nein, es sind mehr als Millionen, es sind in Wirklichkeit unendlich viele. Es ist nicht immer genau Harrys nachts durchgehend geöffnetes Hamburger-Lokal. Zum Beispiel redete ein Kunde Harry immer mit Sal an. Doch es ist *da,* oder es ist etwas Ähnliches da, und eine Sache, die sich offenbar nicht wesentlich ändert, ist die Tatsache, daß Reisende dort essen können, ohne einen Aufstand hervorzurufen. Die Nachricht wird weitergegeben, daß es ein nettes, ruhiges

Lokal mit anständigen Burgers ist, wo niemand die Reisenden wegen irgend etwas schikaniert, und sie können in Gold oder Silber zahlen, wenn sie keine lokale Währung besitzen, oder in Waren oder was immer sie haben und was Harry gebrauchen kann. Das Lokal ist leicht zu finden, weil es in so vielen Universen existiert. Wie ich sagte, dieses kleine Gebiet ändert sich nicht sehr von Universum zu Universum, solange man nicht über weite Entfernungen reist. Oder vielleicht ist es nicht *leicht* zu finden, aber es kann gefunden werden. Ein Mann erzählte mir, Harrys Lokal gebe es anscheinend in mehr Universen als Washington, D.C. Das letzte Mal, als er dort aß, hatte er sogar eins von meinen Doubles gesehen, und er glaubte, an denselben Ort zurückgekehrt zu sein, bis ich schwor, ihn nie zuvor gesehen zu haben. Er hatte ganz komische Augen, deshalb war ich sicher, daß ich mich an ihn erinnert hätte.

Niemals kamen Gäste aus fremden Welten öfter, verstehen Sie, nicht ein einziges Mal. Keiner konnte den Weg zu genau unserer Welt zurückfinden. Es kamen nur solche, die von anderen Leuten in einer anderen Realität über Harrys Lokal gehört hatten. Oh, vielleicht war es nicht genau dasselbe Lokal, von dem sie gehört hatten, aber sie hatten gehört, für gewöhnlich gebe es an ungefähr dieser Stelle ein nettes Restaurant, in dem man essen und Informationen austauschen könne.

Das ist ein unheimlicher Gedanke, verstehen Sie, daß jedesmal, wenn ich jemandem einen Burger servierte, eine Zillion von mir Burgers an eine Zillion anderer Gäste servierte – und nicht alle waren sich gleich.

Sie kamen also in Harrys Lokal, um zu essen, und sie tauschten drinnen oder auf dem Parkplatz Informationen aus, und sie gönnten sich eine Ruhepause bei dem, was sie taten.

Sie kamen, und sie erzählten mir von all diesen anderen Universen, und ich war siebzehn Jahre alt, Mann. Es war wie bei den Werbungen für die Navy im Fernsehen: Sieh dir die Welt an – nur daß es heißen mußte, die *Welten,* alle Welten, nicht nur eine. Ich lauschte allem, was diese Leute berichteten. Ich hörte sie über Welten sprechen, wo Zeppeline in einem dritten Weltkrieg Cincinnati bombardierten, über Gegenden, in denen die Dinosaurier niemals ausstarben und sich die Säugetiere nicht höher entwickelten als bis zu Ratten, über Städte, die aus Buntglas gebaut oder meilentief unter der Erde angelegt waren, über Welten, in denen nach einem Krieg mit biologischen Waffen alle Männer tot waren oder alle Frauen oder alle Männer und Frauen. Alles, was ich früher gehört oder gelesen hatte, konnte von diesen Leuten überboten werden. Welten, wo einem lautes Sprechen die Todesstrafe eintrug – nicht dafür, was man sagte, sondern nur dafür, daß man *irgend etwas* laut aussprach. Welten mit Raumschiffen, die gegen Arkturus kämpften. Schöne Frauen, merkwürdige Orte, alles, was man sich wünschen konnte, war *irgendwo* da draußen, aber vielleicht mußte man ewig suchen, um es zu finden.

Ich lauschte diesen Geschichten monatelang. Ich schloß die High School ab, aber eine Möglichkeit, aufs College zu gehen, hatte ich sowieso nicht. Deshalb blieb ich bei Harry – immerhin verdiente ich dort genug zum Leben. Ich redete mit diesen Leuten aus anderen Welten, bekam sogar das Innere von einigen ihrer Schiffe oder Zeitmaschinen – oder wie man sie nennen will – zu sehen, und ich dachte, was für eine Wucht es doch wäre, so einfach von Welt zu Welt zu bummeln. Immer, wenn einem nicht gefällt, wie es irgendwo zugeht, kann man – *Peng* – in eine andere Welt verschwinden. Ich malte mir aus, daß ich in einer Welt, in der die Europäer und Asiaten Amerika nie erreicht haben, ein Weißer Gott bei den Indianern sein könnte, oder ich könnte eine Welt finden, in der Maschinen die ganze Arbeit tun und die Menschen sich nur entspannen und Feste feiern.

Als mein achtzehnter Geburtstag ohne ein Zeichen, daß ich West-Virginia jemals verlassen würde, kam und ging, begann ich, ernsthaft darüber nachzudenken, verstehen Sie? Ich erkundigte mich bei den Gästen danach. Viele von ihnen rieten mir, nicht dumm zu sein, viele wollten einfach nicht darüber sprechen. Einige jedoch, einige hielten es für eine großartige Idee.

Da war ein Mann – nun, es war September, aber immer noch so heiß wie im Hochsommer, sogar mitten in der Nacht. Die meisten meiner Freunde waren fort – sie waren aufs College gegangen oder hatten Jobs angenommen oder hatten geheiratet, vielleicht auch nur das erste oder das zweite. Mein Dad trank sehr viel. Die anderen Kinder waren wieder in der Schule. Ich hatte angefangen, statt abends tagsüber von acht Uhr morgens bis etwa vier Uhr nachmittags zu schlafen. Harrys Klimaanlage war kaputt, und ich wünschte mir sehnlichst, alles hinter mir zu lassen und mir eine bessere Welt zu suchen. Als ich nun diese beiden Männer an einem Tisch darüber reden hörte, ob der eine von ihnen noch Platz für eine Person in seiner Maschine habe, lauschte ich angestrengt, immer wenn ich keine Burgers und kein Coke heranzuschleppen hatte.

Den einen von den beiden kannte ich. Er war ständiger Gast, seit ich bei Harry arbeitete. Er sah wie ein ganz normaler Mensch aus, aber er pflegte so um drei Uhr morgens zu kommen und mit den irren Typen zu sprechen, als wären sie alte Kumpel. Daraus schloß ich, daß er selbst ursprünglich von einer anderen Welt gekommen war, auch wenn er jetzt in unserer blieb. Eine oder zwei Wochen lang kam er fast jede Nacht, dann verschwand er für Monate, dann tauchte er wieder auf, und ich hatte mich schon gefragt, ob er vielleicht das Navigationsproblem gelöst habe, von dem die anderen alle redeten. Doch dann sagte ich mir, wahrscheinlich nicht. Entweder hatte er aufgehört, von einer Welt zur nächsten zu springen, oder es war eine ganze Schar von parallelen Leuten, die zu uns kamen, und nicht immer derselbe Mann. Wenn das geschah, hatten wir für gewöhnlich zwei oder drei gleichzeitig da, die wie eineiige Zwillinge oder Drillinge aussahen, aber von diesem Mann gab es jedesmal nur einen. Dann blieben also doch nur die Möglichkeiten, daß er entweder nie Welten gewechselt hatte oder besser als jeder andere navigieren konnte.

Der Mann, mit dem er sich unterhielt, war neu; ich hatte ihn noch nie gesehen. Er war groß, vielleicht sechs Fuß vier Zoll, und schwer. Als er hereinkam, hatte er sich Schnee und Ruß von einem Plastik-Overall geschüttelt, mich mit einem breiten Grinsen angesehen und zwei von Harrys größten Burgers mit allen Beilagen bestellt. Fünf Minuten später setzte sich unser Stammgast an seinem Tisch ihm gegenüber, und jetzt erzählte der Neue dem Stammgast, er habe für alles, was jemand quer durch die Zeit befördert haben wolle, genug Platz in seinem Schiff.

Das war meine Chance! Als ich die Burgers brachte, fragte ich mit ausgesuchter Höflichkeit: »Entschuldigen Sie, Sir, ich konnte nicht umhin, Ihr Gespräch mitanzuhören. Meinen Sie, daß Sie Platz für einen Passagier hätten?«

Der große Mann lachte. »Na klar, Junge! Ich erzählte Joe hier gerade, ich könne ihn und seine ganze Fracht befördern, und für dich wäre auch noch Platz, wenn du dafür sorgst, daß sich die Mühe für mich lohnt.«

Ich sagte: »Ich habe Geld. Ich habe gespart. Was soll es kosten?«

Der große Mann bedachte mich von neuem mit einem breiten Grinsen, aber bevor er etwas sagen konnte, ergriff Joe das Wort.

»Sid«, bat er, »würdest du mich für eine Minute entschuldigen. Ich möchte eine Minute mit diesem jungen Burschen sprechen, bevor er einen gewaltigen Fehler begeht.«

Sid, der große Mann, antwortete: »Sicher, sicher, mir macht das nichts aus.« Also stand Joe auf und rief Harry zu: »Ist es okay, wenn ich mir Ihren Kellner für ein paar Minuten ausborge.«

Harry schrie zurück, es sei okay. Ich wußte nicht, was, zum Teufel, das sollte, aber ich ging mit, und wir beide setzten uns draußen in Joes Wagen, um miteinander zu reden.

Und es war wirklich ein Wagen – ein alter Ford-Lieferwagen. Er hatte eine Menge Extras, Samt und Blasenfenster, und hinten war eine Menge Zeug aufgestapelt, eine Camping-Ausrüstung und Kleider und so weiter, aber keine Spur von irgendwelchen Maschinen. Ich war mir immer noch nicht sicher, verstehen Sie, weil manche von unseren Gästen es wirklich gut verstanden, ihre Schiffe oder Zeitmaschinen oder was auch immer zu tarnen. Aber aussehen tat das Fahrzeug ganz wie ein gewöhnlicher Lieferwagen, und es sei auch ein ganz gewöhnlicher Lieferwagen, sagte Joe. Er nahm auf dem Fahrersitz Platz und ich auf dem Beifahrersitz, und wir drehten uns zur Seite, um einander anzusehen.

»Weißt du, wer alle diese Leute sind? Ich meine, Leute wie Sid?« fragte er.

»Klar«, antwortete ich. »Sie stammen aus anderen Dimensionen, Parallelwelten und dergleichen.«

Er lehnte sich zurück und sah mich scharf an. »Das weißt du, so? Weißt du auch, daß keiner von ihnen jemals wieder nach Hause zurückgelangen kann?«

»Ja, das weiß ich.« Ich benahm mich ziemlich keck.

»Und du willst trotzdem mit Sid in andere Universen reisen? Auch wenn du weißt, daß du dieses Universum niemals wiedersehen wirst?«

»Das ist richtig, Mister«, versicherte ich ihm. »Ich habe das hier satt. Ich habe hier nichts als einen blöden Job in einem Restaurant; ich möchte etwas von den Dingen sehen, über die die Leute reden, statt nur davon zu hören.«

»Du willst also tausend Wunder sehen?«

»Ja!«

»Du willst hundert Stockwerke hohe Gebäude sehen? Fremdartige Tempelstädte? Tausend Meilen breite Ozeane? Meilenhohe Berge? Prärien und Städte und seltsame Tiere und noch seltsamere Menschen?«

Nun, das genau wollte ich, und es war besser gesagt, als ich selbst es hätte ausdrücken können. »Ja«, stimmte ich zu, »Sie haben es erfaßt, Mister.«

»Du hast dein ganzes Leben hier verbracht?«

»Sie meinen diese Welt? Natürlich.«

»Nein, ich meine, hier in Sutton. Hast du immer hier gelebt?«

»Nun ja«, gab ich zu. »So ungefähr ist es.«

Er beugte sich vor und legte die Hände zusammen. Seine Stimme klang gepreßt, als wolle er mich damit beeindrucken, wie ernst es ihm war. »Junge«, sagte er, »ich mache dir nicht den geringsten Vorwurf daraus, daß du dir etwas anderes wünschst. Ich würde ganz bestimmt nicht mein ganzes Leben in diesen Bergen verbringen wollen. Aber du faßt es falsch an. Du willst gar nicht mit Sid reisen.«

»Ach ja?« gab ich zurück. »Warum denn nicht? Erwarten Sie von mir, daß ich mir selbst eine Maschine baue? Teufel, ich kann nicht einmal den Vergaser am Wagen meiner Mutter reparieren.«

»Nein, das habe ich nicht gemeint. Aber, Junge, du kannst diese tausend Fuß hohen Gebäude in New York sehen oder in Chicago. Du hast hier auf deiner Welt Ozeane, die so groß sind wie alles, was du anderswo findest könntest. Du hast die Berge und die Seen und die Prärien und alles übrige. Ich bin jetzt acht Jahre in deiner Welt, in denen ich immer wieder bei Harry vorbeischaue, um mich zu erkundigen, ob jemand herausgefunden hat, wie man im Nichtraum steuert und wie ich nach Hause komme, und es ist eine verdammt große, interessante Welt.«

»Aber«, wandte ich ein, »was ist mit den Raumschiffen und …«

Er unterbrach mich. »Du möchtest Raumschiffe sehen? Geh nach Florida und sieh dir einen Shuttle-Start an. Mann, das ist ein Raumschiff! Es mag nicht zu anderen Welten fliegen, aber es *ist* ein Raumschiff. Du willst seltsame Tiere? Geh nach Australien oder Brasilien. Du willst seltsame Menschen? Du kannst sie in New York oder Los Angeles oder an fast jedem anderen Ort finden. Du willst eine aus einem Berggipfel herausgehauene Stadt? Man nennt sie Machu Picchu, und ich glaube, sie liegt in Peru. Du willst geheimnisvolle alte Ruinen? Sie sind über ganz Griechenland und Italien und Nordafrika verteilt. Fremdartige Tempel? Besuche Indien; es soll allein in Benares tausend Tempel geben. Besichtige Angkor Wat oder die Pyramiden – nicht nur die ägyptischen, auch die der Mayas. Und, Junge, das Beste an all diesen Sehenswürdigkeiten ist die Aussicht, daß du hinterher nach Hause reisen kannst, wenn du Lust dazu hast. Du *mußt* nicht, aber du *kannst.* Wer weiß? Du könntest eines Tages Heimweh bekommen. Die meisten Leute bekommen es. Ich auch. Zum Teufel, ich wünschte, ich hätte mehr von meiner eigenen Welt gesehen, bevor ich es leichtfertig mit anderen versuchte.«

Ich starrte ihn eine Weile an. »Ich weiß nicht«, sagte ich. Es schien so einfach zu sein, in Sids Maschine zu springen und auf Nimmerwiedersehen zu verschwinden, wohingegen New York fünfhundert Meilen entfernt lag – und dann ging mir auf, wie dumm das war.

»He«, sagte Joe, »vergiß nicht, wenn du zu dem Schluß kommst, ich hätte unrecht gehabt, kannst du immer noch in Harrys Lokal zurückkehren und jemanden bitten, dich mitzunehmen. Es wird nicht Sid sein, der dann natürlich fort ist, aber du wirst schon jemanden finden. Die meisten Weltenspringer sind einsam, Junge. Sie haben jeden Menschen zurückgelassen, den sie je gekannt haben. Du wirst ohne Schwierigkeiten eine Transportgelegenheit bekommen.«

Nun, das entschied die Sache, denn, verstehen Sie, als ich darüber nachgedacht hatte, fand ich, daß er damit recht hatte. Das sagte ich ihm auch.

»Gut!« rief er. »Nun pack deine Sachen zusammen und entschuldige dich bei Harry und all das, und dann nehme ich dich bis Pittsburgh mit. Du hast ja Geld, von da ab weiterzureisen, nicht wahr? Diese Narren haben immer noch nicht herausgefunden, wie man steuern kann. Deshalb kehre ich nach Hause zurück – nicht in meine *richtige* Heimat, aber dahin, wo ich in eurer Welt lebe –, und ich hätte nichts dagegen, einen Mitfahrer zu haben.« Er lächelte mich an, und ich lächelte zurück, und wir mußten warten, bis die Bank am nächsten Morgen aufmachte, aber es machte ihm wirklich nichts aus. Auf dem ganzen Weg nach Pittsburgh sang er diese Hymnen und Kriegslieder aus seiner Heimatwelt, wo es in den 1920ern einen zweiten Bürgerkrieg gegeben hatte, weil ein Fundamentalistenprediger versuchte, die Verfassung abzuschaffen und eine Kirchenregierung an die Macht zu bringen. Joe meinte, seit Jahren habe er diese Lieder niemandem mehr vorsingen können.

Das ist sechs Jahre her, und ich bin seitdem nicht mehr in Harrys Lokal zurückgekehrt.

So kam es, daß ich angefangen habe zu reisen. Was verschlägt *Sie* nach Benares?

Originaltitel: ›Why I Left Harry's All-Night Hamburgers‹ • In: ›Isaac Asimov's Science Fiction Magazine‹, Juli 1987 • • Aus dem Amerikanischen übersetzt von Rosemarie Hundertmarck

---

M. Shayne Bell

DAS RAUSCHEN DES FLUSSES

Es war die körperliche Gegenwart der Sahara, die Niamey umgab, ihre Hitze und ihr Staub und ihr Sand, die einen niemals vergessen ließ, daß Niamey kein eigenes Wasser hatte. Am Ende meiner dritten Woche dort war die Beschaffung von Wasser zum Trinken, Waschen und Baden zu einer Besessenheit geworden, einer Besessenheit freilich, die von allen anderen geteilt wurde. Es kam soweit, daß ich kurz vor Anbruch der Dunkelheit auf dem Balkon meines Hotelzimmers im dritten Stock zu stehen und die Straße zu beobachten pflegte, die südwärts aus der Stadt führte, um frühzeitig die Staubwolken der Wasserlastwagen zu erspähen, die schwerfällig von der Küste heraufgerumpelt kamen. Mein Beobachtungsposten im dritten Stock verschaffte mir einen Vorteil. Sobald ich die Staubwolke sah, zog ich ein Hemd über und eilte hinaus zu Sekondi Usala, einem Wasserverkäufer, dessen Freundschaft ich zu kultivieren suchte – und in der Regel langte ich vor den meisten anderen Leuten dort an.

Ich kaufte mein Wasser vorzugsweise von Achmed Usala. Er schien ehrlich, und einmal hatte er mir sogar einen Liter erstklassiges Trinkwasser verkauft, bevor die Sonne untergegangen war – aber nur einmal. »Ihr Amerikaner leidet mehr in unserer Hitze«, hatte er zur Erklärung gesagt, und er hatte die Verdunstung beim Abfüllen nicht extra berechnet.

So geschah es, daß ich am Freitag meiner dritten Woche in Niamey frühzeitig die Staubfahnen der Wasserlastwagen im Süden der Stadt sah und vor Sekondi Usalas Tür erschien, bevor die Sonne ganz untergegangen war. Ich trug zwei leere Dreiliter-Plastikwasserflaschen bei mir. Ich wollte sichergehen, Wasser für ein Wochenendbad zu bekommen.

»Gehen Sie fort«, sagte der Türsteher auf französisch. »Wir werden bis zehn kein Wasser verkaufen.«

»Dann werde ich hier in der Schlange warten«, sagte ich. Ich war entschlossen, an diesem Abend ein Bad zu nehmen. Mitte der Woche hatte ich nicht genug Wasser bekommen können, um zu baden, und versucht, mich mit Bier zu waschen, das ich von einem Mittagessen in der kanadischen Botschaft gespart hatte.

»Sie werden *nicht* hier warten«, sagte der Türsteher. »Sekondi Usala wird es nicht dulden.«

»Ich bin sein amerikanischer Freund«, sagte ich. »Er wird mich warten lassen.«

»Er wird es nicht dulden«, wiederholte der Türsteher. »Sekondi sagte zu mir: ›Sag meinem amerikanischen Freund, er soll im Museum warten. Alle Leute, die nicht aus Niger sind, gehen zum Museum, aber er geht nicht. Sag ihm, daß er dort warten soll, bis wir das Wasser verkaufen.‹ Und hiermit habe ich es Ihnen gesagt.«

Danach würdigte mich der Türsteher keines Blickes mehr und sprach auch nicht mit mir. Er verscheuchte Fliegen von den Augen und betrachtete seine Füße.

Ich ging langsam fort, wieder die Straße hinauf. Es war keine gute Idee, einen der größten Wasserverkäufer von Niamey zu verärgern, einen Mann, der offensichtlich ein Nigerophile und stolz auf die Vergangenheit seines Landes und das Museum war, das etwas davon bewahrte; daß ich aber mit diesem Mann und seinem gemieteten Türhüter so vorsichtig sein mußte, machte *mich* ärgerlich und führte mir vor Augen, wie wenig Macht ich über die kleinsten Einzelheiten meines

Lebens hatte. Gewiß, ich konnte Niamey jederzeit verlassen, wenn es mir gefiel, aber ich wollte bleiben, um Aissa Seibou zu helfen, Gelder für das Bergbauprojekt in Zermaganda zusammenzubringen, und das bedeutete, daß ich im Umgang mit Wasserverkäufern vorsichtig sein mußte.

Zwei Häuser von Sekondi Usalas Eingang entfernt lehnte ich mich an eine Wand. Der Türhüter schaute nicht zu mir her. Ich sah auf meine Armbanduhr: 19:30. Zweieinhalb Stunden, bis ich Wasser kaufen konnte. Andere Leute standen straßauf und straßab in den länger werdenden Schatten und warteten. Keiner von uns natürlich in einer Schlange. Das duldete Sekondi Usala nicht.

Ich blickte zurück zum Türhüter. Diesmal begegnete mein Blick dem seinen. »Das Museum bietet Ihnen Unterhaltung, bis wir Wasser verkaufen!« rief er mir zu.

Verdammt, dachte ich. Er gab nicht nach. Es blieb mir nichts übrig als ins Museum zu gehen, dann zurückzukommen, Sekondi die Eintrittskarte zu zeigen und ihm zu erzählen, daß ich diesen oder jenen interessanten Gegenstand aus der Vergangenheit seines Landes bewundert hatte, und zu hoffen, daß er mir genug Wasser verkaufen würde, um mir das Waschen mit Bier zu ersparen.

Das Museum war zwei Blocks entfernt. Ich ließ meine leeren Plastikflaschen am Schalter zurück und war sorgsam bedacht, den Quittungsabriß meiner Eintrittskarte aufzubewahren. Das Museum hatte erst eine Stunde vor meiner Ankunft geöffnet. Im vervielfältigten Museumsführer las ich, daß die Direktion sich nur wenig Elektrizität leisten könne. Aus diesem Grund werde das Museum nur an den Abenden für das Publikum geöffnet, wenn die ausgestellten Gegenstände im milden Abendlicht betrachtet werden könnten und der Einsatz der Klimaanlage sich im größten Teil des Gebäudes erübrige. Ich wanderte schwitzend unter den Ausstellungsgegenständen des ersten Stocks umher, sah die ausgestopften Säugetiere, Vögel und Fische, die einst das Flußtal des Niger bewohnt hatten, allmählich in den Abendschatten versinken. Hier waren auch die in der Nähe von Arlit entdeckten Speerspitzen aus dem Neolithikum und die mit geometrischen Mustern bemalten hölzernen Schilde zu sehen, deren Holz von Bäumen stammte, die vor zwanzig Jahren ausgestorben waren.

Ich stieg hinauf in den zweiten Stock und drehte den Wasserhahn am oberen Treppenabsatz auf, aber natürlich kam kein Wasser. Gegenüber vom Wasserhahn stand eine Reihe von Glasvitrinen, in denen holländische Stiche ausgestellt waren. Sie waren nach Skizzen angefertigt worden, die der englische Forscher Mungo Park für sein 1797 erschienenes Buch *Travels into the Interior of Africa* gezeichnet hatte. Ich schaute in die erste Vitrine. Ein aufgeschlagenes Buch zeigte einen vergilbten und an den Rändern bröckelnden alten Kupferstich, der zwei Seiten des Buches einnahm, in das er gebunden war. Ich konnte die Darstellung im schwindenden Licht gerade noch erkennen.

Und ich kannte sie.

Der Kupferstich zeigte den breit dahinströmenden Niger und ein Land üppiger Vegetation, an deren Fülle sich keiner erinnern konnte, der jetzt in Niger lebte. Ich wußte sofort, daß ich genau diesen Kupferstich als Junge gesehen hatte, abgedruckt auf der Hülle einer Schallplatte, die ich geliebt und später vergessen hatte. Die Aufnahme stammte von einer Gruppe aus Niger. Es war ein seltsames Gefühl, als Mann etwas zu sehen, das mir als Junge soviel bedeutet hatte, und während ich dastand und den Kupferstich betrachtete, schien es mir für eine Weile, als ob der Junge und der Mann verschiedene Menschen seien, die einander einmal gekannt hatten. Ich fragte mich, wie der Junge wirklich gewesen war und warum die Musik ihn so lange in ihrem Bann gehalten und ihn so bewegt hatte.

Und ob diese Musik so stark auf sein Unterbewußtsein gewirkt haben konnte, daß sie ihn in eine Berufslaufbahn gedrängt hatte, die ihn schließlich in ein Museum in Niamey geführt hatte, der Stadt, aus der die Musik gekommen war – sogar nachdem der Mann sie vergessen hatte.

Ich wollte diese Musik wieder hören. Ich wollte ihr in Niamey selbst lauschen und erleben, was sie für den Mann bedeuten, was er darin finden würde. Also machte ich mich auf die Suche nach dem Direktor, Francois Brissot, einem alten Franzosen, dessen Familie während jahrzehntelanger Unruhen in Niamey geblieben war und schließlich auch die ökologische Katastrophe überdauert hatte, und führte ihn zu dem Stahlstich in der Vitrine. Er beugte sich über die schon im Halbdunkel verschwimmende Abbildung.

»Auf einer Schallplattenhülle?« fragte er mich wieder, auf französisch.

»So ist es«, sagte ich. »Ich besaß diese Schallplatte, als ich ein Junge war. Die Gruppe hieß …«

»Hamane Oumarou.«

»Sie erinnern sich auch!«

»Wie alt sind Sie?«

»Alt genug, um Schallplatten besessen zu haben. Ich hatte zwei von dieser Gruppe.«

Er richtete sich auf. »Es gab nur sechs. Sie taten gut daran, mich zu fragen. Wir haben die Hamane Oumarou-Papiere im Archiv – und was an Bandaufzeichnungen der Gruppe aus dem Feuer gerettet werden konnte. Folgen Sie mir, und ich werde Ihnen alles zeigen.«

Während er sprach, gingen wir durch einen Korridor, der rechts und links von Ablageschränken gesäumt war. Er erzählte mir, das Studio in Paris, wo Hamane Oumarou seine Aufnahmen gemacht hatte, sei abgebrannt, und die Gruppe habe ihre Musik noch einmal aufgenommen, diesmal digital, habe sich aber bald darauf aufgelöst, als Hamane Oumarou aus Paris in die Heimat zurückkehrte.

Brissot blieb vor einer geschlossenen Tür stehen. »Die Musik ist in diesem Raum«, sagte er. »Ich fürchte, es wird einen minimalen Zuschlag auf Ihre Eintrittsgebühr geben, wenn wir die Lichter einschalten.«

»Ich bezahle ihn«, sagte ich.

Er öffnete die Tür, schaltete die Lampen ein und ließ mich zuerst in einen Raum treten, welcher der Musik Nigers gewidmet war. Hier gab es Aufnahmen von Volksmusik verschiedener einheimischer Stämme, in Paris kopiert und nach Niamey ins Museumsarchiv zurückgeschickt, die Papiere und Kompositionen von acht heimischen Komponisten und was vom Werk Hamane Oumarous übriggeblieben war: ein Ablagekarton mit dem Etikett ›Korrespondenz‹ und ein zweiter mit der Aufschrift ›Aufnahmen, Rechnungen und Verträge‹. Brissot nahm fünf CDs aus dieser Schachtel und gab sie mir. Auf keiner war die Wiedergabe des Kupferstiches nach Mungo Parks Skizze zu sehen.

»Ich hatte Schallplatten«, sagte ich.

»Wir haben sie unglücklicherweise nicht gesammelt«, erklärte er mir. »Wir erhielten diese nach dem Studiobrand und der Neuaufnahme.«

Ich fürchtete, ich würde jede der CDs anhören müssen, um meine Musik zu finden, und war nicht sicher, ob ich sie dann wiedererkennen würde, es war so lange her. Ich hatte gehofft, meine Schallplatte mit Hilfe der Abbildung auf der Hülle wiederzufinden. Aber als ich die CDs durchsah, erkannte ich eine der Abbildungen, ein Foto von Bilma aus einiger Entfernung, auf dem die Minarette der Moscheen sich über die Stadtmauern erhoben. »Diese Abbildung war auf der Plattenhülle der zweiten Hamane Oumarou-Platte, die ich besaß«, sagte ich.

»Dann verwendeten sie für die CD-Titel wahrscheinlich die gleichen Abbildungen, die sie auf den Plattenhüllen hatten«, sagte der Direktor. »Aber es gab sechs Platten. Ja – schauen Sie her.«

Er zeigte mir eine Liste der Schallplattenaufnahmen, die Hamane Oumarou gemacht hatte: sechs Platten, von denen fünf digital neuaufgenommen und als CDs herausgebracht worden waren. Bei der einen, die sie nicht neu aufgenommen hatten, handelte es sich um ihre erste Aufnahme, *Niger!*, und ich erinnerte diesen Titel. Es war der Name der Platte, die ich als Junge gehabt hatte und deren Plattenhülle die Wiedergabe des Mungo Park-Kupferstiches geziert hatte.

»Warum wurde dieser Titel nicht neu aufgenommen?« fragte ich.

»Ich weiß es nicht«, sagte der Direktor. »Würden Sie gern diese anderen CDs hören?«

Ich bejahte, und er ließ mich allein mit einer Stereoanlage. Ich zog mir den Kopfhörer über die Ohren und lauschte nacheinander den CDs. Es stellte sich heraus, daß ich die erste und zweite Platte von Hamane Oumarou gehabt hatte – die CD mit dem Foto von Bilma war die zweite gewesen, und ich erkannte die Musik. Manches davon war seltsam bezwingend. Hamane Oumarou trat darin in der traditionellen Weise als Vorsänger auf und sang einen Text aus einem Lied über einen Haussakönig oder vielleicht über eine Jungfrau, die sich kurz vor ihrer Hochzeit in der Wüste verirrte, und die anderen fünf Mitglieder der Gruppe wiederholten ihn dann mit leichten Variationen. Die Musik nahm an Intensität und Energie zu; Trommeln und die einheimischen Instrumente wurden eines nach dem anderen eingeführt, und einige der Stücke endeten in einem bewegenden Crescendo, das mir ›Afrika‹ zurief, sogar noch jetzt, als ich in einem Museum in einer afrikanischen Stadt saß.

Das war es gewesen, was die Musik mir in meiner Jugend zugerufen hatte.

Aber nur einiges von der Musik dieser digitalen Neuaufnahme konnte ›Afrika‹ sagen. Das meiste davon sagte ›New Orleans‹ oder ›Paris‹ – mit anderen Worten: Jazz. Hamane Oumarou hatte die bemerkenswerte Musik Nigers so umgewandelt, daß schließlich wenig origineller Jazz daraus wurde. Und die weiteren Aufnahmen bestätigten meinen Eindruck. Sie enthielten weniger und immer weniger von dem musikalischen Zauber und Wunder, von der Bewegung und der exotischen Atmosphäre, die Hamane und seine Gruppe ursprünglich aus Afrika mitgebracht hatten, weniger und immer weniger von der Magie, die mich zu einigen Musikstücken dieser zweiten und zu der gesamten Musik jener ersten Aufnahme hingezogen hatte, die ich wieder hören wollte. Drei Stücke aus der Bilma-CD sprachen zu mir von Afrika. Ich legte diese CD wieder in die Stereoanlage und hörte die Stücke noch einmal an, nur diejenigen, die von einer ausländischen Musiksprache wenig beeinflußt schienen. Es ist nicht so, daß ich Jazz nicht leiden kann. Ich mag guten Jazz. Es schien mir nur, daß Hamane Oumarou, wenn er sich für die Übernahme von Jazzelementen entschied, eine bezwingende Kraft in seiner Musik einbüßte, die mich schon als Junge angesprochen hatte. Jazz konnte ich überall bekommen. Was ich nicht bekommen konnte, war die Musik von Niger, und sie hatte ich gesucht. Es hatte offensichtlich einen Grund dafür gegeben, daß ich aufgehört hatte, Platten von Hamane Oumarou zu kaufen – sie hatten aufgehört, zu mir von Afrika zu sprechen.

Nun, jetzt habe ich Afrika, dachte ich, und es ist groß und heiß und trocken – ein anderes Afrika als das, das ich mir als Junge vorgestellt hatte. Ich nahm die Kopfhörer ab, legte die Bilma-CD zurück in ihre Kassette und stand auf, um zu gehen. Ich legte die CDs wieder in ihre Archivschachtel, und dabei kam mir der Gedanke, ob Hamane Oumarou und einige der anderen

Mitglieder seiner Gruppe vielleicht noch am Leben sein und in Niamey oder anderswo in Niger leben mochten. Wenn ich einen von ihnen finden könnte, würde sich vielleicht eine Möglichkeit eröffnen, wieder die Musik jener ersten Aufnahme zu hören.

Ich nahm mir die Archivschachtel mit der Korrespondenz vor und sah den Inhalt durch. Dabei suchte ich vor allem die neuesten Briefe, denen ich vielleicht eine Anschrift entnehmen konnte. Die Korrespondenz war chronologisch geordnet; die ersten Briefe stammten von einem Aufnahmestudio in Paris, das von Humane Oumarou gehört hatte und an einer Aufnahme seiner Musik interessiert war. Dann gab es Briefe, die Hamane Oumarou aus Paris an Verwandte in Niamey geschrieben hatte. Ich gewann den Eindruck, daß er und seine Gruppe jahrelang in Paris gelebt hatten, und die gesamte Korrespondenz ging an dortige Anschriften. Es gab Briefe über den Studiobrand und die Neuaufnahmen – und dann, was mich aufmerken ließ, Briefe, in denen Hamane Oumarou sich standhaft weigerte, eine Neuaufnahme von *Niger!* in Betracht zu ziehen, obwohl er keinen Grund für seine Weigerung nannte. Nach diesem fand ich Briefe, die an Hamane Oumarou gerichtet waren, der nun eine Anschrift in Niger hatte, in der Stadt Zinder. Briefe von den anderen Mitgliedern seiner Gruppe, in denen sie ihn aufforderten, nach Paris zurückzukommen. Die Briefe schienen alle hastig und mit verzweifelten Untertönen geschrieben, und mir wurde bei ihrer Lektüre klar, daß Hamane irgendwie in die politischen Unruhen zwischen dem Sturz der letzten Militärdiktatur in Niamey und dem Austrocknen des Niger verstrickt gewesen war.

Dann fand ich ein Ernennungsschreiben des Königs von Zinder: Hamane Oumarou wurde darin zum Hofmusikmeister ernannt. Nach dem Sturz der Militärdiktatur hatten die Haussa versucht, sich aus dem Staatsverband Nigers zu lösen und ein eigenes Königreich mit Zinder als Mittelpunkt zu bilden. Ich wußte, daß die Haussabewegung eine konservative Bewegung gewesen war und daß die Hofmusik sehr wahrscheinlich jene Art von Musik gewesen sein mußte, für die ich Hamane Oumarou bewunderte, nicht Jazz. Ich wollte diese Musik hören und überlegte, wie sie jetzt wohl klänge, wenn Hamane Oumarou wirklich noch lebte. Das Haussakönigreich war natürlich nicht zustande gekommen, weniger aus Mangel an kriegerischen Qualitäten, sondern aus Wassermangel. In den Jahren des Bürgerkrieges hatte Hamane in Zinder Briefe aus Paris erhalten – von alten Freunden, Abrechnungen über Tantiemen und dergleichen. Sie waren alle hier gesammelt. Nach dem Fall Zinders war der Haussakönig in Niamey unter Hausarrest gestellt worden, und ich sah Grund zu der Annahme, daß Hamane Oumarou, wenn er inzwischen nicht verstorben war, mit seinem König und dem Rest seines Hofes in Niamey lebte: die letzten Briefe in der Sammlung schienen meine Vermutung mehr oder weniger zu bestätigen, sie waren an Hamane Oumarou unter einer Anschrift in Niamey gerichtet und stammten vom Haussakönig, der Hamane unter anderem für seine Bemühungen um die Erhaltung der Haussamusik dankte. Diese Musik war anscheinend erst kürzlich unter Hamane Oumarous Leitung aufgenommen worden, diesmal von Anthropologen. Ich mußte wieder über Hamane Oumarous Weigerung nachdenken, *Niger!* noch einmal aufzunehmen. Er hatte sich erst ein paar Jahre vor meiner Ankunft in Niamey wieder Aufnahmen authentischer Musik zugewandt. Warum also nicht *Niger!*? Der letzte Brief des Haussakönigs war nur ein Jahr alt. Ich schrieb mir die Anschrift auf, legte die Korrespondenz in den Karton zurück, schaltete das Licht aus und verließ das Archiv.

Auf dem Weg hinaus machte ich noch einmal halt, um den Kupferstich der Mungo Park-Skizze anzuschauen. Ich konnte nur noch wenig davon sehen, denn im Museum war es mittlerweile dunkel geworden: nur die ungefähren Umrisse eines von Bäumen bestandenen breiten Flusses – eine grüne Vergangenheit, die bei einigen Leuten die Hoffnung erweckte, eine grüne Zukunft hervorzubringen. Und es schien, daß Hamane Oumarou zu der musikalischen Schönheit von Nigers Vergangenheit zurückgekehrt war, um auch sie für die Zukunft zu bewahren, und das machte ihn mir sympathisch.

Es war nach zehn, als ich auf dem Weg hinaus am Schalter haltmachte und die Gebühr für die Beleuchtung bezahlte. Das Mädchen gab mir meine Wasserflaschen zurück. Ich hatte mein Wasser vergessen. In meinem wiederaufgelebten Interesse an der Musik Nigers hatte ich mein Wasser vergessen! Ich eilte zurück zu Sekondi Usala. Die Straße vor seinem Haus war ein Gedränge von Hunderten durstiger, schwitzender Leute, die sich mit Eimern, leeren Flaschen, Wannen und zusammengenähten Ziegenfellen vor dem Eingang drängten. Frauen trugen weinende Säuglinge auf dem Rücken, und ungezählte Füße wirbelten Staub in die Luft. In diesem Chaos wartete ich bis elf und bekam kein Wasser. Sekondi Usala ließ sich nicht blicken, und ich konnte ihm nicht die Eintrittskarte vom Museum vorweisen und ihm beweisen, daß ich dortgewesen war. In mein Hotelzimmer zurückgekehrt, wusch ich mir das Gesicht mit Bier, und bevor ich mich schlafen legte, schrieb ich Hamane Oumarou einen Brief, in dem ich ihn fragte, ob ich ihn aufsuchen und mit ihm über seine Musik sprechen könne. Am nächsten Morgen schickte ich ihn an die Adresse, die der Haussakönig benutzt hatte.

Am Montag der folgenden Woche bekam ich eine Antwort. Hamane Oumarou werde sich freuen, mich am selben Abend um sieben zu empfangen. Ich las den Brief und geriet beinahe in Panik, weil ich nicht wußte, wie ich mich säubern sollte. Sekondi Usala würde vor Sonnenuntergang kein Wasser verkaufen, das war unumstößlich. Ich hatte in der kanadischen Botschaft ein paar Freunde gewonnen, und einer von ihnen nahm mich schließlich mit nach Haus und gab mir einen Liter Wasser. Ich drückte den Stöpsel in sein Waschbecken und brachte es fertig, mir die Haare und dann mit einem Schwamm den ganzen Körper zu waschen und mich schließlich noch zu rasieren. Danach war es ein gutes Gefühl, die Straße hinunterzugehen und nicht nach Bier zu riechen.

Ich ging zu Hamane Oumarous Haus, das an der Yantala-Straße lag und über trockene Felsbänke in das ausgetrocknete Flußbett des Niger blickte. Hamane Oumarou erwartete mich. Er war ein magerer kleiner Mann in einer baumwollenen weißen Abiyah und Sandalen. Auf dem Kopf hatte er nur noch spärliches weißes Haar. Wir stellten uns einander vor und schüttelten uns die Hände, und er segnete mich im Namen Allahs und lud mich ein, näher zu treten. Ich mußte mich bücken, um sein Haus zu betreten, aber drinnen waren die Decken hoch. Das Haus war aus Stein gemauert und kühl, und ich überlegte, ob es Geld von den Pariser Musikaufnahmen gewesen war, das ihm den Bau des Hauses ermöglicht hatte, oder ob es Geld vom Haussakönig gewesen war.

Hamane führte mich in ein kleines Zimmer, das Ausblick auf den ausgetrockneten Niger gewährte. Der Raum schien nur zum Kaffeetrinken bestimmt; er war möbliert mit zwei hölzernen Stühlen, einem kleinen hölzernen Tisch und einer Stereoanlage mit CD-Spieler und einem Schallplattenteller. Auf der anderen Seite stand eine Kaffeemaschine auf einer kleinen Vitrine für Tassen und Untertassen. An der Wand, die dem trockenen Niger gegenüberlag, hingen gerahmte Reproduktionen der Mungo Park-Kupferstiche, die ich bewunderte – und in der Mitte die Abbildung der Plattenhülle von *Niger!*.

Aber wir konnten nicht über Musik sprechen. Als Gast mußte ich mindestens drei Tassen vom dicken schwarzen Kaffee meines moslemischen Gastgebers trinken und über alles andere als den Zweck meines Besuchs sprechen. Also tranken wir Kaffee und scheuchten zudringliche Fliegen von unseren Augen und sprachen auf französisch über Wasser und seine Beschaffung, die Massaker in Mali, das wachsende Flüchtlingsproblem und den Erfolg oder Mißerfolg der humaneren Methoden der Bevölkerungskontrolle in Niger.

»Möchten Sie noch Kaffee?« fragte Hamane, nachdem ich die dritte Tasse geleert hatte.

»Mit Vergnügen«, sagte ich, und er füllte meine Tasse auf. Dies war die Tasse, die ich nicht leeren würde.

Auch Hamane füllte seine Tasse, rührte sie aber nicht an. Er lehnte sich auf dem Stuhl zurück und faltete die Hände vor sich. »Sie sind so freundlich, meine Musik zu kennen«, sagte er.

Ich erzählte ihm von den Schallplatten, die ich als Junge besessen hatte, und er lächelte und schien erfreut, daß ein Junge in Amerika zwei von seinen Platten gehabt und daß dieser Junge Gefallen daran gefunden hatte.

Er erzählte mir von seiner Arbeit beim Haussakönig, dann spielte er mir seine Kopien von der Hofmusik vor, die von den Anthropologen aufgenommen worden war. Ich lauschte, bis die Sonne untergegangen war und Hamane Kerzen in den Wandhaltern angezündet hatte. Die Musik war alles, was ich erhofft hatte: die wiederholten Gesänge, an die ich mich erinnerte, deren Komplexität, Rhythmus und Bewegung anwuchsen, bis ich mich kaum zurückhalten konnte, in die Musik einzustimmen, aber ich lächelte, und Hamane lächelte mit mir, als er meine offenkundige Freude an der Haussamusik beobachtete.

»Es gibt viele Tonbänder«, sagte er schließlich. »Ich

werde Sie später wieder zu mir bitten, damit Sie alle hören können.«

»Und ich werde mit Freuden kommen«, sagte ich. Wenn seine Musik mich unterbewußt beeinflußt hatte, in Afrika zu arbeiten, dann war es ein Einfluß, den ich gern akzeptierte und anerkannte.

Er stand auf, um seine Bänder wieder in ihren Kasten zu tun, und ich blickte an ihm vorbei zu den Reproduktionen an der Wand, die im Kerzenschein flackerten. Wieder dachte ich an die Aufnahme *Niger!*

»Darf ich Ihnen eine Frage stellen, bevor ich gehe?« fragte ich.

»Gewiß«, sagte Hamane.

»Warum machten Sie keine Neuaufnahme von *Niger!*?«

Er legte die Bänder ab und sah mich an. »War es diese Musik, die Sie im Museum wiederzufinden suchten?«

Ich nickte.

»Sie war wie die Musik, die Sie heute abend hörten und schätzten.«

»Ja, so war sie«, sagte ich.

»Warten Sie hier. Ich will mein Exemplar von *Niger!* suchen und für Sie spielen«, sagte er.

»Ich möchte nicht aufdringlich sein ...«

Er hielt die Hand hoch. »Es ist die einzige Möglichkeit für mich, Ihre Frage zu beantworten. Wenn Sie die Musik wieder hören, werden Sie verstehen, warum ich sie nicht wieder aufnehmen konnte.« Er trat zum Fenster und öffnete es weit. »Während ich fort bin, um die Platte zu suchen, achten Sie darauf, was Sie aus diesem Fenster hören können«, sagte er und verließ das Zimmer.

Ich lauschte und hörte einen Lastwagen auf einer Straße in Niamey. Ich hörte südlich von uns einen Hund bellen, im Gaoueye-Viertel. Ich hörte den Wind über dem trockenen Flußbett des Niger.

Hamane kehrte mit seiner Schallplatte zurück. Nachdem er sie herausgenommen und auf den Plattenteller gelegt hatte, reichte er mir die Plattenhülle: Die Reproduktion des Mungo Park-Kupferstiches war genauso, wie ich sie in Erinnerung hatte, und ich fühlte mich wieder wie ein Junge, nur daß ich jetzt bei dem Mann war, der die Musik komponiert hatte, die ich liebte.

Er setzte den Tonabnehmer auf, und die Musik begann, etwas kratzig. »Was hören Sie?« fragte er mich sofort.

»Ihre Stimme«, sagte ich. »Eine Trommel.«

»Was noch?«

Ich lauschte. »Eine weitere Stimme.«

»Was noch?«

Ich lauschte, konnte aber nur die zwei Stimmen und die Trommel hören.

»Was hören Sie hinter der Musik?«

Dann erkannte ich es. »Wasser?« fragte ich.

Er nahm den Tonabnehmer hoch und setzte ihn an anderer Stelle wieder auf. »Was hören Sie jetzt?« fragte er.

Diesmal horchte ich auf das Wasser und hörte es im Hintergrund. »Wieder Wasser«, sagte ich.

»Was hier?« fragte er, als er die Nadel wieder an anderer Stelle aufgesetzt hatte. »Wasser.«

»Und hier?«

»Wasser.«

Danach ließ er die Musik spielen, trat zum Fenster und blickte hinaus. »Das Wasser, das Sie hören«, sagte er, »war das Wasser des Niger.«

Wir blieben beide eine Zeitlang still, und ich lauschte jetzt nicht sosehr der Musik als vielmehr dem Rauschen des Flusses im Hintergrund.

»Wir nahmen mehrere Stunden vom Rauschen des Flusses auf und synchronisierten sie auf einer Tonspur mit unserer Musik, als wir sie in Paris aufnahmen«, sagte Hamane. »Wir wollten den Fluß in unserer Musik bei uns haben, als wir anfingen, denn der Fluß war unser Land. Diese Bänder vom Fluß gingen auch im Feuer verloren.«

Und ich verstand. »Sie hätten die Musik reproduzieren können«, sagte ich, »aber nicht das Rauschen des Flusses.«

Er sah mich nicht an. »Was hörten Sie durch das Fenster, als ich Sie hier alleinließ?« fragte er.

Ich sagte ihm, was ich gehört hatte. Er schaltete seine Musik aus und bat mich ans Fenster, wo wir zusammen standen und über das trockene Flußbett hinausblickten. Wir lauschten dem Wind, bis die Kerzen niederbrannten und eine erloschen war. Dann führte Humane Oumarou mich zu seiner Tür, und ich kehrte zurück in mein heißes Hotelzimmer, das kein fließendes Wasser hatte. Unter dem Bett hatte ich drei Dosen Bier versteckt, und eine davon trank ich allein in meinem Zimmer, dann kleidete ich mich aus und legte mich aufs Bett, aber das Fenster stand offen, und der Wind klapperte mit dem Rolladen, und ich konnte lange nicht einschlafen. Alle Geräusche dieser Nacht waren rauh und trocken.

Originaltitel: ›The Sound of the River‹ • Aus: ›Asimov's Science Fiction‹, Dezember 1992

• Aus dem Amerikanischen übersetzt von Walter Brumm

Steven Utley

WIND ÜBER DER WELT

Der Helfer sah nur flüchtig hoch, als Leveritt das Zimmer betrat. Dann widmete er seine Aufmerksamkeit wieder dem Clipboard, das er in der Armbeuge hielt. Nichts im Zimmer wies auf irgend etwas Besonderes hin, doch gerade als Leveritt hereinkam, ging ein Mann in weißem Laborkittel durch die Tür direkt gegenüber hinaus. In der Sekunde, bevor die Tür hinter ihm ins Schloß fiel, erspähte Leveritt den Raum dahinter, der voll Lampen und schimmernder glatter Oberflächen war. Sie glaubte ein schwaches Geräusch zu hören, wie statisches Rauschen oder die Brandung von Wellen gegen eine Küste. Die Aufregung durchzuckte sie wie ein elektrischer Schlag, und sie erschauderte.

»Legen Sie sich bitte auf die fahrbare Liege dort.« Der Helfer schrieb weiter, während er mit ihr sprach. »Ihren Seesack können Sie auf dem Gestell darunter verstauen.«

Leveritt folgte der Aufforderung. »Ich fühle mich wie bei der Vorbereitung zu einer Operation«, sagte sie.

»Wir möchten nicht, daß Sie hinfallen und sich verletzen, falls Sie ohnmächtig werden.« Er hörte auf zu schreiben, trat um das Fußende der Liege herum zu ihr und hielt das Cipboard so, daß sie das Formular erkennen konnte.

»Hier in dem Logbuch«, sagte er und reichte ihr seinen Stift, »steht, zu welchem Zeitpunkt Sie die Gegenwart verlassen. Unterschreiben Sie unten, wo die markierte Linie ist.«

Leveritts Hand zitterte, als sie nach dem Stift griff. Sie schloß ihre Finger zu einer Faust und preßte sie für ein paar Sekunden fest zusammen.

»Ich bin etwas nervös«, sagte sie und lächelte den Helfer entschuldigend an. Um zu zeigen, wie wenig nervös sie war, ließ sie das Lächeln zu einem Grinsen werden. Es verursachte einen spröden, häßlichen Gefühlsausbruch auf ihrem Gesicht.

»Ich habe mich freiwillig gemeldet«, setzte sie hinzu und dachte bei sich: Eigentlich bin ich mehr *gespannt* als nervös.

Der Helfer lächelte flüchtig und routiniert. »Auch Freiwillige haben das Recht, nervös zu sein. Versuchen Sie, sich zu entspannen. Wir haben das schon Hunderte von Malen gemacht. Es ist wirklich nichts dabei. Aha!«

Mit diesem Ausruf begrüßte er einen anderen Helfer, der ihm derartig ähnelte, daß Leveritt glaubte, die beiden nicht mehr auseinanderhalten zu können, wenn sie nur einen Augenblick wegsah. Er begleitete einen schmächtigen Mann in neuaussehender Safarikleidung, der statt des großkalibrigen Gewehres, das seine Ausrüstung vervollständigt hätte, einen Seesack und einen Laptop bei sich trug. Der Mann verstaute den Seesack, kletterte unaufgefordert auf die Liege neben Leveritt, setzte mit einem Schnörkel seine Unterschrift in das Logbuch und legte sich lächelnd zurück. Er wandte sein Gesicht zu Leveritt und sagte:

»Sieht so aus, als wären wir Reisegefährten – Zeitreisegefährten.« Er sprach schnell, als hätte er Angst, ihm könne die Luft ausgehen, bevor er alles gesagt hatte, was er wollte. »Darf ich mich vorstellen: Ich bin Ed Morris.«

»Bonnie Leveritt.«

»Freut mich sehr, Miss Leveritt – oder muß ich *Doktor* sagen?«

Sie überlegte, ob er wohl fähig war, einen Satz von sich zu geben, der nicht von Gedankenstrichen unterbrochen war.

»Nein«, erwiderte sie. »Ich bin gerade erst dabei, meinen Doktortitel zu erwerben. Ich bin auf dem Weg zu einem Team, das im Auftrag von Texas A & M Feldforschung betreibt.«

Einer der Helfer blickte auf seine Armbanduhr und nickte seinem Kollegen zu. Jeder von ihnen griff zu einer vorbereiteten Spritze. Der Mann, der sich über Leveritt beugte, schenkte ihr wieder ein flüchtiges, routiniertes Lächeln. »Das soll verhindern, daß Sie einen Schock bekommen.«

Leveritt hatte eigentlich keine Angst vor Spritzen, blickte aber trotzdem zur Seite, um Morris zu beobachten. Dieser versuchte, mit den Augen dem grellen Licht der Leuchtstoffröhren auszuweichen. Sie hörte, wie er leise stöhnte, als sich die Nadel in seinen Arm bohrte.

»Es dauert noch einige Minuten«, sagte Leveritts Helfer. Sein Doppelgänger und er verließen das Zimmer. Leveritt und Morris warteten.

Ungefähr eine Minute verstrich. Dann fragte er: »Wie fühlen Sie sich?«

»Prima.« Ihre Stimme hörte sich fremd an, verquollen und belegt wie die eines starken Rauchers. Sie räusperte sich und wiederholte das Wort. Über den Erfolg konnte man streiten.

»Ehrlich gesagt«, gestand sie, »bin ich ganz entsetzlich aufgeregt. Es ist das erstes Mal für mich. Es wäre weniger schlimm, wenn ich hier nicht so tatenlos herumliegen müßte.«

»Die Vorräte werden zuerst befördert. Wir stehen ganz unten auf der Liste, hinter Seife und Toilettenpapier. Ich war beim ersten Mal auch teuflisch nervös.

Leuten mit meinem Beruf traut ja eigentlich niemand viel Vorstellungskraft zu. Außer wenn es um« – er lachte in sich hinein – »um kreative Buchführung geht. Ja, Sie haben richtig verstanden – ich bin einer von denen mit dem Rechenschieber im Kopf. Doch ich sage Ihnen, die Nacht vor dem ersten Mal tat ich kein Auge zu. Ich konnte überhaupt nicht schlafen. Ich stellte mir alles mögliche vor, was schiefgehen könnte. Außerdem schien es mir so unwirklich und so phantastisch – und es passierte ausgerechnet mir! O Mann! Naja, das Konzept ist aufregender als die Wirklichkeit. Wo wir hinkommen, erwartet uns nicht viel – ein wenig Moos und eine Menge Schlamm. Keine Ahnung, warum man das Zeitloch nicht in eine interessantere Periode legen konnte.«

»Das hängt sicher davon ab, was man interessant findet. Außerdem – soweit ich es verstanden habe, *legte* man das Loch nicht, sondern es war einfach vorhanden, und man fand es zufällig. Wir können noch froh sein, daß es nicht irgendwo hinführt, wo wir weder hinkönnen noch hinmöchten.«

»Meinen Sie damit meine Heimatstadt – Dallas?«

Leveritt lächelte. Sie kam aus Fort Worth. »Viel schlimmer. Bis auf die letzten hundert Millionen Jahre war die Erde ein ziemlich unbewohnbarer Planet – giftige Atmosphäre, zu viel ultraviolette Strahlung und dergleichen.«

»Da spricht der wahre Wissenschaftler!«

»Noch nicht ganz«, erwiderte sie, »obwohl ich schon die nötige Pendanterie besitze.«

»Naja, wie ich schon sagte, ich war beim ersten Mal so nervös ... Ich hatte richtig Angst. Sie glauben es vielleicht nicht, wenn Sie mich so anschauen«, er machte eine Pause, um ihr Gelegenheit zu geben, ihn genau zu betrachten, was sie schließlich auch tat, »aber ich bin sonst kein Angsthase. Ich führe ein sehr aktives Leben – Bergsteigen, Fallschirmspringen.

Ich glaube, mich zieht's immer besonders in die Höhen.«

Leveritt hätte Morris gern geglaubt, aber es fiel ihr schwer. Er war ein kleiner Mann Mitte Vierzig mit beginnender Glatze, den sie sich beim besten Willen nicht dabei vorstellen konnte, wie er sich einen steilen Berg hocharbeitete. In seinem weißen Jägeranzug lag er, den Laptop an seinen schmächtigen Brustkorb gepreßt, auf der Liege und trommelte mit den Fingern auf das Gehäuse. Er wirkte so gelassen, als wartete er auf einen Fahrstuhl, aber gleichzeitig entsprach er auch haargenau dem Bild, das man sich von einem Buchhalter machte.

»Natürlich ist es etwas anderes«, sagte er, »durch ein Loch in der Zeit zu springen als in dreitausend Meter Höhe aus einem Flugzeug. Direkt aus dem einundzwanzigsten Jahrhundert in die prähistorische Vergangenheit! Ich habe damals wirklich kein Auge zugetan. Am nächsten Tag, als es Zeit war, den Sprung zu machen, war ich ein Nervenbündel. Und das alles bloß, weil ich solche Angst gehabt hatte. Aber ich verheimlichte, daß ich ein Nervenbündel war und wissen Sie, warum? Weil ich noch mehr Angst davor hatte, daß man mir verbieten würde zu springen, falls man es entdeckte. Wo es mir doch soviel bedeutete ...«

Leveritt lächelte ihn wieder an, diesmal herzlicher. »Für mich bedeutet es auch sehr viel. War es schlimm? Ich meine, der Sprung selbst? Ich frage das jeden, der es schon einmal erlebt hat.«

Morris verzog das Gesicht. »Nicht schlimmer als ein leichter Auffahrunfall«, erwiderte er mit einer wegwerfenden Geste. »Natürlich hört man immer wieder von Leuten, die es wild herumgeschleudert hat, doch was mich betrifft, ich hätte geradewegs aus der Ankunftsstation herausspazieren können mit nichts weiter als Kopfschmerzen und einer leichten Übelkeit. Es ist ein

Kinderspiel. Diesmal bin ich weniger nervös wegen des Sprungs als bei dem Gedanken, mit dieser Gruppe Entomologen über die Finanzierung ihres Projekts sprechen zu müssen. Sie sind nicht zufällig Entomologin?«

»Geologin.«

»Haben Sie jemals versucht sich mit einem Entomologen über etwas anderes zu unterhalten als über Insekten?«

»Nicht daß ich wüßte.«

»Dann können Sie sich sicher kaum vorstellen, was für ein Geschwafel manche Menschen vom Stapel lassen, wenn sie jemanden von etwas überzeugen wollen.«

Leveritt mußte lachen. »Sie wissen nicht, was man oft bei Verabredungen erdulden muß.«

»Wie?« Morris runzelte die Stirn. »Nein, keine Ahnung.« Dann begriff er, was sie meinte oder zumindest einen Teil davon und kicherte wieder atemlos. »Wie dem auch sei, ich muß mit diesen Entomologen reden, doch sie sind einfach nicht imstande ... Ich vertrete die Realität, verstehen Sie? Das einzige, worüber diese Leute reden können, sind ihre großartigen wissenschaftlichen Funde und darüber, wie unglaublich wichtig ihre Arbeit ist. Ich weiß, daß sie die Wissenschaft bereichern, aber das ist ja wohl auch der Sinn ihres Aufenthaltes dort, stimmt's? Sie sind Experten für Insekten, ich bin der Experte fürs Geld, und so kommen wir auf keinen gemeinsamen Nenner ...«

Leveritt merkte, wie sie den Sinn seiner Worte ausblendete, aber sie konnte den Ton nicht ausschalten. Langsam begann das Medikament zu wirken. Sie hätte sich gern entspannt und ihre Gedanken treiben lassen, aber Morris' Stimme hinderte sie daran. Sie schloß die Augen. Keine fünf Sekunden später kamen die Helfer plötzlich wieder, und einer von ihnen sagte:

»Zeit zum Aufbruch, Leute.«

Leveritts Liege streifte hart den Türrahmen, als sie in Bewegung gesetzt wurde. Die Luft in der Sprungstation hatte einen unangenehmen Beigeschmack. Menschen liefen geschäftig umher, und Leveritt hörte, wie sie einander zumurmelten. Wieder hörte sie das schwache Geräusch von statischen Störungen oder Meeresbrandung. Ein Techniker, der hinter einer Konsole saß, sagte:

»Noch eine Minute bis zum nächsten Durchgang.«

»Es ist doch egal, wer von uns beiden zuerst drankommt, oder?« fragte Morris seinen Helfer, der als Antwort mit dem Kopf nickte. Der kleine Mann grinste zu Leveritt hinüber. »Dann möchte ich zuerst drankommen. Ich warte auf der anderen Seite auf Sie.«

»Nein, bitte nicht. Ich will es hinter mich bringen. Lassen Sie mich zuerst gehen.«

»Okay, Jungs, ihr habt's gehört. Ladies first.«

Leveritts Helfer schob ihre Liege an Morris und einem metallenen Geländer vorbei auf die Sendeplattform. Er berührte leicht ihren Arm mit seinem Handrücken. »Gute Reise.«

»Danke.«

»Jetzt tief durchatmen«, sagte der Techniker hinter der Konsole. »Fünf Sekunden. Vier.«

Leveritt holte tief Luft.

»Drei.«

Morris fing ihren Blick durch die Gitterstäbe des Geländers auf. Sie war gerührt und dankbar für sein aufmunterndes Blinzeln.

»Zwei.«

Sie atmete aus.

Alles verwandelte sich in blendend weißes Licht.

Der Marinearzt spreizte mit Daumen und Zeigefinger Leveritts Augenlider auseinander und leuchtete ihr mit einer Stablampe in die Pupille. Sie bewegte die Zunge im Mund und schluckte mühsam.

»Wo bin ich?« fragte sie.

»Krankenstation.«

»Habe ich es geschafft? Bin ich im Silur*?«

Der Arzt legte das Stablicht beiseite. »Na, was dachten Sie denn?«

Leveritt versuchte, ihren Kopf zu bewegen und bereute es sofort. Als der Schmerz nachließ, versuchte sie vorsichtig sich zu orientieren. Sie lag immer noch auf der Liege. Über sich an der Decke erblickte sie freiliegende Rohre, und sie hörte das dumpfe Geräusch von Maschinen. Das Schiff, dachte sie. Ich bin auf dem Schiff, ich bin *tatsächlich* im Silur, doch nach ein paar Sekunden merkte sie, daß sie enttäuscht war. Sie hatte sich immer gefragt, ob es wohl ein besonderes Gefühl sein würde, sich im Silur zu befinden. Doch nun fühlte sie sich einfach nur verkatert.

Der Doktor hielt ihr seinen knochigen Finger vor das Gesicht. »Folgen Sie bitte mit den Augen meinem Finger, ohne dabei den Kopf zu bewegen.«

Schon der Gedanke, den Kopf wieder bewegen zu müssen, schmerzte. Sie beobachtete, wie sich der Finger nach rechts und links bewegte und sagte:

»Ich habe furchtbare Kopfschmerzen.«

»Das geht bald vorüber. Sie sind ein bißchen stark durchgerüttelt worden. Hier, nehmen Sie das.« Er reichte ihr einen Pappbecher mit Wasser und zwei Aspirin. »Bleiben Sie liegen, bis die Tabletten wirken. Wir helfen Ihnen dann beim Aufstehen.«

»Wann darf ich an Land?«

»Wir haben es am liebsten, wenn die Neuangekommenen mindestens sechs Stunden an Bord bleiben.« Leveritt seufzte, als sie diese Worte hörte, und der Arzt

---

* Erdgeschichtliche Formation des Paläozoikums vor 405–435 Millionen Jahren. *Anm d. Übers.*

blickte sie leicht vorwurfsvoll an. »Sie können nur mit einem Boot aufs Festland gelangen. Das nächste Boot legt erst am späten Nachmittag ab.«

»Ich habe mich schon so lange auf diesen Moment gefreut. Deshalb bin ich so ungeduldig.«

»Schon gut. Diese Periode der Erdgeschichte dauert noch ungefähr fünf oder zehn Millionen Jahre. Sie versäumen nichts.«

Die Tür öffnete sich. Ein Offizier in khakifarbener Uniform sah herein.

»Kann ich mit ihr sprechen, Doktor White?« fragte er. Im Korridor hinter ihm wurde ein traurig dreinblickender Mann in Zivilkleidung sichtbar.

»Diese beiden Herren möchten Ihnen ein paar Fragen stellen«, sagte der Arzt. »Fühlen Sie sich schon fit genug dazu?«

Bevor Leveritt antworten konnte, sagte der Offizier: »Nichts als ein paar Routinefragen.«

»Sicher.«

Der Offizier eilte auf ihre Liege zu, den Zivilisten im Schlepptau.

»Miss Leveritt«, sagte Doktor White, »darf ich Ihnen Mister Hales ...«

»Guten Tag, Miss Leveritt«, sagte der Offizier. Leveritt empfand ihn als etwas zu ungeduldig.

»... vorstellen und dies ist Doktor Cutsinger.« Der Zivilist begrüßte Leveritt mit einem leichten Kopfnicken und wiederholte ihren Namen. »Leutnant Hales gehört zu unserer Betriebsabteilung. Doktor Cutsinger ist einer unserer zivilen Angestellten.«

»Physiker.« Doktor Cutsinger lächelte gepreßt.

Leveritt versuchte gutgelaunt zu wirken. »Ich dachte, Sie seien das Empfangskomitee. Will mich denn keiner im Paläozoikum willkommen heißen?« Offenbar hatte das keiner der beiden im Sinn. Leutnant Hales beäugte sie, als sei ihre gute Laune ein Zeichen von Geschmacklosigkeit. Cutsinger behielt seine unglückliche Miene bei. Der Arzt nickte den beiden Männern zu, verließ das Zimmer und schloß die Tür hinter sich. Leveritt verbarg ihre Verwirrung und sagte:

»Los, meine Herren. Schießen Sie los.«

»Miss Leveritt ...«

»Leutnant?«

Offenbar wußte Hales nicht, wie er beginnen sollte. Seine untere Gesichtshälfte verzerrte sich plötzlich zu einer Art Lächeln, während sich in der oberen Gesichtshälfte das Stirnrunzeln verstärkte. Zusammen mit seinen tiefliegenden Augen und der Hakennase hatte das eine scheußliche und alarmierende Wirkung. Schließlich sagte er:

»Tja ... die Erfahrungen beim Zeitsprung sind bei jeder Person verschieden. Wir möchten ... äh, wir möchten etwas mehr darüber herausfinden, wie unsere Reisenden den Sprung erleben. Können Sie mir genau beschreiben, was Sie erlebt haben?«

Leveritts und Cutsingers Blicke trafen sich. Cutsinger zwinkerte und richtete seine Aufmerksamkeit auf eine Stelle dicht neben ihrem Ohr. Sie schaute zu Hales zurück und erwiderte:

»Leider kann ich Ihnen mit Einzelheiten nicht dienen. Ich erinnere mich nur an einen blendend weißen Lichtblitz.«

Hales wirkte von ihrer Antwort sichtbar enttäuscht. »Was geschah vor dem Sprung? Gab es irgend etwas in der Sprungstation, das Ihnen ungewöhnlich vorkam?«

Wenn du nicht so angespannt dabei wärst, dachte Leveritt, könnte man diese Frage lustig finden. »Für mich war alles ungewöhnlich. Wie Sie sicher schon wissen, sprang ich zum ersten Mal.«

»Natürlich. Trotzdem interessieren uns Ihre Eindrücke. Erzählen Sie einfach alles, an das Sie sich erinnern. Vor dem Lichtblitz, bevor man Sie in die Sprungstation gefahren hat – Sie und Ed Morris. Kannten Sie ihn gut?«

Leveritt merkte, wie sich Cutsingers Miene veränderte. Während er den Leutnant von der Seite ansah, verwandelte sich die gewöhnliche Traurigkeit in seinem Gesicht in deutliche Abneigung. Sie sagte zu dem vergeßlichen Hales:

»Ich kannte ihn überhaupt nicht. Wir lernten uns erst einige Minuten vor dem Sprung kennen, und er quatschte mir die Ohren voll. Vielleicht sollten Sie diese Fragen besser ihm stellen. Wie Sie sicher wissen, hat Mister Morris mindestens schon einen Sprung davor gemacht. Er kann Ihnen eher sagen, ob es irgend etwas Außergewöhnliches gab. Was mich betrifft ...« damit schwang sie ihre Beine über die Kante der Liege und setzte sich ... »ich beantworte weitere Fragen nur noch in aufrechter Haltung.«

Sie zögerte eine Sekunde, ließ sich dann von der Liege gleiten und stellte sich auf die Füße.

»Wie fühlen Sie sich?« fragte Cutsinger.

»Ein bißchen weich in den Knien. Als käme ich gerade vom Joggen. Andererseits ...« Sie machte einen Schritt vor und dann rasch wieder zurück, stützte sich gegen die Liege und gestand: »Noch ziemlich wackelig.« Ihre Augen hefteten sich auf den Leutnant. »Was wollen Sie eigentlich von mir? Ich kriege das Gefühl nicht los, daß Sie etwas wissen und herausfinden wollen, ob ich es auch weiß.«

Hales beglückte sie wieder mit der vollen Wucht seiner Grimasse, und Leveritt merkte erschrocken, daß es diesmal zur Beruhigung dienen sollte. »Nur Routinefragen, wie ich schon sagte.«

Du bist der ungeschickteste Lügner, den ich jemals getroffen habe, dachte Leveritt, abgesehen vielleicht von meinem sechsjährigen Neffen. Fast hätte sie es laut gesagt. Was sie davon abhielt, war der Gedanke an die ganze Zeit und Kraft, die sie aufgewendet hatte, um hierherzukommen – in diesen Raum, der für sie das Tor zur prähistorischen Vergangenheit war – und was für einen weiten Weg sie noch vor sich hatte. So wartete sie, die Hände in die Hüften gestemmt, ab.

Hales hatte offensichtlich den Faden verloren. Er drehte sich zu Cutsinger um, der genauso offensichtlich dabei war, die Geduld zu verlieren. »Fällt Ihnen noch etwas ein, was wir sie fragen könnten?«

»Ich habe Ihnen doch bereits gesagt, daß ich das Ganze sinnlos finde!«

»Um Gottes willen«, sagte Leveritt. »Kann mir jemand sagen, was hier vorgeht?« Keiner der beiden Männer antwortete. »Gut. Wie Sie wollen. Aber wenn ich nicht bald aus diesem Zimmer herauskomme, drehe ich durch. Der Arzt sagte, ich dürfte nicht vor heute nachmittag aufs Festland, aber wenn Sie hier mit Ihren Fragen fertig sind, könnte ich doch wenigstens etwas frische Luft schnappen. Geht das? Bitte!«

Cutsinger schob sich an Hales vorbei. »Gestatten Sie«, sagte er und bot Leveritt seinen Arm an.

Sie hakte sich ein. Sieh an, ein Romantiker, dachte sie.

»Ich halte es für besser, wenn Miss Leveritt in der Krankenstation bleibt«, sagte Hales.

Ohne sich umzudrehen, erwiderte Cutsinger. »Nur auf einen kurzen Sprung.«

»Wache!«

Ein Matrose mit einem Seitengewehr tauchte plötzlich in der Türöffnung auf. Cutsinger seufzte. »Es tut mir leid«, sagte er achselzuckend, als er Leveritt zu einem Stuhl führte.

»Ich bedaure es auch«, meinte Hales, »aber das hier ist ein Marineschiff der Vereinigten Staaten. Wir haben unsere eigenen Sicherheitsbestimmungen. Miss Leveritt, ich mache Sie darauf aufmerksam, daß dieses Gespräch vertraulich ist.«

»Und so etwas nennt sich behutsame Vorgehensweise«, murmelte Cutsinger verbittert.

Hales schenkte ihm keine Beachtung. »Es ist Ihnen nicht erlaubt, irgend etwas von diesem Gespräch ohne Erlaubnis an Außenstehende weiterzuerzählen oder sich Notizen davon zu machen. Falls Sie das nicht ...«

»Ich glaube, sie hat's kapiert, Leutnant.«

»Nichts habe ich kapiert«, sagte Leveritt. »Worüber soll ich nicht sprechen?«

»Wir hatten hier einen ... äh, einen Zwischenfall«, sagte Cutsinger rasch, bevor Hales Luft holen und antworten konnte. »Einen unvorhergesehenen Zwischenfall. Ich sage *unvorhergesehen,* weil das erklärt, warum unser lieber Leutnant Hales so durcheinander ist und sich wie ein Elefant im Porzellanladen aufführt.« Der Leutnant öffnete den Mund, wie um eine Drohung auszustoßen. Cutsinger beantwortete das mit einem grimmigen Blick und redete weiter. »Mit seinem Gerede über die Sicherheit will er nur erreichen, daß Sie nicht die Arbeit machen können, wegen der Sie eigentlich hierhergekommen sind.«

Leveritt schaute Hales ruhig an. »Ich bin jedenfalls nicht hierhergekommen, um mich mit der Marine zu streiten.«

»Ein paar Tausend Menschen leben und arbeiten hier«, erwiderte Hales, »und im Interesse der allgemeinen Moral müssen wir verhindern, daß sich Gerüchte und falsche Informationen verbreiten und daß Panik entsteht.«

»Sie sind derjenige, der Panik verbreitet! Gehen Sie jetzt oder sagen Sie ihr endlich, was los ist! Sie wird es sowieso bald erfahren.«

»Unterschätzen Sie die Sicherheitsvorkehrungen der Marine nicht«, entgegnete Hales hartnäckig.

Damit entlockte er Cutsinger ein barsches Lachen. »Ich verwette meinen Kopf«, sagte er, »daß Ihr großes Geheimnis bereits binnen fünf Minuten auf dem ganzen Schiff bekannt war. Ich wette außerdem, daß es, in der einen oder anderen Version, bereits bis zum Festland vorgedrungen ist. Miss Leveritt ist wahrscheinlich die einzige Person weit und breit, die keine Ahnung hat, von was alle anderen sprechen.«

»Wache! Doktor Cutsinger wird in der Sprungstation benötigt.«

»Sehr wohl, Sir.« Der Matrose trat an Cutsingers Seite.

»Sagen Sie es ihr«, bat Cutsinger über die Schulter hinweg, als er hinausging, »sagen Sie es ihr doch, um Himmels willen.«

Der Matrose schloß die Tür hinter sich, und Hales sagte aufatmend: »Endlich.«

Er schaute Leveritt an. Seine Züge entspannten sich. Er lächelte fast normal. »Bitte, entschuldigen Sie das Benehmen von Doktor Cutsinger. Er ist Zivilist an Bord eines Kriegsschiffes, und es fällt ihm nicht immer leicht, unter Militäraufsicht zu arbeiten.«

»Meinen Sie mit Aufsicht *bewaffnete* Posten?«

»Ich meine – hören Sie, ich bin weder ein Leuteschinder noch der Hampelmann für irgendwelche Dickköpfe.« Er ging einen Schritt zur Tür. »Bitte, kommen Sie mit. Ich habe genug um die Ohren. Es fehlte mir noch, daß Sie hier drinnen verrückt werden.«

Er führte sie einen Korridor entlang, an dessen Ende sich eine massive Stahltür befand, die er öffnete. Als Leveritt durch die Tür ins Freie auf eine schmale Laufplanke trat, streifte ein Windstoß ihr Gesicht und zerzauste ihr Haar. Ihr erster Rundblick zeigte ihr, daß das Marineschiff und ein paar kleinere Schiffe an einer felsigen Küste vor Anker lagen. Sie ergriff die Reling mit beiden Händen und sog den Duft der salzigen Seeluft und den leicht öligen Geruch des Schiffes ein. Von einem oberen Deck, das die Laufplanke überdachte, hörte sie den Lärm eines Hubschraubers, der seinen Motor warmlaufen und die Rotorblätter kreisen ließ. Unten klatschten Wellen geräuschvoll gegen den Schiffsrumpf. Die Morgensonne stand hinter dem Schiff, das einen großen kantigen Schatten warf, in dem das Wasser schwarzblau, beinahe schieferfarben aussah. Dicht neben dem Schiff ankerten zwei Hilfsboote, und hinter ihnen erstreckte sich glitzernd die Weite des grünblauen Meeres bis zu einer Reihe vorgelagerter Klippen. Gerade als sie dorthin blickte, gebannt von dem Anblick dieses Ufers, kam ein anderes, noch kleineres Boot – kein Marineschiff, sondern ein Segelboot – um das Vorgebirge herum in Sicht. Vor den düsteren Klippen wirkte sein Segel wie ein loderndes Feuer. »Meine Güte!« stieß sie atemlos hervor.

Hales war ihr auf die Laufplanke gefolgt. Er stützte seine Ellbogen auf die Reling und schaute sie nicht an, während er sprach. »Doktor Cutsinger sagte mir, daß es zwecklos sei, mit Ihnen zu reden. Wenn es bloß einen Weg gäbe, herauszufinden, was wir wissen wollen, ohne Sie direkt danach zu fragen …«

Sie merkte zwar rasch, daß er etwas sehr Wichtiges sagte, mußte sich aber zwingen, ihren Blick von der silurischen Küste abzuwenden und brachte nur ein »Wie bitte?« heraus.

»Er redete mir auch aus, Sie geradewegs wieder ins einundzwanzigste Jahrhundert zurückzuschicken. Er hätte mir vielleicht auch ausgeredet, Sie hier auf dem Schiff zu behalten, bis sich die Situation beruhigt hat.«

Nun konnte Leveritt ihre Augen nicht mehr von ihm abwenden. »Ich schwöre Ihnen, daß ich nichts weiß und daß ich niemandem etwas von dem Gespräch erzählen werde. Bitte lassen Sie mich aufs Festland und Steine sammeln, wie man es von mir erwartet!«

Hales lächelte beinahe ein zweites Mal. »Er sagte, ich behandle alle hier wie unmündige Kinder. Ich mache das nicht mit Absicht, wirklich nicht. Aber ich verstehe, was er meint.« Er machte eine weitläufige Handbewegung, die alles im Umkreis einzuschließen schien. »Dies hier ist das größte Ereignis seit der Mondlandung, aber es ist viel mehr Menschen zugänglich. Jede einzelne Person, ob Marine oder Zivilist, ist freiwillig hierhergekommen und will auch hierbleiben. Doktor Cutsinger ist der Ansicht, daß wir alle erwachsene Menschen sind und es verdienen, die Wahrheit wie Erwachsene gesagt zu bekommen. Immer die Wahrheit, unter allen Umständen.«

»Und was ist Ihre Meinung?« fragte Leveritt. Und als er nicht antwortete: »Oder erlaubt Ihnen die Marine keine eigene?«

»Mit dem zweiten Satz liegen Sie richtig. Wir sind hier ein Außenposten unseres Landes. Zum einen gibt es diese kleinen verstreuten Gruppen von Wissenschaftlern und zum anderen die Marine, die für Nachschub sorgt, den Transport erledigt und die alle Dinge am Laufen hält. Die ellurische Erde ist Eigentum der Vereinigten Staaten, amerikanisches Territorium. Die Marine befindet sich hier, um die nationalen Interessen Amerikas zu schützen. Und es liegt im nationalen Interesse Amerikas, daß die Marine bestimmt, was geheime Informationen sind und was nicht. Nur Personen, die von Berufs wegen darüber Bescheid wissen müssen, bekommen Zugang zu diesen Informationen. Das ist Vorschrift Nummer Eins. Sie fallen nicht unter diese Kategorie. Miss Leveritt. Vorschrift Nummer Zwei ist, daß Personen, die mit geheimen Informationen betraut sind, dafür verantwortlich sind, daß diese nicht an Unbefugte weitergeleitet werden. Das betrifft mich.«

»Und? Was wollen Sie jetzt mit mir machen?«

»Erst einmal bringe ich Sie zur Krankenstation zurück. Später vielleicht zu Ihren Steinen. Wir werden sehen.«

Es war schon spät an dem kurzen silurischen Tag, als Hales Leveritt durch das Schiff zu der Bootsbucht brachte. Von einer Plattform über dieser lauten Höhle aus beobachtete sie, wie die letzten Güter verladen wurden und stieg dann, nach einem Kopfnicken in Hales' Richtung, ins Boot. Der Steuermann half ihr an Bord. Zu ihrer Überraschung kam Hales als nächster heruntergeklettert. Er gab kein Anzeichen, daß er sie hörte, als sie fragte: »Wollen Sie mich von nun an die ganze Zeit beobachten?« Sie suchte sich einen Platz in der Mitte des Bootes, und Hales nickte ihr zu, als er sich direkt neben sie setzte, schwieg aber.

Leveritt war zu aufgeregt, um sich über seine Anwesenheit zu ärgern. Sie hatte geschlafen, geduscht und die erste Mahlzeit in fast vierundzwanzig Stunden zu sich genommen. Der Ärger und das Durcheinander vom Morgen blieben hinter ihr zurück. Als ihr Blick über die ordentlich aufgestapelten Schachteln und Kisten wanderte, erzeugten die Worte ›Toilettenartikel‹ so etwas wie eine Erinnerung, die aber zu flüchtig war. Die Tore der Bucht öffneten sich. Leveritt schaute hoch, sah jemanden auf der Plattform, der Cutsinger sein mochte, und blickte dann auf Hales, um seine Reaktion zu sehen. Seine Aufmerksamkeit war jedoch mehr vorwärts als rückwärts gewandt. Das Boot glitt ins Wasser, durch den länger und dunkler gewordenen Schatten des Schiffes, und plötzlich befanden sie sich im hellen Sonnenlicht. Leveritt schaute fasziniert auf die Küste, auf die felsigen Wände dieses im Wasser versunkenen Tales, und spürte, daß sie jetzt endlich die paläozoitische Zeit erreichte. Nicht einmal der Anblick des Piers, der von der nahen Küste unterhalb einer Ansammlung von Wellblechhütten und Zelten ins Meer hinausragte, konnte ihre Freude trüben. Sie warf dem Schiff hinter sich einen letzten Blick zu. Alles in seinem Schatten gehörte zum einundzwanzigsten Jahrhundert, jeder Gegenstand an Bord, alles, was es enthielt, sogar die

Luft, die in ihm zirkulierte und das Meerwasser, das innerhalb der Bootsbucht schwappte. Sie blickte wieder zur Küste und vergaß das große stählerne Ungetüm.

Ein paar Boote, unter ihnen ein winziges blaues Segelboot, hatten am Pier festgemacht. Die weitentfernten menschlichen Gestalten, die dort warteten, entpuppten sich beim Näherkommen als eine kleine Gruppe Marinesoldaten in khakifarbenen Uniformen und zwei Zivilisten, die etwas abseits und jeder für sich allein standen. Beide trugen weiße Anzüge, aber während einer der Männer klein, stämmig und sonnenverbrannt war, war der andere sehr groß, äußerst kräftig und mehr sonnengebräunt als verbrannt. Ein Panamahut mit violettem Hutband thronte schief auf seinem breiten Schädel. Man konnte sehen, daß er eine Vision von sich selbst hatte, der er nacheiferte. Leveritt lachte, als sie ihn erkannte und rief:

»Rob! Rob Brinkman!«

Brinkman winkte zurück, und als das Boot vertäut war, beugte er sich hinunter, um Leveritt seine riesige braune Hand zu reichen. Leveritt war eine mittelgroße Frau und breiter in den Hüften als ihr lieb war, doch Brinkman schien keine Mühe zu haben, sie aus dem Boot auf den Steg zu heben. Sein Lachen und seine Stimme paßten zu seinem Körperbau. »Willkommen im Silur.«

Leveritt umarmte ihn. Es gelang ihr nicht, seinen Oberkörper mit ihren Armen zu umfassen. »Es wurde auch Zeit, daß das jemand zu mir sagte! Das ist ja ein toller Anzug! Und erst der Hut! Trägt man das jetzt bei wissenschaftlichen Exkursionen?«

»Nur wenn hübsche Studentinnen dabeisind.«

Hinter ihr sagte jemand mit mürrischer Stimme: »Ich wollte eigentlich Ed Morris abholen. Ich bin Michael Diehl, vom Museum für Naturgeschichte in San Diego.«

Als Brinkman an Leveritt vorbei zu einem Matrosen

ging, um ihr Gepäck zu holen, sah sie, wie der andere Zivilist angestrengt an dem Boot hinuntersah, als dachte er, Ed Morris hatte sich vor ihm hinter der Ladung versteckt. Die Marinesoldaten begannen sofort, das Boot zu entladen, und ihr einziges Interesse an Diehl bestand darin, ihn aus dem Weg zu scheuchen. Hales jedoch stellte sich ihm vor und sagte:

»Zu meinem Bedauern kann Mister Morris im Augenblick leider nicht aufs Festland kommen.«

»Wie? Warum nicht?«

»Nebeneffekte des Sprungs.«

»Oh. Es wäre schön gewesen, wenn Sie mir diese Nachricht per Funk hätten zukommen lassen und mir dadurch eine Stunde unnützen Wartens erspart hätten. Und Sie selbst hätten sich dadurch auch die Bootsfahrt schenken können.«

Hales merkte, daß Leveritt ihn beobachtete. Er bedachte Diehl mit einer abgemilderten Version seiner Lächelgrimasse. »Aber das ist doch die Hauptaufgabe der Marine – mit Booten zu fahren.«

Brinkman warf sich Leveritts Seesack über die Schulter und sagte: »Gehen wir!«

Sie marschierten los. Der Pier schloß direkt an die Hauptstraße des Camps an, die mit Matten aus Blech gepflastert und von Hütten gesäumt war. In den Seitenstraßen standen Zelte. Überall waren Zivilisten und Marineangehörige zu Fuß unterwegs. Brinkman führte Leveritt an den Gebäuden vorbei, in denen Vorratsraum, Stromgenerator, Apotheke, Verwaltung, Wechselstube und Kantine untergebracht waren. »Das ist der Teil des Camps, das der Marine gehört«, erklärte er und fügte hinzu: »Aber wir dürfen die Einrichtungen natürlich mitbenutzen.« Die Zivilisten lebten und arbeiteten in einer Gruppe von Zelten, die Brinkman als *Vororte* bezeichnete. »Unsere Leute sind bereits flußaufwärts gezogen, deshalb sind Sie heute abend bei einer Horde Tausendfüßlerfreunde zu Gast.«

»Wie reizend!«

»Wahrscheinlich ist es gut, wenn Sie morgen früh Ihre Schuhe gut ausschütteln. Möchten Sie etwas essen?«

»Das einzige, was ich heute abend machen möchte«, erwiderte Leveritt, »ist ein kleiner Spaziergang jenseits der letzten Zeltreihe, von wo aus ich das echte unberührte Paläozoikum sehen kann.«

»Legen Sie Wert auf einen Führer?«

Sie schaute ihn spöttisch von der Seite an. »Nicht, wenn es sich dabei um einen berüchtigten Ladykiller in einem cremefarbenen Anzug handelt.«

Brinkman lachte. »Passen Sie auf, daß Sie das Lager links von sich liegen lassen, wenn Sie es verlassen, sonst landen Sie im Sumpf. Und gehen Sie nicht so weit. Und bleiben Sie nicht so lange auf.«

»Ja, Mami.«

»Wir brechen morgen früh gleich nach dem Frühstück auf, und Frühstück gibt es hier bei Sonnenaufgang.«

Er zeigte ihr, wo sie die Nacht verbringen sollte. Keiner der Tausendfüßlerfreunde war in der Nähe, so daß Leveritt nur ihren Seesack hinter der Zelttür verstaute, Brinkman Gute Nacht sagte und ohne weiteres Zögern zu ihrem Spaziergang aufbrach. Hinter den letzten Zelten stieg das Gelände steil an. Das Gehen bereitete ihr keine besonderen Beschwerden, aber Leveritt wollte ihr Schicksal nicht herausfordern – die Sonne ging rasch unter, und sie hatte keine Lust, in der Dunkelheit durch unbekanntes Gelände zu wandern. Gerade als sie einen Felsenvorsprung erreichte, von dem aus sie das Camp überblicken konnte, verkündete ein dünner Signalton den Beginn der abendlichen Fahnenzeremonie. Elektrische Lichter beleuchteten das Camp, und Leveritt hatte keine Mühe, die Fahnenstange zu erkennen. Es ertönte ein weiteres Signal, gefolgt von der Nationalhymne. Die Fahne glitt langsam am Mast herunter und verschwand hinter einer Wellblechhütte. Draußen auf dem Wasser verschluckte der Erdschatten die Konturen des Schiffes. Leveritt setzte sich auf einen glatten warmen Stein, lehnte sich zurück, um in den violettblauen, immer schwärzer werdenden Himmel zu schauen, und fühlte sich endlich heimisch in der silurischen Welt, in der paläozoitischen Zeit. Zufriedenheit erfüllte sie.

Sie wußte nicht, wie lange sie so verharrte. Der Mond stieg empor, die unbekannten Sterne wanderten langsam ein Stück weiter. Schließlich merkte sie, daß der Stein kälter geworden war, nicht aber bequemer. Sie erhob sich und ging langsam zum Lager zurück. Als sie an den Zelten vorbeikam, hörte sie aus einigen von ihnen Stimmen und Musik, und sie bemerkte, daß nicht mehr so viele Menschen unterwegs waren. Es schwärmten keine Insekten um die Lichter, und das erinnerte Leveritt plötzlich daran, daß sie auch keine Vögel über dem Pier gesehen hatte. Sie wußte natürlich, daß es im Silur keine Vögel und keine Insekten gab, zumindestens keine fliegenden, aber bis zu diesem Augenblick hatte sie ihre Abwesenheit überhaupt nicht bemerkt.

Kurz bevor Leveritt ihr Zelt erreichte, sah sie Michael Diehl herbeikommen. Sein Gesicht zeigte eine ungesunde rötliche Färbung, und er schien seine ganze Aufmerksamkeit auf den Boden vor seinen Füßen zu richten. Trotzdem rief er, als sie gerade ins Zelt gehen wollte:

»Entschuldigen Sie, diese Zelte sind für das Museum für Naturgeschichte in San Diego reserviert.«

»Rob Brinkman meinte, es gäbe hier ein Extrafeldbett. Er ist der …«

»Ich weiß. Brinkman, Texas A&M.« Diehl war nun nahe genug herangekommen, daß sie seinen Atem riechen konnte. Die Röte in seinem Gesicht kam eindeutig nicht von zuviel Sonne.

»Wir brechen morgen früh flußaufwärts auf«, sagte sie. »Es wäre nur für eine ...«

»Sie sind doch diejenige, die mit Leutnant Hales zusammen im Boot war. Leveritt oder so ähnlich?«

»Ja. Und Ihr Name ist Diehl. Hören Sie, wenn es mit dem Feldbett Probleme gibt, ich bin sicher, daß Doktor Brinkman ...«

»Sie sind heute morgen gesprungen. Mit Ed Morris zusammen.«

»Ja«, erwiderte Leveritt rasch und schwieg dann. Sie wollte nicht noch einmal unterbrochen werden.

Diehl schaute sich vorsichtig nach allen Seiten um. »Es wäre besser, wenn Sie mit mir kämen. Ich kenne ein Plätzchen, wo wir uns in aller Ruhe unterhalten und etwas trinken können.«

»Danke für die Einladung, aber ich bin sehr müde und muß unbedingt ...«

»Sie sind der einzige Mensch, mit dem ich über Ed Morris reden kann!«

In Diehls alkoholverhangener Stimme schwang ein bittender Ton mit. »Und ich bin der einzige, mit dem Sie darüber reden können.«

»Worüber? Was ist mit Ed Morris passiert?«

Diehl schaute sie prüfend an. »Sie wissen es nicht? Nein, ich glaube, Sie wissen es tatsächlich nicht. Sie haben offenbar wirklich nichts mitbekommen. Vermutlich hat keiner was mitbekommen. Und Hales hat Ihnen auch nichts erzählt, stimmt's? Nein, natürlich hat er es verschwiegen. Er hat mich auch mit diesem Geschwätz über die Sicherheitsbestimmungen der Marine abzuspeisen versucht. Erzählte mir irgendwelchen Humbug, und erst als ich drohte, zu seinem Vorgesetzten zu gehen ...«

»*Was* ist mit Ed Morris passiert?«

»Es gab einen Unfall. Kommen Sie, wir gehen woanders hin, um uns zu unterhalten. Hier ist zu viel Marine unterwegs.«

Sie zögerte, als er sich in Bewegung setzte und protestierte schwach: »Ich weiß nicht, ob ich wirklich …«, folgte ihm aber dann doch den Weg zurück, den sie gerade gekommen war, den Hügel hinter dem Lager hinauf bis zu dem Felsvorsprung. Diehl wischte mit seinem Ärmel den Hals einer kleinen flachen Flasche ab und bot sie ihr an. Leveritt neigte fast dazu, sein Angebot anzunehmen. Er trank einen Schluck, holte tief Luft und schraubte den Verschluß wieder zu.

»Ed Morris«, sagte er, »ist nicht wie erwartet durch das Zeitloch gekommen.«

»Was meinen Sie damit?«

»Was ich sagte. Hales erzählte mir – nachdem ich ihn dazu gezwungen hatte –, daß Morris eine Minute nach Ihnen gesprungen sei. Aber er kam nie hier an. Er ist verlorengegangen. Verschwunden.«

»Verlorengegangen? Verschwunden? Wohin?«

Diehl schüttelte den Kopf. »Das weiß niemand.«

»Aber …«

»Sie *wissen* es nicht! Sie wissen es wirklich nicht. Vielleicht war es ein Defekt in der Apparatur oder der Einfluß von Sonnenflecken. Vielleicht ein Knick in dem Zeitloch selbst, etwas, worüber sie nicht Bescheid wissen. Ich glaube, sie wissen heute über das Zeitloch selbst nicht viel mehr als zu Anfang.«

»Aber ich verstehe nicht … wie kann man jemanden *verlieren?*«

»Vielleicht haben Sie vergessen, welch ein seltsames Ding dieses Zeitloch ist. Als man es entdeckte, hatte man große Mühe, etwas über seinen Charakter herauszufinden. Zuerst sah man es nur als ein Phänomen an, das einfach vorhanden war. Man schickte Robotsonden hindurch, die Proben sammelten und alles, was in Sichtweite der Sonde war, fotografierten. Dadurch entdeckte man mit der Zeit, daß es sich hier um einen Weg in die Vergangenheit handelte. Aber dieser öffnete sich nicht einfach an einem *bestimmten* Tag und einem *bestimmten*

Platz. So stabil war er nicht. Er wies eine gewisse Unruhe auf, und die verursachte das, was sie räumliche Verwehung und zeitliche Dehnung nennen. Es konnte passieren, daß zwei Sonden, die man zum gleichen Zeitpunkt aus dem einundzwanzigsten Jahrhundert losschickte, auf der silurischen Seite jeweils an einem völlig anderen Ort und Jahr ankamen. Deshalb baute man die Sprungstationen. Man baute eine Station an Bord des Schiffes und schickte es durch das Zeitloch auf die andere Seite, damit man die Dinge auf beiden Seiten des Zeitlochs synchronisieren konnte. Bis heute hat es perfekt funktioniert. Ed Morris könnte überall hingeplumpst sein. Ins Inland oder weit draußen ins Meer. Er könnte hundert Jahre vor uns oder hundert Jahre nach uns hier angekommen sein.«

»Lebend?« Sie wagte es kaum zu fragen.

»Bestimmt nicht für lange. Es sei denn, er wäre ein unglaublicher Glückspilz und tausendmal gewitzter als Robinson Crusoe. Und wenn er verletzt ist …«

»Wie schrecklich! Der arme Mann!«

»Wenn er *wirklich* ein Glückspilz ist, hat er überhaupt nicht gemerkt, was geschehen ist und auch nichts gespürt. Hales meint, er könnte genausogut über einen Zeitraum von fünf Millionen Jahren verstreut worden sein.«

Leveritt fühlte ein kaltes Grauen, obwohl sie eigentlich nicht hätte sagen können, was es genau bedeutete, über fünf Millionen Jahre verstreut zu sein.

»Hales sagt, daß die Station wieder arbeitet«, fuhr Diehl fort. »Jedenfalls werden wieder Leute hin- und hergeschickt. Aber bevor sie nicht herausfinden, was schiefging …«, er brach den Satz ab, um einen weiteren Schluck zu trinken. »Alles was wir hier verwenden, Vorräte, Nahrung, alles kommt durch das Loch. Und das Loch …«

Leveritt wußte, was er meinte. »Das Loch ist unser einziger Weg nach Hause.«

»Genau! *Der einzige* Weg!«

Leveritt blickte nach oben. Der Mond stand etwas höher am Himmel als vor – ja wie lange war es her, daß sie ihn beobachtet hatte? Eine halbe Stunde? Als sie ein Glücksgefühl erlebt hatte, das gewaltiger war als alles, an das sie sich erinnern konnte? Jetzt fühlte sie sich wie von einer großen Last niedergedrückt.

Sie schwiegen beinahe eine Minute. Dann, als Diehl seinen Kopf zurücklehnte, um zu trinken, sagte Leveritt:

»Und was sollen wir jetzt machen?«

Diehl schmatzte. »Tja, ich weiß auch nicht. So geht's jedenfalls nicht. Es ist einfach nicht fair. Ich meine, da stirbt ein Mann, verschwindet einfach – wie man es in diesem speziellen Fall auch bezeichnen will. Er hat weder Familie noch Freunde – jedenfalls, so weit ich feststellen konnte – und es gibt auch keine Leiche, die man beerdigen könnte. Und weil sein Verschwinden totgeschwiegen wird, bekommt er nicht einmal eine Gedenkfeier. Selbst nicht, wenn es Freunde oder Familie gäbe.«

»Mister Diehl, wir sollten nicht in dieser Weise ...«

»Es ist nicht fair, verdammt noch mal! Wissen Sie, was uns von den Tieren unterscheidet? Vergessen Sie, was die Kirche über die Seele erzählt. Die Seele ist nichts als ein Windstoß. Das einzige, was dem Tod eines Menschen Sinn verleiht, ist das Andenken an ihn. Ohne das ist er bloß ein Windhauch, der über die Erde weht, ohne eine Spur zu hinterlassen.«

»Mister Diehl, ich möchte nicht weiter über diese Dinge sprechen. Und ich halte es für besser, wenn wir uns nicht mehr treffen.«

»Wie bitte? Und warum nicht?«

»Wenn Leutnant Hales entdeckt, daß wir dieses Gespräch miteinander geführt haben und daß ich nun über Ed Morris Bescheid weiß ...«

»Zum Teufel mit Hales! Sie sollten keine Angst

vor ihm haben, sondern ihm die Stirn bieten wie ich auch!«

»Vielleicht ist Hales nicht in der Lage, Ihnen Schwierigkeiten zu machen«, antwortete Leveritt ungeduldig, »aber ich befürchte, bei mir liegt der Fall anders. Er hatte bereits ins Auge gefaßt, mich entweder wieder nach Hause zurückzuschicken oder mich auf dem Schiff einzusperren. Versprechen Sie mir, daß Sie ihm nichts von unserem Gespräch verraten?«

»Von mir erfährt der Halunke bestimmt kein Sterbenswörtchen. Und wenn Sie erst flußaufwärts gezogen sind, kann er Ihnen nichts mehr anhaben.«

»Wenn ich mir darüber bloß sicher wäre! Ich ... verstehen Sie doch, von dem Augenblick an, als ich von dem Zeitloch hörte, habe ich mir nichts sehnlicher gewünscht, als an dieser Expedition teilzunehmen. Ich habe so hart dafür gearbeitet, hierherzukommen. Jetzt bin ich hier ...«

Leveritts Stimme erstickte in einem Schluchzen, als sie sich des eventuell drohenden Verlustes bewußt wurde. Ihre Kehle zog sich zusammen, und Tränen sammelten sich in ihren Wimpern. Sie biß die Zähne zusammen und es gelang ihr, mühsam Haltung zu bewahren. Neben ihr hustete Diehl und sagte mit seiner verquollenen Stimme: »Hier, es ist noch was übrig.« Als sie die Tränen weggeblinzelt hatte, sah sie, wie er ihr die Flasche entgegenhielt.

»Nein. Vielen Dank.«

»Trinken Sie überhaupt keinen Alkohol?«

»So gut wie nie.«

»Ich auch nicht.« Diehl setzte die Flasche wieder an die Lippen.

»Guten Abend«, sagte sie und ging vorsichtig den Hang hinunter zu ihrem Zelt. Im Camp war es ruhig geworden. Die meisten elektrischen Lichter waren verlöscht. Eine Frau mittleren Alters öffnete auf Leveritts Klopfen und bat sie sofort herein, ohne sich ihre Erklärungen anzuhören. Sie stellte sich als Carol Hays vor.

»Rob Brinkman traf mich in der Kantine«, sagte sie, »und informierte mich über Ihr Kommen. Es tut mir leid, daß vorhin keiner zu Ihrer Begrüßung hier war, aber wir haben uns wahrscheinlich gerade den Schlamm abgespült. Wir haben den ganzen Tag im Sumpf geschuftet.«

Hays stellte Leveritt eine schläfrig aussehende junge Frau vor. Leveritt vergaß ihren Namen sofort wieder, brachte aber trotzdem ein Lächeln zustande und sagte: »Doktor Brinkman erzählte mir, Sie seien Tausendfüßlerfreunde.«

Hays zog ein gespielt entsetztes Gesicht und lachte, und die junge Frau sagte im einigermaßen gut imitierten, schleppenden Tonfall einer Südstaatenschönheit: »Wir haben festgestellt, daß das die feinen Herren mehr schockiert als wenn wir uns einfach als *Entomologen* vorstellen.«

Kennt Ihr Ed Morris? hätte Leveritt am liebsten gefragt. Sie war dankbar, daß die beiden zu müde waren, um aus purer Gastfreundlichkeit ihretwegen noch länger aufbleiben zu wollen.

Kurz darauf lag sie in der Dunkelheit auf ihrem Feldbett, lauschte den leisen, gleichmäßigen Atemzügen der beiden und versuchte, nicht sofort einzuschlafen. Sobald sie den Kopf auf die Kissen gelegt hatte, hatte sie gemerkt, wie erschöpft sie war, fühlte aber die Verpflichtung, am Ende dieses Tages, den sie als den wichtigsten ihres Lebens betrachtete, so etwas wie eine Bestandsaufnahme der Ereignisse zu machen. Es wollte ihr jedoch nicht richtig gelingen, das Erlebte vor ihrem geistigen Auge ablaufen zu lassen, der Gedanke an Ed Morris schob sich immer wieder dazwischen. Als sie schließlich gezielt darüber nachsann, was ihm wohl passiert sein mochte, richtete sich ihre Phantasie nicht auf die Vorstellung möglicher Todesarten, sondern auf das Bild einer menschlichen Gestalt, die wie ein Gummiband von der Spitze der geologischen Zeit zu einer unbestimmten Stelle im mittleren Paläozoikum gedehnt war. Die Gestalt lebte. Sie krümmte sich vor Schmerzen über einen Zeitraum von beinahe einer halben Milliarde Jahre.

Sie schreckte vor dieser Vorstellung zurück und prompt stellte sich eine andere ein. Ed Morris als eine gerade Linie, die sich einer ins Unendliche verlaufenden Kurve näherte, ohne sie je zu erreichen.

Möglicherweise hat er einfach einen ganz realen Tod erlitten, sagte sie zu sich selbst, und nicht so ein bizarres asymptotisches Schicksal. Vielleicht liegt er auf dem Grund der Meeresbucht …

Wenn ich ihn zuerst hätte springen lassen, wäre ich diejenige, die vielleicht dort …

Und Morris hätte mit Diehl draußen gesessen und versucht, etwas über eine Frau zu sagen, die er gerade fünf Minuten lang gekannt hatte.

Oder vielleicht auch nicht. Diehl hätte überhaupt nicht gewußt, von was Morris erzählt hätte.

Leveritt wachte auf und erinnerte sich nicht daran, geträumt zu haben. Draußen begann es gerade zu dämmern. Sie duschte und zog sich an. Als Brinkman kam, um sie abzuholen, hatte sie bereits gepackt und wartete auf ihn. Er trug verblichenes Khaki und einen Hut, der vollkommen die Form verloren hatte. Nach einem kurzen Frühstück gingen sie direkt hinunter zum Pier. Es herrschte so dichter Nebel, daß vom Ende des Piers aus gesehen das Camp wie hinter Gazevorhängen verschleiert lag. Die Schiffe in der Bucht waren nicht zu erkennen.

Leveritt und Brinkman stiegen in das Boot, das sie flußaufwärts bringen sollte. Niemand war gekommen, ihnen auf Wiedersehen zu sagen, und sie waren die einzigen Passagiere. Sie saßen unter einem weißen Baldachin und tranken Kaffee aus einer Thermosflasche, als die Leinen gelöst wurden und das Boot mit der Nase voran gegen die Strömung tauchte. Pier und Camp verschwanden rasch aus ihrem Blickfeld. Als sich der Nebel lichtete, waren sie bereits hinter einer Flußbiegung verschwunden. Vom Boot aus erblickte man kahle Anhöhen und die beginnenden Sümpfe. Dichte Zwergenwäldchen aus primitiven Pflanzen bedeckten die kleinen flachen schlammigen Inseln. Plötzlich schob Brinkman sein Gesicht dicht vor Leveritts und sagte: »Hallo!«

Sie zuckte zusammen und sah ihn erstaunt an.

»Ich sagte *Hallo,* Bonnie. Davor sagte ich, daß es heute meiner Meinung nach ein wunderschöner Tag wird.« Er zeigte mit dem Finger zum Himmel. »Sie wissen doch, herrlich blauer Himmel, kleine Schäfchenwolken.«

»Entschuldigung, ich habe – ich war mit meinen Gedanken woanders.«

»Das kam mir auch so vor.«

Leveritt deutete mit einem Kopfnicken in Richtung Sumpf. »Ich habe bestimmt so gut jede erreichbare Veröffentlichung über das Silur gesehen. Aber ich habe mir nicht vorstellen können, wie still es hier ist. Das Leben hat auf der Erde noch nicht zu seiner Stimme gefunden. Es ist noch nicht richtig in Schwung gekommen.« Sie lächelte. »Das stammt sicher aus einer dieser alten Veröffentlichungen …«

»Glaub ich nicht«, erwiderte Brinkman. »Ich wette, alles, was man hier denkt, gerät zu einer Veröffentlichung. Bei jedem von uns, jede Sekunde am Tag.«

Das Boot fuhr durch die Stille. Brinkman schob seinen Hut über die Augen, kreuzte die Arme übereinander und schlief. Nach einer Weile merkte Leveritt zu ihrer Überraschung und ihrem Schrecken, daß die Landschaft sie langweilte.

Das ist doch nicht möglich, dachte sie entsetzt.

Einen Augenblick später stellte Leveritt fest, daß es

auch gar nicht stimmte. Es ist etwas anderes, dachte sie. Ich bin zu sehr abgelenkt.

Durch Ed Morris.

Leveritt lag ausgestreckt auf ihrem Feldbett. Ihre Arme und Beine baumelten über die Kante, weil sie keine Berührung ertragen konnte, selbst ihre eigene nicht. Es war heiß und derartig schwül, daß ihr Gesicht brannte und T-Shirt und Boxershorts schweißnaß an ihrem Körper klebten. Gilzow, ihre Zeltgefährtin, lag auf dem anderen Bett, ein feuchtes Taschentuch auf dem Gesicht. Die Plane war an beiden Enden des Zeltes hochgeklappt, und von Zeit zu Zeit bewegte sich die Luft zwischen den beiden Frauen so leicht, als versuche sie, wie es Leveritt schien, sich so wenig wie möglich bemerkbar zu machen.

Schließlich ließ Leveritt zum Zeichen, daß sie jeden Gedanken an Schlaf endgültig aufgegeben hatte, ein lautes theatralisches Stöhnen hören. Sie setzte sich auf, zündete die Laterne an und wischte sich Gesicht und Hals mit einem feuchten Tuch ab. »Und ich dachte immer, die Sommernächte in Texas wären nicht auszuhalten«, sagte sie.

»Denk an die Vorteile«, erwiderte Gilzow durch das Taschentuch hindurch. »Keine Moskitos. Und keine roten Ameisen.«

»Aber auch keine schattigen Bäume, *unter die* man sich setzen und kein Gras, *auf das* man sich setzen kann. Und keine Wassermelonen, die man unter einem Baum im Gras abnagen kann.«

Gilzow hob das Taschentuch an einem Zipfel hoch und lugte hervor. »Weißt du, was jetzt richtig toll wäre? Kaltes Bier. Nicht dieses fade Gebräu von der Marine. Nein, richtiges kraftvolles Bier, so kalt, daß es Eiskristalle bildet. Oder Rum und Cola in einem hohen schmalen Glas, mit viel Eiswürfeln. Mmh ... Kühlt ab und benebelt gleichzeitig vollkommen.« Sie ließ den Taschentuchzipfel wieder sinken. »Ich kann es einfach nicht glauben, daß es im ganzen Camp keinen einzigen Tropfen mehr zu trinken geben soll.«

»Aus dem Proviantzelt könnten wir uns zumindest Cola und Eis holen.«

Gilzows Seufzer war durch das Zischen der Laterne kaum hörbar. Sie zog das Taschentuch von ihrem Gesicht und setzte sich auf. »Auf das Benebeltsein kann ich verzichten«, sagte sie, »wenn ich bloß etwas Kühles kriege. Ich muß nur meine Sandalen finden.«

Leveritt schlüpfte nach draußen und wartete. Sie lauschte. Das Camp befand sich auf einem Steilufer, von dem aus man das Flußtal überblicken konnte. Hinter dem Steilufer erstreckte sich eine steinige Ebene bis zu den weitentfernten Hügeln. Tagsüber konnte man die ganze Einöde dieser flachen Landschaft erkennen, in der sich nichts rührte, außer wenn es von Wind oder Regen bewegt wurde. Leben existierte nur unten im Tal, entlang der Flußwindungen. Zwischen Sonnenuntergang und Sonnenaufgang lag die riesige Ebene düster und verlassen da, geheimnisvoll wie ein unergründlich tiefes Meer. Das Knacken der abkühlenden Steine bildete das einzige Geräusch in der nächtlichen Stille.

Gilzow kam heraus. Ihr Zelt war als einziges unbeleuchtet, obwohl der Himmel bewölkt war, doch das Licht des verhangenen Vollmondes reichte ihnen, um den Weg durch das Camp zu finden. Es war niemand außer ihnen unterwegs, aber die Zelte standen weit offen. Gesprächsfetzen und Dialoge über Hitze und Feuchtigkeit, die Arbeit vom verflossenen und die Aussichten für den kommenden Tag drangen heraus. Als Leveritt und Gilzow zufällig vernahmen, wie ein Mann fragte: »Roger, wo bleibt der Regen, den du vorhergesagt hast?« blieben sie stehen, Gilzow buchstäblich mitten im Laufen. Sie balancierte auf einem Stein bis Roger antwortete: »Die Regenwolken sind wahrscheinlich an diesem wirren Haufen steinalter Hügel hängengeblieben.« Leveritt ging weiter, Gilzow hüpfte und sprang, um sie einzuholen. Ihr leises Lachen hing in der brütenden, unbeweglichen Luft.

»Wirrer Haufen steinalter Hügel!« Sie schaute über ihre Schulter zurück zu dem Zelt. »Ich glaube, Roger hat seinen Beruf verfehlt. Irgendwo auf seinem Weg zum Dichter ist er versehentlich Meteorologe geworden.«

»Na aber! Hör mal!«

»Es stimmt. Er zeigte mir einmal ein paar Gedichte, die er verfaßt hat, und ich erinnere mich an eines davon.« Gilzow blieb stehen, warf sich in Positur und deklamierte:

»Der *Australopithecus* wälzt sich
nachts im Schlaf und stöhnt,
der *Australopithecus* ist, so scheint's,
ans Träumen nicht gewöhnt.«

»Das ist kein Gedicht«, sagte Leveritt, »sondern ein Knüttelvers. Und ich bin sicher, der *Australopithecus* konnte bereits ...«

»Mein Gott, Bonnie! Sei doch nicht so humorlos!«

Leveritt öffnete gekränkt den Mund, aber es fiel ihr keine Antwort ein.

»Es tut mir leid, Bonnie.« Gilzows Stimme klang aufrichtig zerknirscht. »Die Hitze und diese Schwüle ...«

»Schon gut«, erwiderte Leveritt steif. »Ich bin einfach ein geborener Pedant.«

Auf dem Rückweg vom Proviantzelt, als sie eine Kühltasche an den Henkeln zwischen sich trugen und jede von ihnen eine bereits offene Flasche in der freien Hand hielt, stießen sie auf zwei Männer. »Mike! Roger!« rief Gilzow.

Mike Holmes und Roger Ovington drehten sich um, und der erstere sagte:

»Hallo, ihr beiden. Ist euch warm genug?«

»Haha. Reden wir lieber von deinem Regen, Roger.«

»Das Wetter im Paläozoikum ist genauso unberechenbar wie das im Zänozoikum.« Ovington deutete mit dem Kopf zu den Hügeln. »Aber der Regen kommt bestimmt. Wir haben bereits ein paar Blitze am Horizont gesehen.«

»Bonnie und ich müssen unsere Sorgen leider in einfachem Cola ertränken«, sagte Gilzow. »Es sei denn, hier besäße jemand Rum oder so was Ähnliches, das er vielleicht gegen bizarre erotische Spielchen eintauschen würde.«

»Damit kann ich leider nicht dienen«, erwiderte Holmes. »Du glaubst gar nicht, wie sehr ich es bedauere.« Sein Lachen deutete an, daß er vielleicht nicht nur Spaß machte, und Gilzow lachte auch, aber um zu zeigen, daß sie es keineswegs ernst gemeint hatte. Leveritt konnte die Selbstbeherrschung ihrer Zeltgefährtin nur bewundern. Ihr selbst fiel überhaupt nichts ein, was sie hätte sagen können und sie konnte nichts anderes denken als: Wir stehen ja hier alle in der Unterwäsche da.

»Kommt trotzdem mit auf die Klippe«, sagte Gilzow. »Wir haben auch Kekse und eine Dose Geflügelsalat dabei.«

Sie setzten sich zwischen die Felsen am Rand des Steilufers und ließen ihre Füße über den tintenschwarzen Abgrund baumeln. In der Nacht glich das Tal einem unermeßlich tiefen Schlund. Sie aßen und unterhielten sich über alles mögliche. Als ein Stein besonders laut knackte, fuhren sie hoch. »Man braucht nicht viel Phantasie, um die Dunkelheit hier mit riesigen Krustentieren zu bevölkern, die ihre Scheren klicken lassen«, sagte Ovington.

Gilzow beugte sich zu Leveritt und flüsterte: »Glaubst du mir jetzt?«

»Manchmal bist du wirklich ein seltsamer Kauz«, sagte Holmes zu Ovington. Ovington lachte. »Für mich gehören riesige scheußliche Monster einfach zur prähistorischen Zeit. Ich bin nun mal ein Wetterfrosch. Ich kann einen Psychophyten oder wie das Ding heißt ...«

»Psilophyt«, sagte Gilzow.

»Ich kann einen Psilophyten nicht von Sahnespinat unterscheiden. Ein Trilobit gleicht für mich einer mit Wasser gefüllten Kugelassel. Doch egal, in welcher Periode ich mich auch befinde, die Meteorologie verändert sich nie. Es ist alles genau wie zu Hause. Die Passatwinde kommen von Osten, es gibt Hochdruckgebiete – nur für euch ist alles anders als daheim.«

»Für Bonnie und mich nicht«, erwiderte Holmes. »Steine bleiben Steine.«

»Trotzdem.« Ovington zeigte zu dem bewölkten Himmel hoch. »Die Milchstraße ist *anders,* doch für mich sieht sie gleich aus. Einer der Astronomen erzählte mir, daß sich in der Zeitspanne zwischen hier und dem einundzwanzigsten Jahrhundert unser kleines Sonnensystem beinahe zweimal um den Rand unserer Galaxis bewegt hat.«

»Stell dir das mal vor«, sagte Leveritt leise. »Unglaublich.«

»Als ich ein Kind war«, sagte Gilzow, »machte mich die Vorstellung der kosmischen Weite und geologischen Zeit völlig verrückt. Ich begann, Modelle zu sammeln, die die geologische Zeit darstellten, und übertrug sie aus wissenschaftlichen Büchern und Science fiction-Romanen in ein Notizbuch. Ich hatte am Schluß zwei oder drei Dutzend davon. Zum Beispiel, sich das Erdalter als eine Zeitspanne von zwölf Monaten oder vierundzwanzig Stunden oder sechzig Minuten vorzustellen. Oder sich vorzustellen, daß man eine Münze auf das höchste Gebäude der Welt legt, das die Erde versinnbildlichen soll, und daß die Dicke der Münze die Zeitspanne repräsentiert, seit der die Menschheit existiert.«

»Das gefällt mir.« Ovington lachte. »Wirklich, das ist gut!«

»Meine Lieblingsvorstellung, sagte Holmes und streckte die Arme nach beiden Seiten aus, »stammt von meinem Vater. Er erzählte mir davon, als ich zehn Jahre alt war. Die Spanne meiner Arme, sagte er, zeigt, wie lange bereits Leben auf der Erde existiert. Und die ganze Geschichte und Vorgeschichte der Menschheit paßt auf die Kante meines Fingernagels.«

»Saustark!« sagte Gilzow. »Wo ist mein Notizbuch?«

Sie verfielen in Schweigen. Die Minuten verstrichen, nur unterbrochen von den immer wiederkehrenden Geräuschen der Steine und dem weitentfernten, unverwechselbaren Donnergrollen.

»Meint ihr«, sagte Leveritt plötzlich und versuchte sich selbst davon abzuhalten, die Frage zu stellen, die seit Wochen in ihr rumorte, seit der Nacht, bevor sie das Boot vom Lager an der Flußmündung abgeholt hatte. Sie versuchte sich zu bremsen, mußte es jetzt aber endlich loswerden. »Meint ihr, daß jemand, der aus dem einundzwanzigsten Jahrhundert kommt und hier im Silur stirbt, aufhört, in der Zukunft zu existieren?«

Die anderen wandten ihr die Gesichter zu. Sie konnte ihre Mienen nicht erkennen, glaubte es aber auch nicht zu müssen, um sich ihren gemeinsamen Gedanken vorstellen zu können: Was für eine *idiotische* Frage!

Holmes sagte: »Puh!« aber es hörte sich nicht sarkastisch an. »Erklär mir das noch mal.«

Von seiner Reaktion ermuntert, sagte Leveritt: »Ich meine, würde diese Person immer noch geboren und erwachsen werden, um in die Zeit zurückzureisen und dort vierhundert Millionen Jahre vor ihrer Geburt zu sterben? Oder würde sie einfach aufhören zu existieren, als wäre sie nie vorhanden gewesen?«

»Es gibt«, sagte Ovington, und Leveritt merkte voll Dankbarkeit, daß es sich hier genau um die Art von Frage handelte, die ihn interessierte, »eine Geschichte über jemanden, der sich genau mit dieser Angelegenheit beschäftigt hat, damals in der Anfangszeit der Expedition, als sich alle noch über irgendwelche Zeitparadoxien Gedanken machten. Diese Person brachte einfach ein paar Versuchstiere mit und tötete sie hier.«

»Was passierte dann?« fragte Leveritt.

»Nichts. Man könnte sagen, das Experiment vernichtete zwar die Tiere, aber nicht die Tatsache ihrer Existenz. Oder so ähnlich. Vielleicht ist die Geschichte auch gar nicht wahr.«

»Wenn aber ...« Leveritt unterbrach sich. Wenn aber *was?* Wenn jemand über vierhundert Millionen Jahre verstreut worden war? »Nichts. Schon gut.«

Gilzow drehte sich zu Ovington um. »Wenn die Geschichte aber nicht wahr wäre, hieße das doch, daß die Frage immer noch ungeklärt ist.«

»Naja, inzwischen wird sich das Problem wohl aufgeklärt haben. Schließlich sind wir nun schon lange genug im Paläozoikum.«

»Lange genug schon«, antwortete Holmes. »Aber es ist schwierig, die Wahrheit von den Gerüchten zu unterscheiden. All die Mythen, die sich gebildet haben ... Jeder wiederholt sie, niemand weiß, was wahr und was erfunden ist. Wie die Geschichte über den Geheimplan der Regierung, radioaktiven Müll in die silurische Zeit zu transportieren.«

»Im Grunde«, sagte Ovington, »ist das die gleiche Geschichte wie die über die Generäle, die sich über die militärische Nutzung des Zeitloches Gedanken machten. Sie planten Eurasia und Gondwanaland mit Atombomben zu verseuchen, damit später, wenn die Gottlosen und die Schwarzen aus der Reihe tanzten, sie vielleicht ...«

Holmes brach in schallendes Gelächter aus, und Gilzow sagte: »Das darf doch nicht wahr sein!«

»Nein«, sagte Holmes. »Das ist einfach zu idiotisch.«

»Es ist so idiotisch, daß es wahrscheinlich wahr ist.«

»Vielleicht«, sagte Ovington, »vielleicht auch nicht.

Aber eines ist gewiß – die Vereinigten Staaten teilen dieses Zeitloch nicht mit jedem.«

Außerdem, dachte Leveritt, gibt es die Geschichte des Mannes, der durch die Zeit sprang und niemals ankam. Oder sagte man besser *in* die Zeit oder *entlang* der Zeit? Oder hieß es eher *herauskam* oder *herunter?* Wie dem auch sei, er verschwand, als wäre er nie vorhanden gewesen. Niemand konnte sagen, ob er jemals existiert hatte, weil es niemandem erlaubt war, über ihn zu sprechen.

Und es gibt eine Frau in dieser Geschichte, die hart geschuftet hatte, um ihr Ziel zu erreichen, um etwas zu leisten und etwas zu werden. Für ungefähr eine Stunde war sie rundherum glücklich. Später fragte sie sich immer wieder, wohin dieses Glück entschwunden und was schiefgegangen war. Sie war nie jemand gewesen, der leicht die Flinte ins Korn warf, aber ihre Arbeit gestaltete sich bei weitem nicht so erfüllend, wie sie es sich vorgestellt hatte, und jeder in ihrer Umgebung hielt sie für eine humorlose Pedantin. Aber das waren nur die Symptome. Das Problem selbst …

Donner rollte über das flache Land, grollender als zuvor. Leveritt schaute zu dem purpurfarbenen, von Blitzen durchzuckten Himmel hoch. Wind kam auf, und die Luft wurde plötzlich kühl, was Gilzow und Holmes ein gleichzeitiges »Ah!« entlockte. Im Camp brüllte jemand aus vollem Hals: »Jaah!« Ovington erhob sich und schrie zurück: »Ich habe euch ja gesagt, daß es bald regnen wird!« Zu den anderen auf dem Steilufer sagte er: »Ich muß mich beeilen! Die Arbeit ruft!« und rannte weg.

»Ich glaube, wir gehen besser auch und machen die Luken dicht«, sagte Holmes.

»Wirf alles in die Kühlbox«, meinte Gilzow »Bonnie und ich kümmern uns später darum.«

Er tat wie geheißen, und sie schnappten die Kühltasche an den Henkeln und beeilten sich fortzukommen.

Leveritt folgte ihnen nicht, sondern blieb sitzen. Das Problem, grübelte sie, bestand darin, daß die Frau partout nicht begreifen wollte, daß sie in derselben Geschichte existierte wie der Mann, der verschwunden war. Immer, wenn sie sich umdrehte, sah sie seinen Geist. Sie konnte ihn nicht verscheuchen. Es gab keinen Ort, wo er hätte hingehen können, niemand, der ihn hätte aufnehmen können. Niemand wußte, wer er war, weil sie nicht über ihn reden durfte.

Hör auf, mich zu verfolgen, Ed Morris. Laß mich gehen.

Der erste dicke Regentropfen traf auf Leveritts Handrücken. Als sie aufstand, merkte sie, wie stürmisch der Wind inzwischen geworden war, und sie stemmte sich gegen ihn voll Angst, von dem Steilufer geweht zu werden oder geblendet über die Kante zu stürzen. Sie sah einen blinkenden Lichtpunkt, der eine Laterne sein mußte und konzentrierte sich darauf, auf dieses Licht zuzugehen.

Der Regen prasselte immer stärker. Leveritt fand das Zelt, aber gerade als sie sich bückte, um unter der Plane hindurchzuschlüpfen, roch sie Ozon und fühlte ein Prickeln am ganzen Körper, an dem sich jedes Härchen aufrichtete. Alles um sie herum wurde weiß, und sie zuckte zurück. Für einen zeitlosen Augenblick sah sie – oder bildete es sich ein – jedes erschreckte, nach oben gerichtete Gesicht im Lager, jeden Zentimeter Zeltstoff, jede Bewegung der rasch am Himmel ziehenden Wolken, alles zwischen sich und den weitentfernten Hügeln, jeden Stein, jeden dicken Regentropfen, der auf die Erde prasselte. Und unvorstellbar weit, doch nah genug, daß sie seinen Safarianzug und das schwarze, flache Gerät, das er bei sich trug, erkennen konnte, sah sie einen schmächtigen Mann, der sie flehend und anklagend zugleich anblickte.

Der Donnerschlag schmetterte sie zu Boden. Sie erhob sich auf ihre Hände und Knie, blinzelte geblendet, betäubt und schrie: »Ich erinnere mich ja an dich, verdammt noch mal. Was willst du denn von mir.«

Kräftige Hände umfaßten ihre Handgelenke und Unterarme und zogen sie aus dem Regen in das Zelt. Jemand trocknete ihr das Gesicht mit einem Tuch ab. Zuerst konnte Leveritt nichts erkennen und hörte nur ein Klingeln im Ohr. Langsam wurde Gilzows Gesicht sichtbar. In ihren Augen war ein besorgter, fast alarmierter Ausdruck. Leveritt sah, wie sich ihre Lippen bewegten und hörte den Klang ihrer Stimme, konnte aber die Worte nicht verstehen. Sie schüttelte den Kopf. Gilzow hörte auf zu sprechen und half ihr, die nasse Unterwäsche auszuziehen. Ein weiterer Blitz schlug dicht bei dem Lager ein, und der Donner krachte laut wie ein Kanonenfeuer. Leveritt trocknete sich ab, zog eine khakifarbene Hose und ein Flanellhemd an und fand ihre Stimme wieder.

»Es ist alles in Ordnung.«

»Du klingst aber nicht so.«

Leveritt fand selbst, daß sie sich nicht so anhörte. »Ich war nur betäubt von dem Blitz.«

»Du kannst von Glück sagen, daß du nicht geröstet worden bist. Ich glaube, du hättest nicht mehr so laut geschrien, wenn dich der Blitz direkt getroffen hätte, aber er schlug genau hinter dir ein. Ich schwöre dir, ich habe deine Silhouette durch die Zeltwand hindurch gesehen.«

»Es geht mir wirklich gut.«

»Leg dich auf jeden Fall hin.« Gilzow ließ einen fröstelnden Ton hören. »Ich hole die Decken hervor. Eben noch war es zum Schlafen zu heiß, nun ist es zu kühl.«

Leveritt streckte sich auf ihrem Feldbett aus, und Gilzow breitete eine dünne Decke über sie, deckte sie beinahe zärtlich zu und löschte die Laterne aus. Leveritt lauschte auf das unregelmäßige Trommeln des Regens. Es sollte nicht meine Aufgabe sein, mich an Ed Morris zu erinnern, dachte sie. Der Sturm zog vorüber. Sie schlief.

Am nächsten Morgen war es warm und so schwül, als hätte es in der Nacht überhaupt kein Gewitter gegeben. Der Fluß, der sonst ganz klar und ruhig dahinfloß, hatte sich in einen schlammigen reißenden Strom verwandelt. Im Silur schritt die Erosion rasch voran, das dampfende Flachland, aus dem Wasser und Erde durch Löcher im Steilufer in den Fluß troff, sah aus wie immer und hatte sich doch verändert. Die zehn Bewohner des Camps standen zu zweit oder dritt beisammen, betrachteten das Tal und die Ebene und unterhielten sich, je nach ihrem Wissensgebiet, über Eintrübungen, das Zutagetreten von Fossilien oder mögliche Änderungen in topografischen Karten.

Leveritt und Holmes verbrachten den Tag in einem Zelt mit hochgezogenen Seitenlaschen, sortierten die Ergebnisse der Beobachtungen und gaben sie in ein dreidimensionales Computermodell ein, das die ganze Gegend vom Fluß bis zu den Hügeln darstellte. Über einen Zeitraum von zehn Millionen Jahren war das Land wiederholt abgesunken, wieder emporgestiegen, ausgetrocknet, erodiert. »Rauf und runter«, sagte Holmes, »öfter als der sprichwörtliche Dirnenschlüpfer«, was ihm einen strafenden Seitenblick von Leveritt eintrug. Weder fiel ihnen der kurze morgendliche Wolkenbruch auf noch nahmen sie sich viel Zeit für das Mittagessen, das sie beinahe ausgelassen hätten, wenn sie nicht durch den Lärm einer Gruppe Campgefährten daran erinnert worden wären, die schlammverkrustet und mit Bärenhunger von einem Sammeleinsatz unten im Tal zurückkehrten. Es war schon in der zweiten Tageshälfte, als Holmes plötzlich abrupt seinen Laptop ausschaltete, sich streckte und verkündete, daß er eigentlich eine Atempause brauchte und sie deshalb abends weiterarbeiten würden. Leveritt konnte gerade noch seinen sich entfernenden Rücken anstarren, als er im Zelt direkt daneben verschwand. Sie merkte, wie ihr Blick an dem Zelt vorbei über das verödete Land hin zu den fernen Hügeln schweifte, und nach einiger Zeit gab sie ihren inneren Widerstand auf und gestattete sich, an Ed Morris zu denken und daran, was aus ihm geworden sein mochte.

Ihre Mutmaßungen über Ed Morris mögliches Schicksal waren stark angewachsen. Es kam ihr in den Sinn, sie in einem Notizbuch zu sammeln so wie Gilzow ihre Modelle der geologischen Zeit. Dann erinnerte sie sich daran, daß Leutnant Hales ihr verboten hatte, irgend etwas aufzuschreiben, was mit Ed Morris zu tun hatte. Sie fühlte sich vor Hales immer noch nicht sicher.

Ed Morris. Du kamst also hier an und – und dann? Zuerst warst Du verstört und verängstigt, und das kostete Dich ein bißchen Zeit. Dann hast Du Deinen Grips zusammengesucht und eine Bestandsaufnahme Deiner Lage gemacht. Du hast kein Wasser, keine Nahrung und keine Ahnung, wo Du Dich befindest. Du weißt bloß, wo Du *nicht* bist. Du besitzt nur die Kleidung, die Du am Leib trägst und den Laptop in Deiner Hand.

Falls es Nacht ist, merkst Du sofort, daß die Sterne Dir keine Hilfe sind. Die Dir bekannten Sternbilder existieren noch nicht. Du wanderst in der Dunkelheit umher, stürzt in eine Schlucht, brichst Dir das Genick und bist sofort tot …

Oder Du brichst Dir ein Bein und stirbst in den darauffolgenden Tagen einen qualvollen Tod.

Noch einmal zurück zum Anfang. Du findest Wasser, eine Quelle, aus der ein Bächlein und dann ein Fluß wird, dem Du bis zu seiner Mündung ins Meer folgst, und dort findest Du das Hauptcamp.

Oder auch nicht, falls Du in einer Zeit ankommst, bevor es hier ein Camp gab.

Oder Du findest Wasser, Du erreichst den Fluß, merkst aber, daß Deine Kräfte nicht ausreichen, weiterzulaufen, daß Du verloren und dazu verdammt bist, im *Irgendwo* zu sterben, und daß kein Weg daran vorbeigeht, daß Du die einheimische Flora oder Fauna versuchen mußt zu essen, Schalentiere, Tausendfüßler – was immer Du findest und fertigbringst, hinunterzuwürgen. Du ißt es roh, weil es keine Möglichkeit gibt, Feuer zu machen, aber Du wirst nicht krank davon und stirbst auch nicht. Du wirst – ja, was wirst Du machen, falls Du überlebst?

Du wirst Dein Leben allein zu Ende führen, ein Adam ohne Eva in einem paläozoitischen Paradies, ein Robinson Crusoe der Frühzeit.

Allein mit Deinem Laptop.

Nehmen wir nun den günstigsten Fall. Du kommst heute abend um die Essenszeit ins Camp spaziert, zerlumpt und ausgezehrt nach einem mörderischen Trip, auf dem Du Dich nur von Moos und wirbellosen Tieren ernährt hast, aber lebendig, unversehrt und stolz auf Dich selbst.

Im weniger günstigen Fall, zumindest nicht günstig für Dich, aber für mich, weil ich mich dann nicht mehr mit Dir zu beschäftigen brauche und die anderen Dir wenigstens die letzte Ehre erweisen können, finden wir den Steinhügel, den Du mit den größten Steinen, die Du schleppen konntest, errichtet hast. In dem Hügel finden wir Deinen Laptop. Er ist noch dicht, die Stromkreise intakt. So können wir die Nachricht lesen, die Du uns hinterlassen hast.

Eine Menge Arbeit für einen sterbenden Mann.

Also gut. Du findest *zuerst* heraus, wie Du überleben kannst und errichtest *dann* den Steinhügel. Du wanderst umher und errichtest überall Steinhügel, um die Chancen zu vergrößern, daß wenigstens einer von ihnen gefunden wird.

Leveritt verließ rasch das Zelt. Sie hing sich eine Laterne an den Gürtel, setzte einen breitkrempigen Strohhut auf den Kopf und begann in Richtung der Hügel zu laufen. Der feuchte Boden knirschte unter ihren Füßen.

Das Flachland war nicht völlig eben. Der Boden hob sich fast unmerklich an und senkte sich wieder, hinauf, hinunter, wie die Oberfläche eines ganz stillen Meeres. Als Leveritt außer Sichtweite des Lagers war, blieb sie stehen und schaute mit in die Hüften gestemmten Fäusten um sich. Was nun?

Denk nach, sagte sie zu sich selbst.

Ich habe gegessen. Ich bin weder verlorengegangen noch ist mein Leben in Gefahr (was Ed Morris alles nicht von sich sagen konnte). Ich bin weder verstört noch verängstigt. Ich bin unverletzt. Abgesehen davon, daß er zehn, zwölf Stunden vor dem Sprung nichts gegessen hatte, hatte Ed Morris nicht wie jemand ausgesehen, der lange von seinen Fettpolstern zehren konnte. Auf der anderen Seite war er ein Bergsteiger und Fallschirmspringer, gut in Form und körperlich robust.

Wie lange hatte er gebraucht, um seine Angst und Verstörung zu überwinden? Halten wir ihm zugute, daß er als erfolgreicher Buchhalter geordnetes Denken gewöhnt war. Wieviel Zeit dauerte es, bis er auf die Idee kam, einen Steinhügel zu errichten? Dazu mußte er eine Stelle finden, wo der Hügel auch Aussicht hatte, entdeckt zu werden, wo er nicht von Wasser unterhöhlt werden konnte und wo genügend geeignete Steine vorhanden waren. Weiter hinten in Richtung der Hügel hatte er im Flußbett eine Menge glatter Steine in brauchbarer Größe gefunden. Hier mußte er sich mit dem begnügen, was vorhanden war.

Wie viele Steine konnte er bewegen, bis seine Kraft erlahmte?

Leveritt hob einen Kalkstein von der Größe einer Pampelmuse auf, trug ihn ungefähr drei Meter weit und setzte ihn neben einen etwas dickeren Brocken. Mit größeren Steinen, die sie sammelte und zu derselben Stelle schleppte, arbeitete sie sich langsam um den Kreis herum nach außen. Nach ungefähr einer Stunde ununterbrochener Arbeit war sie in Schweiß gebadet, ihre Arme, Beine und ihr Rücken schmerzten, und sie hatte eine Art halbfertiger Pyramide errichtet, die ungefähr einen Meter hoch war. Im Laufe der Stunde hatte sie immer mehr Zeit damit zugebracht, passende Steine aus größerer Entfernung herbeischleppen zu müssen. Sie hockte sich hin, um ihr Werk zu begutachten.

Ed Morris, sagte sie zu sich selbst, würde in diesem Moment nicht mit Arbeiten aufgehört haben. Für ihn gab es kein Camp, in das er hatte zurückkehren können, wenn er müde war. Trotzdem war es ein ganz passabler Anfang, eindeutig das Werk menschlicher Hände.

Sie erhob sich und ging zum Lager zurück. Einmal machte sie eine Pause, um zurückzuschauen. Wie lange würde es dauern, bevor es zusammenstürzte?

Im Camp schien keiner Leveritts Abwesenheit bemerkt zu haben. Typisch, dachte sie, merkte aber gleich, daß es ihr nicht gelingen wollte, deshalb lange gekränkt zu sein. Gemeinsam mit Holmes arbeitete sie noch, bis es schon dunkel geworden war, dann ging sie in ihr Zelt, und bald darauf lag sie in ihrem Feldbett. Trotz der Schwüle hatte sie keine Mühe, einzuschlafen.

In den nächsten zwei Tagen hatte Leveritt alle Hände voll zu tun, aber am Nachmittag des dritten Tages kehrte sie zu dem Steinhügel zurück. Sie begann ihn zu vergrößern, entschied sich dann aber, damit aufzuhören und lieber zweihundert Meter entfernt einen neuen Hügel zu errichten. Von diesem Zeitpunkt an brachte sie einen großen Teil ihrer Freizeit damit zu, Steine aufeinanderzuhäufen. Sie kehrte niemals zu einem Hügel vom Vortag zurück.

Schließlich fiel Leveritts Abwesenheit auf. Holmes verfolgte ihre Spur an zwei aufgegebenen Steinhügeln vorbei zu ihrer letzten Baustätte. Sie antwortete auf seine Fragen einsilbig, mit Schulterzucken oder überhaupt nicht. Während der ganzen Zeit lief sie umher, suchte, sammelte, schleppte und häufte Steine und lehnte Holmes' Hilfe ab, der schließlich gutmütig sagte: »Du brauchst unbedingt ein Hobby, Bonnie.«

»Das *ist* mein Hobby, Mike.« Sie wünschte sich laut, daß er verschwinden möge, was er schließlich auch tat.

Am Abend bei einem Essen, das besser schmeckte als gewöhnlich, fragte Gilzow Leveritt, was sie denn so treibe, und Leveritt antwortete: »Ich versuche, bei Verstand zu bleiben.« Später am Abend war sie kaum in der Lage, ihr Lachen zu beherrschen, als Holmes einen seiner faden Witze riß.

Zwei Wochen und sieben Steinhügel später merkte sie, als sie gerade beim Einschlafen war, daß sie den ganzen Tag über nicht an Ed Morris gedacht hatte.

Vier Tage darauf, als sie von ihrem achten und letzten Steinhügel zurückkehrte, fragte Leveritt herum, ob jemand eine Ausgabe von *Robinson Crusoe* dabei hatte. Es gab keine, aber Gilzow bot ihr *Emma* von Jane Austen an. »Fast genauso gut«, sagte Leveritt.

Ein Monat verstrich.

Das Proviantboot kam drei Tage zu spät. Alle liefen herbei, um beim Ausladen zu helfen. Die ersten, die das Boot erreichten, schrien den anderen zu. »Brinkman ist gekommen!« Der hochgewachsene Mann stand im Bug des Bootes und schwenkte seinen schlappen Hut. Es stellte sich heraus, daß der freudige Empfang nicht allein seiner Person galt. Er hatte eine Kiste Likör mitgebracht.

Als die Vorrate ausgeladen waren und im Camp nach ein paar Runden alkoholischer Getränke wieder

Ruhe eingekehrt war, suchte Brinkman Leveritt auf und lud sie zu einem Spaziergang entlang des Steilufers ein. Sie waren kaum außer Hörweite des Lagers, als er einen tiefen Seufzer ausstieß und seine überschwenglich gute Laune von ihm abfiel, als legte er einen Umhang ab. Er sah unter der Sonnenbräune müde und bleich aus. Er wirkte ernster als Leveritt ihn je erlebt hatte.

»Ich bin extra den ganzen Weg hierhergekommen«, sagte er, »um es Ihnen persönlich zu sagen. Vor zwei Tagen haben sie etwas aus dem Sumpf unten beim Hauptcamp ausgegraben. Es ist eine – es ist ein Stück vor diesen Liegen, die sie in der Sprungstation benutzen.«

»Ed Morris«, erwiderte Leveritt heiser. Sie hatte den Namen seit ihrem Gespräch mit Michael Diehl nicht mehr laut ausgesprochen. Ein feuchtwarmer Wind strich plötzlich über das Tal, als hätte sie ihn damit geweckt. Er roch leicht nach dem fauligen Atem der Flußmündung.

»Ein Sicherheitsoffizier namens Hales erzählte es mir«, sagte Brinkman.

»Noch mehr Überraschungen. Ich dachte, Hales hätte jeden zum Schweigen verdonnert.«

»Dazu war es zu spät. Bis Hales davon erfuhr, wußte bereits jeder im Lager über den Fund Bescheid. Jeder.«

»Und was ist mit Ed Morris selbst?«

»Sie graben noch. Sie haben noch nichts weiter gefunden, und der Himmel weiß, ob sie jemals mehr finden werden. Die Liege sieht aus wie eine Brezel, völlig verbogen, und ein Ende ist geschmolzen. Der Himmel allein weiß, was das zu bedeuten hat – abgesehen von der offenkundig furchtbaren Hitze. Das Ding hatte sich in eine schlammige Uferböschung hineingebohrt. Ein Botaniker stolperte über ein herausragendes Stück.«

»Wie lange lag es da?«

Brinkman schüttelte den Kopf. »Die Untersuchungen laufen noch, aber selbst die Vorsichtigen sprechen von einer Zeit, bevor hier Menschen auftauchten. Wie es dahingekommen ist, muß ebenfalls noch untersucht werden. Dafür werden auch Sie benötigt.«

Leveritt seufzte. »Ich habe nichts Wichtiges zu erzählen.«

»Das meint Hales auch. Aber die von ganz oben bestehen darauf. Die Sache wird nun offiziell, und Sie gehören eben dazu.«

»Ich kriege das alles einfach nicht los!« Leveritt setzte sich auf einen buckligen Felsen und kickte mit dem Fuß wütend den Staub hoch. »Hales, die Marine und vor allem nicht Ed Morris selbst. Ich dachte, ich hätte es geschafft, es endlich allein verarbeitet und nun ...«

»Tut mir leid, Bonnie. Sie müssen morgen früh mit mir zurückfahren. Ich finde Arbeit für Sie, bis die Angelegenheit erledigt ist.«

»Vielleicht Kaffeekochen?« Leveritt konnte den bitteren Ton in ihrer Stimme nicht verhindern. »Ich will *hierbleiben,* Rob.«

»Ich habe Sie nie als jemanden erlebt, der Unangenehmes nicht erledigt. Wenn Sie schon im Hauptcamp sind ... die Leute aus San Diego überlegen sich, vielleicht eine Gedenkfeier abzuhalten. Ich vermute, keiner von ihnen kannte Morris gut oder mochte ihn besonders. Aber er ist der erste Todesfall während der Expedition. Und da Sie diejenige sind, die ihn zuletzt lebend gesehen hat, dachten wir ...«

Leveritt schüttelte entschieden den Kopf. »Nein.«

»Bonnie, der Mann ist *tot.*«

»Ich kann mir keine Lobeshymne auf ihn ausdenken, selbst wenn mein Leben davon abhinge. Was ich über ihn weiß, füllt nicht einmal ein halbes Dutzend Sätze. Er redete zu schnell und war gekleidet wie *Jungle Jim.* Er sagte, er liebe Bergsteigen und Fallschirmspringen.

Es tut mir so leid, was ihm passiert ist, aber es ist nicht meine Schuld.«

»Wer behauptet denn, daß es Ihre Schuld ist?« Brinkman kniete sich neben sie und zupfte an seiner Haut. »Es muß doch irgend etwas Bedeutungsvolles geben, was Sie über ihn sagen können.«

Leveritt seufzte. Sie schaute hinunter auf das Proviantboot und sah sich selbst darin sitzen, wie neulich, unter dem weißen Baldachin, und mit Brinkman aus einer Thermosflasche Kaffee trinken, während der Pier und die Wellblechhütten im Nebel verschwanden. Sie sah alles wie in einem rückwärts laufenden Film. Sie würde zurückgehen müssen, immer weiter zurück bis zu der Stelle, bevor Ed Morris die Regie über ihr Leben übernommen hatte, und von dort aus neu beginnen. Und dieses Mal, schwor sie sich, würde sie die Dinge so passieren lassen, wie sie sein sollten. Diesmal würde sie die Heldin in ihrer *eigenen* Geschichte sein.

»Als er merkte, wie nervös ich war«, sagte sie, »versuchte er mich mit seinem Gerede zu ermutigen. Und gerade bevor ich durch das Zeitloch sprang, blinzelte er mir aufmunternd zu.«

»Naja, wenn schon für nichts anderes, für dieses Blinzeln jedenfalls sind Sie ihm doch etwas schuldig.« Brinkman hätte nicht leiser sprechen können und doch noch gehört werden.

Leveritt schloß die Augen und dachte an die Szene in der Sprungstation, an die zielstrebigen Techniker und Ed Morris' Gesicht, das von den Gitterstäben des Geländers eingerahmt war. Sie schaute Brinkman hilflos an. Er sagte: »Wie bitte?«

Der feuchtwarme Wind strich wieder über das Tal. Erneut roch sie den fauligen Geruch der Flußmündung nach Tod und Leben. Sie atmete scharf aus und sagte: »Nichts.« Sie hätte eigentlich sagen wollen, daß sie sich nicht mehr an die Farbe von Ed Morris' Augen erinnern konnte. »Es ist schon gut. Ich werde mir etwas ausdenken.« Der Wind wehte über die steinige Ebene hin zu den alten zerbröckelnden Hügeln und über sie hinweg.

Originaltitel: ›The Wind Over the World‹ • Aus: ›Asimov's Science Fiction‹, Oktober/November 1996 • • Aus dem Amerikanischen übersetzt von Christian Lautenschlag

---

William Barton

DAS ZEITALTER DES WASSERMANNS

Es war ein heißer, staubiger Tag, als wir den freien Platz hinter dem Rexall Drugstore an der Route 123 in Woodbridge überquerten, den ganzen Sommer 1962 über herrschte in Virginia dieses Wetter. Ein hoher Dunstschleier verlieh dem wolkenlosen Himmel eine blasse gelblichbraune Färbung, die Temperatur lag bei fünfundneunzig Grad Fahrenheit, eine ständige leichte Brise fächelte uns ein bißchen Kühlung zu und raschelte im dichten Laub der Bäume.

Wir waren zu dritt. Die Musketiere pflegten unsere blöden Lehrer uns zu nennen, doch damals gehörte der Begriff noch nicht zu unserem kulturellen Hintergrund. Erst zehn Jahre später las ich den Roman, obwohl ich bereits ein paar alte Filme über die Musketiere gesehen hatte und wußte, was der Ausdruck bedeutete.

Athos? Porthos? Aramis? Nicht wir. Und wer sollte unser D'Artagnan sein? Keiner käme in Frage. Larry Pernotto bestimmt nicht, der groß und fett war und sich selbst gern Tars Tarkas nannte. Und Neal Dixon, klein, blond, muskulös, mußte einfach Gahan von Gathol sein. Ich selbst war Ghek der Kaldaner. Ghek das Monster, dessen scheußlicher Kopf sich vom Rumpf lösen und auf Spinnenbeinen davonkrabbeln konnte, der namenlose *Rykor*-Leib mußte dann für sich selbst sorgen.

Aber solange ich Ghek der Kaldaner sein durfte,

brauchte ich nicht Burke der Schurke zu sein, schlank, aber ohne Saft und Kraft, mit einer großen Nase und krummen gelben Zähnen.

Sie waren meine Freunde, vielleicht deshalb, weil wir die gleichen Dinge liebten – im Wald spielen, so tun, als wären wir irgendwo anders, egal, wo, nur nicht in Marumsco Village, nur nicht in dem langweiligen Amerika, das noch mit einem Bein in den fünfziger Jahren stand.

Wir gingen in den Drugstore, der mit einer Klimaanlage ausgerüstet war, damals noch keine Selbstverständlichkeit, richtig kühl war es dennoch nicht, weil die Anlage nicht ausreichte, und Deckenventilatoren erzeugten einen zusätzlichen schwachen Luftstrom. Unser erstes Ziel war – wie immer – der Zeitschriftenkiosk in der Ecke, hinterher würden wir die Erfrischungshalle ansteuern, die komisch riechende, stark geschminkte alte Frau mit dem unleserlichen Namensschild würde uns die üblichen Getränke servieren. Ich bekäme einen sonderbar schmeckenden Limonen-Rikkee in einem gefrosteten hohen Glas, das Sodawasser so kalt, daß es in der Kehle schmerzte; Neal trank dauernd ein Kräuterbier, während Larry seine Schokoladen-Coke bis zum letzten Rest ausschlürfte. Die alte Dame lachte immer, wenn sie ihm das Glas brachte; der vom Sirup dunkle Schaum glich dem, was sich nach einem Regensturm in der Gosse ansammelt.

»Gequirlte Scheiße«, pflegte Neal zu lästern. Larry sah ihn dann nur mit einem leicht amüsierten, listigen Ausdruck an, als wüßte er mehr als wir, und nuckelte hingebungsvoll an dem Strohhalm; sein Blick war leicht glasig, wie der meines Hundes, wenn er sich den eigenen Pimmel leckte.

Nun stand Larry am Kiosk und blätterte flüchtig im neuesten Playboy-Magazin; mit halbgeschlossenen Augen und teilnahmsloser Miene betrachtete er stramme Popos und rosige Brustwarzen. Mir war es immer peinlich, in diesen Heften zu stöbern, obwohl ich es gern getan hätte; verstohlen schielte ich hin, während ich am Drehständer mit den Comics herumlungerte.

Magnus, der Robo-Kämpfer, 4000 n. Chr.; ganz Nordamerika eine einzige Mega-Stadt; Leeja, Senator Clanes Tochter, nur mit einer hauchdünnen, fast durchsichtigen Bluse bekleidet. A-1, der Steaksaucen-Roboter. Oder war es 1-A? Vielleicht gab es Lea & Perrins ja noch im 42. Jahrhundert. Der Goldene Schlüssel. Ziemlich gut. Magnus, Tarzan, *Die Familie Robinson im Weltraum; Turok, Sohn der Steinzeit.* Die Story war genial. Menschenskind, zwei Indianer aus der präkolumbianischen Zeit werden in eine paläolithische, verlorene Welt verpflanzt, in der es von Höhlenmenschen und anachronistischen Dinosauriern nur so wimmelt ...

»He, Alan, das mußt du lesen«, sagte Neal. In der Hand hielt er eine Ausgabe der *Washington Post.* Auf der ersten Seite präsentierten sich zwei fremdartig aussehende Männer, Andrian Nikolajev, Pavel Popovich. Wostok III. Wostok IV. Hatten die Erde vierundsechzigmal umkreist. ›Wostok III‹, stand darunter, ›legte in vier Tagen eine Million sechshunderttausend Meilen zurück.‹

»Das sind drei Hin- und Rückflüge zum Mond, stimmt's?« vergewisserte sich Larry.

Ich nickte. »Vermutlich sind sie jetzt so weit ...« Der Artikel war in dem blasierten Stil abgefaßt, dessen sich die amerikanischen Medien-Intellektuellen befleißigten, wenn sie sich darüber freuten, was alles diese kohlfressenden, in Baumrindensandalen herumlatschenden Rußkis auf die Beine stellen konnten. Hämisch verglichen sie die *Millionen* von Meilen, die Tatsache, daß *zwei* Schiffe *gleichzeitig* im Orbit kreisten, mit unserer jüngsten ›spektakulären‹ Reise durch den Weltraum, als Scott Carpenter sage und schreibe die Erde dreimal umrundet hatte.

Dann diese Titelgeschichte im *Star.* Ich griff nach der Zeitung und überflog die Schlagzeilen. Komisch. ›Zu Weihnachten Krieg?‹ Ein befremdlicher, gruseliger Gedanke. Krieg. Wie in dem John-Wayne-Film ›Wings of the Navy‹? Oder aber ganz anders? In Gedanken sah ich mich vor dem Haus meiner Eltern stehen, im Staggs Court Nummer 103. Am Himmel Lichtblitze. Plötzlich brennt alles. Das Haus wird von einem heißen nuklearen Sturmwind davongefegt.

›Wenn es dazu kommt‹, hatte es im Fernsehen geheißen, ›werden die Lebenden die Toten beneiden.‹

Die totale Vernichtung, hatte jemand gesagt.

Neal linste jetzt mir über die Schulter. Ernster Blick, ausdruckslose Miene. Neals Vater war Marineoffizier und im nahegelegenen Quantico stationiert. Vielleicht wußte Neal mehr als wir.

»Glaubst du, daß es passiert?«

Achselzuckend starrte er ins Leere. »Möglich wär's.« Er deutete auf die Zeitung. »Es kann aber auch ganz anders kommen, als die hier prophezeien. Ich weiß es nicht. Vielleicht wird es eher wie damals in Korea. Äh ... kann sein, daß sie meinen Dad bald nach Asien versetzen. Nach Laos. Vietnam. Keine Ahnung.« Er schluckte und wandte den Blick ab. »Sagt mal, habt ihr in *Life* den Artikel über das Gemini-Projekt gelesen?«

»Klar doch.« Man kürzte das Merkur-Programm, indem man die beiden letzten Flüge strich. Dafür entwickelten sie nun Zwei-Mann-Schiffe, die im Frühjahr 1964 startbereit sein sollten.

»Ich frage mich, was die Russen bis dahin unternehmen.«

»Vielleicht sind sie dann schon auf dem Mond gelandet.«

»Warum nicht?«

Ende Oktober war der Sommer vorbei, auch das herbstliche Wetter hatte sich verabschiedet, die Bäume waren kahl, und der grauverhangene Himmel kündete vom nahen Winter. Diese Jahreszeit mochten wir drei immer am liebsten, obwohl es viel zu früh dunkel wurde.

Es war kühl, gerade richtig, um nach der Schule draußen zu spielen. Leider war dieser Herbst ziemlich verregnet. Wir taten so, als wären wir auf der Venus, einer verzauberten Welt ganz in Grautönen; wir ignorierten das Fehlen eines tropischen Klimas, für uns war es eine kalte Venus, eine Venus, die uns allein gehörte. Im übrigen würde uns Mariner II, die im August gestartete Sonde, bald zeigen, wie es auf der richtigen Venus aussah, wenn sie im Dezember daran vorbeiflog.

Es war schön, sich auszumalen, man würde dort etwas entdecken … ganz gleich, was. Etwas, das die Welt ein kleines bißchen besser machte. Wenn Mariner III und IV im übernächsten Jahr zum Mars aufbrächen, würde es noch spannender werden. Denn dann bekämen wir Bilder zur Erde gefunkt, das war doch was! Angenommen, Barsoom hätte recht …

Außerdem holten wir langsam die Russen ein. Wally Schirra hatte die Erde sechsmal umkreist; Gordon Cooper gar einen *ganzen* Tag im All verbracht. Lächerlich.

Schule vorbei, Spielen vorbei, Freunde nach Hause gegangen, draußen dunkel, in der Küche kocht die Mutter das Abendessen, geräuschvolles Brutzeln, in Margarine gebratenes Zeug, da wurde geschmort, gekocht, gedünstet; es roch nach Schweinefleisch und Kohl, unsere Familie war zur Hälfte anglo-irisch, der Rest stammte aus Osteuropa. Bei uns verputzte man Schweinefleisch, Kohl und Kartoffeln in rauhen Mengen.

Mein Vater saß auf der Couch; konzentriert und mit gerunzelter Stirn starrte er auf die Mattscheibe unseres alten Magnavox Schwarz-Weiß-Fernsehers, den wir seit fast zehn Jahren besaßen. »Herrje …«

Auf dem Boden hockend, wo ich ein neues Ace-Taschenbuch las, *Die Frau im Mond,* blickte ich hoch. Ich sah, wie mein Vater auf die äußerste Sofakante rückte, die Augen weit aufgerissen. Im Fernseher zeigten sie das Bild eines grauen Ozeans, es war mitten am Tag in der Karibik. Durch das Meer pflügte sich ein amerikanisches Kriegsschiff, das zu der Flotte gehörte, die die Blockade Kubas gewährleisten sollte. Ich hatte mich nicht sonderlich dafür interessiert, zuviel Ärger in der Schule, Probleme mit den anderen Kindern hinderten mich daran, mich mit der Welt der Erwachsenen zu befassen, in der sich die Menschen gegenseitig umbrachten, aus Gründen, die mir schlichtweg behämmert vorkamen.

Weiße Feuergarben flitzten über das graue Wasser, schmierig aussehende Rauchsäulen türmten sich auf, etwas klatschte, Fontänen verspritzend, ins Meer, dicht vor dem Bug des Frachters – Ansicht des Frachters, der seinen Kurs beibehält und hinter dem Horizont verschwindet.

»Margie!«

Meine Mutter kam aus der Küche, eine kleine, dünne, schwarzhaarige Frau, hübsch, fand ich, und noch nicht einmal dreißig Jahre alt. In einer Hand hielt sie ein Pfannenmesser; sie machte einen abgehetzten, leicht aufgebrachten Eindruck. »Was …«

Dad deutete auf den Fernseher, und ihr Groll machte einem angespannten Ausdruck Platz. Sie kniff die Lippen zusammen. »Oh, Don …« Sie setzte sich neben ihn, und mir schien, als würden die beiden enger zusammenrücken als sonst.

Ich richtete mich auf, lehnte mich gegen das Sofa, knickte als Lesezeichen eine Seite in meinem Buch um und versuchte herauszufinden, was los war. Raketen in Kuba, Blockade, Kennedy, wie er Reden schwang, ihm hörten meine Eltern zu, vermutlich weil sie Demokraten waren, denn Eisenhower pflegten sie zu ignorieren oder sich über ihn lustig zu machen, diesen ›glatzköpfigen alten Knacker …‹

Eisenhower im Bild, wie er seine pathetische Stupsnase in die Richtung von Sputnik I dreht, den er einen ›künstlichen Kometen‹ nennt – verdutzt glotzte mein Vater auf die Mattscheibe. Komet? Eisenhower, der seine Abschiedsrede hält und plötzlich allen nahelegt, man solle sich vor dem militärisch-industriellen Komplex hüten, was immer das sein mochte. Vielleicht auch so ein künstlicher Komet.

Jetzt spricht Kennedy im Fernsehen; neben ihm sein magerer, karnickelgesichtiger Bruder, hinter beiden der bebrillte, altmodisch aussehende MacNamara. Er erklärt, er gebe Chruschtschow exakt drei Wochen, um seine verdammten Raketen aus Kuba abzuziehen. Andernfalls …

Mein Vater kratzte sich das stoppelige Kinn. »Was, andernfalls? Drei Wochen … Mann o Mann, das ist ja gerade mal bis zum Erntedankfest.«

Besorgt blickte meine Mutter ihn an. »Vielleicht sollten wir lieber nicht …«

Auf das Erntedankfest freute ich mich immer. In unserem Chevy Biscayne, Baujahr '59, fuhren wir nach Boston, um dort mit allen Verwandten zu feiern. Ich fragte mich, ob es in diesem Jahr, nach Großvaters Tod, wohl anders sein werde.

Meine Eltern schauten sich immer noch an. Vielleicht sollten wir lieber nicht …

Meine Mutter sprang hoch und flitzte in die Küche. »Lieber Himmel, das *Abendessen!*«

Hmm. Heute ist es sicher gut durchgebraten, dachte ich mir, während ich den Blick vom Fernseher abwandte und auf das dunkle Fenster stierte. In Vah-Nah gingen die Ereignisse jedenfalls weiter, und die Abenteuer von Jilan, Orthis und der lieben, niedlichen Nahee-Lah waren allemal spannender als alles, was Walter Cronkie je von sich geben würde.

An dem Morgen, drei Tage vor den Erntedankferien, schneite es, als wir in der Schule saßen. Die Kinder lachten, der Unterricht wurde unterbrochen, derweil draußen winzige weiße Flocken von einem konturlosen stahlgrauen Himmel rieselten; wie Puderzucker fielen sie auf den roten Lehm, der den schwarz asphaltierten Spielplatz umrahmte, sie legten sich auf das welke braune Gras und die verkümmerten kleinen Tannen neben dem Pausenhof. Schmale Tunnel durchfurchten das Gestrüpp, wo Kinder gespielt und den Pflanzenwuchs zertrampelt hatten, so daß der blanke Erdboden bloßgelegt war. Dort gab es massenhaft gute Verstecke.

Die hübsche junge Miss Johnson stellte sich ans Fenster und zog die Blendläden ganz zurück. Sie schaute sehnsüchtig drein. Hoffte sie, es würde so stark schneien, daß man uns alle nach Hause schicken mußte? Lehrer bekamen nicht schneefrei, es sei denn, das Wetter wurde wirklich mies; sie blieben in der Schule und arbeiteten, korrigierten Hefte oder beschäftigten sich mit irgendwelchen anderen Dingen, trotzdem …

Wir hatten gehört, daß sie in den Weihnachtsferien heiraten wollte, alle kleinen Mädchen fanden das so aufregend, daß sie nicht eher Ruhe gaben, bis sie spitzkriegten, daß unsere Lehrerin hinterher Mrs. Pugh heißen würde. Als ich das erfuhr, wunderte ich mich, daß sie diesen Kerl überhaupt nahm, denn für mich stand jetzt schon fest, wie sehr ihre Kinder leiden würden.

Aber vielleicht fiel ihr das Heiraten doch nicht so schwer. Manchmal hörte ich aus dem Schlafzimmer meiner Eltern Geräusche, offenbar taten sie dann das, worüber Jungen sich gern unterhalten wollten, ohne gleich in albernes Gelächter auszubrechen wie Mädchen; dann kicherten sie aber doch und versuchten, ins Detail zu gehen, unterstützt von dem bißchen, was wir aus Doktorspielen und aus dem Schnüffeln in Magazinen wußten oder errieten, die ein paar deftigeren Vätern gehörten.

Ich saß also da, schaute Miss Johnson an und versuchte mir vorzustellen, wie sie diese Dinge mit Mr. Pugh trieb, wer immer er sein mochte, während sich dieser sehnsüchtige Blick in ihre Augen stahl. Vielleicht dachte sie ja gar nicht an den Schnee. Vielleicht wünschte sie sich, sie sei bereits mit Mr. Pugh verheiratet, und es sei jetzt Schlafenszeit.

Es hörte auf zu schneien, der Himmel wurde heller, nahm eine weißliche Färbung an. Eine Viertelstunde vor der Mittagspause riß die Wolkendecke auf und strahlendblaue Flecken zeigten sich. Wir lernten Arithmetik, Bruchrechnung, die mir wirklich nicht lag, hinterher Grammatik, in der ich noch schlechter war, und schließlich kam Geographie an die Reihe, ein Fach, in dem ich als Klassenbester glänzte. Niemand schien sich für Geographie zu interessieren, ein offenbar unwichtiges Fach. Nach der Pause hatten wir Naturkunde, worin ich mich ganz tapfer schlug, danach Kunst, ein Unterrichtsfach, das mir zwar gefiel, in dem ich aber auf keinen grünen Zweig kam, zum Schluß stand Sport auf dem Stundenplan, und verschwitzt und stinkend durfte ich dann nach Hause gehen.

Mit einem Knacken schaltete sich der Lautsprecher ein. Miss Johnson unterbrach sich sofort und schielte leicht nervös zu dem schwarzen Kasten über der Tür hin. Manchmal hörte uns der Schuldirektor zu und überwachte den Unterricht.

Ein Räuspern, dann erkannten wir Mr. Kildeas Stimme. Wir alle fürchteten uns zu Tode vor ihm, diesem dürren, grimmig dreinschauenden Kerlchen, zu dem wir immer geschickt wurden, als er noch stellvertretender Direktor war, und wir uns eine Tracht Prügel verdient hatten. Der alte Mr. Parsons, der damals die Schule leitete, pflegte uns mit der ernstzunehmenden Drohung in Schach zu halten: »Beim nächsten Mal schicke ich dich zu Mr. Kildea, damit der dir den Hosenboden strammzieht!«

Nun lebte Mr. Parsons im Ruhestand, und Mr. Kildea nahm seinen Posten ein. Mr. Kill-me war unser Spitzname für ihn.

Nachdem Mr. Kildea sich geräuspert hatte, verkündete er: »Wir machen jetzt eine Zivilverteidigungsübung, und danach ist die Schule aus.«

Die Schüler jauchzten vergnügt, Miss Johnson lächelte und bedeutete ihnen, ruhig zu sein. Nach einer Zivilverteidigungsübung hatten die Lehrer auch schulfrei. Aus den anderen Klassenzimmern, deren Türen zum Flur hin offenstanden, erscholl ausgelassenes Gejohle.

»KOPF EINZIEHEN UND IN DECKUNG GEHEN!«

Unter unseren Pulten kauernd, grinsten wir uns an und kicherten übermütig. Ich hörte einen dumpfen Knall, als Miss Johnson sich beim Abtauchen unter ihren Schreibtisch den Kopf stieß.

Man stelle sich vor, draußen würde gleißendes Licht aufblitzen, Glas zerschellen und die Splitter durch den Raum spritzen, uns bei lebendigem Leib zerfetzen, bevor die Decke einstürzte. Würde mein kleines Pult mich schützen, mich in eine enge, dunkle Höhlung einkapseln, bis ich ersticken oder langsam verbluten würde?

Woran würde Miss Johnson denken, wenn sie unter ihrem Schreibtisch krepierte? An ihren Mr. Pugh? Würde sie sich all die schönen Dinge ausmalen, die sie nun doch nicht mit ihm treiben konnte? Die Glocke schrillte, und wir waren erlöst.

Wir drei standen auf der Anhöhe über dem Spielplatz am Greenacre Drive und sahen auf die Schule hinunter. Das Wetter hatte aufgeklart, und jetzt war ein strahlend heller Tag, wenn auch so kalt, daß unser Atem in der Luft gefror. Es sah aus, als rauchten wir Zigaretten, und ein paar kleinere Kinder taten auch so, als ob sie pafften.

Jungen und Mädchen strömten aus dem Schulgebäude; Schüler, die zu Fuß heimgingen, zerstreuten sich in alle Richtungen; die, die mit dem Bus fuhren, reihten sich draußen in eine Schlange ein, überwacht von aufsichtsführenden Lehrern und Verkehrslotsen. Drüben auf dem Parkplatz gluckte ein Grüppchen Lehrer zusammen; man unterhielt sich, jeder seine eigene kleine Dampfwolke ausatmend. Worüber palaverten sie? Wahrscheinlich erzählten sie sich gegenseitig, was sie mit ihrer Freizeit anfangen würden. Im Gegensatz zu schneefreien Tagen brauchte die Zeit, die durch Zivilverteidigungsübungen verplempert wurde, nicht am Jahresende oder an Samstagen nachgeholt zu werden.

Miss Johnson war dabei und schwatzte mit Mrs. Ellis. Wahrscheinlich schwärmte sie ihr von Mr. Pugh vor, schilderte, welche vergnüglichen Sachen sie miteinander tun würden. Mrs. Ellis, die schon seit einer Ewigkeit verheiratet war und drei Kinder hatte, wußte über die Einzelheiten bestimmt Bescheid.

Die Seitentür des Gebäudes flog auf, und Mr. Leisure kam herausgestürzt; er rannte zum Parkplatz. Neal stieß mich mit dem Ellenbogen an. »Was ist denn mit dem los?«

Ich zuckte die Achseln. »Keine Ahnung. Mr. Leisure ...« Larry gluckste. Im letzten Jahr hatten wir beide bei Mr. Leisure Unterricht gehabt, er war ein junger Bursche, ein richtig komischer, schrulliger Kauz, mit einem sehr kurzen Bürstenhaarschnitt. Er sah aus, als sei er als Kind viel gehänselt worden, und ich hatte mich immer gefragt, was ihn dazu bewogen haben mochte, in den Schuldienst zu gehen. Vielleicht um sich zu rächen.

Er hetzte zu der Gruppe von Lehrern, blieb stehen, fuchtelte wie wild mit den Armen und schnatterte aufgeregt drauflos. Die anderen schienen einen Moment lang zu erstarren, dann löste sich das Knäuel explosionsartig auf, und jeder sprintete zu seinem Wagen.

Drüben auf der Straße scherte einer der Schulbusse plötzlich aus seiner Reihe aus, wendete und brauste in verkehrter Richtung die Zufahrt entlang; die Türen standen offen, Kinder rannten hinterher, Schüler, die keine Zeit mehr gehabt hatten, einzusteigen. Auf der Straße legte der Bus Tempo zu und überfuhr das Stoppschild an der Einmündung zur Botts Avenue.

Neal betrachtete die spurtenden Lehrer, die davonrasenden Busse und die ziellos umherirrenden Kinder; dann sah er uns an, machte ein besorgtes Gesicht und schlug vor: »Wir sollten jetzt nach Hause gehen.«

»Wozu?« fragte Larry. »Ich möchte lieber in den Drugstore. Wir könnten auch zum Bach runter und dort ein bißchen spielen.«

Neal: »Na ja. Hmm.« Noch ein ängstlicher Blick. »Zuerst muß ich meine Mom fragen.«

Das mußte ich im übrigen auch. »Wißt ihr was, wir gehen zu Larry. Von dort aus können wir anrufen.« Larrys Eltern waren beide berufstätig, deshalb wäre niemand daheim. Sein Zuhause gab eine gute Operationsbasis ab.

»Okay.«

Wir setzten uns in Marsch, über uns der kalte grellblaue Himmel, zu beiden Seiten der Straße Kinder, lachend, hüpfend, froh, der Schule entronnen zu sein. Das ist blöd, dachte ich. Angenommen, wir befänden uns jetzt im Krieg. Was hätten wir davon, wenn wir draußen herumliefen? Ob wir mächtige Explosionen sähen … erleben würden, wie ein nuklearer Feuersturm über uns hinwegfegte …

Wir stiegen auf den Hügelkamm, von wo aus wir Larrys Elternhaus auf der Kuppe der benachbarten Anhöhe sehen konnten. Eine Folge von Lichtblitzen blendete uns. Längs des gesamten Greenacre Drive gingen die Straßenlaternen an, sie glosten in einem eigentümlichen Orangerot, wurden ein bißchen heller, um dann langsam wieder zu erlöschen.

Es war sehr still da draußen, als hätte der Wind aufgehört zu wehen.

»Was zum Henker ...?« Larry schaute verdutzt drein. »Das ist ja richtig *unheimlich* ...«

Neal stand stocksteif da, plötzlich fuhr er auf dem Absatz herum und spähte in nordöstliche Richtung. »DA!« Er streckte den Arm aus.

Über den Bäumen stieg noch mehr Licht empor, nicht wie bei einem Sonnenaufgang, der den Himmel rosa färbt, nein, lediglich ein ferner Glast schimmerte durch die Stämme.

»DA!« schrie Larry. »Seht doch! DA DRÜBEN!«

Dieses Mal breitete sich im Westen eine Helligkeit aus, nicht so gleißend wie der Glanz im Nordosten, als läge die Lichtquelle wesentlich weiter weg.

Bestürzt wandte ich mich von dem Anblick ab und schaute Neal an. Ich war entsetzt, als ich Tränen in seinen Augen sah.

»Mein Dad«, flüsterte er. Mit gequältem Gesichtsausdruck starrte er mich an. »Mein Dad ist in Guantanamo ...«

Er drehte sich um und sauste los, die Böschung hinunter, über die Straße, einen Haken um ein geparktes Auto schlagend, stürmte er die nächste Anhöhe hinauf und verschwand rasch auf der anderen Seite. Neal war ein guter Läufer und in Höchstform. Ich wußte, daß er ohne Pause die zwei Meilen bis zu sich nach Hause rennen konnte, wo seine Mutter sicher schon auf ihn wartete.

»Was geht hier eigentlich vor, Alan?«

Larry war nicht dumm. Er wußte genausogut Bescheid wie ich. Es kam einem nur so irreal vor, daß man es nicht wahrhaben wollte.

Ich beobachtete, wie im Norden zwei fette orangebraune Rauchsäulen hochquollen, und fragte mich auch, was das wohl sein mochte. Blitze geisterten durch den Qualm, ein blutrotes Farbenspiel, das an eine ersterbende Feuersbrunst erinnerte. Dazwischen pulsierten grellere Reflexe …

Wo zum Kuckuck blieben die Atompilze? Wieso gab es keinen Feuersturm? Oder waren wir bereits tot? Sollten wir uns nach Überlebenden umschauen, damit diese uns beneiden konnten?

Während ich mir das ferne, stumme Desaster anschaute, antwortete ich: »Keine Ahnung. Laß uns jetzt lieber gehen. Ich will meine Mom anrufen.«

Plötzlich setzte Larry eine nüchterne, vernünftige Miene auf. »Wir sollten uns ohnehin nicht länger draußen aufhalten. Früher oder später kommt der radioaktive … Fallout auch zu uns.«

Erst jetzt fiel mir auf, daß die Straßen menschenleer waren; jeder hatte sich in irgendein Gebäude geflüchtet.

Ein paar Tage danach ging alles ziemlich verrückt zu. Wir gingen zu Larry, und von dort aus versuchte ich, meine Mom anzurufen, doch die Telefone funktionierten nicht mehr. Die Leitungen waren nicht tot, wie es manchmal passierte, wenn das Ortsnetz zusammenbrach, sondern man hörte bloß ein statisches Rauschen, wie aus dem Fernseher, wenn man ihn mitten in der Nacht einschaltete.

Zuerst wollte ich noch ein Weilchen bei Larry bleiben, dann entschloß ich mich, doch lieber heimzugehen. Meine Mom wäre außer sich vor Sorge. Außerdem war jetzt die Gelegenheit günstig, während sich die Fallout-Wolken noch zusammenballten; die Strahlung, die unmittelbar nach den fernen Explosionen freigesetzt wurde, war ohnehin durch uns hindurchgegangen, als wir draußen standen und gafften. Der bloße Gedanke daran verursachte mir eine Gänsehaut.

Ich ließ Larry allein, der nervös auf der Couch hockte und in seinen Fernseher stierte; der Bildschirm zeigte ein wirres buntes Muster, wo jetzt eigentlich WTTG-5 hätte senden sollen. Im Radio war außer Knistern nichts zu hören. Der Heimweg, keine Meile lang, machte mir Angst. Die beiden Rauchsäulen im Norden waren noch weiter in die Höhe gewachsen und neigten sich nun leicht in östliche Richtung.

Auf der Straße fuhren wieder Autos; mit überhöhter Geschwindigkeit, und von der Route 1 her hörte ich Gehupe.

Meine Mom war furchtbar aufgeregt; als ich durch die Tür kam, packte sie mich und plapperte unentwegt: »Gott sei Dank, Gott sei Dank.«

Auch bei uns lief der Fernseher und präsentierte auf dem Schirm ein schwarzweißes Schneegestöber. Schon seit längerem überlegten meine Eltern, ob sie sich einen Farbfernseher kaufen sollten, der fast soviel kostete wie ein Neuwagen, ich hatte gehofft, zu Weihnachten hätten wir einen, und der ausrangierte Magnavox würde dann in mein Zimmer gestellt. Während wir warteten, lief Mom dauernd in die Küche und kurbelte am Radio herum, aber nichts tat sich.

Gegen fünf, als es draußen dunkelte, fing sie an, das Abendessen zuzubereiten; sie wärmte das Rindergulasch auf und schob Brötchen zum Aufbacken in den Herd. Wir warteten auf Dad, der normalerweise um Viertel nach fünf heimkam. Plötzlich gab es keinen Strom mehr, Radio und Fernseher gingen aus, natürlich auch der Elektroherd, zum Glück war das Essen ohnehin fast fertig gewesen.

Wer nicht kam, war Dad.

Wir aßen bei Kerzenschein; Mom schürte ein Feuer im Kamin und erinnerte mich an den schlimmen Schneesturm vom vorletzten Winter, als Marumsco Village drei Tage lang ohne Strom gewesen war. Dann setzten wir uns ans Fenster und warteten. Finster war es draußen, finster und still. Sterne glitzerten, Wolkenbänder zogen über den Himmel, kein Mond; ich wußte nicht, ob wir Neumond hatten, vielleicht versteckte sich seine schmale Sichel irgendwo am Firmament. In keinem Haus brannte Licht. Die Straßenlaternen waren erloschen. Keine Flugzeuge in der Luft. Hin und wieder sah man die Scheinwerfer eines Autos, das langsam die Carter Lane entlangrollte.

Gegen sieben fiel mir plötzlich ein, daß ich ja *Bullwinkle* verpaßte. Um neun ging ich gewöhnlich zu Bett. Mutter hielt am Fenster Wache und weinte. Ich legte mich zum Schlafen auf die Couch.

Als ich morgens wach wurde, war das Feuer bis auf die Glut niedergebrannt, und draußen schneite es. Ich trat ans Fenster und blickte hinaus; in der Zufahrt stand unser Wagen, auf den blauen Heckflossen sammelte sich der Schnee. Also war Dad irgendwann in der Nacht heimgekommen. Der winterliche Rasen war beinahe zugeschneit, und die dicken weißen Wolken am Himmel kündeten von weiterem Schnee. Menschenleer die Straße. Keine lebende Seele zu sehen. Sonst zog es bei diesem Wetter die Kinder immer nach draußen, besonders an schulfreien Tagen.

Ob das der berüchtigte Fallout war? Ich spähte angestrengt hin. Große weiche Flocken taumelten zu Boden; ein bißchen erinnerten sie mich an Asche, aber sie waren ganz weiß. Die Flocken, die auf das Fenstersims fielen, schmolzen zu Wassertropfen. Es war wirklich nur Schnee. Allmählich bedeckte er die Straße und färbte den schwarzen Asphalt weiß. Das bedeutete, daß es kälter geworden war, der Boden war gefroren. Ich berührte die Fensterscheibe. Eisig.

Plötzlich fiel mir eine Episode aus einem Film ein, den ich vor ein paar Jahren gesehen hatte. *Am Strand.* In der Schlußszene, als das U-Boot aufs offene Meer hinausfährt, schaut eine einsame, sterbende Frau vom Ufer aus zu. Dann das Bild von langen, leeren Straßen, durch die der Wind Zeitungspapier bläst. Die ganze Welt ein einziges Grab. Strahlung. Mir schauderte, als ich daran dachte.

Die Tür zum Elternschlafzimmer war geschlossen. Ich schlich mich in den Flur, am liebsten hätte ich angeklopft, wäre hineingegangen und hätte mich zu ihnen ins Bett gekuschelt. Doch statt dessen lauschte ich nur. Leise Geräusche, ein kurzes Murmeln, dann knarrte das Bett. Und noch einmal. Noch einmal. Wieder Gemurmel, eine Art Seufzer. Ich pirschte ins Wohnzimmer zurück und bezog wieder meinen Posten am Fenster. Wenn sie fertig waren, würden sie aus ihrem Zimmer kommen.

Ein paar Tage lang mußte ich im Haus bleiben; auch meine Eltern gingen nicht nach draußen. Mit angespannten Mienen starrten sie aus dem Fenster, beobachteten die vereinsamten Straßen und schienen darauf zu warten, daß der Himmel einstürzte. Immer wieder kam mal ein Auto vorbei, gelegentlich ließen sich sogar Fußgänger blicken, die hurtigen Schrittes auf dem Bürgersteig entlangmarschierten. Kinder waren nicht zu sehen.

Mehrere Male schilderte uns mein Vater, wie er achtzehn Stunden gebraucht hatte, um von der Arbeit nach Hause zu kommen. Sein Büro in dem Gebäude der Bergwerksgesellschaft in D.C. habe plötzlich angefangen zu beben, die Wände bekamen Risse, die Fenster barsten und die Sekretärinnen fingen an zu kreischen. Draußen waren die Straßen in eine gleißende Helligkeit getaucht; die Lichtflut kam zuerst aus Nordosten, später glühte im Norden ein stumpfroter Schein auf. Was zum Teufel …?

Menschen rannten durch die Flure, ergossen sich wie ein Strom die Treppen hinunter und steuerten unterirdische Schutzbunker an. Dad setzte hinterher, gelangte ins Erdgeschoß, stand in der Halle, in der die Scherben der großen gläsernen Eingangstür lagen und blickte auf die Straße, in der es von Menschen und Autos wimmelte; erst dann faßte er sich so weit, daß er wieder logisch denken konnte.

D.C. war noch da, und er lebte. Also waren die Bomben nicht in unmittelbarer Nähe niedergegangen. Vielleicht lagen Baltimore und Philadelphia in Schutt und Asche. In diesem Fall ...

Er machte sich sofort auf den Heimweg.

Grinsend erzählte er: »So an die fünfzehn Mal blieb die Karre stecken, als ich versuchte, liegengebliebene Autos auf dem Shirley Highway zu umfahren. Nur gut, daß ich John und Karl dazu überredet hatte, mit mir zu fahren ...« Offenbar hatte er sie dann vor deren Häusern abgesetzt.

Ich erinnerte mich an ein witziges Poster, das ich im Korridor neben dem Büro meines Vaters gesehen hatte. Es begann mit dem Satz: »Im Falle eines Atomangriffs ...« und endete mit dem Ratschlag: »... hüllen Sie sich in ein Leichentuch und begeben Sie sich zum nächsten Friedhof.« Dad und seine Kollegen schienen diese Art von Humor lustig zu finden.

Gemeinsam aßen wir zu Mittag, dann legten er und Mom sich wieder für ein Weilchen ins Bett. Ich ließ Lucky, meinen kleinen, schwarz-weißen Cockerspaniel aus dem Kellerraum, in den meine Mutter ihn verbannt hatte, und fütterte ihn; hinterher spielten wir ein bißchen, und dann glotzte ich abermals aus dem Fenster. Vielleicht durfte ich bald wieder fernsehen. Oder ich konnte zum Drugstore hinunterlaufen und mir für mein Taschengeld die neuen Romane von Burroughs kaufen, die Ace herausbringen wollte.

Zwei Tage vergingen, drei, und wir atmeten ein bißchen auf. Dad war Geologe und besaß noch aus seiner Zeit beim USGS einen funktionstüchtigen Geigerzähler, den er im Keller aufbewahrte. Damals hatte er während der Sommermonate auf dem Colorado Plateau gearbeitet. Ständig steckte er die Nase aus der Hintertür und testete die Strahlung. Nichts, nichts und wieder nichts. Als uns schließlich die Lebensmittel ausgingen, sagte er: »Verdammt noch mal. Geh ruhig zum Spielen nach draußen, Alan.« Er lud seine Jagdflinte, stieg ins Auto und fuhr los, um Vorräte einzukaufen.

Als erstes lief ich zu Larry. Ich war froh, als ich sah, daß auch seine Eltern den Rückweg nach Hause geschafft hatten. Da sie keinen Kamin besaßen, war es bei ihnen grimmig kalt. Sie heizten mit einem Holzkohle-Hibachi, den sie auf den Küchenherd, direkt neben ein halb geöffnetes Fenster gestellt hatten. Zum Kochen reichte es, aber das Ding gab kaum Wärme ab. Dann gingen wir zu Neal, doch niemand war daheim, ihr Kombiwagen nicht in der Zufahrt.

Im Januar stand fest, daß es noch lange dauern würde, bis sich das Leben wieder normalisieren würde. Natürlich gingen wir nicht zur Schule, es gab keinen elektrischen Strom mehr und kein Fernsehen. Manchmal nahm Dad mich zum Einkaufen mit, zu meiner Verwunderung hatte der A&P-Laden noch geöffnet. Kein Licht, keine Registrierkassen, kein Fleisch, keine tiefgefrorenen Lebensmittel, keine Frischwaren, aber einmal die Woche bog ein Laster von der Route 1 ab und lieferte Konserven. Der alte Glatzkopf, der das Geschäft seit seiner Eröffnung vor fünf Jahren leitete, trug jetzt an einem Hüftgürtel einen Revolver. Nur er war noch da, und ein paar der größeren Jungs, die als Aushilfen hier gejobbt hatten.

Im Schaufenster stand ein großes Schild: WARE NUR GEGEN BARZAHLUNG. KEINE FEUERWAFFFEN ERLAUBT. KEINE SCHECKS. KEINE KREDITKARTEN. Dad nahm immer seine geladene Flinte mit, doch meistens ließen wir sie im abgeschlossenen Wagen.

Endlich gab es wieder Sendungen im Radio, wenn auch nur sehr eingeschränkt. Doch es genügte uns, um wenigstens halbwegs zu verstehen, was sich bei uns abgespielt hatte. Im Auto sitzend, lauschten wir den von Rauschen und Knistern gestörten Nachrichten. Die beiden Bomben, deren Explosionen wir gesehen hatten, waren für D.C. bestimmt, eine sollte wohl das Weiße Haus treffen, das nur wenige Blocks vom Büro meines Vaters entfernt lag, die andere vermutlich das Pentagon, in dem Larrys Mutter als Sekretärin gearbeitet hatte.

Dad lachte, als er das hörte. »Die Dreckskerle haben danebengetroffen!« Eine Bombe war in den Wäldern nördlich von Wheaton in Maryland niedergegangen, die andere südlich von Annapolis. Baltimores Hafen hatte einen Treffer abgekriegt; irgend was schlug zwischen Richmond und Petersburg ein und löschte beide Städte aus.

Die in Kuba stationierten Raketen waren längs unserer Küste abgeregnet; im Süden hatten über hundert kleinere nukleare Detonationen stattgefunden, Städte wie Miami und Atlanta wurden dabei vernichtet. Waffen aus Sibirien hatten Ortschaften an der Westküste zerstört. Eine Schwadron Langstreckenraketen war durch einen von Boston nach Chicago reichenden Korridor eingedrungen und radierte beide Metropolen und alles, was dazwischenlag, aus.

In Boston lebten alle unsere Verwandten. Keiner sagte etwas. Was man, verzerrt vom statischen Rauschen, im Radio hörte, klang einfach nicht real.

Insgesamt waren zweihundertundfünfzig Atombomben über Nordamerika niedergehagelt, mit einer Sprengkraft von insgesamt einhundertunddreißig Megatonnen. Die Verluste von Menschenleben waren schwer abzuschätzen, manche tippten auf ›cirka sechzig Millionen Tote‹.

Mein Vater stierte das Radio an und flüsterte: »Und was ist aus *denen* geworden ...«

Danach kamen die guten Nachrichten.

SAC, hieß es, sei kurz vor dem Angriff in die Luft gestiegen – mehrere hundert Bomber, Tankflugzeuge ...

Aufgesessen, Jungs, es gibt viel zu tun!

Fünftausendfünfhundert Bomben wurden abgeworfen, dazu feuerte man dreihundert Thor Mittelstreckenraketen und zweihundertundfünfzig Atlas und Titan-1-Interkontinentalraketen ab, und legte dabei einen von Osteuropa über die UDSSR bis nach China hineinreichenden flächendeckenden Bombenteppich. Einhundertundvierzigtausend Megatonnen! Zahl der Opfer unbekannt. Angerichteter Schaden nicht abzuschätzen. Langzeitfolgen unkalkulierbar.

Eine riesige Rauchwolke, sagten sie im Radio, trieb über den Pazifik hinweg, die Wälder Sibiriens loderten, und in Ostdeutschland, Polen, Rußland und China standen die Städte wahrscheinlich immer noch in Flammen.

Mein Vater triumphierte, meine Mutter schmunzelte. Denen haben wir's aber gezeigt!

Im März 1963 gab es heftige, langanhaltende Schneefälle. Präsident Kennedy wurde von irgendeinem ehemaligen Marineinfanteristen namens Oswald ermordet, der ihm ins Gesicht schoß, als er vor dem provisorischen Weißen Haus in St. Louis eine Rede hielt.

Larry und ich spielten drunten beim Bach, wir pflügten uns durch hüfthohe Schneeverwehungen, in den Händen unsere hölzernen Schwerter. Es waren Stöcke, die wir gefunden hatten, und mit silbernem Isolierband markierten wir die Griffe. Älendar und Raiteryón stapften westwärts den Great River entlang, wir näherten uns auf dem goldenen Turm der Festung, in dem sich der allmächtige Tyrann verschanzt hatte. Wenn es uns gelänge, dort einzudringen, würden die Rebellen von Venusia obsiegen und den Würgegriff lockern, mit dem die Eiszeit unsere graue Welt umklammert hielt.

Früher mußten wir uns auf das sumpfige Gelände um den Bach herum beschränken; jetzt konnten wir durch die meisten Hinterhöfe laufen. Nach und nach verließen die Einwohner Marumsco Village; die Familien luden ihre Habe in ihre Autos und fuhren in Richtung Westen. Meistens gingen nur die, die damit rechneten, von irgend jemandem aufgenommen zu werden. Zwischen dem Mississippi und den Rockies schien das Land noch intakt zu sein, obwohl man darüber auch nur spekulieren konnte. Durch das Radio erfuhr man nicht sehr viel, und es gab immer weniger Stationen, die sendeten.

Larrys Vater hatte für große Aufregung gesorgt, als er die Dachantennen mehrerer umliegender Häuser abmontierte und daraus eine große Antenne bastelte, die er über ein paar Autobatterien an seinen Fernseher anschloß und tatsächlich verschwommene Signale aus Memphis auffing. Aber mehr kam auch nicht dabei heraus. Und es wollte nicht aufhören zu schneien.

Wir saßen auf dem Geländer der kleinen Brücke, wo die Hilton Avenue den Bach überquerte, und blickten hinunter auf den gefrorenen Bach. Auch hier begann sich der Schnee aufzutürmen. Es fehlte nicht viel, und man hätte den Bach nicht mehr erkennen können, falls man seinen Lauf nicht genau kannte. Und es schien immer kälter zu werden; wir hatten uns angewöhnt, unter unseren Parkas Pullover zu tragen. Ich rüstete mich zusätzlich mit einer viel zu engen, langen Unterhose aus, und Larry zog zwei Paar Hosen übereinander an.

Eine ganze Weile saßen wir nur da, abgekämpft vom Laufen durch den hohen Schnee. Unser Atem gefror zu langen weißen Wölkchen. Es war bereits dunkel; obwohl es erst zwei Uhr nachmittags war, dämmerte es schon.

»Heute früh sind die Barrs weggefahren«, sagte Larry.

Das bedeutete, daß Larry das letzte Kind war, das im Greenacre Drive wohnte. Seit über einem Monat lebte außer mir kein Kind mehr in Staggs Court. »Wohin?«

Er zuckte die Achseln. »Nach Texas, glaube ich. Soapys Bruder wohnt angeblich in Dallas.« Walter war immer ganz böse geworden, wenn wir seinen Vater so nannten, aber wir hatten es uns angewöhnt, seit wir erfahren hatten, daß ›Soapy‹ auf dem College sein Spitzname gewesen war.

»Und wie denken deine Eltern übers Wegziehen?«

Wieder ein Achselzucken. »Unsere Verwandten wohnen alle in New York. Vielleicht sind sie noch am Leben, aber ...« Noch einmal hob er die Schultern und ließ sie wieder sinken. Die Bomben, die für New York bestimmt waren, hatten ihr Ziel verfehlt. Eine war in den Catskills eingeschlagen, die andere draußen auf Patchogue. »In New York muß es noch schlimmer sein als hier. Ich glaube schon, daß wir in Marumsco Village bleiben werden.« Er wandte mir sein Gesicht zu und sah mich erwartungsvoll an.

Ich nickte bedächtig. »Boston ist von der Bildfläche verschwunden, aber ... Als ich noch klein war, wohnten wir in Utah. Mein Dad überlegt, ob wir nicht unser ganzes altes Campingzeug einpacken und dorthin fahren sollen. In den Bergen gibt es jede Menge Quellen mit sauberem Wasser und Wild zum Jagen. Dort könnten wir es aushalten, bis sich hier wieder alles normalisiert hat.«

»Das wäre super. Meinst du, er ließe uns mitkommen?«

Etwas Schöneres konnte ich mir gar nicht vorstellen. Das wäre ein Abenteuer! Aber ... Ich schüttelte den Kopf. »Meine Eltern sagen, dein Dad ist ein Arschloch.«

Larry nickte.

Nach einer Weile setzten wir uns entlang der Straße in Marsch. Überall verlassene Gebäude. Seit einiger Zeit drangen wir in die leeren Häuser unserer Freunde ein, inspizierten deren Sachen und spielten damit. Der Dad eines Kollegen besaß eine wirklich tolle Pornosammlung, Bilder von Mädchen mit gespreizten Beinen. Bis dahin hatte ich nicht einmal gewußt, daß es so etwas gab, und Larry wollte andauernd dorthin zurückgehen. Ich hatte ihn in Verdacht, daß er die Fotos nach und nach mit zu sich nach Hause nahm.

Bis Juli harrten wir noch aus, dann beluden wir unseren Wagen und fuhren im Schnee davon. Larry stand auf der Treppe unseres Hauses und sah uns hinterher, bis wir unten an der Kreuzung um die Ecke bogen. Ich bin mir nicht sicher, ob er uns nachwinkte oder nicht.

Eigentlich hätten wir binnen vier oder fünf Tagen in dem kleinen Ort Moab sein müssen, wo wir noch Freunde hatten, Dads ehemalige Arbeitskollegen aus den fünfziger Jahren; doch unsere Fahrt dauerte eine Ewigkeit.

Ende September, an meinem dreizehnten Geburtstag, kauerte ich hinter dem Wrack unseres Wagens an irgendeiner Straßenböschung im Süden von Indiana und sah zu, wie fünf bärtige Männer meine Mutter vergewaltigten. Mein Vater lag ein Stück weiter weg im Schnee, reglos, während sich das Weiß rings um ihn her rot färbte und Dampf aus der klaffenden Schnittwunde an seiner Kehle aufstieg; das Blut war wie eine Fontäne aus der Arterie gespritzt, als der Mann mit der Machete zugestoßen hatte. Dad stieß gurgelnde Laute aus, wie früher im Badezimmer, wenn er sich morgens zurechtmachte. Er hielt sich den Hals, war auf die Knie gestürzt, dann mit dem Gesicht zuerst vornübergekippt und auf die Seite gerollt …

Unweit von ihm lag mein Hund Lucky, ein kleines schwarzes Knäuel. Während Dad kämpfte und Mom schrie, war er angerannt gekommen und hatte wie verrückt gekläfft. Einer der Männer drehte sich um, sah nach unten und trat mit voller Wucht nach ihm. Lucky winselte nur ein kleines bißchen, dann war er still; ich verkroch mich indessen unter dem Wagen und bemühte mich, keinen Laut von mir zu geben; ohne mich zu rühren, lag ich da und starrte meinen Hund an.

Sie zogen Mom ganz nackt aus; zwei Kerle drückten

sie in den Schnee, während sich ein dritter an ihr befriedigte. Ihre Haut färbte sich allmählich rot, vor Kälte vermutlich, und sie stöhnte leise. Es kam mir vor, als wollte sie etwas sagen, aber ich konnte nichts verstehen. Einmal bildete ich mir ein, sie würde ihren Kopf in meine Richtung drehen und mit weitaufgerissenen Augen auf die Stelle starren, wo sie mich vermutete. Was murmelte sie? Rette mich? Rette dich selbst? Ich wußte es wirklich nicht. Sie schloß die Augen und wandte den Kopf ab.

Als unsere Fahrt nach Utah ins Stocken geriet, wollten Mom und ich umkehren und in unser Haus in Marumsco Village zurück, wo wir uns wenigstens auskannten. Dad hingegen bestand darauf, weiterzufahren, bis wir unser Ziel erreicht hätten; er meinte, es würde nur ein bißchen länger dauern. Dann kam der Zeitpunkt, an dem wir nicht mehr zurück konnten. Die Straßen nach Osten wurden von Soldaten blockiert, wegen des herrschenden Kriegsrechts durften wir die wichtigsten Highways nicht mehr benutzen, während wir uns langsam nach Westen quälten. Es war der letzte Versuch, den Mittleren Westen zu verlassen, den Mississippi zu überqueren und in die Berge zu gelangen. Dad hatte eine nördliche Route ausgetüftelt, die uns durch Wyoming führen sollte, wo die Situation angeblich besser war. Jedenfalls türmte sich der Schnee dort so hoch, daß die Leute den Norden mieden.

Einer der Männer, der jetzt mit ihr fertig war, zog sich die Hose hoch; lachend bemerkte er, wie kalt sein Hintern in den wenigen Minuten geworden sei. Aufrecht stehend, die Flinte meines Dads im Arm, beobachtete er nun, wie sich der nächste Kerl über meine Mutter hermachte. Dieser Verbrecher hatte einen breiten, muskulösen, mit dichtem schwarzen Flaum bedeckten Arsch.

Eine eigenartige Losgelöstheit, Entrücktheit, ergriff von mir Besitz; ich nahm die Situation wahr, als schwebte ich über ihr, irgendwo in weiter Ferne. Ich erinnerte mich an einen Vorfall, der ein paar Jahre zurück lag; ein älterer Nachbarsjunge hatte mich in seinen Keller gelockt und dann versucht, sich an mich heranzumachen.

Nachdem sich die Männer an meiner Mom befriedigt hätten, würden sie den Wagen ausplündern, alle unsere Sachen nehmen und mich entdecken. Vielleicht würden sie mit mir das gleiche tun wie mit Mom. Was für ein nennenswerter Unterschied besteht schon zwischen einer erwachsenen Frau und einem schlanken, geschmeidigen Knaben? Ich wußte es nicht.

Der zweite Typ hatte sich ausgetobt und kniete nun zwischen ihren Beinen, er zog sich die Hose hoch, schloß den Gürtel und machte den Reißverschluß zu. Er stand auf, damit Nummer drei seinen Platz einnehmen konnte. Der ließ die Hose fallen und blickte lächelnd auf meine Mutter herunter. Mom hatte die Augen wieder geöffnet, und sie blieb so liegen, wie sie sie hingeschmissen hatten; ihr Hinterteil hatte eine schöne bequeme Delle in den Schnee gedrückt. Mit starrem Blick sah sie ihren Peiniger an. Der kniete nieder, legte sich auf sie und fing an zu stoßen.

Nach einer Weile stahl ich mich aus meinem Versteck und kroch ganz leise davon. Nur ein paar Dutzend Meter weiter gab es einen ausgedehnten Wald, in dem die kahlen Bäume dicht an dicht standen. Meine Spur würden sie sehen, aber in das Dickicht aus Stämmen und Zweigen würden sie mir vielleicht nicht folgen.

Die dunklen Stunden verbrachte ich zusammengekauert in einem trockenen Abwasserrohr; mal wünschte ich mir, die Nacht würde zu Ende gehen, dann wieder, sie möge ewig dauern. Übermüdet, durchfroren bis auf die Knochen, zitterte ich wie im Schüttelfieber. Hin und wieder fielen mir die Augen zu, und wenn ich sie dann wieder aufschlug, fragte ich mich, ob ich eingeschlafen war. Ständig hörte ich dieses Geräusch: Weit entfernte Stimmen, Frauenstimmen, die Stimmen von Geistern, die in einem hohen, verlorenen Klageton heulten.

Als kleiner Junge fürchtete ich mich im Dunkeln und konnte nie einschlafen. Manchmal schreckte ich mitten in der Nacht auf. O nein! In einem Anflug von Panik blickte ich auf das Leuchtzifferblatt des Weckers. Zwei Uhr früh! Dann wußte ich, daß es wieder passieren würde: den Rest der Nacht würde ich wachliegen und den weinenden Geisterstimmen lauschen.

Ich erzählte meinen Eltern von den Stimmen, doch sie lachten mich aus. Das bildest du dir ein, sagten sie. Das sind doch bloß die Lastwagen, die über die U.S. 1 brausen.

Aber jetzt fuhren keine Laster mehr über den Highway. Ich sah das Bild von dunkelrotem Schnee, und mittendrin lag mein lebloser Vater.

Meine Mutter, deren Haut sich rötete, wie in Erwartung des roten Schnees, in dem sie liegen würde, sobald die Kerle mit ihr fertig wären.

Und Lucky, ein Fellbündel in all der weißen Kälte, wie eine weggeworfene Perücke.

Ich fragte mich, ob sie ihre Opfer begraben hatten. Würden sie sich die Mühe geben, einen Hund zu verbuddeln?

Lucky im Schnee, ein steifer kleiner Körper, dem die ausgehungerten Krähen die Augen wegpicken. Im Sommer würden die Ameisen über ihn herfallen. Aber der Sommer war ausgeblieben. Vielleicht würde es nie wieder einen Sommer geben.

Dann graute plötzlich der Morgen, stumpfes, fahles Licht drang in das Rohr. Ich krabbelte heraus, kletterte auf eine Anhöhe und spähte auf den Weg zurück, den ich gekommen war. Ich erkannte meine Fußstapfen, die in einer krummen Linie durch den Wald führten. Wenn jemand mir hätte folgen wollen, wäre es für ihn ein Leichtes gewesen, mich zu finden.

Ob ich zurückgehen sollte? Nachschauen, was von meinen Eltern, meinem Hund, übriggeblieben war? Ob die Kerle etwas, das ich gebrauchen konnte, im Wagen gelassen hatten? In meiner Phantasie sah ich das mit Blut vermischte Weiß, den toten Hund. Ich stellte mir vor, wie ich Mom vorfinden würde, nackt ausgestreckt im Schnee.

Ich drehte mich mit dem Gesicht nach Osten und setzte mich in Marsch, den Kopf gesenkt, die Hände tief in den Taschen vergraben. Wohin ich ging, war mir egal, nur zurück zum Wagen wollte ich nicht.

Ich brauchte verdammt lange, um zu Fuß von Indiana nach Hause zu laufen. Es schneite unentwegt, mir wurde immer kälter, doch zum Glück hatte ich eine Schachtel Zündhölzer bei mir, als ich vom Wagen wegkroch. Sie stammten noch von der Überlebensausrüstung aus meiner Zeit bei den Pfadfinder-Wölflingen. Fünfundsiebzig Streichhölzer, mit denen ich fünfundsiebzig Mal ein Feuer anzünden konnte. Doch nicht jede Nacht traute ich mich, mich aufzuwärmen, sondern nur dann, wenn ich mich sicher fühlte, daß keiner den Rauch bemerkte. Gut, daß ich mit den Zündhölzern so sparsam umging, denn es dauerte länger als fünfundsiebzig Tage, bis ich wieder daheim war.

Ich beschloß, durch West Virginia heimzuwandern; also überquerte ich bei Huntington den Ohio; die alte Eisenbahnbrücke stand noch und war von Autos und Lastern befahren. Dann ging ich in die Berge. Nicht schlecht. Es gab so manches an Wild, leider fing ich nichts. Ich tötete irgendeine Art von Kaninchen, indem ich ihm einen Stein an den Kopf schleuderte, und es schmeckte ausgezeichnet.

Hauptsächlich ernährte ich mich von halbverhungerten Katzen und Hunden, die schnurrend und schwanzwedelnd zu mir kamen, in der Hoffnung auf einen Happen zu Essen, bis ich ihnen die Hälse brach. Die

Hunde waren ja noch genießbar, nur von den Katzen wurde ich krank. Ich mußte kotzen und bekam Durchfall. Auch ein paar Eichhörnchen trippelten durch den Schnee, kurz vor dem Hungertod. Keine Vögel. Seit den Detonationen der Atombomben hatte ich außer Krähen kaum andere Vögel zu Gesicht bekommen.

Eines Tages, als ich auf einem Höhenzug längs einer Landstraße einhertrottete, wo genau, weiß ich nicht, stieß ich auf einen Toten; der Leichnam war steifgefroren und an den Händen und im Gesicht ein bißchen angeknabbert. Er hatte ein Gewehr bei sich, eine alte Enfield Kaliber Dreihundertdrei, mit Bajonetthalterung und Ladestreifen, wie man sie im Ersten Weltkrieg benutzte; dazu ein Dutzend Schachteln Vollmantelgeschosse, einen Rucksack mit fünf Pfund Slim Jims und eine große Flasche voll Chlortabletten.

Die Slim Jims waren so mächtig, daß mir gleich nach den ersten Bissen übel wurde; wozu die Tabletten gut waren, wußte ich, und fing gleich an, sie einzunehmen. Danach fühlte ich mich ein wenig besser. Die Klamotten des Typs paßten mir nicht und waren obendrein schmutzig, trotzdem nahm ich sie mit. Sogar diese derben, häßlichen Stiefel, die ich eines Tages vielleicht gegen etwas anderes eintauschen konnte. Wenn es überhaupt noch eine Zukunft oder einen Tauschpartner gab.

Einmal fand ich ein kleines Mädchen, ungefähr acht Jahre alt, sehr mager; vor Kälte bibbernd kauerte es im Schnee. Nackt. Es starrte mich nur an. Seine Haut war von der Kälte gerötet, besonders am Rücken, so wie es bei Mom gewesen war. Die Innenseiten seiner Beine waren feucht. Da hockte es nun und glotzte mich aus stumpfen Augen an, als warte es auf etwas. Vielleicht dachte es, ich würde dasselbe machen wie die Kerle, die sich an ihm vergangen hatten.

Ich glaube, eine Sekunde lang hatte ich sogar mit dem Gedanken gespielt. Viele Phantasien dieser Art drängten auf mich ein, während ich durch die finsteren, kalten Wälder in Richtung Heimat lief. Ich stellte mir die Magazine und Bilder vor, die Larry und ich in den leeren Häusern gefunden hatten. Ich dachte an Mom, wie sie im Schnee auf dem Rücken lag, und durchlebte immer wieder, was die Lumpen mit ihr getrieben hatten.

Irgendwo in der Nähe mußten die Männer, die das kleine Mädchen geschändet hatten, noch herumlungern. Weit konnten sie noch nicht gekommen sein. Ich versteckte mich in den Wäldern, nur weg von der Straße, und hoffte, ich würde nicht zufällig auf die Halunken stoßen. Wahrscheinlich würden sie mich umbringen und das Gewehr mitnehmen. Das kleine, schlotternde Mädchen ließ ich zurück.

Vielleicht hatten jene anderen Männer auch meine Mom auf der Straße liegen lassen, nachdem sie sich an ihr ausgetobt hatten. Vielleicht hatten sie sie gar nicht getötet. Vielleicht war sie nach einer Weile aufgestanden und hatte sich ein paar Sachen zum Anziehen aus dem Wagen geholt, die die Männer in dem kaputten Wagen zurückließen. Vielleicht hatte sie meine Fußspuren gesehen, die in den Wald führten, und war mir gefolgt. Vielleicht war sie jetzt gerade dicht hinter mir und hatte eine Stinkwut auf mich, weil ich ihr nicht geholfen hatte.

Versteh doch, Mom, sie hätten mich getötet …

Ich spürte einen Schlag im Gesicht, wie die Ohrfeigen, die ich mir immer einfing, wenn ich ungezogen war. Ich blieb stehen und drehte mich um, aber da war niemand. Niemand außer mir.

Aber vielleicht war Mom mir ja auf den Fersen und würde das kleine Mädchen finden, ihm etwas zum Anziehen geben und sich um die Kleine kümmern.

Andererseits konnte sie ebensogut tot sein, und das Mädchen würde auch bald sterben, im Laufe der Nacht erfrieren. Unter einem dunkelgrauen Himmel stiefelte ich drauflos, während es rings um mich her immer finsterer wurde. Nach einer Weile kam ein eisiger Wind auf. Obwohl es anfing zu schneien, marschierte ich die ganze Nacht durch.

Im Frühjahr erreichte ich endlich Marumsco Village. Es war schon richtig Frühling, der Himmel strahlte in einem lichten Blau, ein lindes Lüftchen wehte, der Schnee schmolz und füllte die Bäche mit kaltem, klarem, sprudelndem Wasser. Ich glaube, es war im Mai 1964, aber nach so langer Zeit konnte ich mich auch irren. Möglicherweise war es auch April oder Juni. Ich hatte keinen blassen Schimmer.

Soweit es ging, war ich querfeldein gestapft, Siedlungen und Städte umgehend, die Highways meidend, damit ich möglichst nicht auf Menschen traf. Ich wollte für mich bleiben, keinen Ärger kriegen. In den Wäldern fühlte ich mich gut aufgehoben. In North Virginia mußte ich allerdings meine Deckung aufgeben und mich an Straßen halten, damit ich heimwärts fand.

Südlich von Lorton trabte ich die abschüssige, kurvenreiche Straße hinunter, die an dem alten Steinbruch vorbeiführte. Am Nordufer des Occoquan River verließ ich endgültig den Wald. Der Fluß war breiter, als ich ihn in Erinnerung hatte, angeschwollen vom Schmelzwasser, die alte Holzbrücke, über die die Route 123 verlief, gab es nicht mehr, es standen nur noch die kümmerlichen, geborstenen Stümpfe der Betonpfeiler.

Occoquan, ein verschlafenes Nest mit windschiefen alten Häusern, zog sich ein paar Meilen von der Route-1-Brücke entfernt längs des Südufers hin. Das heißt, wo früher einmal die Brücke gewesen war. Jetzt vermochte ich sie nicht mehr zu entdecken. Aber ich konnte Conrad Island ausmachen, ein schemenhafter Umriß in der Belmont Bay, und gleich dahinter das glänzende Band des Potomac.

Von Occoquan war nichts mehr übriggeblieben außer ein paar geschwärzten Ruinen, ausgezackten Mauern und irgendwelcher Schrott, der aus zerfrästen Fundamenten emporragte. Was mochte passiert sein? Ich erinnerte mich an die Diskussionen aus der Zeit, als wir neu in diese Gegend gezogen waren. Es ging darum, wie man Occoquan korrekt aussprach …

Ich ging flußaufwärts weiter und überquerte den Strom auf dem Staudamm des Hooes Creek Reservoir, ein wildes Durcheinander von Betontrümmern. Früher kamen wir zum Schwimmen und Bootfahren hierher. Es machte Spaß, bis an den Damm zu rudern, anzulegen und auf die Krone zu klettern. Dort standen wir dann und blickten aus schwindelnder Höhe hinab. Meines Wissens war nie jemand in die Tiefe gestürzt.

Ein langer, anstrengender Marsch die 123 hinauf, die hier Occoquan Road hieß; vorbei an den eingestürzten Behausungen; es handelte sich um Elendsquartiere, in denen die einheimischen Schwarzen untergebracht waren. Verächtlich hatte mein Vater mir ihre schicken Autos gezeigt und mich über die Lebensweise der Neger aufgeklärt, ihre Mentalität und ihre befremdlichen Vorstellungen von Prioritäten.

Dann ging es die Hilton Avenue hoch bis zur Ecke Fourth Street. Dort blieb ich mit wild klopfendem Herzen stehen und versuchte, eine Entscheidung zu treffen. Da stand Neals Haus, düster und leer, die Scheiben eingeschlagen. Einige Gebäude hatten gebrannt, die meisten waren ausgeplündert worden, etliche wirkten jedoch vollkommen intakt, als seien ihre Bewohner nur zur Arbeit gefahren und würden am Abend nach Hause kommen, um das Essen zu kochen und um fernzusehen.

Ich sah mich selbst, wie ich nach der Schule daheim am Kaffeetisch saß und meine Hausaufgaben machte. Im Hintergrund Cartoons. Captain Tugg. Spike Marlin. Axl Grackl. Einmal erblühte auf Larrys Nasenspitze ein komischer rosa Pickel, der ein bißchen wie Silly Putty aussah. Danach nannten wir ihn manchmal Captain Tugg, wegen dessen offensichtlich künstlich verlängerter Nase.

Was nun? Eigentlich sollte ich jetzt die Fourth Street entlanggehen bis zur Carter Lane, und von dort aus zum Staggs Court 103. Mein Zuhause. Das Haus auf dem Hügel, weiß mit blauen Verzierungen; im Hof die Trauerweide, daneben die alte Schaukel, die mir meine Eltern im Frühjahr 1958 gekauft hatten ...

Ich drehte mich um und trottete die Hilton Avenue hinauf, in Richtung Greenacre Drive.

Walter Barrs Haus war abgebrannt, die Trümmer in das rußige Loch gestürzt, das der Keller gewesen war. Karl Englishs Haus gleich nebenan stand zwar noch, war aber beschädigt. Larrys Elternhaus gegenüber hatte nichts abgekriegt und befand sich in einem etwas besseren Zustand als das von Neal. Der VW-Käfer, den sie sich 1961 angeschafft hatten, stand mit platten Reifen auf der Zufahrt, das große Wohnzimmerfenster war eingeschlagen, der untere Rand mit spitzen Glasscherben gespickt.

Eine Zeitlang stand ich da, schaute und lauschte dem Wind. Ruhig war es hier, so ruhig wie noch nie. Die Sonne schien mir warm ins Gesicht, eine Brise zauste mein Haar. Ich spitzte die Ohren, hörte den Wind seufzen und das Wasser im Rinnstein fließen. Es floß den Greenacre Drive hinunter in den Bach, an dem Larry, Neal und ich jahrelang gespielt hatten.

Ich vermißte den Verkehrslärm.

Nach einer Weile überquerte ich die Straße und ging zur Tür. Als ich dagegenstieß, ging sie auf; sie war nicht versperrt, nicht einmal richtig ins Schloß gezogen. Die Luft im Wohnzimmer war feucht und muffig, die Couch am verrotten; schwarzer Schimmelpilz malte Flecken an die Wände, wie abstrakte Kunst. In der

Küche war nichts zu holen. Die Kühlschranktür stand offen, nichts war drin. Sauber war es, als hätte jemand kurz vor seinem Aufbruch noch geputzt. Ich betrat das Schlafzimmer im Erdgeschoß. Das Bett, in dem seine Eltern immer geschlafen hatten, war gemacht, aber mit Feuchtigkeit durchtränkt.

Ich ging nach oben. Larrys Zimmer, in dem ich so oft gesessen und Musik gehört hatte; ich ließ seine Schwärmerei für die Four Seasons über mich ergehen, und an Samstag- und oder wenn das Wetter zu mies war, um draußen zu spielen, saßen wir hier zusammen und quatschten über allen möglichen Mist. Larrys Bett war nicht gemacht. Klamm war es aber auch. Auf dem Nachttischchen lag ein Buch, überzogen mit pelzigem Schimmelrasen, und so aufgeweicht, daß man mit dem Finger durchstoßen konnte.

Es war eine Hardcover-Ausgabe von *Llana von Gathol,* eine blaue Grosset und Dunlap Edition, der Einband verstärkt mit grünem Klebestreifen. Es stammte aus der Bibliothek der hiesigen Schule. Ich inspizierte das Bücherregal. Neben den Ace-Taschenbüchern eine ganze Reihe von Bänden aus der Schulbücherei. Na schön. Damit hatte sich Larry also beschäftigt, nachdem ich fortgegangen war.

Wo mochte *er* jetzt stecken?

Mein Gott, wie sehr sehnte ich mich jetzt nach seiner Gesellschaft!

Ich ging wieder nach draußen und machte mich auf den Weg zu meinem Elternhaus; den Hügel hinab, in Richtung Bach. Ich mußte mich beherrschen, um nicht zu weinen. Zum Schluß gab ich es auf und fing an zu heulen. Unterwegs, am Bach, griff ich einen Hundewelpen auf; er war klein, hatte ein braun-weißes Fell, und sah vertraut aus. Ich nahm ihn auf den Arm, streichelte ihn ein bißchen und brach ihm dann das Genick.

Lange verharrte ich auf den Treppenstufen meines Zuhauses. Wie gelähmt war ich, außerstande, hineinzugehen. Den toten Welpen unter den Arm geklemmt, glotzte ich die Tür an, ging durch das Fliegengitter auf das blaugestrichene Holz, den Türklopfer aus Messing und das Namensschild, das mein Vater vor ein paar Jahren angebracht hatte. Donald R. J. Burke jr. hatte den Schnee in Indiana mit seinem Blut rot gefärbt.

Die Fenster an der Vorderfront waren alle heil, sogar die große Scheibe im Wohnzimmer. Drinnen war es dunkel. Komisch. Wenn es eines Tages wieder elektrischen Strom gäbe, würden vielleicht sämtliche Lichter angehen, möglicherweise sogar der Kochherd, je nachdem, in welcher Stellung sich die Schalter befanden. Vielleicht war es zu irgendeinem Zeitpunkt ja so gewesen. Vielleicht waren deshalb so viele Häuser abgebrannt. Bei uns hätte das allerdings nicht passieren können. In dieser Hinsicht waren meine Eltern übervorsichtig. Bevor wir aufbrachen, hatte mein Dad noch einen letzten Rundgang durch die Zimmer gemacht und sich davon überzeugt, daß alles in Ordnung war. Für unsere Heimkehr.

Ich öffnete die Fliegengittertür und drehte probehalber am Knauf. Abgesperrt. So, wie wir es hinterlassen hatten. Aber mein Schlüssel befand sich immer noch in meiner Tasche, zusammen mit dreiundsechzig Cents, dem Rest meines letzten Taschengelds, das ich vor über anderthalb Jahren kassiert hatte. Meine Hände zitterten so stark, daß ich Mühe hatte aufzuschließen.

Dann war es soweit. Die Tür schwenkte nach innen, ohne das leiseste Geräusch von sich zu geben; mein Vater pflegte die Angeln regelmäßig zu ölen. »Bei uns soll es sich nicht anhören wie beim Sanctum.«

Ich trat ein.

Dunkel. Staubig. Ich mußte niesen.

Das blaue Sofa. In der Ecke der Fernseher, daneben der Kamin. Ich legte den Welpen auf die Feuerstelle. Zubehör aus Messing. Schieber geschlossen. Schwarze Asche, noch von unserem letzten Kochfeuer. Im Gestell neben der Tür trockene Holzscheite. In einer Kiste Späne, Anmachholz, ein Stapel Zeitungen.

Ich drehte mich um. Das alte Klavier meiner Mutter, das ihr ihre Großmutter vermacht hatte, die in einem Pflegeheim in Boston lebte und neunzig Jahre alt war, als …

… als zwei grelle Blitze im Norden die Welt umkrempelten.

Küche sauber, so wie wir sie hinterlassen hatten. Die Kühlschranktür stand einen Spaltbreit offen, ›damit sich kein Schimmel bildet‹

Ich ging durch den Flur, bei jedem Schritt wirbelten vom Läufer helle Staubwolken auf. Aber der Schmutz hielt sich in Grenzen, eigentlich hätte es hier tipptopp sauber sein müssen, denn meine Mutter putzte jeden Tag …

Mutter, wie sie nackt im Schnee liegt und ihr Rücken sich in der Kälte rötet …

Regale vollgepfropft mit neuen Ace-Taschenbüchern, trocken und unversehrt. Jede Menge alter Kinderbücher, historische Romane. *Wir marschierten mit Cäsars Legionen.* Ich setzte mich auf mein Bett, auf dem meine hellbraune Lieblingsdecke lag. Wieder mußte ich niesen.

Lange hockte ich da. Durch das Fenster schien die Sonne und malte ein warmes Viereck auf den braunen Teppich. Mein kleiner Schülerschreibtisch, ein Becher voller Schreibstifte und Füller. Säuberlich aufeinandergestapelt meine Schulbücher und meine letzte Hausaufgabe. Eine Kommode mit meiner Kleidung.

Wahrscheinlich paßten mir die Sachen nicht mehr, ich war in die Höhe geschossen und sehr abgemagert.

Ich stand auf und ging ins Wohnzimmer. Am Kamin öffnete ich den Schieber und machte ein Feuer. Zum Abendessen gab es Hund. Dann las ich beim Schein einer Kerosinlampe *Thuvia, das Mädchen vom Mars.*

Ständig spukte mir der Gedanke im Kopf herum, ich

müßte endlich in den Keller gehen und nach Lucky schauen, mich davon überzeugen, ob er auch gefüttert worden war und genügend Wasser hatte.

Und ich schlief in meinem eigenen Bett.

Der nächste Morgen brach an.

Ich aß etwas kalten Hund und blickte auf den verwahrlosten, von Unkraut überwucherten Hof, den meine Eltern früher so peinlich sauber gehalten hatten, gelb schien die Sonne auf das braune Gras, hier und da wagten sich ein paar grüne Halme hervor, als wüßten sie nicht recht, was sie hier zu suchen hatten.

Ich war wieder daheim. Und hier würde ich bleiben, hier war ich in Sicherheit. Blödsinn! Im Haus befand sich kaum etwas Eßbares. Ehe wir losfuhren, hatten wir die Schränke leergeplündert und so viele Konserven mitgenommen, wie ins Auto paßten. Im Keller lagerten noch ein paar kümmerliche Reste, Büchsen mit getrockneten Bohnen, eingemachte rote Beete, alles Zeug, bei dem ich vor über einem Jahr gekotzt hätte. Ich suchte mir eine große Schüssel, um Bohnen darin einzuweichen. Aus dem Wasserhahn tröpfelte nur ein dünnes Rinnsal, kein Druck. Na ja. Anstatt Schweinefleisch gäbe es Hund als Einlage, vielleicht konnte ich irgendwo eine Zwiebel auftreiben. In der Küche würde ich bestimmt noch etliche Gläser mit Trockengewürzen finden.

Draußen war ein herrlicher Tag; der Himmel strahlte in einem kräftigen Azur, die Sonne versprühte einen gleißenden Schein. Ihre Scheibe wanderte über das tiefblaue Firmament wie in einem Film oder Bilderbuch …

Ich konnte es kaum fassen, daß meinen Büchern nichts passiert war. Während ich durch die Dunkelheit pilgerte, Schnee und Kälte trotzend, mich in Abflußrohre verkriechend, hätte ich im Traum nicht daran gedacht, daß ich je wieder in einem warmen trockenen Zimmer liegen und Barsoom-Geschichten lesen würde.

Ich lud mein Gewehr, fünf Patronen kamen in den Ladestreifen, keine in die Kammer, ich achtete darauf, daß es gesichert war und brach zu einem Rundgang auf. Die Haustür schloß ich sorfältig hinter mir ab.

Die Trampelpfade längs des Baches waren immer noch deutlich zu erkennen, festgestampfte Erde zwischen Wällen verdorrter Vegetation, schwindsüchtigen Unkräutern, die bald wieder zum Leben erwachen würden. Wir hatten uns oft gewundert, von wem diese Pfade stammten, wer sie freihielt. Kinder? Hunde? Wilde Tiere? Die Wege hatten überdauert, aber von ihrem Ursprung wußte ich immer noch nichts.

Vor dem großen toten Baum blieb ich stehen und sah genauer hin. Da! Eine Kette von kleinen schwarzen Ameisen schlängelte sich heraus, unterwegs zu ihrem alltäglichen Beutezug. Wie alte Freunde kamen sie mir vor. Früher spazierten Larry und ich oft hierher, klopften gegen den trockenen grauen Stamm, um sie aufzuscheuchen. Immerhin hatten sie hier ausgeharrt.

Längs des Bachlaufs marschierte ich weiter, passierte die Hilton Avenue und bog auf einen steil ansteigenden Weg ab, der vom Wasser weg in den Wald hineinführte. Diesen Pfad hatten wir ausgekundschaftet, nachdem wir es leid waren, immer nur am Bach entlang zwischen unseren Elternhäusern und dem Drug Fair an der Route 1 hin- und herzupendeln. Im Drugstore hockten wir dann bei Neonlicht, schmökerten in Comics, die wir nicht kaufen wollten, und klatschten massenhaft Tomatenketchup auf die fettigen Pommes frites ...

Neben dem Pfad verlief ein Zaun aus morschen Holzpfählen und einem Gewirr aus rostigem Stacheldraht, der streckenweise niedergetrampelt und von einer dicken Laubschicht bedeckt war. Ich ging weiter, bis ich die Hügelkuppe erreichte.

Ob ich mich noch erinnern würde?

Es war wie gestern!

Larry und ich streiften durch die Wälder; über den Baumkronen glänzte der sonnentrunkene Frühlingstag. Wir wanderten diesen neuentdeckten Pfad entlang, fragten uns, wohin er uns brächte. Er konnte ja nicht endlos weitergehen. Früher oder später mußten wir den Wald verlassen, vielleicht oben bei der katholischen Kirche oder aber unten an der Botts Avenue. Dort stand die neue Junior High School, in die wir nächstes Jahr gehen sollten …

Dieses Jahr!

Jetzt hätte ich mein erstes Jahr in der neuen Schule beendet, wenn nicht …

Mir fiel wieder ein, wie wir die Anhöhe erkletterten und jählings stehenblieben, überrascht von dem Anblick, der sich uns bot. Larry prallte gegen mich, gedämpfte Ausrufe des Entzückens von sich gebend.

Das Tal nannten wir Dorvo Valley, nach irgendwelchen imaginären Monstern, die auf unserer Phantasie hausten.

Eine langgezogene, sanft abfallende Hügelflanke, ohne Bäume, kleine, ins Erdreich gewühlte Krater, vereinzelt stehende Sträucher mit Beeren, deren Namen wir nicht kannten. Mitten in der Talsenke ragte aus dem hohen braunen Gras ein einzelner Baum empor, weit dahinter erstreckte sich ein Streifen Wald, über dessen Wipfeln der Turm der katholischen Kirche hervorlugte, in der Morgensonne glänzend wie poliertes Messing.

»Sieh mal«, wisperte Larry. »Der Tempel von Venusia …«

Jetzt sah man ein geflicktes braunes Zelt unter dem einsamen Baum, vor dem geschlossenen Eingang die schwarzen Überreste eines erloschenen Lagerfeuers. Die Klappe ging auf, und Larry kam heraus; er stand einfach da und sah mich mit ausdruckslosem Gesicht an, in einer Hand eine kleinkalibrige Pistole.

Wir benahmen uns wie zwei streunende Kater, wußten nicht, was wir sagen, wie wir uns verhalten sollten. »Was machst *du* denn hier?« fragte Larry. Einfach so, als sei nie etwas gewesen.

Er stellte für uns Klappstühle auf, einen Campingtisch und zündete ein Feuer an. Während ich saß und zuschaute, fuhrwerkte er mit einer großen Bratpfanne herum. Dünn war er geworden, er wog vielleicht fünfzig Pfund weniger als bei unserem letzten Zusammentreffen; im Gesicht spannte sich die Haut über den Knochen, die Finger waren lang und dürr. Aber er besaß ein großes Stück geräucherten Speck und einen Eimer voll brauner Hühnereier, die vermutlich von Roten Rhode Islandern stammten ...

In Woodbridge lebe niemand mehr, erzählte er mir. Keine Menschenseele. Südlich der Stadt hatte er eine verlassene Farm gefunden, wo die Hühner frei herumliefen und ihre Eier überallhin legten. In der Speisekammer hing die Speckseite.

In manchen Geschäften gab es noch Lebensmittel, die Leute, die weggezogen waren, hatten in ihren Häusern alles mögliche zurückgelassen ...

Über einen Teller mit Eiern und Speck und einem Becher erbärmlichen Kaffees sah er mich an. »Wo wohnst du?«

»Bei mir zu Hause.«

Ein forschender Blick. »Wie geht's deinen Eltern?«

Ich schüttelte den Kopf.

Er nickte. »Einmal ging ich zum Spielen nach draußen, du warst ungefähr ein halbes Jahr fort. Als ich nach Hause kam, waren meine Mom und mein Dad weg, und unser Haus war verwüstet.«

Während ich aß und trank wurde mir bewußt, daß ich so lange auf ein solches Essen verzichtet hatte, daß mir der Geschmack ganz fremd vorkam.

»Was hast du vor?«

Ich zuckte die Achseln. »Hierbleiben. In – hm – in

meinem Haus.« Mein Haus. »Ich kann doch nirgendwoanders hin.«

Larry leckte seinen Teller ab, stand auf und schmiß ihn in ein Büschel Gräser. Er streckte sich. Plötzlich drehte er sich um und glotzte mich an. »Heh! Warte, ich zeig dir was …« Er eilte ins Zelt, stöberte geräuschvoll herum und kam mit einem langen Schwert zurück, dessen Spitze er auf mich richtete. »Was ist, Älendar, möchtest du jetzt Venus spielen?«

Eine Weile starrte ich ihn an, dann lehnte ich mich zurück und fing an zu lachen. Es war genau das, wozu ich jetzt Lust hatte. Venus spielen mit einem Bauch voll Eiern und Speck; Venus spielen mit meinem besten Freund, und dabei die Toten vergessen, nicht mehr daran denken müssen, daß es jetzt mein Schicksal war, zum Frühstück Hundewelpen zu fressen.

Venus, wenigstens *unsere* Venus, war immer noch die alte. Trotzdem … wir hatten dieses Spiel doch nur gespielt, weil wir in einer anderen Welt leben wollten.

In diesem Stil ging es weiter. Wir spielten zusammen, begaben uns auf Nahrungssuche, schnüffelten in fremder Leute Häuser, redeten unentwegt miteinander und fanden langsam wieder zu uns selbst. Über das Vorgefallene verloren wir indes kein Wort; mit keiner Silbe erwähnten wir unsere Eltern. Wir sprachen weder über die neue noch über die alte Welt; Vergangenheit und Gegenwart waren für uns kein Thema. In unserer ureigenen Welt, darin bewegten wir uns. Wir überlegten, womit wir uns beschäftigen konnten, und bauten weiter unser Paradies aus, unsere Venus. Nach einer Weile kamen wir uns tatsächlich vor wie Älendar und Raitearyón, die in den Ruinen von Marumsco Village hausten, und nicht mehr wie Alan Burke und Larry Pernotto.

Wir bekamen einen herrlich trockenen Sommer. Heiß war es. So lange hatten wir keinen Sommer mehr gehabt, daß wir kaum noch wußten, wie schön er sein konnte. Zum Schwimmen gingen wir an die Belmont Bay, frei wie Wild streiften wir durch die Wälder. Nach einem Ruderboot oder Kanu hielten wir leider vergeblich Ausschau.

Außer uns lebte niemand hier. Es schien uns merkwürdig, daß alle fortgegangen waren, kaum zu fassen. Einmal, als ich auf der Kuppe eines steilen Hügels hinter der Forest Glen Avenue verschnaufte, sauste eine Kugel in die nahen Baumstämme, gefolgt vom Widerhall eines fernen Gewehrschusses. Aber ich vermochte weder jemanden zu sehen noch zu hören.

Wir wohnten zusammen im Haus meiner Eltern, und Larry quartierte sich in ihrem ehemaligen Schlafzimmer ein. Er genoß es, sich in dem großen Doppelbett zu aalen, und er kicherte, als wir beim Wechseln der staubigen Laken die Flecken auf der Matratze entdeckten.

Vertraute Flecken. Ich entsann mich, sie früher schon gesehen zu haben, erinnerte mich an die leisen Geräusche meiner Eltern, die sie wohl von sich gaben, als sie diese Flecken erzeugten. Aus. Vorbei. Vergessen. Jedesmal, wenn ich an den armen Lucky dachte, wie er tot im Schnee lag, erinnerte ich mich gleichzeitig an irgendeinen Welpen, der als warme Mahlzeit in meinem Magen gelandet war …

Es wurde Herbst, dann Winter, und es fing wieder an zu schneien; der Schnee schichtete sich hoch in den dunklen Straßen, die von keinem Schneepflug geräumt wurden. Larry und ich stapften durch die Nacht, eingemummt in unsere neuen Jacken, die wir uns in einem halbausgeplünderten Sears-Kaufhaus besorgt hatten. Über uns der schwarze, mit Sternen übersäte Himmel, die hart und kalt wie Diamanten glitzerten. Larry schaute nach oben und erklärte mir die Sternbilder, er nannte einzelne Sterne beim Namen, zeigte mir Jupiter und Venus, sogar einen roten Fleck, der angeblich der Mars sein sollte.

Wie in alten Zeiten. Larry merkte sich immer solche Sachen, damit er später damit angeben konnte, wie die Namen von Sternen, Vögeln und wildwachsenden Blumen …

Im Januar schoß ich eine fette Rehgeiß auf dem erodierten Gelände, wo sie damit begonnen hatten, die I-95 südlich vom Endpunkt des Shirley Highway auszubauen. In so etwas glänzte ich, hier konnte ich mich hervortun. Ich erinnerte mich an einen Jahrmarkt, als ich auf bewegliche Zielscheiben geschossen hatte. Peng, peng, peng, sieben Runden, sieben Treffer, als Preis ein dicker Bambusstock. Ich sah mich um, auf eine Schar von staunenden Jungen.

»Du kriegst die Tür nicht zu! Burke? Das darf doch nicht wahr sein!«

Wir waren froh, als endlich der Frühling anbrach. Wir schrieben bereits das Jahr 1965, obwohl das eigentlich keine Rolle spielte. Wieder schienen wir ein bißchen gewachsen zu sein, ständig mußten wir in fremden Häusern nach neuen Sachen zum Anziehen stöbern, jeden Monat erweiterten wir unseren Aktionsradius, weil immer mehr Gebäude ausgeräumt wurden, und Stoffe wie Leder langsam aber sicher vermoderten.

Wir marschierten auf der Straßenböschung, längs des Waldrands, und blickten auf den geborstenen Betonbelag der I-95. Dieser Teil der Trasse, südlich von Shirlington, war schon seit einigen Jahren fertig. Unser Jagdausflug war erfolgreich gewesen, ein kleiner Hund und zwei Möwen … Jetzt gab es wieder mehr Vögel. Larry lauerte schon darauf, daß die Wachteln zurückkämen, er behauptete, sie schmeckten *köstlich* … Möwen schmeckten wie Scheiße. Früher waren sie immer über die Müllkippe hergefallen.

Ein Geräusch von der Straße. Ein fremder Laut, der uns in den Wald hineinscheuchte, wo wir mit den Gewehren im Anschlag kauerten und angestrengt Ausschau hielten.

Ein Knirschen, wie von Metall auf Stein. Sie fuhren nicht sehr schnell. Drei große grüne Lastwagen voller Männer in dunkelgrünen Uniformen; sie trugen Stahlhelme, und hielten die Gewehre lässig im Arm, die Mündungen auf den intensiv-blauen Himmel gerichtet. Auf den Türen der Fahrerkabinen prangten große weiße Sterne, aus vertikalen Auspuffrohren qualmten schwarze Dieselschwaden. Ganz langsam rollten sie an uns vorbei in Richtung Norden; allmählich verstummten die Geräusche.

Eine Zeitlang harrten wir reglos in unserem Versteck aus. Das waren die ersten Menschen, die wir seit einem Jahr gesehen hatten, seit ich von Indiana durch den Schnee heimwärts gestiefelt war.

Schließlich sagte Larry. »Ich dachte, es würde immer so bleiben.«

Ich nickte. Nur wir zwei, die so tun konnten, als seien sie ganz allein in einer menschenleeren Welt; wir hatten uns vorgestellt, wir könnten immer so spielen wie jetzt, den Rest unseres Lebens, der uns wie eine Ewigkeit vorkommen mußte.

»Die Dinge werden sich ändern«, meinte ich. »Vielleicht wird es ja wieder so wie früher ...« Marumsco Village voller Kinder, Autos und Hunde, obwohl wir die Hunde bereits aufgegessen hatten; im Fernsehen Cartoons, Lehrer in der Schule, in der Klasse Rabauken, Freunde, Comichefte, in denen es sich so schön schmökern ließ ...

»So wie es einmal war, kann es gar nicht mehr werden«, flüsterte Larry. »Sie haben die Welt kaputtgemacht und ...« Aus halbgeschlossenen, schmerzerfüllten Augen sah er mich an. »Unsere Eltern sind tot.«

Er hatte recht. Und wenn wir es uns noch so sehr wünschten, die Zeit ließ sich nicht zurückdrehen. Ich machte mir ohnehin nicht viele Gedanken darüber. Wenn ich erst anfing zu grübeln, erinnerte ich mich gleich wieder an den Schnee in Indiana, auch wenn das

Bild, das mir vor Augen stand, sehr klein geworden war, ein winziger, in den Schnee getrampelter Ball aus Haaren. Die Laute, die Lucky von sich gab, als der Mann nach ihm trat, klangen mir immer noch in den Ohren.

Als es dann passierte, ging alles ganz schnell, ohne Vorwarnung, ohne uns Zeit zum Überlegen zu geben. Es war wieder Winter; wir beide hatten angefangen, uns zu rasieren, zuerst Larry, dann ich; immer öfter mußten wir die Klingen auswechseln, und wir waren froh, daß es die in rauhen Mengen gab, eingeschweißt in glänzendes, unverwüstliches Plastik. Den Vorrat besorgten wir uns in den Trümmern der Geschäfte an der Route 1.

Der Himmel versprach Schnee, obwohl heute noch keiner gefallen war; auf dem Boden lag eine verharschte, schmutzigweiße Kruste, Schnee, der mehrere Male geschmolzen und wieder gefroren war. Ich freute mich auf einen richtigen Blizzard, auf eine schöne weiße Welt, die in der Sonne glitzern würde, sobald sich die Wolken verzogen hätten.

Ich war in der näheren Umgebung allein auf Pirsch gegangen, hatte aber nichts erlegt. Anscheinend waren die Wälder um Marumsco Village so abgegrast, daß wir uns ziemlich weit vorwagen mußten. Vielleicht wußte das Wild mittlerweile auch, daß es bei uns Gefahr lief, gegessen zu werden.

Ich stapfte den Hill Court hinauf, die Straße, die direkt in meinen Hinterhof mündete. Während ich den heranrückenden Schneesturm witterte, sehnte ich ihn mir möglichst rasch herbei und stellte mir vor, wie die schweren, klumpigen Flocken vom Himmel fielen.

Plötzlich hörte ich Stimmen.

An sich nichts besonderes. Stimmen. Wir befanden uns schließlich in Marumsco Village, einem Ort mit über zehntausend Einwohnern. Ständig hörte man jemanden sprechen oder rufen.

Jählings blieb ich stehen. Ich spitzte die Ohren. Mir brach der Schweiß aus, und ich fühlte, wie mir die Tropfen kitzelnd an den Seiten herunterperlten. Ich fröstelte.

Bilder. Immer Bilder vom Schnee. Bloß daß er nie die richtige Farbe hatte. Langsam entsicherte ich mein Gewehr, ich war schrecklich nervös, hoffte inbrünstig, die Stimmen würden das leise metallische Klick-klick übertönen. In gebückter Haltung schlich ich mich vorwärts, machte einen Umweg über den Rasen der DeButts, so daß ich mich hinter dem Holzstapel neben dem Zaun verstecken konnte. Der Holzstoß stand immer noch da, wo mein Vater ihn aufgeschichtet hatte, ein bißchen kleiner als drei Jahre zuvor, obwohl wir uns bemühten, ihn ständig aufzufüllen. Aber Holz in einem Kinderkarren zu transportieren, ist eine Quälerei.

Vier Kerle lungerten auf dem Hof, genau dort, wo früher mein Planschbecken aus Kunststoff gestanden hatte. Sie hatten das Eßzimmerfenster eingeschlagen. Vier heruntergekommene Gestalten mit struppigen Bärten, dunkelblonden, zotteligen Haaren, in zerlumpten, für das Wetter viel zu dünnen Klamotten. Was war los mit denen? Hatten sie keine Ahnung, wie man sich anständige Bekleidung organisiert?

Larry stand drüben am Spalier, an dem sich die Lieblingsblumen meiner Mutter emporgerankt hatten, Heckenrosen, gleich neben dem kleinen Tor zum Hof. In den Händen hielt er ein Gewehr, und damit zielte er auf die Männer; es gehörte seinem Vater, einem Waffennarren, der jedoch niemals auf die Jagd ging. Auf seinem Gesicht lag ein wütender, trotziger Ausdruck.

Die Männer sprachen mit gedehntem näselnden Akzent. Er erinnerte mich an etwas, das mir kurz vor Kriegsausbruch aufgefallen war. Einer der Kerle, ein bulliger, vierschrötiger Typ mit rissigen, geröteten Pranken, sagte: »Komm schon, Junge, leg das Gewehr weg. Wir tun dir doch nichts.« Er trat einen Schritt nach vorn, genau vor die Mündung.

Ein anderer Mann gab ein unschönes Lachen von sich und meinte: »Jedenfalls nich' viel.«

Einer der Typen schien ungeduldig zu werden. »Beeilung, Mann, wir woll'n die Sache hinter uns bringen. Mein verdammter Arsch is' schon ganz steifgefroren ...«

Larry rührte sich nicht, behielt das Gewehr im Anschlag. Äußerlich wirkte er ruhig, doch seine Augen waren so weit aufgerissen, daß ich das Weiße sehen konnte ...

Ich nahm den Mann ins Visier, der so dreckig gelacht hatte, und drückte ab. Die anderen drehten sich um. Klick-klick, zielen, feuern: dieses Mal auf den Burschen mit dem steifgefrorenen Arsch ...

KRACH! Etwas zerfetzte den Holzstoß, Splitter sprangen mir ins Gesicht. Ich hörte den vertrauten dumpfen Knall von Larrys Flinte. Klick-klick. Zielen. Auf den Abzug drücken.

Stille. Das typische Klingeln in den Ohren.

Vier Männer liegen im Schnee.

Larry auf den Knien, am Kotzen ...

Mir war schwindelig, und ich fror entsetzlich. Keine Zeit für Sperenzchen ... Ich hetzte den Hügel hinunter und nahm die Kerle in Augenschein. Einem hatte ich in die Brust geschossen, die Wunde in der linken Schulter war so groß wie ein Softball. Dem anderen war die Kugel durch den Hals gedrungen; Blut tropfte in den Schnee, wie damals, bei meinem Vater. Der dritte lag auf dem Rücken, die Augen waren geöffnet, und in seinem Brustbein befand sich ein kleines rotes Loch.

Der vierte, der Anführer, krümmte sich im Schnee und winselte leise vor sich hin. Ich kickte sein Gewehr außer Reichweite und stieß ihn mit der Stiefelspitze an. Er stöhnte vor Schmerzen. Bauchschuß; das Donnergetöse von Larrys Flinte hallte mir noch in den Ohren nach.

Mit vor Pein glänzenden Augen sah der Mann zu mir hoch. In seinem Blick stand das Grauen. Larry würgte immer noch. »O mein Gott!« ächzte der Mann. »O mein Gott …«

Klick-klick. Zielen. Abdrücken. Mehrere Male bricht sich das Echo an den Wänden der umstehenden Häuser.

Im Schnee liegen vier Tote.

»Lieber Gott«, flüsterte Larry. »Lieber Gott, Alan, lieber Gott …«

Ich warf ihm einen Blick zu und berichtigte ihn. »Älendar. Älendar und Raiteraryón.«

Bedächtiges Nicken. Alles ist wieder im Lot. Wir sind Helden. Phantasiehelden dürfen Menschen umbringen; sie besitzen dieselbe Lizenz zum Töten wie James Bond …

Wir brauchten mehrere Stunden, um sie in Marteaus Hof zu schleifen, den gefrorenen Boden mit Spitzhacken aufzubrechen und sie zu verscharren. Wenigstens begruben wir sie. Das war das mindeste, was wir tun konnten. Wo meine Eltern waren, wußte ich nicht. Oder Larrys Eltern. Oder der arme Lucky. Was mochte wohl aus dem kleinen Mädchen geworden sein?

Ob von ihnen nichts mehr übriggeblieben war, außer den gebleichten Gebeinen …?

Wie sagt doch der Dichter: »Am Ende die bleichen Gebeine …«

Es wurde wieder Winter, und dann meldete sich der Frühling. Im Frühjahr 1967 wurden bei uns allmählich die Vorräte knapp, weil immer mehr Menschen ankamen. Auf der Route 1 verkehrten so häufig Lastwagen, daß wir uns an das ferne Dröhnen der Motoren gewöhnten, wenn die Fahrer in den Kurven die Gänge wechselten. Manchmal stiegen wir auf den Hügel neben der katholischen Kirche, die wir längst in den Tempel von Venusia umgetauft hatten, um die Fahrzeuge zu beobachten.

Einzeln, zu zweit oder in kleinen Familien kehrten die Leute nach Marumsco Village zurück; man beäugte sich mißtrauisch, und es war niemand darunter, den wir kannten. Gelegentlich rollte ein Wagen durch die Straßen, und die Insassen, Männer wie Frauen, glotzten uns mit hinterhältigen Blicken an. Und wenn schon. Ohne Gewehr gingen wir gar nicht mehr aus.

Ich fragte mich, woher sie das Benzin hatten. Aus der näheren Umgebung jedenfalls nicht.

Der Ort füllte sich immer mehr. Noch einmal veränderte sich die Welt. Es wurde nicht wieder so wie früher, aber eine gewisse Normalität hielt Einzug. Ich wußte, daß die alte Ära vorbei war, als der A&P-Laden neu eröffnete; ein anderer Manager, andere Gehilfen, andere Kassiererinnen, aber auf den Regalen reihten sich die gleichen Konserven wie vor einigen Jahren. Und daß für mich persönlich eine neue Zeit anfing, wurde mir klar, als ich völlig abgebrannt in den Laden ging und mich um eine Stelle bewarb.

Der Manager musterte mich von Kopf bis Fuß, nahm das Gewehr zur Kenntnis, das ich lässig unter einem Arm geklemmt trug, und gab mir den Job. Fünfzig Cents die Stunde, sagte er, und jede Woche eine Tüte Lebensmittel gratis.

An einem Samstagnachmittag Ende Mai, als die Sonne schien und langstieliger Löwenzahn die verwilderten Rasenflächen sprenkelte, beschlossen Larry und ich, nach D.C. zu gehen und nachzusehen, was sich in der Welt so tat. Zu Fuß wäre es ein langer Marsch gewesen, zweiundzwanzig Meilen, aber wir hatten unsere alten Fahrräder flottgemacht, mein wuchtiges rotes Schwinn-Rad und Larrys schnittigen, schwarzen, italienischen Rennflitzer. Auf dem frisch ausgebesserten Shirley

Highway war man in anderthalb Stunden da, man fuhr am Pentagon vorbei, überquerte die Fourteenth-Street-Brücke und befand sich mitten im Geschehen.

Erst seit wenigen Wochen gab es im Geschäft batteriebetriebene Transistorradios zu kaufen, und schon kamen wir uns vor, als seien wir in die Vergangenheit zurückversetzt worden. Wir konnten Musik und Nachrichten hören. Jeden Freitagabend Steve Allen.

Den Nachrichten zu lauschen, fiel uns schwer. Es waren sonderbare Meldungen, und wir merkten, was wir in den letzten vier Jahren alles nicht mitbekommen hatten, während das Leben ohne uns, ohne die Menschen, die wir kannten, und die gestorben waren, weitergegangen war. Daß damals, 1963, das unbefristete Kriegsrecht verhängt worden war, wußte ich, aber ich hatte keine Ahnung, daß gleich darauf Robert MacNamara zum Übergangspräsidenten avancierte. Ich hatte mich wohl zu sehr mit meinen eigenen Problemen beschäftigt, und dann dieser lange, lange Marsch durch den Schnee ...

Den Kollaps der Zivilisation hatten wir verpaßt. Offenbar war ganz Europa entvölkert. Der Norden wurde von Bomben zugepflastert, im Süden besorgte der Hunger den Rest. Eine Katastrophe jagte die nächste. In Afrika verhungerten die Menschen, in Südamerika brachen Revolutionen und konventionelle Kriege aus.

Gegen 1964, hieß es, hatte sich die Weltbevölkerung von ungefähr zweieinhalb Milliarden auf sechshundert Millionen reduziert. So viele Menschen waren in nur anderthalb Jahren umgekommen.

Auf der Erde gab es nur noch vier funktionierende Nationalstaaten: Amerika, Kanada, Australien und Neuseeland. Mit Waffengewalt mußten sie sich einer wahren Sturzflut von Flüchtlingen erwehren.

In Indonesien griff man zum Schluß zu Atomwaffen, um die Bettler in Schach zu halten. Aus Großbritannien mußte man die Überlebenden evakuieren, und man hatte an die zehn Millionen Flüchtlinge mit leeren Händen an der Küste von South Carolina abgesetzt. Ich nahm an, daß der Kerl mit den roten Pranken und der Typ mit dem steifgefrorenen Arsch daher kamen. Das Gras auf ihren Gräbern, die ich von meinem Schlafzimmerfenster aus sehen konnte, schien besonders üppig und grün zu wachsen.

Wie sollte es weitergehen? Natürlich klammerte sich MacNamara an seinen Posten, behielt das Heft in der Hand und hielt mit seiner trockenen, tonlosen Stimme Reden. Sein Gesicht erschien in den dünnen Zeitungen von 1967; er trug immer noch diese altmodische Brille, die ich im Fernsehen gesehen hatte, einen Tag vor dem Weltuntergang.

Er diffamierte seine Gegner, weil der Senat sich heimlich – trotz des Kriegsrechts – in Montpelier, Vermont, neu konstituiert hatte; Senatoren aus dreißig Staaten kamen zusammen und verlautbarten, sie wollten eine verfassungsgemäße Zivilregierung wiederherstellen. Außerdem wollten sie dafür sorgen, daß 1968, wie geplant, die Präsidentenwahlen stattfänden …

Kaum vorstellbar. In den Nachrichten, die der gute alte Frank McGee, begleitet von statischem Rauschen und von Störungen vorlas, hörten wir auch, daß die Demokratische Partei beabsichtigte, Präsidentschaftskandidaten für die Wahl im nächsten Jahr aufzustellen. Angeblich bewarben sich der ehemalige Justizminister Robert F. Kennedy und jemand namens John Kenneth Galbraith um das Amt. Von dem hatte ich noch nie etwas gehört. Offenbar war er während des Kriegsausbruchs Botschafter in Indien gewesen und hatte dann irgendwie die Rückkehr nach Amerika bewerkstelligt. Meldungen dieser Art kamen einem unheimlich vor, und überall sah man Soldaten.

An einem hellen, sonnigen Tag radelten wir über die Fourteenth-Street-Brücke. Dünne blaue Rauchfahnen stiegen von der vor uns liegenden Skyline auf, während wir an dem runden Säulengang des Jefferson Memorial vorbeiflitzten; weiß glänzte die Kuppel des Capitols, und das Washington Monument ragte unversehrt in die Luft.

Aus irgendeinem Grund hatte ich mir immer vorgestellt, es sei umgestürzt; vielleicht spukte mir die wirklich tolle Szene aus dem Film ›Fliegende Untertassen greifen an‹ im Kopf herum, in dem das Raumschiff der Außerirdischen gegen den Sockel des Monuments prallt und explodiert. Das Denkmal kippt um und fällt in einem Stück zu Boden, wie ein monströser weißer Baum; Menschen flüchten über die grasbewachsene Böschung wie bunte Ameisen, um dann doch von dem aufschlagenden Monument zerquetscht zu werden. Selbst als Kind wußte ich schon, daß das Washington Monument aus Millionen von Steinblöcken besteht und beim Herniederkrachen in kleine Brocken zertrümmert würde. Dennoch blieb das Bild aus dem Film haften.

Ein lautes, hämmerndes Grollen kam aus der Richtung des Tidal Basin. Am Straßenrand hockten wir auf unseren Rädern und schauten zu, wie sich über der Kolonne aus weiß- und rosablühenden Kirschbäumen eine C-13O vom National Airport in die Luft mühte, mit schrillen Motoren über der Stadt kreiste und dann nach Süden abdrehte.

In den Südstaaten waren massenhaft Menschen ums Leben gekommen. Von vielen Städten waren nur Trümmer übriggeblieben, die sich rings um radioaktive Trichter im Erdboden verteilten. *Weh, weh, Babylon?* Vielleicht steht ja noch was unten in Timucuan County. Vielleicht ist Fort Repose noch intakt.

Larry beschattete seine Augen mit der Hand und spähte blinzelnd dem Flugzeug hinterher. »Ich kann mich kaum noch entsinnen, wie es ist, zu fliegen ...«

Ich war noch nie geflogen. Meine Eltern hatten dauernd nur davon geredet, ob man *dieses* Weihnachten nicht lieber nach Boston fliegen, anstatt mit dem Wagen fahren sollte. Vielleicht mit einer dieser lärmenden Lockheed Electra Turbo-Propellermaschinen oder einer Vickers Viscount. Auf den kurzen Strecken längs der Ostküste setzte man noch nicht viele Flugzeuge vom Typ 707 ein.

Die Promenade zwischen dem Capitol und dem Washington Monument war schmutzig, ohne einen Schimmer von Grün; doch die goldene Kuppel des Museums für Naturgeschichte glänzte in der Sonne wie eh und je; das rote Ziegelschloß, in dem das kleine Museum für Luft- und Raumfahrt untergebracht war, sah noch genauso aus, wie ich es in Erinnerung hatte. Ich brannte darauf, den ausgestopften Elefanten wiederzusehen, das aufgehängte Modell eines Blauwals zu bestaunen und das Skelett eines Dugongs anzugaffen, bei dem meine Mom immer eine Gänsehaut bekam. Ich wollte zur Rückseite des Schlößchens laufen und mir die alte V-2 mit der runzligen Hülle anschauen oder eine Jupiter-C, die Rakete, die Explorer 1 in den Orbit gebracht hatte …

Auf der staubigen Promenade drängten sich Zelte, Leute schlenderten unter den hohen, dicken, alten Bäumen einher, meistens Angehörige des Militärs in verschiedenen grünen, braunen und blauen Uniformen. Hier und da sah man auch das weiße Tuch der Marine. Viele Männer trugen graue Sakkoanzüge, wie früher mein Vater, wenn er zur Arbeit fuhr.

»Was hast du?« fragte Larry.

Ich wischte mir die Augen mit meinem Hemdzipfel ab und sagte: »Nichts. Ich rieche was Gegrilltes …«

Das Grillfest würde veranstaltet, erklärte uns ein pummeliger junger Soldat mit den Abzeichen eines Obergefreiten, um die Rückkehr der U.S.-Regierung in ihre traditionelle Hauptstadt Washington D.C. zu feiern. Möchtet ihr ein paar Hot dogs, Jungs? Nach dem Mittagessen, erzählte er, käme Präsident MacNamara vorbei; er wollte eine Rede halten …

Dann fanden wir ihn, aus heiterem Himmel, nachdem der Präsident seine ziemlich fade Ansprache von sich gegeben hatte; er schwafelte darüber, wie notwendig es sei, das Kriegsrecht beizubehalten, damit das Land wieder auf die Beine käme; auf dem anschließenden Weg in eine neue Zukunft sollte unsere hehre Nation dann die Vorhut für die gesamte Welt übernehmen.

Eine Weile standen wir da und sahen zu, wie er fettige Hamburger auf einen qualmenden Grill legte; unterdessen unterhielt er sich mit einer gedrungenen, drallen Blondine. Beide trugen leicht abgewetzte Drillichanzüge der Marines. Endlich hob er den Kopf; vielleicht spürte er, daß wir ihn beobachteten, oder er blickte rein zufällig in unsere Richtung. Verwirrung. Langes, schweigendes Anstarren. Dann: »Leck mich doch am Arsch! Alan? Larry?«

Ich war ein bißchen verblüfft über die Art, wie er auf uns zustürzte und mich umarmte, mir fiel der eigentümlich glänzende Blick in seinen Augen auf. Seine kleine Freundin hielt sich im Hintergrund, verschränkte die Arme und grinste. Neal Dixon klopfte mir überschwenglich auf den Rücken, packte Larry bei den Schultern, schüttelte ihn und lachte. »Menschenskind, ich hätte nie damit gerechnet, euch wiederzusehen …«

Ich erinnerte mich, wie er losgeprescht war, als das gleißende Licht durch die Bäume strahlte und im Norden die häßlichen Rauchsäulen hochbrodelten. Seitdem waren viereinhalb Jahre verstrichen. »Wie ist es dir so ergangen?« fragte ich.

Sein Grinsen erlosch, ein ernster Ausdruck trat in die Augen. »Ganz gut. Und dir?«

Achselzuckend schaute ich zu Larry hin. »Hmm. Was macht dein Bruder? Und wo sind deine Eltern?«

Ein geduckter, schmerzlicher Blick. »Wir wohnen in einem alten Braunsteinhaus drüben in Georgetown. Nicht übel. Ihr müßt uns mal besuchen …« Er hielt inne. »Mein – äh – Guantanamo wurde von einer Atombombe getroffen. Keine Überlebenden. Und wie geht es deinen Eltern?«

Als ich keine Antwort gab, wandte er sich mit einem fragenden Augenaufschlag an Larry, der sagte: »Keine Ahnung, wo meine Mom und mein Dad sind. Eines Tages waren sie einfach … weg.«

»Alan?«

Ich wollte ihm von Indiana erzählen, von dem roten Schnee, von Lucky, und welchen Gesichtsausdruck meine Mom hatte, als man sie vergewaltigte, aber ich konnte nicht. »Tot.«

Er nickte, ging wieder zum Grill zurück und fing an, Hamburger und Hot dogs zu wenden. »Das ist meine Freundin Jeannie. Ihr Vater ist Colonel.« Neals Vater war Major gewesen und hätte jetzt sicher im Rang eines Generals gestanden … Er fuhr fort: »Wir gehen in die Schule, die das Militär drüben am Lafayette Park eingerichtet hat. Jetzt sind wir in der elften Klasse.«

Mich durchfuhr ein leichter Schreck. Im nächsten Jahr wären wir alle von der Schule abgegangen, wenn nicht …

»Habt ihr Hunger?« erkundigte sich Neal. »Es sind genug Hamburger für alle da. Mein Gott, Larry, wer hätte gedacht, daß du mal so *dünn* werden würdest …«

Im Frühjahr 1968 schien in Marumsco Village, eigentlich in ganz Woodbridge, eine gewisse Normalität zu herrschen. Die Straßen waren voller Menschen, im Wald spielten wieder Kinder, es kehrten sogar Leute zurück, die wir kannten. Die Marteaus kamen, um ihr in Trümmern liegendes Haus neu aufzubauen, wo wir den Kerl mit den roten Pranken und den Typ mit dem steifgefrorenen Arsch verbuddelt hatten; ihre magere Tochter hatte sich zu einem recht ansehnlichen Teenager gemausert. Der Sohn tauchte nie auf, mir blieb nur die verblaßte Erinnerung an den großen Jungen, der mich vor langer Zeit an einem Sommertag in einen düsteren Keller gelockt hatte. Sie erkundigten sich nach meinen Eltern; ich fragte nach dem Sohn, und gemeinsam schüttelten wir die Köpfe. Nichts.

Zu meiner Überraschung öffnete die Marumsco Grundschule wieder, und Mr. Kildea war immer noch der Direktor. Offenbar hatte er alle Hebel in Bewegung gesetzt, um die Schule zu retten, und im ganzen Land nach den überlebenden Lehrkräften gefahndet. Als ich einmal reinschaute, aus purer Nostalgie, stand Miss Johnson in ihrem alten Klassenzimmer; sie sah noch so aus wie früher, lächelte und konnte sich gut an mich erinnern. Sie erzählte mir, sie hieße jetzt tatsächlich Mrs. Pugh, und dabei strahlte sie so glücklich, daß sich Grübchen in ihren Wangen zeigten. »Ich weiß noch, wie komisch du den Namen fandest, Alan …«

Als ich über den Greenacre Drive zum Haus von Larrys Eltern marschierte, hatte ich das Gefühl, über meinem Kopf schwebe eine dicke Wolke, obwohl die Sonne auf klarblauem Himmel schien. Die Bäume prangten im Schmuck von gelbgrünen Knospen, und im Wald sangen Vögel.

Man durfte gar nicht darüber nachdenken. Ein paar Jahre auf einer weiterführenden Schule, und was dann? Die Garfield High School? Ich entsann mich, wie meine Eltern über eine bevorstehende Abstimmung diskutierten, bei der es darum ging, ob man für Marumsco Village und die benachbarten Ortschaften eine ganz neue High School bauen sollte.

In wenigen Monaten hätte ich eigentlich als Schulabgänger, mit Talar und Barett, irgendwo stehen und mein Abschlußzeugnis in Empfang nehmen müssen. Auf der Tribüne die vor Stolz platzenden Eltern, irgendein Schuldirektor würde einem die Hand schütteln. Vielleicht wäre ich hinterher aufs College gegangen. Was wollte ich eigentlich werden? Paläontologe. Mein Traum war es, durch eine wüstenhafte Einöde zu pilgern und Entdeckungen zu machen. Montana durfte es sein, von mir aus auch die Mongolei. Zu gern wäre ich Roy Chapman Andrews gewesen.

Und jetzt? Nichts. No future. Dafür hatte ich eine Vergangenheit.

Die Welt hatte sich wahrhaft verändert. Sie hatte sich in das schaurige Abenteuer verwandelt, von dem ich als Kind immer geschwärmt hatte. Ein gigantischer Meteor stürzt auf die Erde und vernichtet die gesamte Zivilisation. Alan Burke, Burke der Schurke, wird zu Älendar Vexh-nem, Sohn von Venusia, ein Held und Haudegen. Aber die Welt war zurückgekehrt, und die dazwischenliegenden fünf Jahre hatten nichts weiter bewirkt, als mir alles zu rauben, was ich einmal besessen hatte. Das Abenteuer war vorbei, und mit ihm hatte sich jene alte Zukunft aufgelöst, die mir einmal als Trostpreis erschienen war.

So. Was nun, A&P-Gehilfe mit abgebrochener Schulausbildung? Du befindest dich wieder in Marumsco Village, kannst dich nirgendwo verstecken und nirgendwohin flüchten. Außerhalb von Amerika existiert nichts mehr, an Paläontologen herrscht weiß Gott kein Bedarf.

Vor seinem Haus wartete Larry auf mich, die offene Werkzeugkiste stand auf dem Rasen, neben vier neuen Reifen, die wir organisiert hatten. Die Motorhaube des VW-Käfers, Baujahr 61, war hochgeklappt, und angestrengt peilte mein Freund in das komisch aussehende, luftgekühlte Getriebe. Er hob den Kopf und sah mich stirnrunzelnd an. »Hast du es bekommen?«

Ich hielt ihm den *Chilton* entgegen, den ich in der alten Leihbücherei ergattert hatte; die Bibliothek war wieder geöffnet, und ich mußte einen Mitgliedsausweis erwerben. Noch vor einem Jahr hätte ich einfach jedes beliebige Buch aus einem Regal genommen und wäre wieder gegangen.

Larry sah sich den Motor an und sagte: »Ich weiß

noch, wie ich früher mit Dad an dem Wagen herumgebastelt habe. Mir ist, als spuke hier irgendwo sein Geist.«

Ich nickte. Als wir den Keller meines Elternhauses aufgeräumt hatten, um dort unsere kleine Werkstatt einzurichten, fegten wir eine Masse staubiger, schwarzer Hundehaare weg. Es waren Luckys Haare, der im Keller leben mußte, weil meine Mutter nicht wollte, daß er ihre schönen neuen Teppiche beschmutzte. In diesem Augenblick hatte auch ich die Anwesenheit von Gespenstern gespürt.

Es ist eine Nacht im Juli. Zum erstenmal seit sechs Jahren gibt es in Marumsco Village wieder elektrischen Strom. Straßenlaternen gehen an, überstrahlen die meisten Sterne am Himmel. Im Halbdunkel rollen Autos. Ein merkwürdiges Gefühl, auf Schalter zu drücken, die man über ein halbes Jahrzehnt nicht betätigt hat. Merkwürdig, plötzlich Glühbirnen aufleuchten zu sehen, deren orangegelber Schein sich in den glänzenden Zierleisten der Einbauküche widerspiegelt. Der Kühlschrank summt leise, produziert nach langem getreulichen Warten wieder Eis.

Ich komme mir fremd vor, als ich in meinem schmalen Bett liege und zum fünfzigsten Mal *Die Schachfiguren des Mars* schmökere, die Hand hebe, als ich zu gähnen anfange und das Buch mir aufs Gesicht fällt, und an der Kette der alten Lampe mit dem schwarzen Keramikfuß ziehe, damit es dunkel wird …

Wie benommen standen wir vor unserem alten Fernseher, nach kurzem Zögern schalteten wir ihn ein. Drinnen beginnt es zu knistern, es riecht schwach nach verschmortem Staub. Larry, skeptisch, wartet erst einmal ab; dann ein leises Gewisper aus den Lautsprechern, und auf dem Bildschirm leuchtet das vertraute, graue, körnige Muster.

»Kanal 5 sendet wahrscheinlich nicht«, mutmaßt Larry.

Ich kurbelte am Knopf für die Sendereinstellung und staunte nicht schlecht, als es tatsächlich knackte, weil der Schalter drinnen seine Position änderte. Aber es tat sich nichts. Überhaupt nichts. Ich drehte den Knopf bis auf die dreizehn, dann kam der weiße Punkt, wo man einen UHF-Konverter hätte installieren können. Ein Stück darüber hinaus empfingen wir dann Kanal vier. WTOP-TV sendete aus der Landeshauptstadt. Ein Nachrichtensprecher mit geschniegeltem, glattem schwarzen Haar, vor sich auf dem Schreibtisch ein Namensschild, auf dem stand: Neil Boggs.

Ich schaute Larry an. Keine Reaktion. Wie erstarrt stand er da, gebannt den Worten des Mannes lauschend. Schließlich flüsterte er: »Vielleicht können wir den alten Farbfernseher meiner Eltern wieder hinkriegen.«

»Ich bin gespannt, was heute abend im Programm ist«, sagte ich. »Steve Allen soll eine neue Show haben ...«

An dem Abend, als die Demokraten eine Zusammenkunft abhielten, luden wir Emily Jensen und Karen Mediash zum Fernsehen zu uns ein. Nicht viele Geräte hatten die letzten Jahre überdauert, nicht alle waren so robust wie der alte Metallkasten, den meine Eltern 1954 gekauft hatten. Die modernen Fernseher mit der komplizierten Technologie waren eben anfälliger und gingen eher kaputt. Einmal las ich einen Artikel in der *Post*, in dem es hieß, diese altmodischen Röhren seien immun gegen etwas mit der Bezeichnung EMP. Und heutzutage kostete ein neuer Fernseher einen ganzen Jahresverdienst.

Indem wir den alten VW flottkriegten, wurden wir mobil und integrierten uns in die reichlich veränderte Gesellschaft der Gleichaltrigen, jener verlorenen Generation von Jugendlichen, für die die Welt kurz vor dem

Erntedankfest im Jahr 1962 zu Ende ging. Larry bemerkte, daß Emily im A&P-Laden einkaufte, er kannte sie noch von früher aus der Schule, ein hübsches, molliges Mädchen mit einem sonnigen Lächeln. Zu unser beider Überraschung fing er nach ihrer dritten oder vierten Begegnung ein Gespräch mit ihr an.

Wie es sich herausstellte, wohnte sie bei ihrem Dad. Ihre Mutter und ihr Bruder waren gestorben, als 1966 eine Grippeepidemie den Mittleren Westen heimsuchte. Außerdem hatten sie Karen bei sich aufgenommen, deren kleinen Bruder Buddy und Karens Mom. Emily sprach offensichtlich nur ungern darüber. Ich hatte Karen Mediash als mageres Mädchen mit einem reichlich dunklen Teint in Erinnerung; damals war sie Emilys Schatten gewesen, die beiden betrieben dieselben Sportarten und schienen unzertrennlich zu sein ...

Es lag auf der Hand, daß wir zwei uns irgendwie mitschleifen ließen, als Larry anfing, mit Emily zu poussieren. Zu viert sahen wir uns Filme an, jetzt, wo das örtliche Kino wieder geöffnet hatte, und es jeden Samstagabend eine Vorstellung gab. Der Eintritt kostete einen Dollar. Larry und Emily schlenderten händchenhaltend voraus, Karen und ich latschten ziemlich einsilbig hinterher.

So ähnlich ging es auch zu, als wir uns nach dem Abendessen ins Wohnzimmer setzten. Die Mädchen lobten unsere Kochkünste, die wir uns während der letzten fünf Jahre angeeignet hatten. Keine wußte von den köstlichen Gerichten, die ich aus Überresten von gebratenem Hund herzaubern konnte. Larry und Emily quetschten sich in den alten roten Lieblingssessel meines Vaters und hielten einander eng umschlungen. Karen und ich hockten auf Mutters blauem Nylonsofa, nur wenige Zoll voneinander getrennt, doch wir achteten beide darauf, uns nicht zu nahe zu kommen.

Im Fernsehen hielt der Vorsitzende des DNC, Abbie Hoffman, eine nette kleine Ansprache. Er hatte ein kantiges Gesicht und sah mit seinen kurzgetrimmten, dichten schwarzen Locken recht attraktiv aus. Er erzählte uns von dem Nixon/Goldwater Plan, die Republikanische Partei neu zu gründen und damit im Herbst gegen Kennedy und Galbraith anzutreten. Das sollte dazu dienen, die Absichten der Demokraten zu durchkreuzen, die Präsident MacNamara absetzen wollten. Dieser bezeichnete sich nun offiziell als einen unabhängigen Politiker, weil er eingesehen hatte, daß er sich dem Konkurrenzkampf nicht entziehen konnte. Hoffman fand, sie sollten lieber die Demokraten unterstützen. Sobald die Verfassung wieder in Kraft träte, könnte endlich normale Politik gemacht werden.

Dann präsentierte sich Barry Goldwater im Fernsehen; er sprach im Namen von Richard Nixon, der sich zur Zeit auf einer Goodwill-Tour durch Kanada befand. Er schilderte uns den katastrophalen Zustand der Welt, und daß daran nur die Demokraten schuld wären; sie verdienten keine zweite Chance. Seiner Ansicht nach mußten Kennedy und Galbraith jetzt zurückstecken und für die Präsidentschaft von Nixon und Goldwater eintreten.

Karen und ich hörten zu und versuchten, Larry und Emily zu ignorieren, die im Sessel hingebungsvoll miteinander knutschten. In der folgenden Unterhaltungssendung saß ein hagerer Brite namens John Lennon an einem Klavier und sang solo mit hoher, kehliger Stimme eine unter die Haut gehende Melodie. Sie trug den Titel: »Stell dir vor.«

Stell dir vor, fragte er uns, wie die Welt heute aussähe, wenn nichts von alldem passiert wäre …

Noch ehe Bobby Kennedy vor die Kameras trat und seine Antrittsrede hielt, standen Larry und Emily, sich umarmend und küssend vom Sessel auf; Larry nahm sie an der Hand und führte sie durch den Flur ins ehemalige Schlafzimmer meiner Eltern. Sie machten die Tür hinter sich zu, und ich schielte von der Seite her Karen an. Die starrte wie hypnotisiert auf den Fernseher.

Später, während wir uns die Rede anhörten, durfte ich ihre Hand halten. Wir taten so, als hörten wir nicht die Geräusche, die aus dem Schlafzimmer drangen. Meine Eltern waren viel leiser gewesen.

20. Juli, 1969

In dieser Woche kam ein Jahrmarkt auf der Route 1 herangerollt und machte sich auf dem leicht abschüssigen Parkplatz des Marumsco Einkaufszentrums breit; wie durch Zauberhand standen dort plötzlich Zelte und Stände; kräftige Männer stellten fluchend ein kleines Ferris-Rad auf, Kinder konnten Ponyreiten, für Erwachsene gab es Leihpferde; sogar einen abgemagerten, zittrig aussehenden Elefanten gab es, der einfach nur an einen LKW gekettet dastand. Mir gefiel der Elefant, er hatte große, tränende, intelligente Augen.

Gleich am ersten Abend eilten wir dorthin, ritten ein paarmal, fuhren Karussell, verputzten bis zum Erbrechen Chiliwürstchen und Zuckerwatte. Larry verkleisterte sich seinen mickerigen Bart mit dem klebrigen Überzug eines Paradiesapfels. Lachend versuchte Emily, ihn zu säubern, wobei sie ihm jedoch mehr verklumpte Härchen ausriß als alles andere.

Die beiden waren glücklich, sie schienen völlig ineinander und in ihrem gemeinsamen Traum von einer friedvollen Zukunft aufzugehen. An Karens Blicken merkte ich, daß sie neidisch war.

Nach einer Weile hatten Karen und ich den Rummel satt, und wir spazierten fort von dem hellerleuchteten Parkplatz. Hand in Hand stiegen wir den großen, kahlen Hügel hinter dem Einkaufszentrum hinauf, von dem aus man Marumsco Village in seiner gesamten Ausdehnung überschauen konnte. In der Ortschaft gab es noch nicht allzu viele Lichter. Eine Menge Menschen lebte dort, aber nur etwa jedes zehnte Haus war bewohnt; der Rest verfiel langsam, die Mauern stürzten ein, in den Höfen wucherte Unkraut, wuchsen junge Bäumchen und trockenes braunes Gras.

Engumschlungen saßen wir auf der Anhöhe und küßten uns eine Zeitlang. Wir erforschten uns ein bißchen mit den Händen, dann hörten wir auf und blickten empor zum weiten, wolkenlosen, schwarzen Firmament, an dem Myriaden von Sternen in einem kalten Glanz funkelten. Wir sahen zu, wie der dicke, runde, grellweiße Mond den westlichen Himmel hinabwanderte.

Später lag ich da, mein Kopf ruhte in Karens Schoß, und ließ die Erinnerungen auf mich einwirken. Ich dachte an die Vergangenheit. Alles hatte ich verloren. In den heutigen Abendnachrichten brachten sie einen ausführlichen Bericht über den ERTS-1 Satelliten, der gerade in eine erdnahe Umlaufbahn gebracht worden war, der erste nichtmilitärisch genutzte Satellit seit dem Krieg.

Gestochen scharfe Farbfotos, aufgenommen aus dem Weltall. Die Bilder von Europa und Asien waren grausig. Man hätte annehmen sollen, dort würde mittlerweile der Wald nachwachsen, doch das war nicht der Fall. Sibiriens Wildnis war eine zerklüftete braune Schlammwüste, wo das Land noch schwarz verbrannt war.

Eigenartige, verfremdete Ansichten von zerstörten Städten, dem Erdboden gleichgemacht oder bis auf den Grund abgefackelt. Wo sich früher Moskau befunden hatte, sah man jetzt achtzehn riesige, wassergefüllte Krater. Achtzehn! War das wirklich nötig gewesen? Bedurfte es so vieler Bomben? Nicht einmal mehr Trümmer blieben übrig, nur gewaltige Löcher inmitten eines vom Regen ausgespülten Bodens.

Es hieß, in Europa hätten die Kämpfe noch fast einen Monat lang getobt; Flüchtlinge aus dem Osten strömten nach Westen in Richtung Meer, töteten die Überlebenden und krepierten dann selbst. Es wurde Blut vergossen und gemetzelt, bis die letzte Kugel verschossen war.

Verglichen damit, waren meine verlorenen Jahre wie ein Urlaub im Paradies.

Karen beugte sich über mich und drückte mir einen sanften Kuß auf die Stirn. Mit leiser, wehmütiger Stimme sagte sie: »Larry und Emily scheinen sehr glücklich zu sein ...«

Es war eine schöne Hochzeit gewesen; sie fand statt unter der großen Trauerweide, die mein Vater im Frühjahr 1958 gepflanzt hatte. Larry sah gut aus in dem Smoking, den wir in einem fremden, halbzerfallenen Haus entdeckt hatten, Emily war strahlend im Brautkleid ihrer Mutter. Danach ein wirklich gelungener Empfang. Ich, Karen und ihre Verwandtschaft, Emilys Vater, Jeannie, Neal, seine Mutter und sein Bruder. Ein paar alte Freunde, die zum Schluß doch noch gekommen waren ...

Zur Hochzeit schenkte ich ihnen das Haus im Staggs Court Nr. 103; ich zog mit Sack und Pack in das Haus am Greenacre Drive, das wir nach und nach instandsetzten. Allerdings nur provisorisch ...

»Wir beide könnten auch glücklich sein«, fuhr Karen fort. »Wenn du nur nicht ...«

Glücklich. Vielleicht. Ein paarmal hatten wir zusammen geschlafen, wenn ich – eifersüchtig auf Larry – darauf drängte; sie gab nach, vermutlich nur, weil sie genauso neidisch war. Es war ja schön und gut, aber ... keine Basis für eine Zukunft. Jetzt nicht mehr.

Und dann dieses *Wenn du nur nicht ...*

Im Fernsehen das Bild von Sergeant Shriver, Präsident Kennedys Schwager, der uns von dem neuen Friedenskorps erzählt, die Wiederbelebung des Traums unseres alten Präsidenten; junge Amerikaner sollten nach Übersee gehen, Europa, Japan, Südamerika, Indien und Afrika; gemeinsam würden wir eine neue Welt schaffen.

Vielleicht wäre das besser, als in der Armee zu dienen und Polizist zu spielen. Oder mit dem Arbeitskorps neue Brücken zu bauen. Vielleicht auch nicht. Aber es war auf jeden Fall besser, als bei A&P in Marumsco Village zu malochen und den Rest meines Lebens mit Karen zu verplempern. Vielleicht auch nicht. Ich hatte wirklich keine Ahnung.

Woher sollte ich es auch wissen?

»Wir könnten glücklich sein«, wiederholte Karen. »Irgendwie wäre dann alles so wie früher …« Ihre Stimme klang jetzt sehr weit entfernt; möglicherweise erinnerte sie sich an die alten Zeiten, an die Plastikkorridore und Plastikfreunde, an Lehrer, Spielsachen und Cartoons im Fernsehen.

»Vielleicht will ich die alten Zeiten gar nicht mehr zurückholen«, erwiderte ich. »Ich sah zu, wie man meinen Vater ermordete. Ich war dabei, als man meine Mutter vergewaltigte, und dann bin ich weggelaufen, um meine eigene Haut zu retten. Ich habe Hundewelpen erdrosselt und aufgegessen. An einem Tag habe ich vier Männer erschossen. Ich wurde Zeuge, wie die ganze Welt zu Tode kam.« Eine Weile schwiegen wir beide. Karen rührte sich nicht; sie hatte ihre Hand auf meine Stirn gelegt, und im Mondlicht glänzten ihre Augen. Schließlich fuhr ich fort: »Ich will nicht für fünfzig Cents die Stunde bei A&P schuften. Und ich bin es leid, mit Gespenstern zusammenzuleben.«

Danach gab es nichts mehr zu sagen.

Ich lag im Dunkeln, mein Kopf ruhte in Karens Schoß, und ich schaute hinauf in den sternenglitzernden schwarzen Himmel, während unten, auf dem harten Asphalt, der Jahrmarkt mit seinen Lichtern und Geräuschen seine kleine Komödie aufführte. Ich betrachtete die von Kratern zernarbte Oberfläche des Mondes und fragte mich, wie mein Leben jetzt wohl aussähe, wenn dieser ganze Wahnsinn nicht passiert wäre.

Originaltitel: ›Age of Aquarius‹ • Aus: ›Asimov's Science Fiction‹, Mai 1996 • • Aus dem Amerikanischen übersetzt von Ingrid Herrmann

---

William Tenn

DER RUHM DER FAMILIE. UND GEORGE

Du kennst George.

Er sagt, eine Minute lang sei er in seinem Wohnzimmer allein mit seinem Fernseher, dem Videorekorder und dem Panaromafenster gewesen, das die halbe Stadt überblickt, und in der nächsten Minute sei in der Luft über seinem Kopf dieses schöne rothaarige Mädchen in einem glänzenden roten Elastikanzug oder was erschienen. Es sei nicht eigentlich geschwebt, sondern hing mit ausgestreckten Armen und Beinen über ihm und starrte herunter. Nun ja, du kennst George.

George sagt, sie habe ein musikalisches Geräusch gemacht, oder etwas anderes habe dieses musikalische Geräusch gemacht, wie ein kleiner Synthesizer mit Schluckauf; dann sei sie verschwunden.

George sagt, es habe ungefähr drei Sekunden gedauert, während er wieder mit seinem Videorekorder und seinem Fernseher allein gewesen sei, dann gab es wieder ein Schluckaufgeräusch, und sie saß neben ihm auf der Couch, mit dem roten Anzug und schönen langen Beinen. Du meinst, es sei schwierig, sich auszudenken, was man sagen könnte, wenn plötzlich ein Mädchen so buchstäblich ins Zimmer geplatzt kommt?

Aber du kennst George.

»Einen Gin vielleicht, mit einem kleinen bißchen Wermut?«

Sie sperrte zuerst die Augen, dann den Mund auf. Sie nickte.

»Oliven habe ich keine«, sagte George im Aufstehen. »Aber ich habe die lustigsten kleinen grünen Zwiebeln. Sie werden sie mögen.«

Das Mädchen nickte wieder und rieb etwas an ihrer Brust. Eine hübsche Brust, sagt George. »Sie sind gut«, sagte sie. »Das hatte ich nicht unbedingt erwartet. Sie sind sehr, sehr gut.«

»Warum sollte ich es nicht sein?« fragte George. Während er an seiner Bar die Getränke bereitete, nahm er sie näher in Augenschein. Sie starrte ihn immer noch mit großen haselnußbraunen Augen an. Der rote Anzug war eigentlich kein Anzug, bemerkte er. Er war auch nicht wirklich rot, sagt er, sondern nur ungefähr wie rot, wenn du weißt, was er damit meint. Ich weiß es nicht. George sagt, es sei wie eine Art rosiger Nebel gewesen, der über den besten Teilen ihres sehr hübschen Körpers vibrierte, und er habe alle paar Zentimeter winzige transparente Stellen gehabt, die aufgingen und wieder verschwanden. Er konnte nirgends etwas sehen, was wie ein Reißverschluß aussah.

»George Rice?« fragte das Mädchen zaghaft. Sie hatte auch eine hübsche Stimme; diese kam mit viel Atem tief aus dem Zwerchfell. »Sie sind George Rice?«

»So ist es. Sie sind am Drücker«, erwiderte George. »Sie wollten George Rice, Sie haben ihn.« Er kam mit den Getränken zurück, fand ein paar Untersetzer und stellte sie und die Gläser auf den Couchtisch. Der Videorekorder hatte die ganze Zeit *Casablanca* gebracht, und er schaltete den Fernseher aus. Sie nahm ihr Glas, nippte davon, machte ein Gesicht und nickte dann. Gleich darauf nippte und nickte sie wieder. »Ich bin Antoinette Donnelly. Dies ist – was? 1994? 1995?«

»Noch 1994«, sagte George. Nun nahm er sie genauer in Augenschein: sie war wirklich erstklassig. »Sie sind eine Zeitreisende, habe ich recht?«

»Die erste. Die allererste.«

»Sind Sie die Erfinderin des Zeitreisens?«

»Eine von ihnen«, sagte das Mädchen. Sie stellte ihr Glas ab und betrachtete es nachdenklich, dann erschauerte sie, atmete schnaufend aus und wandte sich wieder zu George. Sie hatte beide Füße fest auf den Boden gepflanzt, nicht wie ein Mädchen gewöhnlich auf einer Couch sitzt, mit übergeschlagenen oder angezogenen Beinen.

»Wir sind zu fünft«, erläuterte sie. »Ich bin die Jüngste, die Gesündeste und habe die besten Reflexe. Und ich hatte den besten Grund, unser erstes logisches Zielgebiet aufzusuchen. Diese Zeit und diesen Ort.«

»Den besten Grund?« George ließ sein Getränk im Glas kreisen – in der gedankenvoll-weltmännischen Art und Weise, die er kultiviert hat. Aber ganz im Gegensatz zu der Haltung, die er vorspiegelte, sagte er, sei ihm zumute gewesen, als ob er ein Loch in der Brust hätte und durch das Loch atmete. »Ich?«

Das Mädchen ging hinüber zum Panoramafenster und blickte hinaus. Sie klopfte an die Scheibe und kratzte daran. »Glas?«

»Richtig«, sagte George. »Glas.« Er versuchte vom Gin zu trinken und fand, daß er nicht schlucken konnte. Er stellte das Glas auf den Tisch. »Ich war der Grund? Ich meine, war ich der Grund?«

Sie kam zurück und setzte sich auf die Couch. Sie zog das rechte Knie an, legte die Hände darum und schaukelte vor und zurück, genau wie ein richtiges Mädchen. »Ja, ich bin immer sehr neugierig gewesen, wie Sie als junger Mann waren. Wie hieß dieser Fernsehfilm, den Sie eben sahen? Ist das Farbfernsehen noch nicht entwickelt worden?«

»Gewiß. Das ist ein Farbfernsehgerät. Ich habe keinen Fernsehfilm gesehen; es war ein Kinofilm – *Casablanca.* Er wurde in den 40er Jahren in Schwarzweiß gedreht. Ich mag die kolorierte Version nicht. Aber warum ich? Was habe ich – das heißt, was werde ich tun? Wo stehe ich in Ihrer Zeit? Was sagt die Geschichte über mich? Warum ich? Hm? Warum ich?«

Sie schüttelte vorwurfsvoll den Kopf. »Lassen Sie das. Seien Sie nett. Ich habe nur wenige Stunden Zeit, bis das Tor sich schließt, und das Übertragungsfeld ist auf dieser Reise sehr schwach. Ich möchte viel sehen und fragen und muß sorgfältige Messungen der Chroniaten in diesem Raum vornehmen. Also seien Sie nett. Versuchen Sie, nicht egoistisch und neugierig zu sein.«

George starrte diese Antoinette an, diese Antoinette Donnelly. Für wen zum Teufel hielt sie sich?

Trotzdem, dachte er bei sich, trotzdem ... Da war diese unbestreitbar erstklassige Figur. Und die interessante Information, die sie offensichtlich über ihn hatte. Lieber vorsichtig sein. Später vielleicht ...

»Ich werde versuchen«, sagte George und breitete die Arme in einer großartigen, die Wahrheit umarmenden Geste aus, »nicht egoistisch und neugierig zu sein. Es wird schwer sein, aber ich will es versuchen. Gibt es irgendwelche Fragen, die mir erlaubt sind? Wie zum Beispiel, von wann Sie sind? Wie weit in der Zukunft?«

Sie nickte. »Ungefähr ein Jahrhundert. Wir dachten, daß ein Jahrhundert lang genug sei, um Komplikationen zu vermeiden, und auch lang genug, um wie eine wirkliche Reise in die Vergangenheit auszusehen.«

»Für wen auszusehen?«

»Oh, das Institut. Aber natürlich waren Sie der andere Grund. Jedenfalls für mich.«

»Ich verstehe.« Also waren sie wieder bei ihm. Aber er sollte nicht neugierig sein, nicht wahr? Mist! Am liebsten hätte er ihr gesagt, sie solle gehen und ihre Chroniaten messen.

Und dann kam ihm zu Bewußtsein, daß das Problem auch Unsinn war. Es konnte nicht so schwierig zu lösen sein. Schließlich wußte sie, welches seine Leistungen waren: sie mußten die ganze Zeit in ihrem Gedächtnis sein und ihr Denken und Handeln bestimmen. George stellte für sie etwas ganz Besonderes dar. Sie dachte in jeder Sekunde an ihn und seine Leistungen.

So berühmt zu sein und nicht zu wissen, weshalb man berühmt war! So berühmt zu sein, daß die erste Zeitreisende direkt zu einem kam, sobald sie eine Gelegenheit dazu fand! Wenn es sich so verhielt, mußte es eine unglaublich bedeutende Leistung sein. Auf der Ebene von Moses, Shakespeare oder Einstein. Vielleicht noch größer. Sein Autogramm – was mochte das wert sein? Die Postkarte, die er gerade an Lonnie Santangelo geschrieben hatte, der in Schweden Urlaub machte – bei einer Auktion in irgendeiner zukünftigen Version von Sotheby's würden sie womöglich irrsinnige Summen bieten. Das Lokal, wo er immer Pizza essen ging, könnte Gegenstand einer Information sein, für die ein Biograph in hundert Jahren beinahe alles geben würde.

Was das anging, so würde er selbst auch beinahe alles geben, wenn er dafür erfahren könnte, was seinen Nachruhm ausmachte. Warum mit diesem oder jenem herumfurzen und Zeit vergeuden, wenn man das üben könnte, was noch lange nach seinem Tod wie Posaunenschall um die Erde gehen würde? Er mußte es herausbringen.

Und Antoinette Donnelly war der Schlüssel dazu. Glücklicherweise.

Schließlich, dachte George, war sie ein Mädchen. Es kam darauf an, wie er sie behandelte. Wenn er es verstand, sie zur rechten Zeit und in der richtigen Weise zu nehmen, mußte sie reagieren. In diesem Fall gedachte George ihr ein wenig davon zu zeigen, was ihn berühmt machen würde. Sozusagen die ersten Anfänge späterer Größe.

Aber womit anfangen?

Er schlenderte beiläufig zum Bücherschrank und nahm seinen Altrekorder vom obersten Regal. Unterdessen machte er beiläufige Konversation. »Sie sind also vom Ende des einundzwanzigsten Jahrhunderts. Muß herrlich sein, in der Zeit zu leben.«

»Überhaupt nicht«, erwiderte sie lachend. »Für uns fühlt es sich so an wie Ihre Zeit Ihnen vorkommt. Bis auf … Nun, davon sollte ich lieber nicht anfangen. Jedenfalls hatte das meiste von dem, was uns wichtig ist, schon in Ihrer Periode angefangen. Datenverbundsysteme, Gentechnologie, all diese Dinge.«

»Ja, gewiß, gewiß.« Er blies den Staub vom Rekorder und setzte ihn an die Lippen. Zuerst dudelte er ein paar Takte von ›Greensleeves‹, dann sagte er: »He, was halten Sie davon?« und ging zu der Rocknummer über. Du weißt schon, die, die er und Lester Pittstein schrieben und vor ungefähr vier Jahren an den Mann zu bringen suchten.

Während er spielte, behielt er sie im Auge. Nicht sehr. Sie stand von der Couch auf und ging zum Bücherschrank neben ihm. Was er spielte, schien sie weit weniger zu interessieren als seine Taschenbücher.

»Das ist gerade herausgekommen, nicht?« sagte sie, holte einen Kriminalroman aus dem Regal und schlug ihn auf, um das Copyright zu überprüfen. »Schreibt er noch immer nichts anderes als diese harten realistischen Sachen?«

George legte den Rekorder weg und frischte ihr Glas mit Gin und Wermuth auf. Es war offensichtlich, daß sie Hochprozentiges nicht gewohnt war. Obwohl sie nur wenig getrunken hatte, zeigte ihr Gesicht bereits eine leichte Röte. Glaub mir, wenn George es sagt, weiß er, wovon er redet.

»Ich habe einmal angefangen, einen Kriminalroman zu schreiben«, sagte er und dachte, daß sie ihm vielleicht einen Hinweis hatte geben wollen. »Möchten Sie einen Blick ins erste Kapitel werfen?«

»Nein danke. Wo ist Ihr – Ihr Badezimmer?«

Als sie die Tür hinter sich geschlossen hatte, setzte

George sich hin und begann scharf nachzudenken. Offensichtlich war es nicht Musik, und auch nicht Literatur. Er war für etwas anderes berühmt. Aber was? Nun, es gab viele andere Möglichkeiten.

Geld? Sollte er einer der größten Milliardäre aller Zeiten werden? Wie fing man das an, fragte sich George. Vielleicht sollte er über Aktien und festverzinsliche Wertpapiere reden?

Gute Idee. Aber er mußte es geschickt anfangen! »He, ist es nicht komisch, wie stabil die Aktienkurse der Gebrauchsgüterindustrie sind?« Oder: »Was gefällt Ihnen besonders an den Schuldverschreibungen mit vierjähriger Laufzeit, Antoinette?«

Mist!

Nein, da war es besser, er blieb bei den logischen Dingen, denjenigen, mit denen er tatsächlich experimentiert hatte und in denen er ein kleines bißchen gut war.

Einstweilen frischte er ihren Cocktail noch ein wenig härter auf. Er legte die grünen Zwiebeln zu ihrem Glas und holte ein paar Dinge aus dem Kühlschrank, die durstig machten, einen Teller mit würziger Salami, einige Pepperoni, solche Sachen, die er in ihrer bequemen Reichweite placierte.

Und er schaltete *Casablanca* wieder ein – vielleicht? – und schaltete schnell wieder aus; es war die Flugplatzszene mit Conrad Veidt und Claude Reins, von Bergman und Bogart nicht zu reden. Zuviel Verzicht und Entsagung in dieser Szene, sagt George. Eine Entsagungsstimmung ist die reinste Sackgasse, behauptet er.

Als sie zurückkam, schürzte sie beim Anblick der Salami die Lippen. »Ich dachte, Sie hätten alle Angst vor solchen Nahrungsmitteln. Ist es nicht voll von Phlogiston?« Sie nahm eine Scheibe und biß davon ab. »Aber es schmeckt gut.«

George sah erfreut, daß sie die Salamischeibe ganz verzehrte und mit einem weiteren Mundvoll Gin mit Wermutaroma hinunterspülte.

»Phlogiston? Was soll das sein?«

»Calorical, Phlogisterin – so etwas. Sie haben diesen Aberglauben, daß es Sie umbringen wird, wenn es in Ihrer Nahrung ist.«

»Ach, Cholesterin! Nein, darüber mache ich mir keine Gedanken. Wenigstens nicht in meinem Alter. Versuchen Sie die Pepperoni. Sie sind auch gut.«

Und während sie die Pepperoni probierte, stellte er sie mit anderen seiner Interessen, die ihn vielleicht berühmt machen würden auf die Probe. Das einzige, was sie zu interessieren schien, waren die beiden Limericks, die er vor Jahren für das Studentenblatt geschrieben hatte. Aber wie sich herausstellte, gründete sein Ruhm nicht auf Limericks.

Auf der Seite gegenüber der Limericks war eine Karikatur von ihm, ausgeführt als Federzeichnung. Nun, das wirkte auf sie. Antoinette starrte die Zeichnung an, legte den Kopf erst auf die eine, dann auf die andere Seite. Sie schien davon fasziniert zu sein.

»Die Karikatur stammt nicht aus meiner Feder«, erklärte George. »Jemand – ich erinnere seinen Namen nicht mehr –, ein Studienanfänger ... finden Sie es so gut?«

»Nicht besonders. Es ist bloß, daß die Ähnlichkeit so stark ist.«

»Ähnlichkeit? Sie meinen, zwischen mir jetzt und mir damals?«

»Nein. Zwischen Ihnen damals und ihm damals. Ihm in Ihrem Alter.«

»Ihm? Wem?«

»Ihrem Vater. Sie sahen mit zwanzig beide genau gleich aus.«

»Sie haben Bilder von meinem Vater gesehen?«

»Natürlich. Haben Sie eins von Ihrer Mutter hier? Ich würde gern sehen, welches Bild von Ihrer Mutter Sie aufbewahrt haben.«

Ihre Augen funkelten, und nur zum Teil war der Gin

daran schuld. George bemerkte, daß sie dem Gin kräftig zusprach, und er hatte das bestimmte Gefühl, daß es nicht ihr übliches Getränk war. Sie war ihn nicht gewohnt und stürzte ihn zu schnell hinunter. Aber das war nur gut so.

Er holte ein Bild von seiner Mutter. Antoinette Donnelly stürzte sich geradezu darauf. »Dieses habe ich nie gesehen!« quietschte sie. »Ach, wie schön, wie unerwartet!«

George wußte vor Verblüffung nicht, was er sagen sollte. Warum seine Eltern? Gewiß, wenn ein Mann wirklich berühmt ist, werden alle möglichen Biographien über ihn geschrieben; darin sind auch Kapitel über seine Eltern, Bilder von seinen Eltern, all das interessante Zeug über seine Herkunft und Ursprünge.

Während er hin und her überlegte, schmachtete sie noch immer über der Fotografie seiner Mutter. Und weißt du, sagt George, es war bloß eine ganz gewöhnliche Aufnahme aus einem Fotoatelier. Er hörte sie *oh!* und *ah!* und die seufzenden Geräusche machen, die Mädchen von sich geben, wenn sie ganz überwältigt sind und dann sagte sie plötzlich etwas.

»Meine Ahne«, sagte sie. »Meine eigene Ahne.«

»Ihre was?«

»Meine Vorfahrin. Meine Ururgroßmutter.«

George sagt, es habe ihn härter getroffen als der Gin sie traf. Er sagt, er sei auf einmal ganz kraftlos und gummiartig geworden. »Ihre Ahne«, brachte er nach einer Weile hervor. »Das macht mich …«

»Zu meinem Ururgroßvater. Genau. Wie geht es dir, Ururgroßpapa?« Sie schüttelte ihm die Hand, halb feierlich, halb im Scherz. George sagt, er habe nicht das Gefühl gehabt, Muskeln in dem Arm zu haben, den sie schüttelte.

»Ist das der Grund – äh – deines Besuches bei mir?« fragte er, als er sich ein wenig erholt hatte.

Die Frage schien sie ein wenig zu verwirren. »Größtenteils«, sagte sie. Dann dachte sie darüber nach und machte ein Gesicht. »Zum Teil«, fügte sie hinzu.

Natürlich nahm George sie jetzt noch einmal genauer in Augenschein. Es schien tatsächlich eine Familienähnlichkeit zu geben, doch war er nicht sicher, wieviel er dabei hineininterpretierte. Andererseits hatte es in der Familie keine Rothaarigen gegeben, soweit er sich erinnerte. Und Antoinette Donnellys Haar war leuchtendrot, feuerrot, beinahe orange. Nun, vielleicht würde er eine rothaarige Frau heiraten. Oder sein Sohn. Oder sein Enkel.

Und er hatte halb vorgehabt, sie ins Bett zu locken – seine eigene Ururenkelin. So ein Ding.

Und dann dachte er, warum so ein Ding? Erstens, wer würde es erfahren? Zweitens, wäre es wirklich Inzest? Verwandschaftlich war sie viel weiter entfernt als eine Cousine zweiten Grades. Und niemand hatte etwas einzuwenden, wenn jemand es mit einer Cousine zweiten Grades machte. Welch eine Gelegenheit! Es war seine Chance, es mit dem nächsten Jahrhundert zu machen – das hatte vor ihm noch keiner geschafft.

Er frischte ihren Cocktail wieder auf und nippte von seinem eigenen – nur damit es richtig aussähe.

Und außerdem kam es darauf an, die Information aus ihr herauszuholen. George sagt, in diesem Augenblick sei ihm klar geworden, daß er beides tun müsse. Und er wußte, daß er es konnte. Wenn er sie hinreichend auflockern konnte, um sie ins Bett zu bekommen, würde sie mit neunzig Prozent Wahrscheinlichkeit auch bereit sein, ihm zu erzählen, was er wissen wollte. Nichts ist für ein vertrauliches Gespräch besser geeignet als die Stimmung nach einer Nummer.

Du kennst George. Er weiß Bescheid.

»Möchtest du ein Foto von beiden zusammen sehen?«

»O ja.« »Es ist im Schlafzimmer. Nimm dein Glas mit.« Und mehr sei nicht nötig gewesen, sagt George.

Er sagt, er habe das gerahmte Hochzeitsfoto aus einer Schublade in der Frisierkommode genommen, und während sie damit beschäftigt gewesen sei, es zu bewundern, habe er ihr den Arm um die Mitte gelegt, und dann habe sie schnell den Rest ihres Cocktails geschlürft, und er habe an ihrem Hals geschlürft und dann weiter abwärts. Er sagt, er habe sie nicht mal ins Bett stoßen müssen; sie sei hineingeflossen.

Das große Problem war dieser Anzug, den sie trug. Der Versuch, ihn aufzubekommen, sagt George, habe ihn daran erinnert, wie er das erste Mal versucht hatte, einem Mädchen den Büstenhalter aufzumachen, während er sie leidenschaftlich geküßt hatte und die ganze Zeit bemüht gewesen war, den Mann von Welt zu spielen. Dieses rote Zeug wollte einfach nicht herunter, er konnte noch so sehr ziehen oder schieben oder seine Finger hineinstecken. Es gab keine Schließe, keinen Haken, keinen Reißverschluß, nichts, was er finden konnte.

Sie mußte es für ihn tun – genau wie damals mit diesem ersten Mädchen. Sie legte bloß ihren Finger an eine bestimmte Stelle unter dem Arm, und das ganze Kleidungsstück ließ ein Pfeifen wie von entweichender Luft hören und schrumpelte zu einem kleinen roten Knäuel an ihrer rechten Schulter zusammen.

Und sie machten sich daran.

Wie gut war sie? Nicht großartig, sagt George. Auch nicht schlecht; nur nicht besonders gut. Und, sagt er, Sex im einundzwanzigsten Jahrhundert sei immer noch ziemlich genauso wie Sex im zwanzigsten Jahrhundert. Wenn du in einem Jahrhundert gewesen bist, meint er, bist du in allen gewesen. Die zwei größten Unterschiede seien vielleicht, wie viele Kleider du ausziehen mußt, und was du wegen der Geburtenkontrolle tust. Sie habe wie eine vernünftige Frau ausgesehen, also habe er entschieden, daß er ihr die Verhütung anvertrauen könne.

Damit blieb noch der Inzest-Aspekt, und ich fragte ihn danach. Er sagt, wenn du es mit deiner Ururenkelin aus dem einundzwanzigsten Jahrhundert treibst, sei es nicht viel anders, als wenn du es mit deiner Nachbarin von der anderen Seite des Korridors treibst.

Wenn er es sagt, dann ist es so. Man muß davon ausgehen, daß er sich auskennt.

Sie machten es zwei-, dreimal, und sie schien jedesmal ein wenig betrunkener zu werden. Als es vorbei war und sie nebeneinander lagen, hatte George Gelegenheit, sie in Ruhe anzuschauen. Eine wirklich feine Figur – und weißt du was? Er sagt, sie habe noch immer das Hochzeitsfoto seiner Eltern in einer Hand gehalten. Vorher glaubte er sogar gesehen zu haben, daß sie damit aufs Laken geschlagen hatte.

Er stand auf, nahm es ihr weg und legte es zurück in die Schublade.

Antoinette Donnelly war noch immer außer Atem. »Du bist phantastisch«, sagte sie. »Du bist absolut phantastisch, George Rice.«

»Danke«, sagte er mit einem so bescheidenen Grinsen, wie er es nur zustande bringen kann. »Mein Vater dankt dir. Meine Mutter dankt dir. Und ich danke dir.« Er nahm ihr Glas vom Nachttisch und reichte es ihr. Es war wichtig, daß sie aufgelockert blieb.

Sie trank etwas – Sex macht durstig, das wissen wir alle –, und hielt eine Hand hoch. An der Innenseite ihres Handgelenks war ein beweglicher schwarzer Punkt. »O je«, sagte sie, »es ist spät. Meine Stunden sind fast um.«

Jetzt oder nie, dachte George. »Du wirst doch nicht gehen, ohne mir wenigstens einen Hinweis zu geben«, wimmerte er – du weißt, wie George das kann. »Nur eine Andeutung? Nicht einmal das?«

Sie schien etwas zu dem roten Knäuel an ihrer rechten Schulter zu sagen. Es gab ein schnelles Pfeifen, und der rote Anzug breitete sich aus und hüllte ihren Körper ein. Offenbar überlegte sie angestrengt.

»Du bist sehr, sehr gut«, sagte sie lächelnd. »Du weißt genau, wie du um etwas bitten mußt, wonach zu fragen du kein Recht hast.«

»Kein Recht? Ach, komm schon.« Er beugte sich nieder und küßte sie. »Ich habe ein vollkommenes Recht. Das Recht eines Ururgroßvaters.«

Sie kicherte. »Ein schöner Ururgroßvater!«

Er ging mit ihr ins Wohnzimmer. Er fühlte sich großartig. Es war offensichtlich, daß sie ihm die Auskunft nicht verweigern konnte. Wahrscheinlich stolzierte er ein bißchen, als er ging. Du kennst George.

»Komm schon, warum mußtest du mich besuchen? Was ist so großartig an mir?«

»Nun, da sind – ich meine, waren – deine Eltern. Ihre Leistungen.«

»Meine Eltern? Wovon redest du? Sie waren in Ordnung, sie haben ein ordentliches Leben geführt, aber sie haben nicht besonders viel getan. Welche Leistungen?«

»Na, erstens die kritische Untersuchung, die deine Mutter über den wissenschaftlichen Roman verfaßt hat. Die ist für sich genommen schon eine ziemlich bedeutende Sache.«

»Mamas Buch? Ach nein. Sie mußte es auf eigene Kosten drucken lassen und vertreiben. Das kostete sie viertausend Dollar. Und es kam erst ein Jahr nach ihrem Tode heraus.«

Antoinette zuckte die Achseln. »Und? Es ist immer noch das Standardwerk. Die bedeutendste Untersuchung des Wissenschaftsromans im zwanzigsten Jahrhundert. Alles andere geht von da aus.«

»Mein Gott. Und Papa? Der arme alte Papa? Erzähl mir bloß nicht, seine Zündholzschachtelsammlung, oder seine Bierdosensammlung ... He, das darf doch nicht wahr sein!«

Das Mädchen berührte ein paar erhöhte Stellen an

ihrem Anzug. Ein leises Klingen und Klimpern setzte ein. »Nun, wenn du von seinen berühmten sieben Sammlungen sprichst – diejenigen, die er der öffentlichen Bibliothek vermachte –, wenn du von denen sprichst, das ist genau, was ich dir sagen muß.«

»Berühmt! Du sagtest, berühmt. Diese beschissenen Sammlungen? Man konnte kaum noch in unseren Keller, weil alles voll von diesem Gerümpel war.«

»Ja, ich sagte berühmt. Damit meinte ich natürlich nicht nur die Sammlungen selbst, sondern auch seine begleitende Monographie. An den meisten Universitäten gibt es einen Zweijahreskurs, der auf dieser Monographie beruht: *Volkstümliche Kultur und ihre industrielle Grundlage.* Tatsächlich beruht nur die Hälfte davon auf der Monographie deines Vaters; die andere Hälfte hat mit der Erweiterung auf das Gebiet der Musiktheorie zu tun, die einer deiner Söhne in seiner zweiten Lebenshälfte erarbeitete.«

»Welcher meiner Söhne? Wie viele Kinder werde ich haben? Werden sie ...«

»Nein, ich kann derartige Details über künftige Ereignisse nicht preisgeben, das wirst du sicherlich einsehen.« Sie rieb fest an einer rötlichen Verdickung ihres Anzugs, und das Klingen und Klimpern entwickelte einen deutlich erkennbaren Rhythmus, der George an einen Schluckauf erinnerte. »Ich wünschte, ich könnte. Besonders gern würde ich dir von meiner Großmutter erzählen, einer deiner Enkelinnen. Vieles von ihrer Forschung über die Lichtgeschwindigkeit als Quasi-Konstante ist in unsere Arbeit an der Zeitversetzung eingegangen. Obwohl ich sagen würde, daß die theoretischen Grundlagen dafür, die ihr Vetter geschaffen hat, wirklich auch ...«

»Vetter! Das ist auch einer meiner Nachkommen, nicht wahr? Hochinteressant, was du mir da erzählst. Eine beachtliche Familie, angefangen mit meinen Eltern!«

»O ja, eine bemerkenswerte Familie. Eine genetische Freude, ein eugenischer Glücksfall. Eine Familie, die genauso gründlich erforscht worden ist wie die Bachs in Deutschland.«

Und nun spielte sie mit einer ganzen Anzahl von rosigen Knöpfen herum, die aus den Verdickungen ihres Anzuges hervorgekommen waren. Hin und her, auf und ab. Es hörte sich beinahe wie eine Melodie an. Und es wurde laut.

Aber George achtete nicht darauf. Er war dem Geheimnis jetzt dicht auf den Fersen.

»Und von dieser ganzen berühmten Familie wähltest du mich aus! Zu mir bist du zurückgekommen, mich wolltest du sehen. Nur mich!«

Sie konzentrierte sich auf diese Knöpfe, blickte aber ein wenig unwillig auf. »Natürlich warst du derjenige, den ich sehen wollte. Du mußt der Interessanteste von allen sein.« George konnte nicht länger an sich halten. Er faßte sie bei den Schultern und begann sie zu schütteln. »Warum? Du mußt mir sagen, warum. Was habe ich gemacht? Was werde ich erreichen?«

»Bitte!« Sie stieß ihn energisch fort. George sagt, sie habe für eine Person ihrer Größe erstaunlich viel Kraft gezeigt. »Bitte! Du entschärfst noch den Spirillix. Die Werte sinken bereits.«

George ließ sich nicht abschütteln. »Komm schon. Sei nicht so. Sag mir, warum. Warum gerade ich?« Er sagt, seine Stimme sei vor Erregung heiser geworden. Es sei wie ein Schreien im Flüsterton gewesen.

Sie blickte von den Knöpfen auf und starrte ihn an. »Siehst du es nicht? Sicherlich weißt du es!«

»Was soll ich wissen? Was ist besonders an mir? *Was?*«

»Du bist der einzige in der Familie, der einzige in Generationen, der nichts erreicht hat, absolut nichts. Und als ich die Gelegenheit hatte, mußte ich herausbringen, warum es so ist.«

»Nichts? Überhaupt nichts?« George sagt, seine Lippen hätten wie Papier geschmeckt.

»Überhaupt nichts. Ich habe mir seit Jahren den Kopf darüber zerbrochen. Und ich bin nicht die einzige in meiner Zeit, die es verblüffend findet. Die wissenschaftlichen Beiträge! Die Hypothesen! Und zwei Minuten nach meiner Ankunft hier fand ich heraus, warum aus dir nichts geworden ist. Es ist so offensichtlich.«

»Offensichtlich?« krächzte George.

»Ja. Du bist einfach zu gut in dem, was du tust.« Sie machte eine Kopfbewegung zum Schlafzimmer. »Wie du es fertig brachtest, mich da hineinzulocken. Und dann – wie könnte da noch Raum für andere Kenntnisse und Fertigkeiten sein?«

Die musikalischen Geräusche wurden sehr laut und schnell. Und dann war sie fort. George sagt, wie eine platzende Blase, wo keine Blase gewesen war.

Und das ist alles. Das heißt, mehr ist nicht daran, Leute.

Es ist eine ziemlich unheimliche Geschichte, das müßt ihr zugeben. Und es ist keine Geschichte, die jeder über sich selbst erzählen würde. Aber er sagt, Antoinette Donnelly habe die ganze Pointe nicht verstanden. Er sagt, sein Ruf werde klar genug zeigen, daß er erstklassig in *etwas* gewesen sei. Und dazu grinst er wie eine Katze.

Du kennst George.

Originaltitel: ›The Girl With Some Kind of Past. And George‹ • Aus: ›Asimov's Science Fiction‹, Oktober 1993 • Copyright © 1993 by Dell Magazines. Division of Bantam DoubledayDell • Aus dem Amerikanischen übersetzt von Walter Brumm

---

Malte S. Sembten

BLIND DATE

»Gestatten: Sweet. Valeska Sweet, Sir.«

Krato Orville Wainewrights Ohren waren in den ersten Sekunden taub für die Stimme und ihre Worte, denn seine Augen verschlangen den Körper der Frau, die Gaius Julius Cäsar, Dschingis Khan, den Heiligen Augustinus, William Shakespeare, Friedrich den Großen, Benjamin Franklin, John Wayne, J. F. Kennedy, Mike Tyson und Romuald Thorne verführt hatte, um nur einige zu nennen. Wainewright ging nicht so weit, sie mit seinen bebrillten Blicken auszuziehen. Er hatte ein lebhaftes Vorstellungsvermögen und wollte keinen Herzanfall riskieren.

K. O. Wainewright fand es gut, den riesigen Platinschreibtisch, von dem aus er das Imperium der *Reborn Immortals-Corporation* kontrollierte, zwischen sich und Valeska Sweet zu wissen, die im Besuchersessel Platz genommen hatte und in diesem Augenblick ihre höhenkollerverdächtigen Beine übereinanderschlug. Er hoffte, daß der Schreibtisch seinen Schritt vor ihren Blicken verbarg. Valeskas Beine waren zum Glück von einer Uniformhose umhüllt, deren Bügelfalten sich gleichwohl provozierend straff über die Schenkel spannten. Der maskuline Schnitt der Uniformjacke mit den breiten Schulterpolstern und dem hochgeschlossenen Kragen kontrastierte aufreizend mit der Wölbung ihrer vollendet geformten, die Jackennähte strapazierenden Brüste. Der eng geschlossene Gürtel betonte den Wespenumfang ihrer Taille. Valeskas Atem schien die klimatisierte Zimmeratmosphäre in eine feuchtschwüle Hochdruckzone zu verwandeln, das Blut in ihren schwellenden Lippen Gluthitze auszuströmen, ihre Augen Wainewrights Blutkreislauf zu unterwerfen wie Monde die Gezeiten. Ihre Stimme verursachte ihm eine warme Gänsehaut. Am liebsten hätte sich Wainewright seinen feuchten Hemdkragen aufgeknöpft. Statt dessen lockerte er nur unauffällig den erstickenden Knoten seiner Krawatte. Dieses Geschöpf war ein Danaer-Geschenk der Natur an die Männer – oder eher ein Geschenk von Krato Orville Wainewright, denn er selbst war der Erfinder des gentechnischen Zuchtverfahrens, das Valeska Sweet und ihre Schwestern hervorgebracht hatte.

Und er war ebenso der Vater des Succubus-Programmes, des Hauptgeschäftszweigs der von ihm geleiteten RI-Corporation. Das vor fast hundert Jahren von einer Forschergruppe der RIC-Muttergesellschaft unter Leitung des unsterblichen Romuald Thorne entdeckte Extensionsaxiom des Zeitparadoxons, das die Retro-Zeitreise möglich machte, hatte die Grundlage dazu geschaffen.

In der zweiten Hälfte des 20. Jahrhunderts konnten Frauen, die den Ehrgeiz zu Wunderkindern hatten, sich bei kommerziellen Samenbanken mit dem Erbgut anonymer Spender aus der physischen und intellektuellen Elite der männlichen Bevölkerung befruchten lassen. Im Jahre 2030 hatte ein geschäftstüchtiger Biochemiker die Idee verwirklicht, sich das Erbmaterial herausragender Zeitgenossen – Olympiasieger, Filmstars, Nobelpreisträger – lizensieren zu lassen und es meistbietend an die Möchtegern-Mütter-von-Genies zu verkaufen. Zwei Generationen später hatte die RI-Corporation die Branche revolutioniert, indem sie superreichen Frauen die Möglichkeit bot, sich von den berühmtesten Männern aus sämtlichen bekannten

Epochen der Menschheitsgeschichte zu Müttern machen zu lassen.

Natürlich war es undenkbar, die Kundinnen persönlich mit den Befruchtern zusammenzuführen. Reisen in die Vergangenheit waren delikate Unternehmungen und durften nur von hochgradig qualifiziertem Personal geplant und realisiert werden. Nur so ließ sich gewährleisten, daß der Lauf der Geschichte unbeeinflußt und die Gegenwart das blieb, was sie war.

Aus diesem Grund schickte man Spezialagentinnen wie Valeska Sweet ins Gefecht, sogenannte Succubi, ausgestattet mit den Körpern gefallener Engel und versiert in den raffiniertesten Künsten der fleischlichen Sünde. Sie verführten die Zielpersonen in ihrer jeweiligen Epoche, empfingen ihren Samen und expedierten ihn in die Gegenwart, wo die Genlabore der RI-Corporation die Umbefruchtung vornahmen. Für die Zielpersonen durfte die Begegnung mit den Succubi nur ein wunderbarer feuchter Traum bleiben, ein überirdisches Erlebnis ohne tatsächliche Auswirkung auf ihr Leben oder ihre Welt.

»Ich habe viel über Sie gehört«, beantwortete Wainewright die Selbstvorstellung des Succubus mit einer jahrzehntelang geschulten Selbstkontrolle, die wenig von seiner Erregung verriet. »Schließlich sind Sie unsere Top-Agentin.«

»Ich empfinde es als hohe Auszeichnung, Sir, Ihre persönliche Bekanntschaft machen zu dürfen«, betonte Valeska Sweet wohlerzogen.

Wainewright nickte. »Ich habe Sie hergebeten, weil ich Sie für einen ungewöhnlich heiklen Auftrag vorgesehen habe, auf den ich Sie persönlich einstimmen möchte. Eine Mission, die ich nur in die bewährten Hände unserer erfolgreichsten Agentin legen will.«

Valeska Sweet ließ geschult die Zähne blitzen. »Ich bedanke mich für Ihr Vertrauen, Mister President. Ich verspreche, die in mich gesetzten Erwartungen nicht zu enttäuschen.«

Der Tycoon rief eine Tabelle auf seinen Computermonitor. Die Textspalten spiegelten sich in den randlosen Gläsern seiner Brille. »Da bin ich sehr zuversichtlich, SCS Sweet«, sagte er. »Sie haben Ihrem Erfolgskonto innerhalb der letzten drei Monate Voltaire, da Vinci und den späteren Papst Johannes Paul II. hinzugefügt?«

»Routinejobs, Sir, wenn Sie die Bemerkung erlauben.«

»Aber Heinrich der Achte, der war kein Routinejob – sondern eine Glanzleistung, die Sie für eine besonders schwierige Aufgabe prädestiniert!«

»Ein Frauenfeind muß noch lange kein Verächter weiblicher Reize sein, Sir. Es war mir bisher versagt, mich bei Schopenhauer und Nietzsche zu bewähren.«

Mit dem unerwarteten Anflug von Humor zeigte Valeska Sweet zum ersten Mal die Andeutung eines offenen Lächelns. Wainewright mußte schlucken. Es war eine winzige, aber vielsagende Probe dessen, was sie mit einer Geste ihrer Lippen erreichen konnte, wenn sie es darauf anlegte. Sein Echo ihres Lächelns fiel recht gezwungen aus. Wainewright war ein Mann, der sich sonst jeder Lage gewachsen wußte und der es daher beunruhigend fand zu merken, wie er gegenüber diesem von ihm selbst geschaffenen Succubus einen Teil seiner gewohnten Souveränität einbüßte.

»Sehr schön, aber der Frauenverächter, den ich für Sie in petto habe, dürfte eine ganz andere und weit schwierigere Herausforderung darstellen ...«

»Lassen Sie die Katze aus dem Sack, Sir!« ermutigte ihn der Succubus. Wainewrights umständliche Vorübungen schienen das Hexengeschöpf zu amüsieren. Der mächtigste Mann in einem der mächtigsten Unternehmen des Planeten fühlte Ärger über seine ungewollte Verlegenheit, wich jedoch nicht von seinem Drehbuch ab.

»Wie Sie wissen, genießt der Faktor Diskretion bei uns *immer* allerhöchste Priorität. Deshalb widerstrebt es mir, die besondere Bedeutung absoluter Diskretion in diesem Fall eigens zu betonen. Aber wir arbeiten diesmal für eine … exzentrische Kundin …«

Wainewright setzte die Brille ab und starrte die Gläser mit gerunzelter Stirn an, als blicke er durch eine Lupe, die er auf einen der Wissenschaft unbekannten Wurm gerichtet habe.

Valeska Sweet hob unmerklich die vollkommen geschwungenen Augenbrauen.

Der Konzernherr setzte seine Brille wieder auf und sah die Agentin direkt an. Überrascht konstatierte er, daß ihr behexend schönes Gesicht keine Spur von Make-up brauchte.

»Nun, besagte Dame wünscht ein Kind von …«

»Sir?«

»Jack the Ripper.«

Die Agentin zeigte keine Gemütsbewegung.

»Klingt nicht gerade nach einem zärtlichen Liebhaber«, stellte sie nach einem Augenblick des Abwägens fest. »Hat Jack noch einen anderen Namen, unter dem ich ihn möglicherweise kenne?«

»Saucy Jack … Whitechapel Whoreslayer … Wohl nicht, niemand kennt seinen wahren Namen. Wir wissen nichts über ihn, außer daß er im Jahre 1888 fünf Prostituierte im Londoner East End abgeschlachtet hat. Nach dem letzten Mord hörte man nie mehr etwas von ihm, es war, als habe er sich in Luft aufgelöst. Scotland Yard vermutete, er habe sich selbst umgebracht. Das ist einer der Faktoren, der den Fall verkompliziert. Selten wurde eine unserer Agentinnen mit einer Mission betraut, die mit mehr Unwägbarkeiten belastet war.«

»War der Ripper womöglich homosexuell? Das wäre kein Grund zur Beunruhigung, Sir. Ich habe schon viele Homoerotiker an ihren Prinzipien zweifeln lassen«, strahlte Valeska Sweet.

»Ich glaube Ihnen, SCS Sweet, daß das kein Hindernis wäre.« K. O. Wainewright fühlte sich genötigt, seine beschlagene Brille abzuputzen. Als er sie wieder aufgesetzt hatte, fuhr er fort: »Leider bereitet uns die sexuelle Ausrichtung unseres Zielobjektes noch das geringste Kopfzerbrechen. Zum Beispiel wissen wir noch nicht einmal, ob es sich überhaupt um einen Einzeltäter handelt oder ein Mordgespann oder sogar eine Mörderbande.«

»Gruppensex? Kein Problem, Sir.«

»Ihren Enthusiasmus in Ehren, SCS Sweet. Glücklicherweise können wir mit beinahe restloser Wahrscheinlichkeit davon ausgehen, daß der Ripper solo zu Werke ging. Nur so konnte es ihm überhaupt gelingen, ungefaßt zu bleiben. Trotzdem bleibt sein Entkommen, bleibt die Tatsache, daß es keine sichere Täterbeschreibung gibt, ein Rätsel. Zu den Verdächtigten zählten seinerzeit so unterschiedliche Individuen wie der Prinz von Wales, der Leibarzt der Königin Sir William Gull, ein polnischer Irrenhäusler namens Aaron Kosminski und ein Journalist und Arzt, Dr. Roslyn D'Instan, der sich angeblich der Schwarzen Magie verschrieben hatte. Der damals berühmte Schriftsteller Arthur Conan Doyle vermutete, daß der Ripper nur deshalb unerkannt von den Tatorten fliehen konnte, weil er seine Verbrechen in Frauenkleidern verübte. Jedenfalls mußte es eine Person sein, die sich nicht nur unauffällig von den Tatorten entfernen, sondern sich ihren Opfern auch nähern konnte ohne Argwohn zu erwecken, was nicht leicht war, da die Prostituierten der Cheapside und Spitalfields zur Zeit der Ripper-Untaten alarmiert und geradezu hysterisch vor Angst waren. Es handelte sich mit Sicherheit *nicht* um den typischen schwarzgekleideten *Grand Guignol*-Schurken mit Zylinder und Arzttasche. Tatsächlich halten unsere Spezialisten für Täterprofilerstellung ihn für einen stillen Einzelgänger mit abweichendem Sexualverhalten, aber nicht homosexuell, von harmlosem Äußeren, sprachgehemmt, anpassungsfähig und besessen von einer zügellosen Wut auf Frauen.«

»In Jacks pathologischer Sexualität und seinem Frauenhaß liegt anscheinend die besondere Herausforderung, die dieser Auftrag mir stellt …«

»Unter anderem. Aber auch unsere Fachleute können Irrtümern unterliegen.« Wainewright zögerte, dann räusperte er sich und sagte: »Da wir keinerlei Aufenthaltsorte des Rippers kennen, außer zu den Tatzeiten seiner Morde, und weil wir Ihnen nicht genug über ihn mitteilen können, um ihn anhand seines Aussehens zu identifizieren, gibt es nur eine Möglichkeit, um Sie mit Saucy Jack zusammenzubringen und Ihnen zweifelsfreie Klarheit über seine Identität zu verschaffen: Wir müssen Sie an den Schauplatz des letzten seiner Morde retrodieren, und zwar zu dem Zeitpunkt, da er ihn verübt. Sie müssen ihn *in flagranti* treffen, um Ihren Job zu verrichten.«

»Ich soll einen Mord begaffen, Sir?«

»Sie müssen den Zeitpunkt unmittelbar nach Ausführung des letzten Ripper-Mordes abpassen. Wenn Sie den ›Ripper‹ vor dem Abschluß seiner Mordserie ›aufreißen‹« – der Tycoon entschuldigte sich mit einem verhaltenen Räuspern für das mißlungene Wortspiel – »könnte das Bedingungen schaffen, die bewirken, daß er die verbleibenden Morde nicht mehr begeht. Das würde den Lauf der Geschichte verändern. Aus demselben Grund ist es Ihnen selbstverständlich verboten, verhindernd einzugreifen. Kaum jemand dürfte unseren Grundsatz besser kennen als Sie, SCS Sweet: Wer die Vergangenheit manipuliert, fälscht die Gegenwart!«

Wieder dieses feine Lächeln auf den Lippen des Succubus. »Aber wenn wir zeitgenössische Frauen mit dem Erbgut toter Berühmtheiten fertilisieren, Sir, fälschen wir dann nicht die Zukunft?«

»Die Zukunft zu gestalten, war schon immer die

Aufgabe großer Männer!« erklärte Wainewright pathetisch.

»Und großer Frauen, Sir.«

»Entschuldigen Sie, SCS Sweet – Sie haben natürlich recht …«, konzedierte Wainewright kulant, obwohl er Succubi für keine echten Frauen hielt. »Aber um auf Ihre Mission zurückzukommen … da gibt es eine weitere Unwägbarkeit. Hören Sie gut zu, das folgende verlangt ein wenig Aufmerksamkeit.« Er legte die Fingerspitzen aneinander und schielte konzentriert auf die obere Kante seiner randlosen Brillengläser. »Wie ich bereits ausführte, liegt unsere einzige Möglichkeit darin, Sie zu den Koordinaten x gleich Tatzeit und y gleich Tatort des letzten Ripper-Mordes zu retrodieren. Problematisch ist nun, daß ausgerechnet bei dem letzten Mord des Rippers keineswegs Klarheit über die exakte Tatzeit besteht. Sein letztes Rendezvous in Rot hatte der Ripper mit Mary Jane Kelly, genannt ›Black Mary‹, seinem fünften Opfer. Sie wurde am 9. November 1888 ermordet, dem Tag der festlichen Amtseinführung des neuen Lord Mayor von London und zugleich der Geburtstag des Prinzen von Wales. Im Unterschied zu den ersten vier Mordopfern, die auf der Straße getötet wurden, fiel Mary Kelly dem Ripper in ihrem eigenen Zimmer, Miller's Court Nummer 13, zum Opfer – man könnte direkt abergläubisch werden. Ihre letzten Stunden scheinen durch Zeugen relativ gut dokumentiert zu sein. Aufgrund dieser Aussagen setzte die Polizei die Mordzeit zwischen 3.30 und 4.00 Uhr morgens an: Um die gleiche Zeit hörten sowohl Elisabeth Prater, die über der Kelly wohnte, als auch eine Wäscherin namens Sarah Lewis, wohnhaft in der Great Pearl Street Nummer 14, den Hilfeschrei ›Mord!‹, auf den aber keine von beiden reagierte. Gut zwei Stunden später, um 6.15 Uhr, vernahm Mary Ann Cox, eine Prostituierte, die auf dem Miller's Court wohnte, die verstohlenen Schritte eines Mannes, die sich vom Tatort entfernten. Nachdem die Untersuchungsbeamten die Zeit, die der Mörder zur Ausführung der schrecklichen Leichenverstümmelung an seinem Opfer benötigte, auf mindestens zwei Stunden ansetzten, waren es anscheinend die Schritte des flüchtenden Rippers.«

»Aber damit wären die Zielparameter meiner Retrodation doch genau genug fixiert, Sir.«

»Nicht so voreilig, bitte! Jetzt nämlich kommt die Irritation: Zwischen 8.00 Uhr und 8.45 Uhr – das heißt, über vier Stunden *nach* der vermuteten Mordzeit und mehr als zwei Stunden nach der Flucht des vermeintlichen Täters – sah Mrs. Caroline Maxwell, die Gattin eines Logierhausvorstehers aus der dem Miller's Court genau gegenüberliegenden Dorset Street Nummer 14, Mary Jane Kelly vor dem Eingang zum Miller's Court stehen, ja, sie wechselte sogar einige Worte mit ihr!«

Valeska Sweet zog die Stirn kraus. Obwohl sie über einen hervorragenden, zweckmäßig geschulten Verstand verfügte, wirkten ihre Denkfalten auf Wainewright wie ein Programmierungsfehler, was sie nur noch aufregender machte.

»Wann, Sir, wurde der Mord entdeckt?«

»Um 10.45 Uhr durch den Mieteintreiber Thomas Bowyer.«

»Seine zwei Stunden zur Verstümmelung der Leiche hätte der Mörder also auch dann zur Verfügung gehabt, wenn die Beobachtung der Zeugin Maxwell richtig war«, deduzierte Valeska Sweet.

Wainewright stimmte zu. »Überdies hat die Maxwell ihre Aussage bei der Zeugenvernehmung am 12. November unter Eid beschworen. Uns stellt sich also die Frage: Hat die Maxwell sich getäuscht beziehungsweise gelogen, oder wurden aus den Aussagen von Prater, Lewis und Cox die falschen Schlüsse gezogen, und Caroline Maxwells Behauptung stimmt mit der Wahrheit überein? Oder anders formuliert: Sollen wir Sie im Vertrauen auf die Aussagen der ersten drei Zeuginnen kurz vor 6.00 Uhr in das Mordzimmer retrodieren, oder, ausgehend von der Richtigkeit der Aussage Mrs. Maxwells, zwei Stunden später? Letzteres würde das Risiko beinhalten, daß Sie zu spät eintreffen. Und wie Sie wissen, sind Zeitreisen bei weitem zu kostspielig, um Experimente zu veranstalten. Unsere Klientinnen bezahlen uns nicht für nostalgische Lustpartien.«

»Ich plädiere dafür, gegen 4.00 Uhr morgens einzutreffen, Sir. Wenn ich Jack dann nicht vorfinde, werde ich eben bis 8.00 Uhr auf das Stelldichein mit ihm warten.«

Wainewright nickte. »Sie wissen so gut wie ich und unser Finanzkonsortium, wieviel Geld jede einzelne Minute Aufenthalt in der Historie verschlingt. Aber Sie haben recht. Auch unsere Expertenkommission hat so entschieden. Es ist immer noch die weniger riskante Alternative. Auch würden wir Sie nicht mit Jack the Ripper konfrontieren, SCS Sweet, wenn unsere exzentrische Kundin nicht ein exorbitantes Honorar geboten hätte. Wir haben Ihre Ankunftszeit auf den 9. November 1888, 4.30 Uhr MEZ festgelegt. Unsere Computer sind gegenwärtig dabei, die exakten zeitlichen und geographischen Koordinaten zu errechnen.«

Wainewright beobachtete, wie ein leiser Schatten über das Gesicht von Valeska Sweet huschte. Sie schlug die Beine neu übereinander. Es wirkte ein wenig nervös. »Sir ... Diese Leichenverstümmelungen, für deren Ausführung der Ripper über zwei Stunden benötigte ...«

»Zwei Stunden minus der Zeit, die *Sie* für *ihn* benötigen ... oder vor fast zweihundert Jahren benötigt haben, wenn wir von dem Gelingen unseres Zeitreise-Unternehmens ausgehen.« Wainewright räusperte sich wieder, freute sich aber insgeheim, die Coolness des Succubus angekratzt zu haben. Wahrscheinlich schlummerte in jedem Mann der Keim zu einem Sadisten, der es genoß, Frauen dafür zu bestrafen, daß sie ihn mit ihrer Schönheit quälten. »Aber dazu wollte ich gerade kommen.«

Er drehte sich mit seinem Sessel zu einer Monitorwand um und drückte einen Knopf. Aus den Augenwinkeln sah er Valeska Sweet jäh erbleichen. In diesem Augenblick rächte sich ihr fehlendes Make-up.

Auf dem Monitor erschien übergroß ein grobes schwarzweißes Foto. »Die Polizeiaufnahme von Mary Kellys Überresten im Miller's Court 13«, kommentierte Wainewright. Das Bild zeigte die Ecke eines schäbigen Zimmers mit den oberen zwei Dritteln eines Bettes mit gedrechselten Verzierungen am Kopfende, daneben das Bein und die Kante eines Tisches. Auf dem Bett lag die Ermordete, mit gespreizten Beinen und dem Betrachter zugewandtem Gesicht. Wainewright drückte eine weitere Taste. Ein Retuschierprogramm wandelte die gnädige Unschärfe der primitiven Fotografie sekundenschnell in stechende Brillanz um und färbte ihre schmierigen Grauabstufungen kontrastreich ein. Der vorherrschende Farbton war Dunkelrot.

Wainewrights Sprechweise wurde nüchtern, aber sein Tonfall war suggestiv. »Die Beschreibung des Mordschauplatzes und den Autopsiebericht lieferte ein Dr. Thomas Bond. Ihm zufolge starb Mary Kelly durch die Klinge eines Messers, das ihre Kehle bis auf die Halswirbel durchtrennte. Die Decke des Abdomen war entfernt, die Bauchhöhle geleert. Beide Brüste waren abgeschnitten: Zwischen den vierten, fünften und sechsten Rippen war der Thoraxinhalt sichtbar. Eine der Brüste fand man zusammen mit dem Uterus und den Nieren unter dem Kopf der Toten, die zweite Brust beim rechten Fuß, zwischen diesem und dem linken Fuß die Leber. Die Darmschlingen lagen neben der rechten, die Milz neben der linken Körperseite. Haut und Muskelgewebe des rechten wie des linken Schenkels waren bis auf die Knochen abgeschält. Dem Gesicht der Ermordeten fehlten Nase und Ohren, es war völlig zerschlitzt und zerhackt. Blutspritzer und Fleischfetzen fanden sich selbst an den Zimmerwänden.«

Wainewright ließ das grausige Bild nicht länger als nötig wirken. Er betätigte erneut die Taste; auf dem Monitor erschien ein neues Foto.

»Dies ist Mary Kellys Gesicht, nachdem die Gerichtspathologen es für die Leichenschau zusammengeflickt hatten. Sie hatten zweifellos ihr Bestes getan. Trotzdem ist kaum zu unterscheiden, wo das Fleisch aufhört und die vernähten Schnitte beginnen.« Wainewright wandte sich über die Schulter der Agentin zu. Sie hatte ihre Gesichtsfarbe halbwegs wiedergewonnen. Valeska Sweet war eben die Nummer Eins der Truppe. »Diese Totenschau gab den Kriminalhistorikern viele Rätsel auf«, fuhr er fort. »Allem Anschein nach wollte der auf Druck Scotland Yards neu eingesetzte Coroner etwas vertuschen. Die Untersuchung der Leiche ließ grundlegende Fragen offen. Die Zeugenvernehmung war oberflächlich und lückenhaft. Die Verhandlung selbst wurde vorzeitig abgebrochen.«

Wainewrights Zeigefinger glitt zum Keyboard, die Bildschirmdarstellung erlosch. Er drehte sich mit seinem Sessel wieder zur Agentin hin.

»Sir, ich wußte nicht, daß ›in flagranti‹ bedeutet, Jack the Ripper inmitten solch eines … bluttriefenden Schlachthauses … in Gegenwart der entstellten Leiche beizuschlafen …«, wandte Valeska Sweet ein.

Wieder formte Wainewright mit den Fingern einen Giebel und dozierte dabei: »Die Gegenwart des Todes weckt oft den Fortpflanzungsinstinkt, der Geruch von Blut stimuliert in vielen Fällen den Geschlechtstrieb …« Er unterbrach sich selbst und beteuerte hastig: »Natürlich spiele ich damit ausschließlich auf die Veranlagung eines paranoiden Schizophrenen an, als den wir den Ripper einstufen, SCS Sweet.« Nahtlos, als wolle Wainewright seinen Fauxpas überspielen, griff er einen neuen Aspekt auf. »Nicht nur sein Schauplatz und die Bestialität der Verstümmelungen unterschieden übrigens den Kelly-Mord von den vorangegangenen Verbrechen des Rippers. Auch das Opfer war untypisch. Die ersten vier Frauen, die der Ripper umbrachte, waren wenig attraktive, gesundheitlich ruinierte Frauen jenseits der Vierzig. Mary Jane Kelly war erst fünfundzwanzig Jahre alt und trotz ihres Alkoholismus von stattlicher Statur und auffallend hübsch. Sie wurde in Limerick, Irland, geboren. Mit sechzehn Jahren heiratete sie einen Bergmann, der kurz nach der Eheschließung bei einer Grubenexplosion umkam. Die Bergwerksgesellschaft, bei der er angestellt war, weigerte sich so lange, der jungen Witwe ihre schmale Rente auszuzahlen, daß sie inzwischen bis auf den East End-Strich herunterkam. Die Kelly galt als fröhlich und freigebig, wenn sie nüchtern war, in alkoholisiertem Zustand aber als unausgeglichen und aufbrausend. Augenzeugen beschrieben sie als gewalttätige Wildkatze, wenn es darum ging, ihr Revier gegen ihre Konkurrentinnen im horizontalen Gewerbe zu verteidigen.«

Wainewright erhob sich höflich. »Das wär's soweit, SCS Sweet. Die weiteren Details Ihrer Mission werden Sie morgen zusammen mit den Spezialisten der verschiedenen Fachdezernate erörtern. Zuvor stellen Sie sich bitte der psychologischen und medizinischen Prüfungskommission. Viel Glück!«

Valeska Sweet hatte sich ebenfalls erhoben. »Danke, Sir. Ich fühle mich geehrt durch diese schwierige Aufgabe und das Vertrauen, das Sie in mich setzen!«

Der bleiche Mondschein drang mühsam durch dichtgeschachtelte Dächer in die engen Straßen und trostlosen Hinterhöfe vor. Matt glitzerte das gelbe Licht der Gaslaternen auf dem Kopfsteinpflaster. Bis nach Einbruch der Nacht hatte das laute Treiben der Huren, Tagediebe und betrunkenen Logierheimgäste die Häusereingänge,

Gassen und Hinterhöfe erfüllt; in kaum einer Stunde würde der Lärm der Marktträger und Bierkutscher den frühen Tag zum Leben erwecken. Zu dieser Stunde aber wandelten nur versprengte Nachtschwärmer, einsam patrouillierende Polizeikonstabler – und ein mordendes Phantom durch das nächtliche Spitalfields.

Valeska Sweet zog den Ärmel ihrer Jacke über dem Zeitreisekompaß an ihrem linken Handgelenk zurück. Alle Retrodations-Parameter stimmten, ihre Körperfunktionen waren normal: Der Auftakt der Operation war reibungslos verlaufen. Trotzdem fühlte sie sich unbehaglich. Das lag nicht an der düsteren, schmutzigen Umgebung, in der sie sich umsah, sondern an ihrer Kleidung. Besonders das Fischbeinkorsett, der Wust an Unterröcken und die ausgetretenen Schuhe mit den Seitenschnallen empfand sie als ausgesprochen unbequem. Und der Rest – der zerfaserte Strohhut, das grobwollene Schultertuch, die braune Wolljacke und das rauhe Gabardinekleid – waren zumindest unkleidsam und nicht sonderlich dienlich, wenn es galt, körperliche Reize sprechen zu lassen. Aber im Vergleich zu den grotesken Kleidungsgewohnheiten anderer Epochen, denen die Agentin sich hatte unterwerfen müssen, war die viktorianische Mode, selbst die der Unterklasse, immer noch annehmbar. Und gegen die von der Themse herüberstreichende kalte November-Nachtluft schützten die Sachen auch.

Valeska Sweet streifte noch einmal den Ärmel ihrer Jacke zurück. 5.30 Uhr: Zeit, sich ihrer Aufgabe zu stellen. Sie befand sich unter dem Wirtshausschild des Lokals ›The Britannia‹ an der Ecke Commercial Street/Dorset Street. Miller's Court 13 lag kaum drei Minuten Fußweg entfernt. Der Succubus schauderte. Was würde ihr begegnen? War der Ripper schon am Werk? Dorset Street war die verrufenste und gefährlichste Straße des viktorianischen London, hatten die Instruktoren sie belehrt. Hier galt das Leben eines

Außenstehenden, der nicht zu dem heimischen Abschaum gehörte, so wenig wie die wohlfeile Tugend der Frauen. Immerhin wirkte die Umgebung bei Nacht bis auf vereinzelte trunkene Flüche und schrill explodierendes Frauenlachen überraschend friedlich. Ein trügerischer Friede, wie man nicht erst seit dem Beginn der Ripper-Morde wußte.

Valeska Sweet schritt aus. Der unheimlichste Mörder der Geschichtsschreibung erwartete sie.

Sprühfeiner Regen warf sein Netz aus, als sie zwischen den Gebäuden Dorset Street 26 und 27 den überdachten Durchgang erreichte, der ihren Instruktionen zufolge in die Sackgasse führte, die Miller's Court genannt wurde. Sie blickte sich um wie ein Dieb, der sich vergewissern will, ohne Zeugen zu sein. Dann trat sie in die Sackgasse ein. Zu jeder Seite erhoben sich drei heruntergekommene Hausfassaden. Miller's Court Nummer 13 war ein abgetrenntes, über die Sackgasse zugängliches Hinterzimmer des Hauses Dorset Street 26. Hier hatte sich Mary Jane Kelly, genannt ›Black Mary‹, eingemietet.

Die Agentin ging an der Eingangstür zu Mary Kellys Zimmer vorbei. Sie wußte, daß um die Ecke, im rechten Winkel zur Tür, zwei Fenster lagen, die auf mehrere überquellende Abfalltonnen und eine Wasserpumpe blickten. Das kleinere der beiden unterteilten Fenster hatte zwei zersprungene Scheiben. Da die Schwarze Mary den Schlüssel zu ihrem Apartment vor einiger Zeit verloren hatte, verschaffte sie sich Einlaß, indem sie durch die kaputten Scheiben griff und den Riegel des Federschlosses zurückzog, das die Tür von innen sicherte.

Die Agentin fand alles so, wie sie es erwartet hatte. Wenn ihre Instruktoren ferner recht behielten, dann sezierte hinter dem zerschlissenen Mullvorhang, der die Sicht in das Innere des Mordzimmers verwehrte, in diesem Augenblick der Ripper die Leiche seines Opfers.

Laut dem Polizeibericht hatte er das Feuer im Kamin des Zimmers mit allem möglichen Brennstoff einschließlich der Kleidung seines Opfers gefüttert, um genügend Licht bei seinem Crashkurs in Anatomie zu haben. Allerdings erstrahlte der Vorhang nicht in dem unheimlichen Glosen, das ein solches Feuer hervorgerufen hätte, sondern war undurchsichtig dunkel wie vor einem schwarzen Schlund. War sie zu spät gekommen? Valeska Sweet kämpfte vergeblich gegen den Impuls, durch die zersplitterten Scheiben zu greifen und den Vorhang zu lüften. Vorsichtig, um sich nicht zu verraten oder an den scharfen Glaskanten zu schneiden, streckte sie die Finger nach dem Vorhangstoff aus. Als sie ihn berührte, zögerte sie ein letztes Mal. Dann zog sie ihn mit angehaltenem Atem Millimeter für Millimeter zur Seite.

Ihre Augen brauchten eine Weile, bis sie sich an das Dunkel des Zimmers gewöhnt hatten. Erst nach und nach konnte sie die Konturen unterscheiden, zu denen sich die schwarzen Schatten vereinten. Sie erkannte das Bett, das sie auf dem Polizeifoto gesehen hatte. Auf der Bettkante saß aufrecht und starr eine Gestalt. Matt leuchtete das Weiße ihrer Augen, die genau in die Richtung der heimlichen Beobachterin blickten. Doch war der Vorhangspalt, durch den die Agentin spähte, viel zu schmal, um sie preiszugeben. Sie ließ den Vorhangsaum behutsam zurück an seinen Platz gleiten. Sie hatte genug gesehen. Mrs. Caroline Maxwell hatte sich keines Meineids schuldig gemacht.

Der Succubus ging um die Hausecke herum und stand vor der Tür Miller's Court Nummer 13. Der Nieselregen hatte sich inzwischen in einen kalten Novemberschauer verwandelt. Sie bekräftigte sich noch einmal den Entschluß, den sie gerade gefaßt hatte, dann – klopfte sie an.

Todesstille antwortete. Doch kurz darauf drang ein Scharren durch die Türfüllung, Schritte, die sich näherten. Der Succubus hörte, wie der Federriegel zurückglitt.

Die Tür öffnete sich nach innen. Vor Valeska Sweet stand eine großgewachsene, kräftige Frau. Sie war ähnlich gekleidet wie sie selbst; offensichtlich war sie zum Ausgehen bereit. Unter ihrem Hut quoll eine Fülle nachlässig geordneten blonden Haars hervor, die ein blasses Gesicht einrahmte; die Augen strahlten blau. Die ›Schwarze Mary‹ trug augenscheinlich einen mißverständlichen Spitznamen.

»Was willst du? Wer bist du? Ich kenne dich nicht«, sagte die Schwarze Mary mit leichter Alkoholschwere in der Stimme und einem abweisenden Blick auf die Fremde.

Der Succubus versuchte, eine Ähnlichkeit zwischen dem hübschen Gesicht der jungen Frau und dem zusammengestückelten Haut- und Fleischpuzzle der Gerichtsmediziner zu erkennen, das sie auf Wainewrights Foto gesehen hatte. Eine Gänsehaut kroch ihr den Nacken herauf. Der Zerstückelungsrausch des Rippers war hemmungslos gewesen.

»Ich bin eine Freundin, die gekommen ist, um Sie vor einem grauenhaften Verhängnis zu warnen«, erwiderte der Succubus geheimnisvoll. »Darf ich eintreten?«

Die Schwarze Mary kreuzte die Arme vor der Brust und hob leicht das Kinn. »Mich warnen? Vor was'n? Bist du eine von dem General Booth seinen Sing- und Betschwestern, wo die Sünden des Fleisches verdammen und 'nem hart mit dem Körper arbeitenden Frauenzimmer 'nen Nipp Schnaps nich gönnen, um die verlor'ne Seele sich zu wärmen?« fragte sie mit einem angedeuteten Lächeln, das Skepsis oder Verachtung genauso wie Belustigung ausdrücken konnte.

Der Succubus schüttelte nachdrücklich den Kopf und legte eine verzweifelte Dringlichkeit in ihre Stimme. »Vor *Jack the Ripper!*« eröffnete sie mit dramatisch aufgerissenen Augen.

Valeska Sweet wußte, daß sie in diesem Augenblick die heiligsten Gebote ihres Gewerbes verriet. War es die Erinnerung an den schrecklichen Anblick dessen, was der Ripper in diesem Zimmer von seinem Opfer übriglassen würde, der sie zu diesem Schritt veranlaßt hatte? Oder war es weibliche Solidarität? Welch irreversiblen Schaden konnte es schon anrichten, wenn sie dem Ripper sein letztes Opfer entriß?

»Vor *Jack?*« fragte die blonde Frau mit einem sich dehnenden Lächeln.

»*Bitte,* er kann jede Sekunde kommen. Lassen Sie mich eintreten, damit ich Sie überzeugen kann!«

Die Schwarze Mary zögerte kurz, dann entflocht sie die verschränkten Arme und trat einen Schritt zurück ins Dunkel des Zimmers. »Müßt eigentlich los, mein Mietgeld verdienen. Aber gut, komm rein!« lud sie die Fremde ein, ließ sie an sich vorbei und drückte gleich hinter ihr die Tür ins Schloß.

Nach dem regnerischen Herbstwetter draußen verspürte Valeska dankbar die Wärme, die das ausglimmende Kaminfeuer übriggelassen hatte. Weniger angenehm war der allgegenwärtige Geruch nach Schweiß, Bier, billigem Veilchenwasser und einem defekten Rauchabzug. Die Kelly riß ein Zündholz an, und wenig später leuchtete das Zimmer im düsteren Schein einer Kerze, die in einem Halter auf dem Tisch stand. Die Flamme erhellte eher ein Loch als einen Wohnraum. Valeska Sweet sah sich schaudernd darin um. Das Loch maß höchstens vier Meter im Quadrat und war kaum möbliert. Außer dem Bett und dem Tisch befand sich nur ein Schrank im Zimmer, der einige Küchenutensilien enthielt. Über dem Kamin hing windschief ein billiger Öldruck.

»Darf ich mich hinsetzen?« bat der Succubus. Die Füße schmerzten sie in den grobgenähten harten Schuhen.

Die Schwarze Mary deutete mit einer Ellenbogenbewegung auf das Bett – die einzige Sitzgelegenheit im Zimmer. Trotz einer Aufwallung von Widerwillen gegen diesen Platz, die ihrer Erinnerung an das Polizeifoto entsprang, ließ sich Valeska Sweet auf der äußersten Bettkante nieder.

»Hast bös' Angst vor'm Ripper, was?« spottete die Schwarze Mary, die aufragend vor ihr stand. »Wenn du keine von den Heilssoldatinnen bist, biste wohl 'ne Nutte? Siehst ja eigentlich so aus … bis auf dein Gesicht. Is'n neues Gesicht hier in der Gegend. Gegen so'ne liebliche Larve hab ich bisher nich in Konkurrenz treten müssen.«

»So etwas ähnliches wie … eine Nutte bin auch ich, ja. Ich bin ein S-u-c-c-u-b-u-s. Ich komme aus der Zukunft, aus dem Jahr …« Als sie sich selbst diese Worte laut aussprechen hörte, unterbrach Valeska sich unwillkürlich. Sie wußte nicht, wovor sie größere Angst hatte – vor dem Verrat oder davor, sich lächerlich zu machen. Der Gesichtsausdruck der Schwarzen Mary war nicht geeignet, ihr in der zweiten Hinsicht Mut zu machen.

»Vielleicht bist du eher aus Bedlam getürmt!« Die Augen der Schwarzen Mary blitzten.

In diesem Augenblick hatte Valeska Sweet den rettenden Einfall. Sie nahm den Zeitreisekompaß vom Handgelenk, reichte ihn der blonden Frau und rief: »Hier ist der Beweis!«

Die Schwarze Mary nahm das Instrument widerstrebend in die Hand und betrachtete es wie jenen Tand, den die Hausierer an jeder Straßenecke anpriesen. Doch ihre Skepsis wich erst der Belustigung, diese der Verstörung und jene endlich intensivem Interesse. Sie ließ sich das komplizierte Gerät fachmännisch erklären.

»Vertrauen Sie mir jetzt?« drängte der Succubus, nicht ohne Erstaunen über die schnelle, selbst in ihrem angetrunkenen Zustand ungetrübte Auffassungsgabe der schlichten Frau.

»Hat man so was schon geseh'n? Ein Dingsda, mit

dem man dem bekloppten Sir Charlie un sein Polypen 'n Schnippchen schlagen kann ...!«

Die Agentin wurde aus der Heiterkeit in den Augen und auf den Lippen der Schwarzen Mary nicht schlau. Erregt erneuerte sie ihr Drängen. »Sie müssen unverzüglich von hier fliehen! Überlassen Sie den Ripper mir. Ich weiß, wie ich mit ihm fertig werde!«

»Da bin ich aber gespannt!« Die blauen Augen der Schwarzen Mary hatten sich zu zwei leuchtenden Schlitzen verengt. Zwei durchbrochene Zahnreihen kamen zum Vorschein, als ihre Lippen sich hämisch teilten.

In dem Augenblick, als die Agentin das blitzende Ding erkannte, das scheinbar aus dem Nichts in Mary Kellys Hand gelangt war, erkannte sie das verhängnisvolle Ausmaß ihres Irrtums und die ganze unglaubliche, grauenhafte Wahrheit.

Sie hörte ihren eigenen Angstschrei »Mord!« und wußte zugleich, daß er gehört, aber nicht erhört werden würde. Einen weiteren Laut brachte ihre Kehle nicht zustande, denn ihre Stimmbänder waren keine Saiten und die Messerklinge kein Violinbogen.

Zehn Minuten später erhellte den Vorhang hinter den beiden Fenstern von Miller's Court 13 ein höllischer roter Schein.

Der Autor:

MALTE S. SEMBTEN wurde 1965 in Marburg an der Lahn geboren. Er absolvierte in Braunschweig die Kunstakademie und arbeitete anschließend in einer Hamburger Werbeagentur. Inzwischen lebt er wieder in der Nähe seiner Geburtsstadt. Seine Kurzgeschichten wurden in Anthologien und Magazinen wie *Andromeda, Zimmerit, Nightlife, Magira* und anderen gedruckt. 1996 erschien in der Edition Metzengerstein, Kerpen, seine erste Sammlung mit phantastischen Erzählungen, *Hippokratische Gesichter.* Der hier abgedruckte Text entstammt Malte S. Sembtens zweiter Storysammlung, *Variationen in Nachtgrau und Fleischrot,* die 1997 im Verlag Robert Richter erschien.